Walter Rudin
Analysis
De Gruyter Studium

Weitere empfehlenswerte Titel

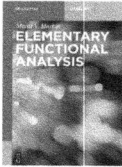

Elementary Functional Analysis
Marat V. Markin, 2018
ISBN 978-3-11-061391-9, e-ISBN (PDF) 978-3-11-061403-9

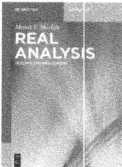

Real Analysis
Measure and Integration
Marat V. Markin, 2018
ISBN 978-3-11-060097-1, e-ISBN (PDF) 978-3-11-060099-5

Philosophie der Mathematik
Thomas Bedürftig, Roman Murawski, 2019
ISBN 978-3-11-054519-7, e-ISBN (PDF) 978-3-11-054698-9

Numerische Mathematik
Band1: Eine algorithmisch orientierte Einführung
Peter Deuflhard, Andreas Hohmann, 2019
ISBN 978-3-11-061421-3, e-ISBN (PDF) 978-3-11-061432-9
Band 2: Gewöhnliche Differentialgleichungen
Peter Deuflhard, Folkmar Bornemann, 2013
ISBN 978-3-11-031633-9, e-ISBN (PDF) 978-3-11-031636-0
Band 3: Adaptive Lösung partieller Differentialgleichungen
Peter Deuflhard, Martin Weiser, 2020
ISBN 978-3-11-069168-9, e-ISBN (PDF) 978-3-11-068454-4

Functional Analysis with Applications
Svetlin G. Georgiev, Khaled Zennir, 2019
ISBN 978-3-11-065769-2, e-ISBN (PDF) 978-3-11-065772-2

Walter Rudin
Analysis

5. Auflage

DE GRUYTER
OLDENBOURG

Mathematics Subject Classification 2010
65L10

Autor
Walter Rudin (*1921, †2010) war bis zu seiner Emeritierung Professor an der University of Wisconsin-Madison, USA. 1949 machte er seinen PhD an der Duke University, North Carolina. Anschließend arbeitete er als Dozent am Massachusetts Institute of Technology, von wo er 1959 an die University of Wisconsin-Madison wechselte.
Bekannt wurde Walter Rudin vor allem durch seine mittlerweile in 13 Sprachen übersetzten Analysis-Lehrbücher. In seinen Forschungsarbeiten befasste er sich hauptsächlich mit harmonischer Analysis und komplexen Variablen. 1993 wurde ihm von der Amerikanischen Mathematischen Gesellschaft der "Leroy P. Steele Prize for Mathematical Exposition" verliehen.

Autorisierte Übersetzung der englischsprachigen Originalausgabe, erschienen im Verlag McGraw-Hill, Inc., New York, unter dem Titel Principles of Mathematical Analysis, Third Edition.

Übersetzung: Martin Lorenz und Christian Euler
Überarbeitung: Karen Lippert

ISBN 978-3-11-075042-3
e-ISBN (PDF) 978-3-11-075043-0
e-ISBN (EPUB) 978-3-11-075049-2

Library of Congress Control Number: 2021943322

Bibliografische Information der Deutschen Nationalbibliothek
Die Deutsche Nationalbibliothek verzeichnet diese Publikation in der Deutschen Nationalbibliografie; detaillierte bibliografische Daten sind im Internet über http://dnb.dnb.de abrufbar.

© 2022 Walter de Gruyter GmbH, Berlin/Boston
Coverabbildung: PM Images / DigitalVision / Getty Images
Satz: VTeX UAB, Lithuania
Druck und Bindung: CPI books GmbH, Leck

www.degruyter.com

Vorwort

Dieses Buch ist als Lehrbuch für die Analysis-Vorlesungen während der ersten beiden Semester des Mathematikstudiums sowie für fortgeschrittene Leser anderer Studienrichtungen gedacht.

Die vorliegende Ausgabe behandelt im Wesentlichen dieselben Themenkreise wie die 2. Auflage. Sie wurde an einigen Stellen ergänzt, gelegentlich auch geringfügig gekürzt und teilweise erheblich umgeordnet. Ich hoffe, dass diese Änderungen dazu beitragen, den Stoff für die Hörer der Vorlesung verständlicher und attraktiver zu machen.

Die Erfahrung hat mich gelehrt, dass es pädagogisch falsch (obwohl logisch richtig) ist, mit der Konstruktion der reellen Zahlen aus den rationalen zu beginnen. Zunächst vermögen die meisten Studenten die Notwendigkeit einer solchen Konstruktion nicht recht einzusehen. Dementsprechend wird das System der reellen Zahlen als ein geordneter Körper mit der Supremumseigenschaft eingeführt. Einige interessante Anwendungen dieser Eigenschaft lassen sich schnell durchführen. Die Dedekindsche Konstruktion wird jetzt im Anhang von Kapitel 1 beschrieben, wo sie studiert und genossen werden kann, wann immer die Zeit dafür reif erscheint.

Der Stoff über Funktionen mehrerer Variablen wurde fast vollständig neu geschrieben. Viele Details wurden eingefügt und mehr Beispiele und weitere Anregungen in den Text aufgenommen. Der Beweis des Satzes über Umkehrabbildungen – der Hauptgegenstand im Kapitel 9 – wurde mit Hilfe des Fixpunkt-Satzes über kontrahierende Abbildungen vereinfacht. Differentialformen werden sehr viel detaillierter besprochen. Zahlreiche Anwendungen des Stokesschen Integralsatzes werden angeführt.

Ferner wurde das Kapitel über das Riemann-Stieltjes-Integral ein wenig überarbeitet, Kapitel 8 wurde um einen kurzen „Do-it-yourself"-Abschnitt über die Gammafunktion erweitert, und schließlich wird der Leser eine Vielzahl neuer Übungsaufgaben finden, von denen die meisten mit ziemlich detaillierten Lösungshinweisen versehen sind.

Immer wieder haben mir Leser, sowohl Studenten als auch Lehrer, Korrekturen, kritische Anmerkungen und andere Kommentare zu früheren Auflagen dieses Buches übermittelt. Ich habe solche Anregungen sehr begrüßt und möchte bei dieser Gelegenheit allen, die mir schrieben, meinen herzlichen Dank aussprechen.

WALTER RUDIN

https://doi.org/10.1515/9783110750430-201

Inhaltsverzeichnis

1 Die Systeme der reellen und komplexen Zahlen

Einführung

Eine zufriedenstellende Diskussion der wichtigsten Konzepte der Analysis (wie Konvergenz, Stetigkeit, Differentiation und Integration) muss auf einem sorgfältig definierten Zahlbegriff basieren. Wir werden uns jedoch nicht näher mit den Axiomen beschäftigen, die die Arithmetik der ganzen Zahlen bestimmen, sondern setzen die Kenntnis der rationalen Zahlen voraus (d. h. der Zahlen von der Form m/n, wobei m und n ganze Zahlen sind mit $n \neq 0$).

Das System der rationalen Zahlen ist für viele Zwecke ungeeignet, und zwar sowohl als Körper wie auch als geordnete Menge. (Diese Begriffe werden wir in den Abschnitten 1.6 und 1.12 definieren.) So existiert zum Beispiel keine rationale Zahl p, welche die Gleichung $p^2 = 2$ erfüllt. (Wir werden dies gleich beweisen.) Daher führt man die sogenannten „irrationalen Zahlen" ein, die oft durch unendliche Dezimalbrüche dargestellt und durch die entsprechenden endlichen Dezimalbrüche „approximiert" werden. So „strebt" etwa die Folge

$$1, 1.4, 1.41, 1.414, 1.4142, \ldots$$

nach $\sqrt{2}$, aber ohne eine klare Definition der irrationalen Zahl $\sqrt{2}$ bleibt die Frage offen, was es denn eigentlich sei, wohin diese Folge „strebt".

Fragen dieser Art können beantwortet werden, sobald das „System der reellen Zahlen" konstruiert ist.

1.1 Beispiel. Wir wollen nun zeigen, dass keine rationale Zahl p der Gleichung

$$p^2 = 2 \tag{1.1}$$

genügt. Gäbe es ein solches p, so könnten wir es in der Form $p = m/n$ schreiben, wobei m und n ganze Zahlen sind, von denen wir annehmen können, dass sie nicht beide gerade sind. Mit dieser Darstellung erhält man aus (1.1) die Gleichung

$$m^2 = 2n^2. \tag{1.2}$$

Dies zeigt, dass m^2 gerade ist. Also ist auch m gerade (wäre m ungerade, so wäre m^2 ungerade), und m^2 ist durch 4 teilbar. Folglich ist auch die rechte Seite von (1.2) durch 4 teilbar, also n^2 gerade. Dies impliziert aber, dass n gerade ist.

Die Annahme der Gültigkeit von (1.1) führt also auf die Schlussfolgerung, dass m und n beide gerade sein müssen, was im Widerspruch zur Wahl von m und n steht. Daher ist (1.1) für rationale p unerfüllbar.

Wir wollen diese Situation nun etwas näher betrachten. Sei A die Menge aller positiven rationalen Zahlen p, für die $p^2 < 2$ gilt, und B sei die Menge aller positiven

https://doi.org/10.1515/9783110750430-001

rationalen Zahlen p, für die $p^2 > 2$ gilt. Wir werden zeigen, dass A *keine größte Zahl enthält und B keine kleinste.*

Ausführlicher gesagt: Wir können für jedes p in A eine rationale Zahl q in A finden mit $p < q$, und für jedes p in B können wir eine rationale Zahl q in B finden mit $q < p$.

Zu diesem Zweck bilden wir zu jeder rationalen Zahl $p > 0$ die Zahl

$$q = p - \frac{p^2 - 2}{p + 2} = \frac{2p + 2}{p + 2}. \tag{1.3}$$

Dann gilt

$$q^2 - 2 = \frac{2(p^2 - 2)}{(p + 2)^2}. \tag{1.4}$$

Falls p in A ist, gilt $p^2 - 2 < 0$. Also folgt aus (1.3), dass $q > p$ gilt, und (1.4) zeigt, dass $q^2 < 2$ ist. Somit ist q in A.

Falls p in B ist, so gilt $p^2 - 2 > 0$. Die Gleichung (1.3) liefert $0 < q < p$, und aus (1.4) folgt $q^2 > 2$. Daher ist q in B. □

1.2 Bemerkung. Der Zweck der obigen Diskussion war der Nachweis, dass das System der rationalen Zahlen gewisse Lücken aufweist trotz der Tatsache, dass zwischen zwei beliebigen rationalen Zahlen eine weitere liegt: Ist $r < s$, so gilt $r < (r + s)/2 < s$. Das System der reellen Zahlen schließt diese Lücken. Dies ist der Hauptgrund für die fundamentale Bedeutung der reellen Zahlen in der Analysis.

Um die Struktur des Systems der reellen Zahlen wie auch des Systems der komplexen Zahlen etwas zu klären, beginnen wir mit einer kurzen Diskussion der Begriffe *geordnete Menge* und *Körper*.

Zunächst jedoch etwas mengentheoretische Terminologie, die in diesem Buch durchgehend benutzt wird.

1.3 Definition. Ist A eine Menge (deren Elemente Zahlen sein können oder irgendwelche anderen Objekte), so schreiben wir $x \in A$, um auszudrücken, dass x zu A gehört (oder ein Element von A ist).

Ist x kein Element von A, so schreiben wir $x \notin A$.

Eine Menge, die kein Element enthält, bezeichnen wir als *leere Menge*. Hat eine Menge wenigstens ein Element, so heißt sie *nichtleer*.

Sind A und B Mengen derart, dass jedes Element von A auch ein Element von B ist, so nennen wir A eine *Teilmenge* von B und schreiben $A \subset B$ oder $B \supset A$. Falls es darüber hinaus in B ein Element gibt, das nicht zu A gehört, so nennen wir A eine *echte* Teilmenge von B. Beachte, dass $A \subset A$ für jede Menge A gilt.

Gilt $A \subset B$ und $B \subset A$, so schreiben wir $A = B$, andernfalls $A \neq B$.

1.4 Definition. Im Kapitel 1 bezeichnen wir die Menge der rationalen Zahlen durchgehend mit $\mathbb{Q}$.

Geordnete Mengen

1.5 Definition. Sei M eine Menge. Eine *Ordnung* auf M ist eine Relation, üblicherweise mit $<$ bezeichnet, welche die folgenden beiden Eigenschaften hat:
(i) Für $x \in M$ und $y \in M$ ist eine und nur eine der Aussagen

$$x < y, \quad x = y, \quad y < x$$

wahr.
(ii) Für $x, y, z \in M$ folgt aus $x < y$ und $y < z$ stets $x < z$.

Die Aussage „$x < y$" wird als „x ist kleiner als y" oder „y ist größer als x" gelesen. Oft ist es bequemer, $y > x$ zu schreiben anstelle von $x < y$.

Die Schreibweise $x \leq y$ bedeutet, dass $x < y$ oder $x = y$ gilt. Anders ausgedrückt: $x \leq y$ ist die Negation von $x > y$.

1.6 Definition. Eine *geordnete Menge* ist eine Menge M, auf der eine Ordnung definiert ist.

So wird zum Beispiel $\mathbb{Q}$ zu einer geordneten Menge, wenn man festsetzt, dass $r < s$ bedeutet, $s - r$ ist eine positive rationale Zahl.

1.7 Definition. Sei M eine geordnete Menge, und sei $E \subset M$. Gibt es ein $\beta \in M$ so, dass $x \leq \beta$ für jedes $x \in E$ gilt, so sagen wir, E sei *nach oben beschränkt*, und nennen β eine *obere Schranke* von E.

Untere Schranken werden analog definiert (mit $\geq$ anstatt $\leq$).

1.8 Definition. Sei M eine geordnete Menge, und sei E eine nach oben beschränkte Teilmenge von M. Ferner existiere ein $\alpha \in M$ mit den folgenden Eigenschaften:
(i) α ist eine obere Schranke von E.
(ii) Ist $\gamma < \alpha$, so ist γ keine obere Schranke von E.

Dann wird α die *kleinste obere Schranke* von E genannt [dass es höchstens ein solches α geben kann, folgt aus (ii)] oder das *Supremum* von E, und wir schreiben

$$\alpha = \sup E.$$

Die *größte untere Schranke*, auch *Infimum* genannt, einer nach unten beschränkten Menge E wird in der gleichen Weise definiert: Die Aussage

$$\alpha = \inf E$$

bedeutet, dass α eine untere Schranke von E ist und dass kein β mit $\beta > \alpha$ ebenfalls untere Schranke von E sein kann.

1.9 Beispiel.

(a) Betrachte die Mengen A und B aus Beispiel 1.1 als Teilmengen der geordneten Menge $\mathbb{Q}$. Die Menge A ist nach oben beschränkt: Die oberen Schranken von A sind genau die Elemente von B. Da B kein kleinstes Element besitzt, hat A *keine kleinste obere Schranke* in $\mathbb{Q}$.

Ebenso ist B nach unten beschränkt: Die Menge der unteren Schranken von B besteht aus den Elementen von A und aus allen $r \in \mathbb{Q}$ mit $r \le 0$. Da A kein größtes Element besitzt, hat B *keine größte untere Schranke* in $\mathbb{Q}$.

(b) Falls $\alpha = \sup E$ existiert, kann α ein Element von E sein oder auch nicht. So sei zum Beispiel E_1 die Menge aller $r \in \mathbb{Q}$ mit $r < 0$ und E_2 die Menge aller $r \in \mathbb{Q}$ mit $r \le 0$. Dann gilt

$$\sup E_1 = \sup E_2 = 0 \quad \text{und} \quad 0 \notin E_1, \ 0 \in E_2.$$

(c) Sei E die Menge aller Zahlen $1/n$, wobei $n = 1, 2, 3, \dots$. Dann ist $\sup E = 1$, was ein Element von E ist, und $\inf E = 0$, was nicht zu E gehört.

1.10 Definition. Eine geordnete Menge M hat die *Supremumseigenschaft*, wenn gilt: Ist $E \subset M$ nicht leer und nach oben beschränkt, so existiert $\sup E$ in M.

Beispiel 1.9 (a) zeigt, dass $\mathbb{Q}$ nicht die Supremumseigenschaft hat.

Wir werden nun zeigen, dass eine enge Beziehung zwischen größten unteren Schranken und kleinsten oberen Schranken besteht und dass jede geordnete Menge mit der Supremumseigenschaft auch die Infimumseigenschaft hat.

1.11 Satz. *Sei M eine geordnete Menge mit der Supremumseigenschaft, und sei $B \subset M$ nicht leer und nach unten beschränkt. Sei U die Menge aller unteren Schranken von B. Dann existiert*

$$\alpha = \sup U \quad in \ M,$$

und es gilt

$$\alpha = \inf B.$$

Insbesondere existiert $\inf B$ *in M.*

Beweis. Die Teilmenge B ist nach unten beschränkt, also ist U nicht leer. Da U gerade aus denjenigen $y \in M$ besteht, die für alle $x \in B$ die Ungleichung $y \le x$ erfüllen, ist *jedes $x \in B$ eine obere Schranke von U.* Daher ist U nach oben beschränkt. Unsere Voraussetzung an M impliziert, dass U ein Supremum in M hat, etwa α.

Ist $y < \alpha$, so ist y keine obere Schranke von U (vgl. Definition 1.8), also $y \notin B$. Folglich ist $\alpha \le x$ für jedes $x \in B$. Also $\alpha \in U$. Ist $\alpha < \beta$, so ist $\beta \notin U$, da α eine obere Schranke von U ist.

Wir haben gezeigt, dass $\alpha \in U$ ist, aber $\beta \notin U$ für alle $\beta > \alpha$. Anders ausgedrückt: α ist eine untere Schranke von B, aber kein β mit $\beta > \alpha$ ist eine untere Schranke. Dies ist aber gleichbedeutend mit $\alpha = \inf B$. $\square$

Körper

1.12 Definition. Ein *Körper* ist eine Menge K mit zwei Operationen, *Addition* und *Multiplikation* genannt, die den folgenden sogenannten „Körperaxiomen" (A), (M) und (D) genügen:

(A) Axiome der Addition
(A1) Ist $x \in K$ und $y \in K$, dann liegt ihre Summe $x + y$ in K.
(A2) Die Addition ist kommutativ: $x + y = y + x$ für alle $x, y \in K$.
(A3) Die Addition ist assoziativ: $(x + y) + z = x + (y + z)$ für alle $x, y, z \in K$.
(A4) K enthält ein Element 0 (*Nullelement*), das $0 + x = x$ für alle $x \in K$ erfüllt.
(A5) Zu jedem $x \in K$ existiert ein Element $-x \in K$, so dass $x + (-x) = 0$ ist.

(M) Axiome der Multiplikation
(M1) Ist $x \in K$ und $y \in K$, dann liegt ihr *Produkt* xy in K.
(M2) Die Multiplikation ist kommutativ: $xy = yx$ für alle $x, y \in K$.
(M3) Die Multiplikation ist assoziativ: $(xy)z = x(yz)$ für alle $x, y, z \in K$.
(M4) K enthält ein Element $1 \neq 0$ (*Einselement*), das $1x = x$ für alle $x \in K$ erfüllt.
(M5) Zu jedem $x \in K$, $x \neq 0$, existiert ein Element $1/x \in K$ (*inverses Element*), das $x \cdot (1/x) = 1$ erfüllt.

(D) Distributivgesetz: Für alle $x, y, z \in K$ gilt $x(y + z) = xy + xz$.

1.13 Bemerkung.
(a) Man schreibt gewöhnlich (in einem beliebigen Körper)

$$x - y, \frac{x}{y}, x + y + z, xyz, x^2, x^3, 2x, 3x, \ldots$$

anstelle von

$$x + (-y), x \cdot \left(\frac{1}{y}\right), (x + y) + z, (xy)z, xx, xxx, x + x, x + x + x, \ldots$$

(b) Die Körperaxiome sind natürlich in $\mathbb{Q}$, der Menge aller rationalen Zahlen, erfüllt, wenn die Addition und die Multiplikation ihre gewöhnliche Bedeutung haben. Somit ist $\mathbb{Q}$ ein Körper.

(c) Obwohl wir nicht vorhaben, Körper (oder andere algebraische Strukturen) ausführlich zu behandeln, lohnt es sich zu beweisen, dass einige vertraute Eigenschaften von $\mathbb{Q}$ sich aus den Körperaxiomen herleiten lassen; ist dieser Beweis einmal erbracht, so kann er bei den reellen und den komplexen Zahlen entfallen.

1.14 Satz. *Die Axiome der Addition implizieren die folgenden Regeln:*
(a) *Ist $x + y = x + z$, dann ist $y = z$.*
(b) *Ist $x + y = x$, dann ist $y = 0$.*
(c) *Ist $x + y = 0$, dann ist $y = -x$.*
(d) *Es gilt $-(-x) = x$.*

Behauptung (a) ist eine Kürzungsregel. Man beachte, dass (b) die Eindeutigkeit des Elements behauptet, dessen Existenz in (A4) angenommen wird, und dass (c) das entsprechende für (A5) tut.

Beweis. Ist $x + y = x + z$, so folgt aus den Axiomen (A)

$$y = 0 + y = (-x + x) + y = -x + (x + y) = -x + (x + z) = (-x + x) + z = 0 + z = z.$$

Dies beweist (a). Setzt man in (a) $z = 0$ ein, so erhält man (b). Mit $z = -x$ in (a) folgt (c). Da $-x + x = 0$ gilt, liefert (c) (mit $-x$ anstelle von x) die Aussage (d). □

1.15 Satz. *Die Axiome der Multiplikation führen zu den folgenden Regeln:*
(a) *Ist $x \neq 0$ und $xy = xz$, dann ist $y = z$.*
(b) *Ist $x \neq 0$ und $xy = x$, dann folgt $y = 1$.*
(c) *Ist $x \neq 0$ und $xy = 1$, dann ist $y = 1/x$.*
(d) *Ist $x \neq 0$, dann ist $1/(1/x) = x$.*

Der Beweis ähnelt dem von Satz 1.14 so sehr, dass wir ihn weglassen.

1.16 Satz. *Aus den Körperaxiomen resultieren die folgenden Aussagen für alle $x, y, z \in K$:*
(a) *$0x = 0$.*
(b) *Ist $x \neq 0$ und $y \neq 0$, dann ist $xy \neq 0$.*
(c) *$(-x)y = -(xy) = x(-y)$.*
(d) *$(-x)(-y) = xy$.*

Beweis. $0x + 0x = (0 + 0)x = 0x$. Somit folgt aus 1.14 (b), dass $0x = 0$ ist, und es gilt (a).

Nehmen wir nun an, dass $x \neq 0$, $y \neq 0$ gilt, aber $xy = 0$. Dann ergibt (a)

$$1 = \left(\frac{1}{y}\right)\left(\frac{1}{x}\right)xy = \left(\frac{1}{y}\right)\left(\frac{1}{x}\right)0 = 0\,,$$

was im Widerspruch zu (M4) steht. Somit gilt (b).

Die erste Gleichung in (c) ergibt sich aus

$$(-x)y + xy = (-x + x)y = 0y = 0,$$

zusammen mit 1.14 (c); die andere Hälfte von (c) wird auf dieselbe Weise bewiesen.

Schließlich ist

$$(-x)(-y) = -[x(-y)] = -[-(xy)] = xy$$

nach (c) und 1.14 (d). □

1.17 Definition. Ein *geordneter Körper* ist ein Körper K, der zugleich eine *geordnete Menge* ist derart, dass
(i) $x + y < x + z$, falls $x, y, z \in K$ und $y < z$,
(ii) $xy > 0$, falls $x \in K$, $y \in K$, $x > 0$ und $y > 0$.

Ist $x > 0$, so nennen wir x *positiv*, im Fall $x < 0$ heißt x *negativ*.

Zum Beispiel ist $\mathbb{Q}$ ein geordneter Körper.

Die gewohnten Regeln zur Behandlung von Ungleichungen sind in jedem geordneten Körper anwendbar: Multiplikation mit positiven [negativen] Größen erhält Ungleichungen [kehrt sie um], keine Quadratzahl ist negativ etc. Der folgende Satz führt einige davon auf.

1.18 Satz. *Die folgenden Behauptungen gelten in jedem geordneten Körper:*
(a) *Ist $x > 0$, dann ist $-x < 0$, und umgekehrt.*
(b) *Ist $x > 0$ und $y < z$, dann ist $xy < xz$.*
(c) *Ist $x < 0$ und $y < z$, dann folgt $xy > xz$.*
(d) *Ist $x \neq 0$, dann ist $x^2 > 0$. Insbesondere ist $1 > 0$.*
(e) *Ist $0 < x < y$, dann folgt $0 < 1/y < 1/x$.*

Beweis.
(a) Ist $x > 0$, dann ist $0 = -x + x > -x + 0$, also $-x < 0$. Ist $x < 0$, so folgt $0 = -x + x < -x + 0$, also $-x > 0$. Dies beweist (a).
(b) Aus $z > y$ erhalten wir $z - y > y - y = 0$. Somit folgt $x(z - y) > 0$, und daraus folgt wiederum

$$xz = x(z - y) + xy > 0 + xy = xy.$$

(c) Nach (a), (b) und Satz 1.16 (c) gilt

$$-[x(z - y)] = (-x)(z - y) > 0,$$

also $x(z - y) < 0$. Somit folgt $xz < xy$.
(d) Ist $x > 0$, so folgt die Ungleichung $x^2 > 0$ aus Teil (ii) der Definition 1.17. Ist $x < 0$, dann ist $-x > 0$ und somit $(-x)^2 > 0$. Es gilt aber $x^2 = (-x)^2$ nach Satz 1.16 (d). Wegen $1 = 1^2$ folgt insbesondere $1 > 0$.
(e) Ist $y > 0$ und $v \leq 0$, dann ist $yv \leq 0$. Aber $y \cdot (1/y) = 1 > 0$. Somit folgt $1/y > 0$. Ebenso zeigt man, dass $1/x > 0$ gilt. Multiplizieren wir beide Seiten der Ungleichung $x < y$ mit der positiven Größe $(1/x)(1/y)$, so erhalten wir $1/y < 1/x$. □

Der Körper der reellen Zahlen

Wir beginnen mit der Formulierung des Existenzsatzes, der im Mittelpunkt dieses Kapitels steht.

1.19 Satz. *Es gibt einen geordneten Körper $\mathbb{R}$, der die Supremumseigenschaft hat. Ferner enthält $\mathbb{R}$ den Körper $\mathbb{Q}$ der rationalen Zahlen als Unterkörper.*

Die zweite Aussage bedeutet, dass $\mathbb{Q} \subset \mathbb{R}$ ist und dass die Addition und Multiplikation in $\mathbb{R}$ speziell für die Elemente von $\mathbb{Q}$ wieder die entsprechenden üblichen Operationen auf den rationalen Zahlen liefern; außerdem sind die positiven rationalen Zahlen auch positive Elemente von $\mathbb{R}$.

Die Elemente von $\mathbb{R}$ heißen *reelle Zahlen*.

Da der Beweis von Satz 1.19 recht lang und etwas technisch ist, wird er im Anhang zu Kapitel 1 vorgestellt. Dort wird $\mathbb{R}$ aus dem Körper $\mathbb{Q}$ konstruiert.

Der nächste Satz ergäbe sich aus dieser Konstruktion ohne Schwierigkeiten. Trotzdem wollen wir ihn lieber aus Satz 1.19 ableiten, da dieses Vorgehen die Anwendung der Supremumseigenschaft recht gut illustriert.

1.20 Satz.
(a) *Sind $x \in \mathbb{R}$ und $y \in \mathbb{R}$ gegeben mit $x > 0$, so existiert eine natürliche Zahl n, mit der gilt*

$$nx > y.$$

(b) *Sind $x \in \mathbb{R}$ und $y \in \mathbb{R}$ mit $x < y$, so gibt es ein $p \in \mathbb{Q}$ mit $x < p < y$.*

Teil (a) heißt gewöhnlich die *archimedische Eigenschaft* von $\mathbb{R}$. Teil (b) kann kurz wiedergegeben werden als „$\mathbb{Q}$ *ist eine dichte Teilmenge von* $\mathbb{R}$": Zwischen je zwei reellen Zahlen liegt eine rationale.

Beweis.
(a) Sei A die Menge aller nx, wobei n die positiven ganzen Zahlen durchläuft. Wäre (a) falsch, so wäre y eine obere Schranke von A. In diesem Falle hätte A eine kleinste obere Schranke in $\mathbb{R}$. Setze $\alpha = \sup A$. Wegen $x > 0$ ist $\alpha - x < \alpha$, also ist $\alpha - x$ keine obere Schranke von A. Daher muss es eine natürliche Zahl m geben mit $\alpha - x < mx$. Dann ist aber $\alpha < (m + 1)x \in A$, was unmöglich ist, da α eine obere Schranke von A ist.
(b) Aus $x < y$ folgt $y - x > 0$, und nach (a) existiert eine natürliche Zahl n mit

$$n(y - x) > 1.$$

Man wende (a) erneut an, um positive ganze Zahlen m_1 und m_2 mit $m_1 > nx$, $m_2 > -nx$ zu erhalten. Dann gilt

$$-m_2 < nx < m_1.$$

Daraus folgt, dass es eine ganze Zahl m gibt (mit $-m_2 \leq m \leq m_1$), für die gilt

$$m - 1 \leq nx \leq m.$$

Wenn wir diese Ungleichungen kombinieren, erhalten wir

$$nx < m \leq 1 + nx < ny.$$

Wegen $n > 0$ folgt

$$x < \frac{m}{n} < y.$$

Dies beweist (b), mit $p = m/n$. □

Wir werden nun die Existenz von n-ten Wurzeln positiver reeller Zahlen beweisen. Der Beweis wird zeigen, wie die in der Einleitung beschriebene Schwierigkeit (Irrationalität von $\sqrt{2}$) in $\mathbb{R}$ gehandhabt werden kann.

1.21 Satz. *Für jede reelle Zahl $x > 0$ und jede positive ganze Zahl n existiert genau eine positive reelle Zahl y mit $y^n = x$.*

Diese Zahl wird als $\sqrt[n]{x}$ geschrieben oder als $x^{1/n}$.

Beweis. Es ist klar, dass es höchstens ein solches y gibt; denn aus $0 < y_1 < y_2$ folgt $y_1^n < y_2^n$.

Sei E die Menge aller positiven reellen Zahlen t, die $t^n < x$ erfüllen.

Ist $t = x/(1 + x)$, dann gilt $0 < t < 1$. Somit ist $t^n < t < x$. Insbesondere ist $t \in E$ und E ist nicht leer.

Für $t > 1 + x$ gilt $t^n > t > x$, also $t \notin E$. Daher ist $1 + x$ eine obere Schranke von E.

Nach Satz 1.19 folgt die Existenz von

$$y = \sup E$$

in $\mathbb{R}$. Um zu beweisen, dass $y^n = x$ gilt, werden wir zeigen, dass jede der Ungleichungen $y^n < x$ und $y^n > x$ zu einem Widerspruch führt.

Die Identität $b^n - a^n = (b - a)(b^{n-1} + b^{n-2}a + \cdots + a^{n-1})$ führt für $0 < a < b$ auf die Ungleichung

$$b^n - a^n < (b - a)nb^{n-1}.$$

Sei zunächst $y^n < x$ angenommen. Wähle h so, dass $0 < h < 1$ gilt und

$$h < \frac{x - y^n}{n(y + 1)^{n-1}}.$$

Setze $a = y$ und $b = y + h$. Dann gilt

$$(y + h)^n - y^n < hn(y + h)^{n-1} < hn(y + 1)^{n-1} < x - y^n.$$

Also folgt $(y + h)^n < x$ und $y + h \in E$. Wegen $y + h > y$ widerspricht dies aber der Tatsache, dass y eine obere Schranke von E ist.

Sei nun $y^n > x$ angenommen. Setze

$$k = \frac{y^n - x}{ny^{n-1}}.$$

Dann ist $0 < k < y$. Für $t \geq y - k$ folgt

$$y^n - t^n \leq y^n - (y - k)^n < kny^{n-1} = y^n - x.$$

Also ist $t^n > x$ und $t \notin E$. Folglich ist $y - k$ eine obere Schranke von E. Wegen $y - k < y$ widerspricht dies aber der Tatsache, dass y die *kleinste* obere Schranke von E ist.

Also muss $y^n = x$ gelten, was zu beweisen war. ☐

Korollar. *Sind a und b positive reelle Zahlen und ist n eine positive ganze Zahl, so gilt*

$$(ab)^{1/n} = a^{1/n}b^{1/n}.$$

Beweis. Setze $\alpha = a^{1/n}$ und $\beta = b^{1/n}$. Dann gilt

$$ab = \alpha^n \beta^n = (\alpha\beta)^n,$$

da die Multiplikation kommutativ ist. [Axiom (M 2) in Definition 1.12.] Aus der Eindeutigkeitsaussage von Satz 1.21 folgt daher die Gleichheit

$$(ab)^{1/n} = \alpha\beta = a^{1/n}b^{1/n}.$$ ☐

1.22 Bemerkung (Dezimalbrüche). Wir beschließen diesen Abschnitt mit einem Hinweis auf die Beziehung zwischen reellen Zahlen und Dezimalbrüchen.

Sei $x > 0$ eine reelle Zahl und sei n_0 die größte ganze Zahl, für die $n_0 \leq x$ gilt. (Beachte, dass die archimedische Eigenschaft von $\mathbb{R}$ die Existenz von n_0 garantiert.) Sind $n_0, n_1, \ldots, n_{k-1}$ bereits gewählt, dann sei n_k die größte ganze Zahl mit

$$n_0 + \frac{n_1}{10} + \cdots + \frac{n_k}{10^k} \leq x.$$

Sei E die Menge dieser Zahlen

$$n_0 + \frac{n_1}{10} + \cdots + \frac{n_k}{10^k} \quad (k = 0, 1, 2, \ldots). \tag{1.5}$$

Dann ist $x = \sup E$. Die Dezimalentwicklung von x ist

$$n_0 \cdot n_1 n_2 n_3 \ldots \tag{1.6}$$

Umgekehrt ist für jede unendliche Dezimalzahl (1.6) die Menge E der Zahlen (1.5) nach oben beschränkt und (1.6) ist die Dezimalentwicklung von $\sup E$.

Da wir im Folgenden keine Dezimalzahlen benutzen werden, verzichten wir auf eine detaillierte Erörterung.

Die erweiterte reelle Zahlengerade

1.23 Definition. Die erweiterte reelle Zahlengerade besteht aus dem Körper $\mathbb{R}$ der reellen Zahlen und zwei Symbolen, $+\infty$ und $-\infty$. Wir behalten die ursprüngliche Ordnung in $\mathbb{R}$ bei und definieren

$$-\infty < x < +\infty$$

für alle $x \in \mathbb{R}$.

Offenbar ist dann $+\infty$ eine obere Schranke für jede Teilmenge der erweiterten reellen Zahlengeraden, und jede nichtleere Teilmenge hat eine kleinste obere Schranke. Ist zum Beispiel E eine nichtleere Menge reeller Zahlen, die in $\mathbb{R}$ nach oben nicht beschränkt ist, so gilt $\sup E = +\infty$ in der erweiterten reellen Zahlengeraden.

Genau die gleichen Bemerkungen gelten für untere Schranken.

Die erweiterte reelle Zahlengerade bildet keinen Körper, aber es ist üblich, die folgenden Vereinbarungen zu treffen:

(a) Ist x eine reelle Zahl, so sei

$$x + \infty = +\infty, \quad x - \infty = -\infty, \quad \frac{x}{+\infty} = \frac{x}{-\infty} = 0.$$

(b) Ist $x > 0$, so sei

$$x \cdot (+\infty) = +\infty, \quad x \cdot (-\infty) = -\infty.$$

(c) Ist $x < 0$, so sei

$$x \cdot (+\infty) = -\infty, \quad x \cdot (-\infty) = +\infty.$$

Wann immer es wünschenswert erscheint, ganz ausdrücklich zwischen reellen Zahlen einerseits und den Symbolen $+\infty$ und $-\infty$ andererseits zu unterscheiden, werden wir die ersteren *endlich* nennen.

Der Körper der komplexen Zahlen

1.24 Definition. Eine *komplexe Zahl* ist ein geordnetes Paar (a, b) reeller Zahlen. „Geordnet" bedeutet, dass (a, b) und (b, a) als verschieden angesehen werden, falls $a \neq b$ ist.

Seien $x = (a, b)$ und $y = (c, d)$ zwei komplexe Zahlen. Wir schreiben $x = y$ genau dann, wenn $a = c$ und $b = d$ ist. (Beachte, dass diese Definition nicht gänzlich überflüssig ist; man denke zum Vergleich an die Gleichheit rationaler Zahlen, dargestellt als Quotienten von ganzen Zahlen.)

Wir definieren

$$x + y = (a + c, b + d),$$
$$xy = (ac - bd, ad + bc).$$

1.25 Satz. *Durch diese Definition der Addition und Multiplikation wird die Menge aller komplexen Zahlen zu einem Körper mit* $(0, 0)$ *und* $(1, 0)$ *in der Rolle von* 0 *und* 1.

Beweis. Wir verifizieren einfach die Körperaxiome, wie in Definition 1.12 angeführt. (Natürlich benutzen wir dabei die Körperstruktur von $\mathbb{R}$.)

Sei $x = (a, b), y = (c, d), z = (e, f)$.

(A1) Dies ist offensichtlich.

(A2) $x + y = (a + c, b + d) = (c + a, d + b) = y + x.$

(A3)

$$(x + y) + z = (a + c, b + d) + (e, f)$$
$$= (a + c + e, b + d + f)$$
$$= (a, b) + (c + e, d + f)$$
$$= x + (y + z).$$

(A4) $x + 0 = (a, b) + (0, 0) = (a, b) = x.$

(A5) Setze $-x = (-a, -b)$, dann ist $x + (-x) = (0, 0) = 0.$

(M1) Dies ist offensichtlich.

(M2) $xy = (ac - bd, ad + bc) = (ca - db, da + cb) = yx.$

(M3)

$$(xy)z = (ac - bd, ad + bc)(e, f)$$
$$= (ace - bde - adf - bcf, acf - bdf + ade + bce)$$
$$= (a, b)(ce - df, cf + de)$$
$$= x(yz).$$

(M4) $1x = (1, 0)(a, b) = (a, b) = x.$

(M5) Für $x \neq 0$ ist $(a, b) \neq (0, 0)$, d. h. mindestens eine der reellen Zahlen a, b ist ungleich 0. Also folgt $a^2 + b^2 > 0$ aus Satz 1.18 (d) und die folgende Definition ist möglich:

$$\frac{1}{x} = \left(\frac{a}{a^2 + b^2}, \frac{-b}{a^2 + b^2} \right).$$

Dann ist

$$x \cdot \frac{1}{x} = (a, b) \left(\frac{a}{a^2 + b^2}, \frac{-b}{a^2 + b^2} \right) = (1, 0) = 1.$$

(D)

$$x(y + z) = (a, b)(c + e, d + f)$$
$$= (ac + ae - bd - bf, ad + af + bc + be)$$
$$= (ac - bd, ad + bc) + (ae - bf, af + be)$$
$$= xy + xz. \qquad \square$$

1.26 Satz. *Für alle reellen Zahlen a und b gelten die Identitäten*

$$(a, 0) + (b, 0) = (a + b, 0), \quad (a, 0)(b, 0) = (ab, 0).$$

Der Beweis ist trivial.

Satz 1.26 zeigt, dass die komplexen Zahlen der Form $(a, 0)$ dieselben arithmetischen Eigenschaften haben wie die entsprechenden reellen Zahlen a. Somit können wir $(a, 0)$ mit a identifizieren. Dank dieser Identifikation können wir den Körper der reellen Zahlen als einen Teilkörper des Körpers der komplexen Zahlen betrachten.

Der Leser mag bemerkt haben, dass wir die komplexen Zahlen ohne jeglichen Bezug auf die mysteriöse Quadratwurzel aus -1 definiert haben. Wir zeigen nun, dass die Bezeichnung (a, b) äquivalent zu der gebräuchlichen Schreibweise $a + b\mathrm{i}$ ist.

1.27 Definition.

$$\mathrm{i} = (0, 1).$$

1.28 Satz.

$$\mathrm{i}^2 = -1.$$

Beweis.

$$\mathrm{i}^2 = (0, 1)(0, 1) = (-1, 0) = -1. \qquad \square$$

1.29 Satz. *Sind a und b reelle Zahlen, dann ist $(a, b) = a + b\mathrm{i}$.*

Beweis.

$$a + b\mathrm{i} = (a, 0) + (b, 0)(0, 1) = (a, 0) + (0, b) = (a, b). \qquad \square$$

1.30 Definition. Sind a, b reelle Zahlen und ist $z = a + b\mathrm{i}$, dann heißt die komplexe Zahl $\bar{z} = a - b\mathrm{i}$ die *Konjugierte* von z. Die Zahlen a und b werden *Realteil* bzw. *Imaginärteil* von z genannt.

Wir werden gelegentlich schreiben

$$a = \mathrm{Re}\,(z), \quad b = \mathrm{Im}\,(z).$$

1.31 Satz. *Sind z und w komplexe Zahlen, dann gilt*
(a) $\overline{z + w} = \overline{z} + \overline{w}$,
(b) $\overline{zw} = \overline{z} \cdot \overline{w}$,
(c) $z + \overline{z} = 2\operatorname{Re}(z)$, $z - \overline{z} = 2\mathrm{i}\operatorname{Im}(z)$,
(d) $z\overline{z}$ *ist reell und positiv (außer für $z = 0$).*

Beweis. (a), (b), und (c) sind ganz einfach. Um (d) zu beweisen, schreiben wir $z = a + bi$ und beachten, dass gilt $z\overline{z} = a^2 + b^2$. $\qquad\square$

1.32 Definition. Ist z eine komplexe Zahl, so ist ihr *Absolutbetrag* $|z|$ die nichtnegative Quadratwurzel von $z\overline{z}$; d. h. $|z| = (z\overline{z})^{1/2}$.

Die Existenz (und Eindeutigkeit) von $|z|$ folgt aus Satz 1.21 und Teil (d) von Satz 1.31.

Man beachte, dass für reelles x die Identität $\overline{x} = x$ gilt und somit $|x| = \sqrt{x^2}$. Also ist $|x| = x$ für $x \geq 0$ und $|x| = -x$, wenn $x < 0$ ist.

1.33 Satz. *Seien z und w komplexe Zahlen. Dann gilt*
(a) $|z| > 0$, *außer für $z = 0$; $|0| = 0$,*
(b) $|\overline{z}| = |z|$,
(c) $|zw| = |z||w|$,
(d) $|\operatorname{Re} z| \leq |z|$,
(e) $|z + w| \leq |z| + |w|$ *(Dreiecksungleichung).*

Beweis. Die Aussagen (a) und (b) sind trivial. Setze $z = a + bi$ und $w = c + di$, wobei a, b, c und d reelle Zahlen sind, dann ergibt sich

$$|zw|^2 = (ac - bd)^2 + (ad + bc)^2 = (a^2 + b^2)(c^2 + d^2) = |z|^2 |w|^2$$

oder $|zw|^2 = (|z||w|)^2$. (c) folgt nun aus der Eindeutigkeitsaussage von Satz 1.21. Um (d) zu beweisen, beachte man, dass $a^2 \leq a^2 + b^2$ gilt, also

$$|a| = \sqrt{a^2} \leq \sqrt{a^2 + b^2}.$$

Zum Beweis von (e) beachte, dass $\overline{z}w$ die Konjugierte von $z\overline{w}$ ist, so dass

$$z\overline{w} + \overline{z}w = 2\operatorname{Re}(z\overline{w})$$

gilt. Also

$$\begin{aligned}
|z + w|^2 &= (z + w)(\overline{z} + \overline{w}) \\
&= z\overline{z} + z\overline{w} + \overline{z}w + w\overline{w} \\
&= |z|^2 + 2\operatorname{Re}(z\overline{w}) + |w|^2 \\
&\leq |z|^2 + 2|z\overline{w}| + |w|^2
\end{aligned}$$

$$= |z|^2 + 2|z||w| + |w|^2$$
$$= (|z| + |w|)^2.$$

Teil (e) folgt nun durch Bilden der Quadratwurzel. □

1.34 Notation. Sind $x_1, \ldots, x_n$ komplexe Zahlen, so schreiben wir

$$x_1 + x_2 + \cdots + x_n = \sum_{j=1}^{n} x_j.$$

Wir schließen diesen Abschnitt mit einer wichtigen Ungleichung, die gewöhnlich *Schwarzsche Ungleichung* genannt wird.

1.35 Satz. *Sind $a_1, \ldots, a_n$ und $b_1, \ldots, b_n$ komplexe Zahlen, dann folgt*

$$\left| \sum_{j=1}^{n} a_j \overline{b}_j \right|^2 \leq \sum_{j=1}^{n} |a_j|^2 \sum_{j=1}^{n} |b_j|^2.$$

Beweis. Setze $A = \sum |a_j|^2$, $B = \sum |b_j|^2$ und $C = \sum a_j \overline{b}_j$ (in allen Summen in diesem Beweis läuft j von 1 bis n). Ist $B = 0$, dann gilt $b_1 = \cdots = b_n = 0$, und die Schlussfolgerung ist trivial. Nehmen wir daher $B > 0$ an. Nach Satz 1.31 ergibt sich

$$\sum |Ba_j - Cb_j|^2 = \sum (Ba_j - Cb_j)(B\overline{a}_j - \overline{Cb}_j)$$
$$= B^2 \sum |a_j|^2 - B\overline{C} \sum a_j \overline{b}_j - BC \sum \overline{a}_j b_j + |C|^2 \sum |b_j|^2$$
$$= B^2 A - B|C|^2$$
$$= B(AB - |C|^2).$$

Da jedes Glied in der ersten Summe nichtnegativ ist, gilt

$$B(AB - |C|^2) \geq 0.$$

Aus $B > 0$ folgt $AB - |C|^2 \geq 0$. Dies ist die gewünschte Ungleichung. □

Euklidische Räume

1.36 Definition. Für jede positive ganze Zahl k sei $\mathbb{R}^k$ die Menge aller geordneten k-Tupel

$$\mathbf{x} = (x_1, x_2, \ldots, x_k),$$

wobei $x_1, x_2, \ldots, x_k$ reelle Zahlen sind, die man die *Koordinaten* von $\mathbf{x}$ nennt. Die Elemente von $\mathbb{R}^k$ werden *Punkte* oder *Vektoren* genannt, vor allem im Fall $k > 1$. Wir werden Vektoren mit fettgedruckten Buchstaben bezeichnet. Für $\mathbf{y} = (y_1, y_2, \ldots, y_k)$ und eine reelle Zahl α definieren wir

$$\mathbf{x} + \mathbf{y} = (x_1 + y_1, \ldots, x_k + y_k),$$
$$\alpha\mathbf{x} = (\alpha x_1, \ldots, \alpha x_k).$$

Es gilt $\mathbf{x} + \mathbf{y} \in \mathbb{R}^k$ und $\alpha\mathbf{x} \in \mathbb{R}^k$. Die erste Gleichung definiert eine Addition von Vektoren und die zweite eine Multiplikation eines Vektors mit einer reellen Zahl (einem Skalar). Die beiden Operationen erfüllen das Kommutativgesetz, das Assoziativgesetz und das Distributivgesetz (der Beweis ist eine einfache Folgerung aus den entsprechenden Gesetzen für reelle Zahlen). Auf diese Weise wird $\mathbb{R}^k$ zu einem *Vektorraum* über dem Körper der reellen Zahlen. Das Nullelement von $\mathbb{R}^k$ (manchmal auch der *Ursprung* oder *Nullvektor* genannt) ist der Punkt $\mathbf{0}$, dessen Koordinaten sämtlich gleich 0 sind.

Wir definieren ferner das sogenannte *innere Produkt* (oder *Skalarprodukt*) von $\mathbf{x}$ und $\mathbf{y}$ durch

$$\mathbf{x} \cdot \mathbf{y} = \sum_{i=1}^{k} x_i y_i$$

und die *Norm* von $\mathbf{x}$ durch

$$|\mathbf{x}| = (\mathbf{x} \cdot \mathbf{x})^{1/2} = \left(\sum_{1}^{k} x_i^2 \right)^{1/2}.$$

Die so definierte Struktur (der Vektorraum $\mathbb{R}^k$ mit dem obigen inneren Produkt und der Norm) heißt *k-dimensionaler euklidischer Raum*.

1.37 Satz. *Seien* $\mathbf{x}, \mathbf{y}, \mathbf{z} \in \mathbb{R}^k$ *und* α *eine reelle Zahl, dann gilt*
(a) $|\mathbf{x}| \geq 0$;
(b) $|\mathbf{x}| = 0$ *genau dann, wenn* $\mathbf{x} = \mathbf{0}$;
(c) $|\alpha\mathbf{x}| = |\alpha||\mathbf{x}|$;
(d) $|\mathbf{x} \cdot \mathbf{y}| \leq |\mathbf{x}||\mathbf{y}|$;
(e) $|\mathbf{x} + \mathbf{y}| \leq |\mathbf{x}| + |\mathbf{y}|$ *(Dreiecksungleichung)*;
(f) $|\mathbf{x} - \mathbf{z}| \leq |\mathbf{x} - \mathbf{y}| + |\mathbf{y} - \mathbf{z}|$.

Beweis. Die Aussagen (a), (b) und (c) sind evident, und (d) ist eine direkte Folge der Schwarzschen Ungleichung. Aus (d) erhält man

$$|\mathbf{x} + \mathbf{y}|^2 = (\mathbf{x} + \mathbf{y}) \cdot (\mathbf{x} + \mathbf{y})$$
$$= \mathbf{x} \cdot \mathbf{x} + 2\mathbf{x} \cdot \mathbf{y} + \mathbf{y} \cdot \mathbf{y}$$
$$\leq |\mathbf{x}|^2 + 2|\mathbf{x}||\mathbf{y}| + |\mathbf{y}|^2$$
$$= (|\mathbf{x}| + |\mathbf{y}|)^2,$$

was die Aussage (e) beweist. Schließlich folgt (f) aus (e), wenn man **x** durch **x** − **y** ersetzt und **y** durch **y** − **z**. $\qquad\qquad$ □

1.38 Bemerkung. Die Aussagen (a), (b) und (f) von Satz 1.37 werden es uns später erlauben, $\mathbb{R}^k$ als einen metrischen Raum zu betrachten (siehe Kapitel 2).

$\mathbb{R}^1$ (die Menge aller reellen Zahlen) wird gewöhnlich die *Zahlengerade* oder die *reelle Zahlengerade* genannt. Ferner heißt $\mathbb{R}^2$ die *Ebene* oder die *komplexe Ebene* (vergleiche dazu die Definitionen 1.24 und 1.36). In diesen beiden Fällen ist die Norm gerade der Absolutbetrag der entsprechenden reellen oder komplexen Zahl.

Anhang

In diesem Anhang werden wir Satz 1.19 beweisen, indem wir $\mathbb{R}$ aus $\mathbb{Q}$ konstruieren. Wir unterteilen die Konstruktion in mehrere Einzelschritte.

Schritt 1. Die Elemente von $\mathbb{R}$ werden gewisse Teilmengen von $\mathbb{Q}$ sein, die *Schnitte* genannt werden. Ein Schnitt sei dabei eine Menge $\alpha \subset \mathbb{Q}$ mit den folgenden Eigenschaften:

(i) α ist nicht leer und $\alpha \neq \mathbb{Q}$.
(ii) Für $p \in \alpha$ und $q \in \mathbb{Q}$ mit $q < p$ gilt $q \in \alpha$.
(iii) Ist $p \in \alpha$, so existiert ein $r \in \alpha$ mit $p < r$.

Die Buchstaben $p, q, r, \dots$ werden stets rationale Zahlen bezeichnen und $\alpha, \beta, \gamma, \dots$ werden für Schnitte stehen. Beachte, dass (iii) nichts anderes sagt, als dass α kein größtes Element enthält. Aus (ii) folgt zweierlei, wovon wir später Gebrauch machen werden:

Gilt $p \in \alpha$ und $q \notin \alpha$, so folgt $p < q$.
Gilt $r \notin \alpha$ und $r < s$, so folgt $s \notin \alpha$.

Schritt 2. Definiere „$\alpha < \beta$" durch: α ist echte Teilmenge von β.

Wir wollen nun nachprüfen, ob diese Relation auf $\mathbb{R}$ den Bedingungen aus Definition 1.5 genügt.

Gilt $\alpha < \beta$ und $\beta < \gamma$, so gilt natürlich auch $\alpha < \gamma$. (Eine echte Teilmenge einer echten Teilmenge ist eine echte Teilmenge.) Ebenso ist klar, dass für zwei Schnitte α und β höchstens eine der drei Beziehungen

$$\alpha < \beta, \quad \alpha = \beta, \quad \alpha > \beta,$$

gelten kann. Um zu zeigen, dass tatsächlich immer eine gilt, sei nun angenommen, die ersten beiden Beziehungen seien falsch. Dann ist α keine Teilmenge von β. Also gibt es ein $p \in \alpha$ mit $p \notin \beta$. Ist $q \in \beta$, so folgt $q < p$ (da $p \notin \beta$), und daraus erhält man nach (ii), dass $q \in \alpha$ ist. Daher gilt $\beta \subset \alpha$. Wegen $\beta \neq \alpha$ erhalten wir schließlich: $\beta < \alpha$. Somit ist $\mathbb{R}$ eine geordnete Menge.

Schritt 3. *Die geordnete Menge $\mathbb{R}$ hat die Supremumseigenschaft*

Um dies zu beweisen, betrachten wir eine nichtleere Teilmenge A von $\mathbb{R}$, die eine obere Schranke $\beta \in \mathbb{R}$ besitzt. Definiere γ als die Vereinigung aller $\alpha \in A$. Anders ausgedrückt: Eine rationale Zahl p gehört genau dann zu γ, wenn $p \in \alpha$ für mindestens ein $\alpha \in A$ gilt. Wir werden nun beweisen, dass $\gamma \in \mathbb{R}$ und $\gamma = \sup A$ gilt.

Da A nicht leer ist, gibt es ein $\alpha_0 \in A$. Dieses α_0 ist nicht leer. Wegen $\alpha_0 \subset \gamma$ ist auch γ nicht leer. Ferner gilt $\gamma \subset \beta$ (da $\alpha \subset \gamma$ für jedes $\alpha \in A$ gilt) und somit $\gamma \neq \mathbb{Q}$. Also erfüllt γ die Eigenschaft (i). Um (ii) und (iii) zu beweisen, wählen wir $p \in \gamma$. Dann ist $p \in \alpha_1$ für ein geeignetes $\alpha_1 \in A$. Ist $q < p$, so folgt $q \in \alpha_1$, also $q \in \gamma$, womit (ii) bewiesen ist. Wählt man $r \in \alpha_1$ so, dass $r > p$ gilt, so ist $r \in \gamma$ (da $\alpha_1 \subset \gamma$). Also erfüllt γ auch (iii).

Somit ist $\gamma \in \mathbb{R}$.

Selbstverständlich gilt $\alpha \leq \gamma$ für jedes $\alpha \in A$.

Sei nun δ gegeben mit $\delta < \gamma$. Dann gibt es ein $s \in \gamma$, so dass $s \notin \delta$ ist. Wegen $s \in \gamma$ gilt $s \in \alpha$ für ein $\alpha \in A$. Es folgt $\delta < \alpha$ und δ ist keine obere Schranke von A. Dies liefert das gewünschte Resultat: $\gamma = \sup A$.

Schritt 4. Für $\alpha \in \mathbb{R}$ und $\beta \in \mathbb{R}$ definieren wir $\alpha + \beta$ als die Menge aller Summen $r + s$, wobei $r \in \alpha$ und $s \in \beta$ ist.

Ferner definieren wir 0^* als die Menge aller negativen rationalen Zahlen. Natürlich ist 0^* ein Schnitt.

Wir wollen nun nachprüfen, ob die Axiome der Addition (siehe Definition 1.12) in $\mathbb{R}$ erfüllt sind, wobei 0^* das Nullelement sein soll.

(A1) Wir haben zu zeigen, dass $\alpha + \beta$ ein Schnitt ist. Es ist klar, dass $\alpha + \beta$ eine nichtleere Teilmenge von $\mathbb{Q}$ ist. Wähle $r' \notin \alpha$ und $s' \notin \beta$. Dann ist $r' + s' > r + s$ für jede Wahl von $r \in \alpha$ und $s \in \beta$. Also ist $r' + s' \notin \alpha + \beta$. Folglich hat $\alpha + \beta$ die Eigenschaft (i). Sei $p \in \alpha + \beta$ beliebig gewählt. Dann hat p die Form $p = r + s$ mit $r \in \alpha$, $s \in \beta$. Ist $q < p$, so folgt $q - s < r$ und damit $q - s \in \alpha$. Also gilt $q = (q - s) + s \in \alpha + \beta$, und (ii) ist bewiesen. Wähle nun $t \in \alpha$ so, dass $t > r$ ist. Dann gilt $p < t + s$ und $t + s \in \alpha + \beta$. Daher gilt auch (iii).

(A2) $\alpha + \beta$ ist die Menge aller $r + s$ mit $r \in \alpha$, $s \in \beta$. Nach derselben Definition besteht $\beta + \alpha$ aus der Summe $s + r$. Da $r + s = s + r$ für alle $r \in \mathbb{Q}$, $s \in \mathbb{Q}$ gilt, erhalten wir $\alpha + \beta = \beta + \alpha$.

(A3) Wie oben folgt dies aus dem entsprechenden Gesetz in $\mathbb{Q}$, dem Assoziativgesetz.

(A4) Für $r \in \alpha$ und $s \in 0^*$ ist $r + s < r$, also $r + s \in \alpha$. Daher gilt $\alpha + 0^* \subset \alpha$. Zum Beweis der entgegengesetzten Inklusion sei $p \in \alpha$ beliebig vorgegeben. Wähle $r \in \alpha$ mit $r > p$. Dann gilt $p - r \in 0^*$ und $p = r + (p - r) \in \alpha + 0^*$. Also ist $\alpha \subset \alpha + 0^*$. Insgesamt erhalten wir $\alpha + 0^* = \alpha$.

(A5) Sei $\alpha \in \mathbb{R}$. Sei β die Menge aller p mit der folgenden Eigenschaft:

Es gibt ein $r > 0$, mit dem $-p - r \notin \alpha$ ist.

Mit anderen Worten: Es gibt eine rationale Zahl, die kleiner ist als $-p$ und nicht in α liegt.

Wir zeigen, dass $\beta \in \mathbb{R}$ ist und $\alpha + \beta = 0^*$ gilt. Ist $s \notin \alpha$, so folgt für $p = -s - 1$, dass $-p - 1 \notin \alpha$ ist, also $p \in \beta$. Daher ist β nicht leer. Ist $q \in \alpha$, so ist $-q \notin \beta$. Also gilt auch $\beta \neq \mathbb{Q}$, d. h. β erfüllt (i).

Wähle $p \in \beta$ und dazu ein $r > 0$, so dass $-p - r \notin \alpha$ ist. Für $q < p$ gilt dann $-q - r > -p - r$, also $-q - r \notin \alpha$. Dies zeigt, dass $q \in \beta$ ist. Also gilt (ii). Setze $t = p + (r/2)$, dann ist $t > p$ und $-t - (r/2) = -p - r \notin \alpha$, also $t \in \beta$. Somit erfüllt β auch (iii).

Wir haben damit gezeigt, dass $\beta \in \mathbb{R}$ ist.

Ist $r \in \alpha$ und $s \in \beta$, so gilt $-s \notin \alpha$, also $r < -s$ und $r + s < 0$. Daher ist $\alpha + \beta \subset 0^*$.

Zum Beweis der entgegengesetzten Inklusion wähle $v \in 0^*$ und setze $w = -v/2$. Dann ist $w > 0$, und es gibt eine ganze Zahl n, so dass $nw \in \alpha$ ist, aber $(n+1)w \notin \alpha$. (Beachte, dass dies von der Tatsache abhängt, dass $\mathbb{Q}$ die archimedische Eigenschaft hat!) Setze $p = -(n + 2)w$, dann gilt $p \in \beta$, da $-p - w \notin \alpha$ ist und

$$v = nw + p \in \alpha + \beta.$$

Daher gilt $0^* \subset \alpha + \beta$, und zusammen mit der zuvor bewiesenen Beziehung folgt $\alpha + \beta = 0^*$.

Wir werden natürlich dieses β als $-\alpha$ schreiben.

Schritt 5. Nachdem wir nun nachgeprüft haben, dass die in Schritt 4 definierte Addition die Axiome (A) aus Definition 1.12 erfüllt, folgt die Gültigkeit des Satzes 1.14 in $\mathbb{R}$. Wir können damit eine der Bedingungen aus Definition 1.17 beweisen:

Für $\alpha, \beta, \gamma \in \mathbb{R}$ mit $\beta < \gamma$ gilt $\alpha + \beta < \alpha + \gamma$.

In der Tat folgt die Inklusion $\alpha + \beta \subset \alpha + \gamma$ direkt aus der Definition von $+$ in $\mathbb{R}$. Im Fall $\alpha + \beta = \alpha + \gamma$ folgt aus der Kürzungsregel (Satz 1.14) $\beta = \gamma$.

Außerdem folgt, dass $\alpha > 0^*$ genau dann gilt, wenn $-\alpha < 0^*$ ist.

Schritt 6. Die Behandlung der Multiplikation bereitet etwas mehr Mühe als die der Addition, da Produkte negativer rationaler Zahlen positiv sind. Aus diesem Grund beschränken wir uns zunächst auf $\mathbb{R}^+$, die Menge aller $\alpha \in \mathbb{R}$ mit $\alpha > 0^*$.

Für $\alpha \in \mathbb{R}^+$ und $\beta \in \mathbb{R}^+$ definieren wir $\alpha\beta$ als die Menge aller p, die mit geeignet gewählten $r \in \alpha$, $s \in \beta$, $r > 0$, $s > 0$ die Ungleichung $p \leq rs$ erfüllen. Wir definieren 1^* als die Menge aller $q < 1$.

Dann gelten die Axiome (M) und (D) aus Definition 1.12 mit $\mathbb{R}^+$ anstelle von K und mit 1^* als Einselement.

Die Beweise ähneln denjenigen, die wir in Schritt 4 in allen Einzelheiten ausgeführt haben, so sehr, dass wir sie hier weglassen können.

Beachte, dass insbesondere die zweite Forderung aus Definition 1.17 erfüllt ist: Im Fall $\alpha > 0^*$ und $\beta > 0^*$ ist auch $\alpha\beta > 0^*$.

Schritt 7. Wir vervollständigen die Definition der Multiplikation durch die Festsetzung

$$\alpha 0^* = 0^* \alpha = 0^*$$

und

$$\alpha\beta = \begin{cases} (-\alpha)(-\beta), & \text{falls } \alpha < 0^*, \; \beta < 0^*, \\ -[(-\alpha)\beta], & \text{falls } \alpha < 0^*, \; \beta > 0^*, \\ -[\alpha \cdot (-\beta)], & \text{falls } \alpha > 0^*, \; \beta < 0^*. \end{cases}$$

Die Produkte auf der rechten Seite wurden in Schritt 6 definiert.

Nachdem wir gezeigt haben, dass die Axiome (M) in $\mathbb{R}^+$ gültig sind (Schritt 6), ist es nun eine einfache Angelegenheit, ihre Gültigkeit in $\mathbb{R}$ zu beweisen. Dabei benutzen wir mehrfach die Identität $\gamma = -(-\gamma)$ aus Satz 1.14 (siehe Schritt 5.)

Um das Distributivgesetz

$$\alpha(\beta + \gamma) = \alpha\beta + \alpha\gamma$$

zu beweisen, ist eine Fallunterscheidung nötig. Sei zum Beispiel angenommen, es gelte $\alpha > 0^*$, $\beta < 0^*$ und $\beta + \gamma > 0^*$, dann ist $\gamma = (\beta + \gamma) + (-\beta)$ und (da wir bereits wissen, dass das Distributivgesetz in $\mathbb{R}^+$ gilt)

$$\alpha\gamma = \alpha(\beta + \gamma) + \alpha \cdot (-\beta).$$

Aber es gilt $\alpha(-\beta) = -(\alpha\beta)$ und somit

$$\alpha\beta + \alpha\gamma = \alpha(\beta + \gamma).$$

Die anderen Fälle ergeben sich auf dieselbe Weise.

Damit haben wir den Beweis erbracht, dass $\mathbb{R}$ ein geordneter Körper mit der Supremumseigenschaft ist.

Schritt 8. Jeder rationalen Zahl $r \in \mathbb{Q}$ sei nun die Menge r^* aller $p \in \mathbb{Q}$ mit $p < r$ zugeordnet. Offenbar ist jedes solche r^* ein Schnitt, d. h. $r^* \in \mathbb{R}$. Diese Schnitte erfüllen die folgenden Beziehungen:
(a) $r^* + s^* = (r + s)^*$,
(b) $r^* s^* = (rs)^*$,
(c) $r^* < s^*$ gilt genau dann, wenn $r < s$ ist.

Um (a) zu beweisen, wähle $p \in r^* + s^*$. Dann hat p die Form $p = u + v$, wobei $u < r$ und $v < s$. Also ist $p < r + s$, was gerade besagt, dass $p \in (r + s)^*$ ist. Sei nun umgekehrt $p \in (r + s)^*$ gegeben. Dann ist $p < r + s$. Wähle t so, dass $2t = r + s - p$ gilt und setze

$$r' = r - t, \quad s' = s - t.$$

Dann gilt $r' \in r^*$, $s' \in s^*$ und $p = r' + s'$, also $p \in r^* + s^*$.

Dies beweist (a). Der Beweis von (b) verläuft ähnlich.

Ist $r < s$, so hat man $r \in s^*$, aber $r \notin r^*$, also $r^* < s^*$. Ist umgekehrt $r^* < s^*$, so gibt es ein $p \in s^*$ mit $p \notin r^*$. Also folgt $r \le p < s$ und somit $r < s$.

Damit ist auch (c) bewiesen.

Schritt 9. Wir haben in Schritt 8 gesehen, dass beim Ersetzen einer rationalen Zahl r durch den entsprechenden „rationalen Schnitt" $r^* \in \mathbb{R}$ Summen, Produkte und die Ordnungsbeziehung erhalten bleiben. Dies kann so ausgedrückt werden: Der geordnete Körper $\mathbb{Q}$ ist *isomorph* zu dem geordneten Körper $\mathbb{Q}^*$, dessen Elemente die rationalen Schnitte sind. Natürlich ist r^* keineswegs identisch mit r, aber die für uns relevanten Eigenschaften (Arithmetik und Ordnung) sind in beiden Körpern dieselben.

Wir können daher $\mathbb{Q}$ mit $\mathbb{Q}^*$ identifizieren und so $\mathbb{Q}$ als einen Unterkörper von $\mathbb{R}$ betrachten.

Der zweite Teil von Satz 1.19 ist hinsichtlich dieser Identifikation zu verstehen. Beachte, dass dasselbe Phänomen auftritt, wenn die reellen Zahlen als Unterkörper der komplexen Zahlen betrachtet werden. Auf einem weit elementareren Niveau tritt es auch auf, wenn die ganzen Zahlen mit einer gewissen Teilmenge von $\mathbb{Q}$ identifiziert werden.

Es ist eine Tatsache, die wir hier allerdings nicht beweisen werden, *dass je zwei geordnete Körper mit der Supremumseigenschaft isomorph sind.* Der Körper $\mathbb{R}$ der reellen Zahlen ist daher durch den ersten Teil von Satz 1.19 vollständig charakterisiert.

Die im Literaturverzeichnis genannten Bücher von Landau und Thurston behandeln ausschließlich Zahlensysteme. Das erste Kapitel des Buches von Knopp beschreibt etwas ausführlicher, wie man $\mathbb{R}$ aus $\mathbb{Q}$ erhält. Eine andere Konstruktion, die jede reelle Zahl als eine Äquivalenzklasse von Cauchy-Folgen rationaler Zahlen definiert (siehe Kapitel 3), wird im Abschnitt 5 des Buches von Hewitt und Stromberg ausgeführt.

Die Methode der Schnitte in $\mathbb{Q}$, die wir hier benutzt haben, geht auf Dedekind zurück. Die Konstruktion von $\mathbb{R}$ aus $\mathbb{Q}$ vermittels Cauchy-Folgen verdanken wir Cantor. Beide, Cantor und Dedekind, veröffentlichten ihre Konstruktion im Jahre 1872.

Übungsaufgaben

Sofern nicht ausdrücklich Gegenteiliges vermerkt ist, sind alle Zahlen in diesen Übungen als reelle Zahlen zu verstehen.

1. Man beweise: Ist r rational ($r \ne 0$) und x irrational, so sind auch $r + x$ und rx irrational.
2. Man beweise, dass es keine rationale Zahl gibt, deren Quadrat 12 ist.
3. Man beweise Satz 1.15.

4. Sei E eine nichtleere Teilmenge einer geordneten Menge. Unter der Annahme, dass α eine untere Schranke von E ist und β eine obere Schranke von E, beweise man, dass $\alpha \le \beta$ gilt.

5. Sei A eine nichtleere Menge reeller Zahlen, die nach unten beschränkt ist. Sei $-A$ die Menge aller Zahlen $-x$, wobei $x \in A$ ist. Beweise, dass gilt:

$$\inf A = -\sup(-A).$$

6. Sei $b > 1$ fest gewählt.
   (a) Man beweise: Sind m, n, p, q ganze Zahlen mit $n > 0$, $q > 0$ und ist $r = m/n = p/q$, so gilt

   $$(b^m)^{1/n} = (b^p)^{1/q}.$$

   Somit ist die Definition $b^r = (b^m)^{1/n}$ sinnvoll.
   (b) Man beweise, dass $b^{r+s} = b^r b^s$ gilt, wenn r und s rationale Zahlen sind.
   (c) Für eine reelle Zahl x sei $B(x)$ definiert als die Menge aller Zahlen b^t, wobei t rational ist und $t \le x$.
   Beweise, dass

   $$b^r = \sup B(r)$$

   gilt, wenn r eine rationale Zahl ist. Somit ist es sinnvoll,

   $$b^x = \sup B(x)$$

   für alle reellen Zahlen x zu definieren.
   (d) Man beweise, dass $b^{x+y} = b^x b^y$ für alle reellen Zahlen x und y gilt.

7. Seien $b > 1$ und $y > 0$ fest vorgegeben. Man beweise durch Ergänzen der Details in der folgenden Beweisskizze, dass es eine eindeutig bestimmte reelle Zahl x gibt, mit der $b^x = y$ gilt. (Dieses x wird als *Logarithmus von y zur Basis b* bezeichnet.)
   (a) Für jede natürliche Zahl n gilt $b^n - 1 \ge n(b - 1)$.
   (b) Daraus folgt $b - 1 \ge n(b^{1/n} - 1)$.
   (c) Ist $t > 1$ und $n > (b - 1)/(t - 1)$, dann folgt $b^{1/n} < t$.
   (d) Ist w derart, dass $b^w < y$ gilt, dann ist $b^{w+(1/n)} < y$ für hinreichend großes n. Um dies zu zeigen, wende man Teil (c) mit $t = y \cdot b^{-w}$ an.
   (e) Ist $b^w > y$, dann gilt $b^{w-(1/n)} > y$ für hinreichend großes n.
   (f) Sei A die Menge aller w mit $b^w < y$. Man zeige, dass $x = \sup A$ die Gleichung $b^x = y$ erfüllt.
   (g) Man beweise, dass dieses x eindeutig bestimmt ist.

8. Man beweise, dass im Körper der komplexen Zahlen keine Ordnung definiert werden kann, die ihn zu einem geordneten Körper macht.
   Hinweis: -1 ist eine Quadratzahl.

9. Sei $z = a + bi$ und $w = c + di$. Man setze $z < w$, wenn $a < c$ gilt, ebenso wenn $a = c$ gilt, aber $b < d$. Man beweise, dass dadurch die Menge aller komplexen Zahlen eine geordnete Menge wird. (Diese Art der Ordnungsrelation nennt man aus naheliegenden Gründen *lexikographische Ordnung*.) Hat diese geordnete Menge die Supremumseigenschaft?

10. Angenommen $z = a + bi$, $w = u + iv$ und

$$a = \left(\frac{|w| + u}{2}\right)^{1/2}, \quad b = \left(\frac{|w| - u}{2}\right)^{1/2}.$$

Man beweise, dass $z^2 = w$ gilt, falls $v \geq 0$ ist und dass $(\overline{z})^2 = w$ ist für $v \leq 0$. Man folgere, dass jede komplexe Zahl (mit einer Ausnahme) zwei komplexe Quadratwurzeln hat.

11. Sei z eine komplexe Zahl. Man beweise, dass ein $r \geq 0$ existiert und eine komplexe Zahl w mit $|w| = 1$, für die $z = rw$ gilt. Sind w und r immer eindeutig durch z bestimmt?

12. Für komplexe Zahlen $z_1, \ldots, z_n$ beweise man die Ungleichung

$$|z_1 + z_2 + \cdots + z_n| \leq |z_1| + |z_2| + \cdots + |z_n|.$$

13. Man beweise für die komplexen Zahlen x und y die Ungleichung

$$\big||x| - |y|\big| \leq |x - y|.$$

14. Für eine komplexe Zahl z mit $|z| = 1$, d. h. $z\overline{z} = 1$, berechne man

$$|1 + z|^2 + |1 - z|^2.$$

15. Unter welchen Bedingungen gilt Gleichheit in der Schwarzschen Ungleichung?

16. Sei $k \geq 3$, $\mathbf{x}, \mathbf{y} \in \mathbb{R}^k$, $|\mathbf{x} - \mathbf{y}| = d > 0$ und $r > 0$. Man beweise:
    (a) Ist $2r > d$, so gibt es unendlich viele $\mathbf{z} \in \mathbb{R}^k$, für die gilt

$$|\mathbf{z} - \mathbf{x}| = |\mathbf{z} - \mathbf{y}| = r.$$

    (b) Ist $2r = d$, so existiert genau ein solches $\mathbf{z}$.
    (c) Ist $2r < d$, so gibt es kein solches $\mathbf{z}$.
    Wie müssen diese Aussagen geändert werden, wenn $k = 2$ oder 1 ist?

17. Man beweise

$$|\mathbf{x} + \mathbf{y}|^2 + |\mathbf{x} - \mathbf{y}|^2 = 2|\mathbf{x}|^2 + 2|\mathbf{y}|^2$$

für $\mathbf{x} \in \mathbb{R}^k$ und $\mathbf{y} \in \mathbb{R}^k$ und deute dies geometrisch als eine Aussage über Parallelogramme.

18. Sei $k \geq 2$ und $\mathbf{x} \in \mathbb{R}^k$. Man beweise die Existenz eines $\mathbf{y} \in \mathbb{R}^k$, für das $\mathbf{y} \neq \mathbf{0}$, aber $\mathbf{x} \cdot \mathbf{y} = 0$ gilt. Ist dies auch wahr für $k = 1$?

19. Sei $\mathbf{a} \in \mathbb{R}^k$ und $\mathbf{b} \in \mathbb{R}^k$. Man finde ein $\mathbf{c} \in \mathbb{R}^k$ und ein $r > 0$ derart, dass

$$|\mathbf{x} - \mathbf{a}| = 2|\mathbf{x} - \mathbf{b}|$$

genau dann gilt, wenn $|\mathbf{x} - \mathbf{c}| = r$ ist.
(*Lösung:* $3\mathbf{c} = 4\mathbf{b} - \mathbf{a}$, $3r = 2|\mathbf{b} - \mathbf{a}|$.)

20. Angenommen, die Eigenschaft (iii) wird aus der Definition eines Schnittes im Anhang weggelassen. Die Definitionen von Ordnung und Addition werden beibehalten. Man zeige, dass dann die resultierende geordnete Menge die Supremumseigenschaft hat und dass die Addition den Axiomen (A1) bis (A4) (mit einem geringfügig verschiedenen Nullelement) genügt, während (A5) nicht erfüllt ist.

2 Einführung in die Topologie

Endliche, abzählbare und überabzählbare Mengen

Wir beginnen diesen Abschnitt mit der Definition des Funktionsbegriffes.

2.1 Definition. Betrachte zwei Mengen A und B, deren Elemente ganz beliebige Objekte sein können. Ist jedem Element x von A auf irgendeine Weise ein Element von B zugeordnet, welches mit $f(x)$ bezeichnet sei, so heißt f eine *Funktion* von A nach B (oder *Abbildung* von A in B). Die Menge A heißt der *Definitionsbereich* von f (man sagt auch, f sei auf A definiert) und die Elemente $f(x)$ heißen die *Werte* von f. Die Menge aller Werte von f wird der *Wertebereich* von f genannt.

2.2 Definition. Seien A und B zwei Mengen und f eine Abbildung von A in B. Ist $E \subset A$, so wird $f(E)$ als die Menge aller Elemente $f(x)$ mit $x \in E$ definiert. Wir nennen $f(E)$ das *Bild* von E unter f. In dieser Schreibweise ist $f(A)$ gerade der Wertebereich von f, der auch Bildbereich genannt wird. Natürlich ist stets $f(A) \subset B$. Gilt sogar $f(A) = B$, so nennt man f eine Abbildung von A *auf* B oder eine *surjektive* Abbildung. (Beachte, dass bzgl. dieser Verwendung „auf" spezieller ist als „in".)

Ist $E \subset B$, so bezeichnet $f^{-1}(E)$ die Menge aller $x \in A$, für die $f(x) \in E$ ist. Wir nennen $f^{-1}(E)$ das *Urbild* von E unter f. Für $y \in B$ ist $f^{-1}(y)$ die Menge aller $x \in A$, für die $f(x) = y$ gilt. Enthält die Menge $f^{-1}(y)$ für jedes $y \in B$ höchstens ein Element aus A, so wird f eine *eineindeutige* oder *injektive* Abbildung von A in B genannt. Dies kann auch wie folgt ausgedrückt werden: f ist eine injektive Abbildung von A in B, falls für Elemente $x_1 \in A$, $x_2 \in A$ mit $x_1 \neq x_2$ stets $f(x_1) \neq f(x_2)$ gilt.

Eine injektive und zugleich surjektive Abbildung nennen wir *bijektiv*.

(Die Notation $x_1 \neq x_2$ bedeutet, dass x_1 und x_2 verschiedene Elemente sind; andernfalls schreiben wir $x_1 = x_2$.)

2.3 Definition. Existiert eine injektive Abbildung von A *auf* B, so sagt man, dass zwischen den Elementen von A und B eine *eineindeutige Korrespondenz* (oder *Bijektion*) besteht oder dass A und B dieselbe *Kardinalzahl* haben oder auch kurz, dass A und B *äquivalent* sind. Wir schreiben dies als $A \sim B$. Diese Relation hat offensichtlich die folgenden Eigenschaften:

Sie ist *reflexiv*: $A \sim A$.

Sie ist *symmetrisch*: Aus $A \sim B$ folgt $B \sim A$.

Sie ist *transitiv*: Gilt $A \sim B$ und $B \sim C$, so gilt auch $A \sim C$.

Eine Relation mit diesen drei Eigenschaften heißt *Äquivalenzrelation*.

2.4 Definition. Für jede positive ganze Zahl n sei $\mathbb{N}_n$ die Menge mit den Elementen $1, 2, \ldots, n$. Ferner sei $\mathbb{N}$ die Menge aller positiven ganzen Zahlen. Ist A irgendeine Menge, so heißt A

https://doi.org/10.1515/9783110750430-002

(a) *endlich*, falls $A \sim \mathbb{N}_n$ für ein n ist (die leere Menge wird ebenfalls als endlich betrachtet);
(b) *unendlich*, falls A nicht endlich ist;
(c) *abzählbar*, falls $A \sim \mathbb{N}$ ist.
(d) *überabzählbar*, falls A weder endlich noch abzählbar ist;
(e) *höchstens abzählbar*, falls A endlich oder abzählbar ist.

Für zwei endliche Mengen A und B gilt $A \sim B$ offensichtlich genau dann, wenn A und B gleich viele Elemente haben. Für zwei unendliche Mengen ist die Vorstellung, dass sie „gleich viele Elemente haben", allerdings recht vage, wohingegen der Begriff der eineindeutigen Korrespondenz auch in diesem Fall klar bleibt.

2.5 Beispiel. Sei $\mathbb{Z}$ die Menge aller ganzen Zahlen. Dann ist $\mathbb{Z}$ abzählbar. Um dies zu sehen, betrachten wir die folgenden Anordnungen der Mengen $\mathbb{Z}$ und $\mathbb{N}$:

$$\mathbb{Z}: \quad 0, \quad 1, \quad -1, \quad 2, \quad -2, \quad 3, \quad -3, \quad \ldots$$
$$\mathbb{N}: \quad 1, \quad 2, \quad 3, \quad 4, \quad 5, \quad 6, \quad 7, \quad \ldots$$

Wir können in diesem Beispiel sogar eine explizite Formel für eine Funktion f von $\mathbb{N}$ nach $\mathbb{Z}$ angeben, die eine eineindeutige Korrespondenz herstellt:

$$f(n) = \begin{cases} \frac{n}{2} & \text{für } n \text{ gerade,} \\ -\frac{n-1}{2} & \text{für } n \text{ ungerade.} \end{cases}$$

2.6 Bemerkung. Eine endliche Menge ist zu keiner ihrer echten Teilmengen äquivalent. Dagegen ist dies im Fall von unendlichen Mengen durchaus möglich, wie man in Beispiel 2.5 sieht, wo $\mathbb{N}$ eine echte Teilmenge von $\mathbb{Z}$ ist.

Man könnte in der Tat die Definition 2.4 (b) durch die folgende ersetzen: A ist unendlich, falls A zu einer ihrer echten Teilmengen äquivalent ist.

2.7 Definition. Unter einer *Folge* verstehen wir eine Funktion f, die auf der Menge $\mathbb{N}$ aller positiven ganzen Zahlen definiert ist. Gilt $f(n) = x_n$ für $n \in \mathbb{N}$, so ist es üblich, die Folge f durch das Symbol $\{x_n\}$ zu bezeichnen oder gelegentlich durch $x_1, x_2, x_3, \ldots$ Die Werte von f, d. h. die Elemente x_n, nennt man die *Glieder* der Folge. Ist A eine Menge und gilt $x_n \in A$ für alle $n \in \mathbb{N}$, so heißt $\{x_n\}$ eine *Folge von Elementen* aus A.

Beachte, dass die Glieder $x_1, x_2, x_3, \ldots$ einer Folge nicht notwendig verschieden sind.

Da jede abzählbare Menge der Wertebereich einer injektiven, auf $\mathbb{N}$ definierten Funktion ist, können wir jede abzählbare Menge als den Wertebereich einer Folge mit verschiedenen Gliedern betrachten. Etwas freier ausgedrückt heißt dies, dass die Elemente jeder abzählbaren Menge „in einer Folge angeordnet" werden können.

Manchmal ist es zweckmäßig, in der obigen Definition $\mathbb{N}$ durch die Menge aller nichtnegativen ganzen Zahlen zu ersetzen, d. h. mit 0 statt 1 zu beginnen.

2.8 Satz. *Jede unendliche Teilmenge einer abzählbaren Menge ist abzählbar.*

Beweis. Sei $E \subset A$ und E unendlich. Ordne die Elemente x von A als Folge $\{x_n\}$ mit paarweise verschiedenen Gliedern an. Konstruiere nun eine Folge $\{n_k\}$ wie folgt:

Sei n_1 die kleinste natürliche Zahl, für die $x_{n_1} \in E$ ist. Sind die $n_1, \ldots, n_{k-1}$ ($k = 2, 3, 4, \ldots$) bereits gewählt, so sei n_k die kleinste natürliche Zahl größer als n_{k-1}, für die $x_{n_k} \in E$ ist.

Setzt man $f(k) = x_{n_k}$ ($k = 1, 2, 3, \ldots$), so erhält man eine eineindeutige Korrespondenz zwischen E und $\mathbb{N}$. □

Grob gesprochen besagt dieser Satz, dass abzählbare Mengen den „kleinsten Grad von Unendlichkeit" haben: Keine überabzählbare Menge kann Teilmenge einer abzählbaren Menge sein.

2.9 Definition. Seien A und Ω Mengen, und sei jedem Element α von A eine Teilmenge von Ω zugeordnet, die wir mit E_α bezeichnen wollen. Die Menge, deren Elemente die Mengen E_α sind, bezeichnen wir mit $\{E_\alpha\}$. Anstatt über Mengen von Mengen zu sprechen, benutzt man gelegentlich Begriffe wie *Familie* oder *System* von Mengen.

Die *Vereinigung* der Mengen E_α ist definiert als die Menge M mit $x \in M$ genau dann, wenn $x \in E_\alpha$ für wenigstens ein $\alpha \in A$. Wir benutzen dafür die Schreibweise

$$M = \bigcup_{\alpha \in A} E_\alpha. \tag{2.1}$$

Besteht A aus den Zahlen $1, 2, \ldots, n$, so schreibt man gewöhnlich

$$M = \bigcup_{m=1}^{n} E_m \tag{2.2}$$

oder

$$M = E_1 \cup E_2 \cup \cdots \cup E_n. \tag{2.3}$$

Ist A die Menge aller positiven ganzen Zahlen, so ist die übliche Schreibweise

$$M = \bigcup_{m=1}^{\infty} E_m. \tag{2.4}$$

Das Symbol ∞ zeigt nur an, dass die Vereinigung einer *abzählbaren* Familie von Mengen gebildet wird, und sollte nicht mit den Symbolen $+\infty$, $-\infty$ aus Definition 1.23 verwechselt werden.

Der *Durchschnitt* oder die *Schnittmenge* der Mengen E_α ist definiert als die Menge P mit $x \in P$ genau dann, wenn $x \in E_\alpha$ für alle $\alpha \in A$. Wir benutzen die Schreibweise

$$P = \bigcap_{\alpha \in A} E_\alpha \tag{2.5}$$

oder

$$P = \bigcap_{m=1}^{n} E_m = E_1 \cap E_2 \cap \cdots \cap E_n \qquad (2.6)$$

oder

$$P = \bigcap_{m=1}^{\infty} E_m \qquad (2.7)$$

wie bei Vereinigungen. Ist $A \cap B$ nicht leer, so sagt man, dass A und B *sich schneiden*; andernfalls sind sie *disjunkt*.

2.10 Beispiele.
(a) Die Menge E_1 bestehe aus den Zahlen 1, 2, 3 und E_2 aus 2, 3, 4. Dann besteht $E_1 \cup E_2$ aus 1, 2, 3, 4, wogegen $E_1 \cap E_2$ aus 2, 3 besteht.
(b) Sei A die Menge aller reellen Zahlen x mit $0 < x \leq 1$. Für jedes $x \in A$ sei E_x die Menge aller reellen Zahlen y mit $0 < y < x$. Dann folgt:
(i) $E_x \subset E_z$ gilt genau dann, wenn $0 < x \leq z \leq 1$ ist;
(ii) $\bigcup_{x \in A} E_x = E_1$;
(iii) $\bigcap_{x \in A} E_x$ ist leer.
Die Aussagen (i) und (ii) sind evident. Zum Beweis von (iii) betrachte ein beliebiges $y > 0$ und beachte, dass $y \notin E_x$ für $x < y$ gilt. Also folgt $y \notin \bigcap_{x \in A} E_x$.

2.11 Bemerkungen. Viele Eigenschaften von Vereinigungen und Durchschnitten sind denen von Summen und Produkten sehr ähnlich. Tatsächlich wurden die Worte Summe und Produkt gelegentlich in diesem Zusammenhang benutzt, und die Symbole $\sum$ und $\prod$ traten an die Stelle von $\cup$ und $\cap$. Das Kommutativ- und das Assoziativgesetz sind trivial:

$$A \cup B = B \cup A; \quad A \cap B = B \cap A; \qquad (2.8)$$

$$(A \cup B) \cup C = A \cup (B \cup C); \quad (A \cap B) \cap C = A \cap (B \cap C). \qquad (2.9)$$

Dies rechtfertigt das Weglassen von Klammern in (2.3) und (2.6).
Das Distributivgesetz ist ebenfalls gültig:

$$A \cap (B \cup C) = (A \cap B) \cup (A \cap C). \qquad (2.10)$$

Um dies zu beweisen, bezeichnen wir die linke Seite von (2.10) mit E und die rechte mit F.

Sei $x \in E$. Dann gilt $x \in A$ und $x \in B \cup C$, d. h. $x \in B$ oder $x \in C$ (möglicherweise beides). Also folgt $x \in A \cap B$ oder $x \in A \cap C$ und daher $x \in F$. Somit gilt $E \subset F$.

Betrachte nun $x \in F$. Dann gilt $x \in A \cap B$ oder $x \in A \cap C$. Das heißt, es gilt $x \in A$ und $x \in B \cup C$. Somit hat man $x \in A \cap (B \cup C)$, also $F \subset E$.

Es folgt die Gleichheit $E = F$.

Wir notieren einige weitere Beziehungen, die alle leicht zu verifizieren sind:

$$A \subset A \cup B, \tag{2.11}$$

$$A \cap B \subset A. \tag{2.12}$$

Bezeichnet $\emptyset$ die leere Menge, so gilt

$$A \cup \emptyset = A, \quad A \cap \emptyset = \emptyset. \tag{2.13}$$

Gilt $A \subset B$, so folgt

$$A \cup B = B, \quad A \cap B = A. \tag{2.14}$$

2.12 Satz. *Sei $\{E_n\}$, $n = 1, 2, 3, \dots$, eine Folge abzählbarer Mengen. Setze*

$$M = \bigcup_{n=1}^{\infty} E_n, \tag{2.15}$$

dann ist M abzählbar.

Beweis. Ordne jede der Mengen E_n als eine Folge $\{x_{nk}\}$, $k = 1, 2, 3, \dots$ an und betrachte das unendliche Schema

$$\tag{2.16}$$

wobei die n-te Zeile aus den Elementen von E_n besteht. Das Schema enthält alle Elemente von M. In der durch die Pfeile angegebenen Weise können diese Elemente in einer Folge

$$x_{11}; x_{21}, x_{12}; x_{31}, x_{22}, x_{13}; x_{41}, x_{32}, x_{23}, x_{14}; \dots \tag{2.17}$$

angeordnet werden. Haben zwei der Mengen E_n gemeinsame Elemente, so treten diese in (2.17) mehrfach auf. Also existiert eine Teilmenge T der positiven ganzen Zahlen mit $T \sim M$. Dies zeigt, dass M höchstens abzählbar ist (Satz 2.8). Da aber $E_1 \subset M$ gilt und E_1 unendlich ist, muss auch M unendlich sein. Also ist M abzählbar. $\qquad\square$

Korollar. *Sei A eine höchstens abzählbare Menge und sei ferner zu jedem $\alpha \in A$ eine höchstens abzählbare Menge B_α gegeben. Setze*

$$T = \bigcup_{\alpha \in A} B_\alpha,$$

dann ist T höchstes abzählbar.

Dies folgt daraus, dass T zu einer Teilmenge von (2.15) äquivalent ist.

2.13 Satz. *Sei A eine abzählbare Menge, und sei B_n die Menge aller n-Tupel $(a_1, \ldots, a_n)$, wobei $a_1, \ldots, a_n$ Elemente von A sind, die nicht notwendig verschieden sein müssen. Dann ist B_n abzählbar.*

Beweis. Offenbar ist B_1 abzählbar, denn es ist $B_1 = A$. Sei nun angenommen, B_{n-1} sei abzählbar ($n = 2, 3, 4, \ldots$). Die Elemente von B_n sind von der Form

$$(b, a) \quad (b \in B_{n-1}, a \in A). \tag{2.18}$$

Für jedes b ist die Menge der Paare (b, a) äquivalent zu A, also abzählbar. Daher ist B_n die Vereinigung einer abzählbaren Familie abzählbarer Mengen. Nach Satz 2.12 folgt, dass B_n abzählbar ist.

Die Behauptung des Satzes ergibt sich nun durch Induktion. □

Korollar. *Die Menge aller rationalen Zahlen ist abzählbar.*

Beweis. Wir wenden Satz 2.13 für $n = 2$ an und beachten, dass jede rationale Zahl die Form b/a hat, wobei a und b ganze Zahlen sind. Die Menge aller Paare (a, b) ist abzählbar, also auch die Menge aller Brüche b/a. □

Tatsächlich ist sogar die Menge aller algebraischen Zahlen abzählbar (vgl. Übungsaufgabe 2).

Allerdings gibt es auch unendliche Mengen, die nicht abzählbar sind, wie der folgende Satz zeigt.

2.14 Satz. *Sei A die Menge aller Folgen, deren Glieder entweder 0 oder 1 sind. Diese Menge A ist überabzählbar.*

Die Elemente von A sind Folgen wie etwa $1, 0, 0, 1, 0, 1, 1, 1, \ldots$

Beweis. Sei E eine abzählbare Teilmenge von A, und seien $s_1, s_2, s_3, \ldots$ die Folgen in E. Wir konstruieren eine Folge s wie folgt. Ist das n-te Glied von s_n gleich 1, so sei das n-te Glied von s gleich 0, und umgekehrt. Dann unterscheidet sich die Folge s von jedem Element aus E an wenigstens einer Stelle. Also gilt $s \notin E$. Andererseits gilt offensichtlich $s \in A$, so dass E eine echte Teilmenge von A sein muss.

Wir haben gezeigt, dass jede abzählbare Teilmenge von A eine echte Teilmenge ist.

Folglich ist A überabzählbar (denn andernfalls wäre A eine echte Teilmenge von A, ein Widerspruch). □

Die Grundidee des obigen Beweises wurde zuerst von Cantor benutzt und ist als das *Cantorsche Diagonalverfahren* bekannt. Ordnet man nämlich die Folgen $s_1, s_2, s_3, \ldots$ in einem Schema wie (2.16) an, so sind es gerade die Elemente der Diagonalen, die in der Konstruktion der neuen Folge eine Rolle spielen.

Diejenigen Leser, die mit der Dualdarstellung reeller Zahlen (Basis 2 statt 10) vertraut sind, werden bemerkt haben, dass aus Satz 2.14 die Überabzählbarkeit der Menge der reellen Zahlen folgt. In Satz 2.43 werden wir einen zweiten Beweis dieser Tatsache angeben.

Metrische Räume

2.15 Definition. Eine Menge X, deren Elemente im Folgenden *Punkte* genannt werden, heißt ein *metrischer Raum*, wenn je zwei beliebigen Punkten p und q von X eine reelle Zahl $d(p, q)$ – als *Abstand* von p und q bezeichnet – zugeordnet ist, so dass gilt
(a) $d(p, q) > 0$, wenn $p \neq q$; $d(p, p) = 0$;
(b) $d(p, q) = d(q, p)$;
(c) $d(p, q) \leq d(p, r) + d(r, q)$ für alle $r \in X$ *(Dreiecksungleichung)*.

Eine Funktion, die diese drei Eigenschaften hat, wird *Distanzfunktion* oder *Metrik* genannt.

2.16 Beispiele. Die wichtigsten Beispiele von metrischen Räumen für die Analysis sind die euklidischen Räume $\mathbb{R}^k$, und zwar speziell $\mathbb{R}^1$ (die reelle Zahlengerade) und $\mathbb{R}^2$ (die komplexe Zahlenebene); der Abstand in $\mathbb{R}^k$ wird durch

$$d(\mathbf{x}, \mathbf{y}) = |\mathbf{x} - \mathbf{y}| \quad (\mathbf{x}, \mathbf{y} \in \mathbb{R}^k) \tag{2.19}$$

definiert. Nach Satz 1.37 werden die Bedingungen von Definition 2.15 durch (2.19) erfüllt.

Eine wichtige Beobachtung ist, dass jede Teilmenge Y eines metrischen Raumes X selbst ein metrischer Raum ist, wenn wir dieselbe Distanzfunktion verwenden. Gelten nämlich die Bedingungen (a) bis (c) der Definition 2.15 für beliebige $p, q, r \in X$, so gelten sie auch speziell für solche p, q, r, die in Y liegen.

Somit ist jede Teilmenge eines euklidischen Raumes ein metrischer Raum. Weitere Beispiele sind die Räume $\mathcal{C}(K)$ und $\mathcal{L}^2(\mu)$, die in Kapitel 7 bzw. 11 behandelt werden.

2.17 Definition. Unter dem *Segment* (a, b) verstehen wir die Menge aller reellen Zahlen x, für die $a < x < b$ gilt.

Das *Intervall* $[a, b]$ wird definiert als die Menge aller reellen Zahlen x mit $a \leq x \leq b$.

Gelegentlich werden wir auch *halboffene Intervalle* $[a, b)$ und $(a, b]$ benutzen. $[a, b)$ besteht aus allen x mit $a \leq x < b$ und wird auch rechtsoffenes Intervall genannt; $(a, b]$ umfasst alle x mit $a < x \leq b$ und wird auch linksoffenes Intervall genannt.

Wenn $a_i < b_i$ für $i = 1, \ldots, k$ gilt, so wird die Menge aller Punkte $\mathbf{x} = (x_1, \ldots, x_k)$ in $\mathbb{R}^k$, deren Koordinaten den Ungleichungen $a_i \leq x_i \leq b_i$ $(1 \leq i \leq k)$ genügen, eine *k-Zelle* genannt. Somit ist also eine 1-Zelle ein Intervall, eine 2-Zelle ein Rechteck, usw.

Für $\mathbf{x} \in \mathbb{R}^k$ und $r > 0$ wird die *offene* bzw. *abgeschlossene Kugel B* mit *Mittelpunkt* $\mathbf{x}$ und *Radius r* als die Menge aller $\mathbf{y} \in \mathbb{R}^k$ definiert, für die $|\mathbf{y} - \mathbf{x}| < r$ (bzw. $|\mathbf{y} - \mathbf{x}| \leq r$) gilt.

Eine Menge $E \subset \mathbb{R}^k$ heißt *konvex*, wenn für $\mathbf{x} \in E$, $\mathbf{y} \in E$ und $0 < \lambda < 1$ stets

$$\lambda \mathbf{x} + (1 - \lambda)\mathbf{y} \in E$$

gilt.

Zum Beispiel sind Kugeln konvex. Denn für $|\mathbf{y} - \mathbf{x}| < r$, $|\mathbf{z} - \mathbf{x}| < r$ und $0 < \lambda < 1$ ergibt sich

$$
\begin{aligned}
|\lambda \mathbf{y} + (1 - \lambda)\mathbf{z} - \mathbf{x}| &= |\lambda(\mathbf{y} - \mathbf{x}) + (1 - \lambda)(\mathbf{z} - \mathbf{x})| \\
&\leq \lambda|\mathbf{y} - \mathbf{x}| + (1 - \lambda)|\mathbf{z} - \mathbf{x}| \\
&< \lambda r + (1 - \lambda)r \\
&= r.
\end{aligned}
$$

Derselbe Beweis ist auf abgeschlossene Kugeln anwendbar. Man sieht ebenfalls leicht ein, dass k-Zellen konvex sind.

2.18 Definition. Sei X ein metrischer Raum. Alle nachstehend erwähnten Punkte bzw. Mengen werden als Elemente bzw. Teilmengen von X verstanden.

(a) Eine *Umgebung* eines Punktes p ist eine Menge $U_r(p)$, die aus allen Punkten q mit $d(p, q) < r$ besteht. Die Zahl r heißt der *Radius* von $U_r(p)$.

(b) Ein Punkt p ist ein *Häufungspunkt* der Menge E, wenn in *jeder* Umgebung von p ein Punkt $q \in E$ mit $q \neq p$ liegt.

(c) Ist $p \in E$ und ist p kein Häufungspunkt von E, dann wird p ein *isolierter Punkt* von E genannt.

(d) E heißt *abgeschlossen*, wenn jeder Häufungspunkt von E in E liegt.

(e) Ein Punkt p heißt *innerer Punkt* von E, wenn es eine Umgebung U von p gibt, für die $U \subset E$ gilt.

(f) E heißt *offen*, wenn jeder Punkt von E ein innerer Punkt von E ist.

(g) Das *Komplement* von E (durch E^c bezeichnet) ist die Menge aller Punkte $p \in X$ mit $p \notin E$.

(h) E wird *vollkommen* genannt, wenn E abgeschlossen ist und jeder Punkt von E ein Häufungspunkt von E ist.

(i) E ist *beschränkt*, wenn eine reelle Zahl M und ein Punkt $q \in X$ existieren, mit denen $d(p, q) < M$ für alle $p \in E$ gilt.

(j) E heißt *dichte Teilmenge* von X, wenn jeder Punkt von X ein Häufungspunkt von E oder ein Punkt von E ist (oder beides gleichzeitig).

Beachte, dass Umgebungen in $\mathbb{R}^1$ Segmente sind, Umgebungen in $\mathbb{R}^2$ hingegen das Innere von Kreisen.

2.19 Satz. *Jede Umgebung ist eine offene Menge.*

Beweis. Man betrachte eine Umgebung $E = U_r(p)$ und wähle einen beliebigen Punkt $q \in E$. Dann gibt es eine positive reelle Zahl h mit

$$d(p,q) = r - h.$$

Für alle Punkte s, für die $d(q,s) < h$ gilt, folgt

$$d(p,s) \le d(p,q) + d(q,s) < r - h + h = r,$$

so dass $s \in E$ ist. Somit ist q ein innerer Punkt von E. □

2.20 Satz. *Ist p ein Häufungspunkt einer Menge E, so gibt es in jeder Umgebung von p unendlich viele Punkte von E.*

Beweis. Nehmen wir an, es existiere eine Umgebung U von p, die nur endlich viele Punkte von E enthält. Seien $q_1, \ldots, q_n$ diejenigen Punkte von $U \cap E$, die von p verschieden sind. Man setze

$$r = \min_{1 \le m \le n} d(p, q_m).$$

(Wir verwenden diese Bezeichnung, um die kleinste der Zahlen $d(p, q_1), \ldots, d(p, q_n)$ zu kennzeichnen.) Das Minimum einer endlichen Menge von positiven Zahlen ist natürlich positiv, also ist $r > 0$.

In der Umgebung $U_r(p)$ gibt es keinen von p verschiedenen Punkt q von E. Daraus folgt, dass p kein Häufungspunkt von E ist. Dieser Widerspruch beweist den Satz. □

Korollar. *Eine endliche Punktmenge hat keine Häufungspunkte.*

2.21 Beispiele. Betrachte die folgenden Teilmengen von $\mathbb{R}^2$:
(a) Die Menge aller komplexen Zahlen z, für die $|z| < 1$ gilt.
(b) Die Menge aller komplexen Zahlen z, für die $|z| \le 1$ gilt.
(c) Eine nichtleere endliche Menge.
(d) Die Menge aller ganzen Zahlen.
(e) Die Menge E bestehend aus den Zahlen $1/n$ ($n = 1, 2, 3, \ldots$). Hierzu sei bemerkt, dass diese Menge einen Häufungspunkt hat (nämlich $z = 0$), dass jedoch kein Punkt von E ein Häufungspunkt von E ist; wir möchten nachdrücklich den Unterschied zwischen „hat einen Häufungspunkt" und „enthält einen Häufungspunkt" herausstellen.
(f) Die Menge aller komplexen Zahlen (d. h. $\mathbb{R}^2$).
(g) Das Segment (a, b).

Es sei darauf hingewiesen, dass (d), (e) und (g) auch als Teilmengen von $\mathbb{R}^1$ betrachtet werden können. Einige Eigenschaften dieser Mengen finden sich in nachstehender Tabelle:

	abgeschlossen	offen	vollkommen	beschränkt
(a)	nein	ja	nein	ja
(b)	ja	nein	ja	ja
(c)	ja	nein	nein	ja
(d)	ja	nein	nein	nein
(e)	nein	nein	nein	ja
(f)	ja	ja	ja	nein
(g)	nein		nein	ja

In (g) fehlt die zweite Eintragung. Der Grund ist, dass das Segment (a, b) nicht offen ist, wenn es als eine Teilmenge von $\mathbb{R}^2$ angesehen wird; es ist aber eine offene Teilmenge von $\mathbb{R}^1$.

2.22 Satz. *Sei $\{E_\alpha\}$ eine (endliche oder unendliche) Familie von Mengen E_α. Dann gilt*

$$\left(\bigcup_\alpha E_\alpha\right)^c = \left(\bigcap_\alpha E_\alpha^c\right). \tag{2.20}$$

Beweis. Seien A und B die linke und rechte Seite der Gleichung (2.20). Ist $x \in A$, dann folgt $x \notin \bigcup_\alpha E_\alpha$. Somit gilt $x \notin E_\alpha$ für alle α, d. h. $x \in E_\alpha^c$ für alle α, so dass gilt, $x \in \bigcap E_\alpha^c$. Also gilt $A \subset B$.

Umgekehrt folgt aus $x \in B$, dass $x \in E_\alpha^c$ für alle α, d. h. $x \notin E_\alpha$ für alle α, und somit $x \notin \bigcup_\alpha E_\alpha$. Dies bedeutet wiederum, dass $x \in (\bigcup_\alpha E_\alpha)^c$ ist. Somit gilt $B \subset A$. Es folgt die Gleichheit $A = B$. $\qquad\square$

2.23 Satz. *Eine Menge E ist genau dann offen, wenn ihr Komplement abgeschlossen ist.*

Beweis. Zunächst nehme man E^c als abgeschlossen an und wähle $x \in E$ beliebig. Dann folgt $x \notin E^c$ und weiter, dass x kein Häufungspunkt von E^c ist. Somit existiert eine Umgebung U von x derart, für die $E^c \cap U$ leer ist, d. h. $U \subset E$. Also ist x ein innerer Punkt von E, und E ist offen.

Sei E offen und x ein Häufungspunkt von E^c. Dann liegt in jeder Umgebung von x ein Punkt von E^c, also ist x kein innerer Punkt von E. Da E offen ist, folgt $x \in E^c$. Daher ist E^c abgeschlossen. $\qquad\square$

Korollar. *Eine Menge F ist genau dann abgeschlossen, wenn ihr Komplement offen ist.*

2.24 Satz.
(a) *Für jede Familie $\{G_\alpha\}$ von offenen Mengen ist $\bigcup_\alpha G_\alpha$ offen.*
(b) *Für jede Familie $\{F_\alpha\}$ von abgeschlossenen Mengen ist $\bigcap_\alpha F_\alpha$ abgeschlossen.*

(c) *Für jede endliche Familie $G_1, \ldots, G_n$ von offenen Mengen ist $\bigcap_{i=1}^{n} G_i$ offen.*

(d) *Für jede endliche Familie $F_1, \ldots, F_n$ von abgeschlossenen Mengen ist $\bigcup_{i=1}^{n} F_i$ abgeschlossen.*

Beweis. Setze $G = \bigcup_\alpha G_\alpha$. Ist $x \in G$, dann gilt $x \in G_\alpha$ für α. Da x ein innerer Punkt von G_α ist, ist x auch ein innerer Punkt von G, und G ist eine offene Menge. Dies beweist (a).

Aus Satz 2.22 folgt

$$\left(\bigcap_\alpha F_\alpha \right)^c = \left(\bigcup_\alpha F_\alpha^c \right), \tag{2.21}$$

und Satz 2.23 impliziert, dass F_α^c offen ist. Teil (a) wiederum ergibt, dass (2.21) offen ist, so dass $\bigcap_\alpha F_\alpha$ eine abgeschlossene Menge ist.

Als nächstes setze man $H = \bigcap_{i=1}^{n} G_i$. Für alle $x \in H$ gibt es Umgebungen U_i von x mit Radien r_i, für die $U_i \subset G_i$ $(i = 1, \ldots, n)$ gilt. Man setze

$$r = \min(r_1, \ldots, r_n)$$

und bezeichne mit U die Umgebung von x mit Radius r. Dann folgt $U \subset G_i$ für $i = 1, \ldots, n$, also $U \subset H$. Somit ist H offen.

Durch Komplementbildung folgt (d) aus (c):

$$\left(\bigcup_{i=1}^{n} F_i \right)^c = \bigcap_{i=1}^{n} (F_i^c). \qquad \square$$

2.25 Beispiel. Die Endlichkeit der Mengenfamilien in den Teilen (c) und (d) des vorangegangenen Satzes ist wesentlich. Ist nämlich G_n etwa das Segment $(-\frac{1}{n}, \frac{1}{n})$ $(n = 1, 2, 3, \ldots)$, dann ist G_n eine offene Teilmenge von $\mathbb{R}^1$. Der Durchschnitt $G = \bigcap_{n=1}^{\infty} G_n$ aber besteht aus einem einzigen Punkt (nämlich $x = 0$) und ist daher keine offene Teilmenge von $\mathbb{R}^1$.

Somit muss der Durchschnitt einer unendlichen Familie von offenen Mengen nicht offen sein. Analog muss die Vereinigungsmenge einer unendlichen Familie von abgeschlossenen Mengen nicht zwangsläufig abgeschlossen sein.

2.26 Definition. Sei X ein metrischer Raum, und sei $E \subset X$. Bezeichnet E' die Menge aller Häufungspunkte von E in X, dann heißt die Menge $\overline{E} = E \cup E'$ die *abgeschlossene Hülle* von E.

2.27 Satz. *Ist X ein metrischer Raum und $E \subset X$, dann gilt:*

(a) *$\overline{E}$ ist abgeschlossen.*

(b) *$E = \overline{E}$ gilt genau dann, wenn E abgeschlossen ist.*

(c) *Für jede abgeschlossene Menge $F \subset X$ mit $E \subset F$ gilt $\overline{E} \subset F$.*

Nach (a) und (c) ist $\overline{E}$ die *kleinste* abgeschlossene Teilmenge von X, die E enthält.

Beweis.

(a) Gilt $p \in X$ und $p \notin \overline{E}$, dann ist p weder ein Punkt von E noch ein Häufungspunkt von E. Also hat p eine Umgebung, die E nicht schneidet. Das Komplement von $\overline{E}$ ist daher offen. Somit ist $\overline{E}$ abgeschlossen.

(b) Wenn $E = \overline{E}$ gilt, dann folgt aus (a), dass E abgeschlossen ist. Ist umgekehrt E abgeschlossen, dann gilt $E' \subset E$ [nach den Definitionen 2.18 (d) und 2.26] und daher $\overline{E} = E$.

(c) Ist F abgeschlossen und gilt $F \supset E$, dann folgt $F \supset F'$ und $F \supset E'$ und daraus schließlich $F \supset \overline{E}$. $\qquad\square$

2.28 Satz. *Sei E eine nichtleere Menge reeller Zahlen, die nach oben beschränkt ist. Sei ferner $y = \sup E$. Dann gilt $y \in \overline{E}$. Insbesondere ist $y \in E$, wenn E abgeschlossen ist.*

Vergleiche dies mit den Beispielen in 1.9.

Beweis. Ist $y \in E$, dann gilt $y \in \overline{E}$. Angenommen $y \notin E$, dann existiert für jedes $h > 0$ ein Punkt $x \in E$, für den $y - h < x < y$ ist, denn andernfalls wäre $y - h$ eine obere Schranke von E. Somit ist y ein Häufungspunkt von E, und es gilt $y \in \overline{E}$. $\qquad\square$

2.29 Bemerkung. Sei $E \subset Y \subset X$, wobei X ein metrischer Raum ist. Die Aussage „E ist eine offene Teilmenge von X" bedeutet, dass zu jedem Punkt $p \in E$ eine positive Zahl r existiert, für die aus $d(p, q) < r$, $q \in X$ stets $q \in E$ folgt. Wir haben jedoch schon festgestellt (in 2.16), dass Y ebenfalls ein metrischer Raum ist, so dass unsere Definitionen ebenso gut auf Y anwendbar sind. Um genau zu sein, nennen wir E eine *relativ offene Menge bezüglich Y*, wenn es zu jedem $p \in E$ ein $r > 0$ gibt, für das für alle $q \in Y$ mit $d(p, q) < r$ gilt $q \in E$. Beispiel 2.21 (g) zeigte, dass eine Menge relativ offen bzgl. Y sein kann, ohne eine offene Teilmenge von X zu sein. Es besteht eine einfache Beziehung zwischen diesen beiden Begriffen, die wir nun herausstellen wollen.

2.30 Satz. *Sei $Y \subset X$. Eine Teilmenge E von Y ist genau dann relativ offen bezüglich Y, wenn für eine offene Teilmenge G von X gilt $E = Y \cap G$.*

Beweis. Sei E zunächst relativ offen bezüglich Y. Zu jedem $p \in E$ gehört dann eine positive Zahl r_p, für die aus $d(p, q) < r_p$, $q \in Y$ stets $q \in E$ folgt. Sei V_p die Menge aller $q \in X$ mit $d(p, q) < r_p$ gilt. Man setze

$$G = \bigcup_{p \in E} V_p.$$

Nach den Sätzen 2.19 und 2.24 folgt, dass G eine offene Teilmenge von X ist.

Da $p \in V_p$ für alle $p \in E$ gilt, ist daher $E \subset G \cap Y$.

Aus der Wahl von V_p ergibt sich $V_p \cap Y \subset E$ für jedes $p \in E$, so dass $G \cap Y \subset E$ gilt. Somit ist $E = G \cap Y$ und die eine Hälfte des Satzes ist bewiesen.

Umgekehrt, wenn G offen in X ist und $E = G \cap Y$, so besitzt jedes $p \in E$ eine Umgebung $V_p \subset G$. Dann gilt $V_p \cap Y \subset E$ und daher ist E relativ offen bezüglich Y. $\qquad\square$

Kompakte Mengen

2.31 Definition. Unter einer *offenen Überdeckung* einer Menge E in einem metrischen Raum X verstehen wir eine Familie $\{G_\alpha\}$ von offenen Teilmengen von X, für die $E \subset \bigcup_\alpha G_\alpha$ gilt.

2.32 Definition. Eine Teilmenge K eines metrischen Raumes X heißt *kompakt*, wenn jede offene Überdeckung von K eine endliche *Teilüberdeckung* enthält.

Ausführlicher formuliert lautet die Forderung wie folgt: Ist $\{G_\alpha\}$ eine offene Überdeckung von K, dann gibt es endlich viele Indizes $\alpha_1, \ldots, \alpha_n$, so dass

$$K \subset G_{\alpha_1} \cup \cdots \cup G_{\alpha_n}$$

gilt. Der Begriff der Kompaktheit ist von großer Bedeutung in der Analysis, insbesondere in Verbindung mit der Stetigkeit (siehe Kapitel 4).

Es ist klar, dass jede endliche Menge kompakt ist. Die Existenz einer großen Klasse von unendlichen kompakten Mengen in $\mathbb{R}^k$ wird sich aus Satz 2.41 ergeben.

In 2.29 haben wir festgestellt, dass eine Menge E mit $E \subset Y \subset X$ relativ offen bezüglich Y sein kann, ohne notwendigerweise relativ offen bezüglich X zu sein. Die Eigenschaft offen hängt also von dem Raum ab, in den E eingebettet ist. Dasselbe gilt für die Abgeschlossenheit.

Mit der Kompaktheit jedoch verhält es sich besser, wie wir nun sehen werden. Zur Formulierung des nächsten Satzes vereinbaren wir, dass K relativ kompakt bezüglich X sei, wenn die Forderungen der Definition 2.32 erfüllt sind.

2.33 Satz. *Es gelte $K \subset Y \subset X$. Die Menge K ist genau dann relativ kompakt bezüglich X, wenn sie relativ kompakt bezüglich Y ist.*

Aufgrund dieses Satzes können wir in verschiedenen Situationen kompakte Mengen als eigenständige metrische Räume betrachten, ohne dabei etwaige Einbettungen in größere Räume gesondert beachten zu müssen. Insbesondere ist es sinnvoll, von *kompakten* metrischen Räumen zu sprechen, obwohl es sinnlos ist, von *offenen* Räumen oder von *abgeschlossenen* Räumen zu sprechen (jeder metrische Raum X ist eine offene und eine abgeschlossene Teilmenge seiner selbst).

Beweis. Sei K relativ kompakt bezüglich X und sei $\{V_\alpha\}$ eine Familie von relativ offenen Mengen bezüglich Y mit $K \subset \bigcup_\alpha V_\alpha$. Nach Satz 2.30 gibt es relativ bezüglich X offene Mengen G_α, mit denen $V_\alpha = Y \cap G_\alpha$ für alle α gilt; da K relativ kompakt bezüglich X ist, ergibt sich

$$K \subset G_{\alpha_1} \cup \cdots \cup G_{\alpha_n} \tag{2.22}$$

für eine geeignete Wahl von endlich vielen Indizes $\alpha_1, \ldots, \alpha_n$. Wegen $K \subset Y$ führt (2.22) zu

$$K \subset V_{\alpha_1} \cup \cdots \cup V_{\alpha_n}. \tag{2.23}$$

Dies beweist, dass K relativ kompakt bezüglich Y ist.

Sei nun umgekehrt K relativ kompakt bezüglich Y, und sei $\{G_\alpha\}$ eine Familie von offenen Teilmengen von X, die K überdeckt. Setzt man $V_\alpha = Y \cap G_\alpha$, so gilt (2.23) für geeignet gewählte $\alpha_1, \ldots, \alpha_n$, und wegen $V_\alpha \subset G_\alpha$ folgt aus (2.23) die Beziehung (2.22).

Damit ist der Beweis vollständig. ◻

2.34 Satz. *Kompakte Teilmengen von metrischen Räumen sind abgeschlossen.*

Beweis. K sei eine kompakte Teilmenge eines metrischen Raumes X. Wir werden beweisen, dass das Komplement von K eine offene Teilmenge von X ist.

Betrachte dazu $p \in X$ und $p \notin K$. Für $q \in K$ seien V_q und W_q Umgebungen von p bzw. q mit einem Radius kleiner als $\frac{1}{2}d(p,q)$ [siehe Definition 2.18 (a)]. Da K kompakt ist, gibt es endlich viele Punkte $q_1, \ldots, q_n$ in K derart, dass

$$K \subset W_{q_1} \cup \cdots \cup W_{q_n} = W$$

gilt. Setzt man $V = V_{q_1} \cap \cdots \cap V_{q_n}$, dann ist V eine Umgebung von p, die W nicht schneidet. Somit ist $V \subset K^c$ und damit p ein innerer Punkt von K^c. Hieraus folgt die Aussage des Satzes. ◻

2.35 Satz. *Abgeschlossene Teilmengen von kompakten Mengen sind kompakt.*

Beweis. Sei $F \subset K \subset X$, sei F abgeschlossen (relativ bezüglich X) und sei K kompakt. Sei ferner $\{V_\alpha\}$ eine offene Überdeckung von F. Fügt man zu $\{V_\alpha\}$ noch F^c hinzu, so erhält man eine offene Überdeckung Ω von K. Da K kompakt ist, existiert eine endliche Unterfamilie Φ von Ω, die K und somit auch F überdeckt. Gehört F^c zu Φ, so können wir es aus Φ fortlassen, und der Rest bildet immer noch eine offene Überdeckung von F. Damit haben wir gezeigt, dass F von einer endlichen Unterfamilie von $\{V_\alpha\}$ überdeckt wird. ◻

Korollar. *Ist F abgeschlossen und K kompakt, dann ist $F \cap K$ kompakt.*

Beweis. Die Sätze 2.24 (b) und 2.34 zeigen, dass $F \cap K$ abgeschlossen ist. Da $F \cap K \subset K$ gilt, folgt die Kompaktheit von $F \cap K$ direkt aus Satz 2.35. ◻

2.36 Satz. *Ist $\{K_\alpha\}$ eine Familie von kompakten Teilmengen eines metrischen Raumes X, so dass die Durchschnittsmenge jeder endlichen Unterfamilie von $\{K_\alpha\}$ nicht leer ist, dann ist $\bigcap K_\alpha$ nicht leer.*

Beweis. Sei eine Menge K_1 aus $\{K_\alpha\}$ fest gewählt und sei $G_\alpha = K_\alpha^c$. Nehmen wir an, dass kein Punkt von K_1 zu jedem K_α gehört. Dann bilden die Mengen G_α eine offene Überdeckung von K_1. Da K_1 kompakt ist, gibt es endlich viele Indizes $\alpha_1, \ldots, \alpha_n$ derart, dass $K_1 \subset G_{\alpha_1} \cup \cdots \cup G_{\alpha_n}$ gilt. Dies bedeutet, dass $K_1 \cap K_{\alpha_1} \cap \cdots \cap K_{\alpha_n}$ leer ist, im Widerspruch zu unserer Hypothese. ◻

Korollar. *Ist* $\{K_n\}$ *eine Folge nichtleerer kompakter Mengen, für die*

$$K_n \supset K_{n+1} \quad (n = 1, 2, 3, \dots)$$

gilt, dann ist $\bigcap_1^\infty K_n$ *nicht leer.*

2.37 Satz. *Ist E eine unendliche Teilmenge einer kompakten Menge K, dann hat E einen Häufungspunkt in K.*

Beweis. Wäre kein Punkt von K ein Häufungspunkt von E, dann hätte jedes $q \in K$ eine Umgebung V_q, die höchstens einen Punkt von E (nämlich q, falls $q \in E$) enthalten würde. Es ist klar, dass E von keiner endlichen Unterfamilie von $\{V_q\}$ überdeckt werden kann; dasselbe gilt für K, da $E \subset K$. Das widerspricht aber der Kompaktheit von K. $\square$

2.38 Satz. *Ist $\{I_n\}$ eine Folge von Intervallen in $\mathbb{R}^1$ mit $I_n \supset I_{n+1}$ ($n = 1, 2, 3, \dots$), dann ist $\bigcap_1^\infty I_n$ nicht leer.*

Beweis. Ist $I_n = [a_n, b_n]$, so sei E die Menge aller a_n. Dann ist E nicht leer und nach oben beschränkt (durch b_1). Sei x das Supremum von E. Sind m und n natürliche Zahlen, dann gilt

$$a_n \le a_{m+n} \le b_{m+n} \le b_m,$$

so dass $x \le b_m$ für jedes m ist.

Da andererseits offensichtlich $a_m \le x$ ist, sehen wir, dass $x \in I_m$ für $m = 1, 2, 3, \dots$ gilt. $\square$

2.39 Satz. *Sei k eine natürliche Zahl. Ist $\{I_n\}$ eine Folge von k-Zellen und gilt $I_n \supset I_{n+1}$ ($n = 1, 2, 3, \dots$), dann ist $\bigcap_1^\infty I_n$ nicht leer.*

Beweis. I_n bestehe aus allen Punkten $\mathbf{x} = (x_1, \dots, x_k)$ derart, dass

$$a_{n,j} \le x_j \le b_{n,j} \quad (1 \le j \le k; \; n = 1, 2, 3, \dots).$$

Setze $I_{n,j} = [a_{n,j}, b_{n,j}]$. Für jedes j erfüllt die Folge $\{I_{n,j}\}$ die Annahmen von Satz 2.38. Somit existieren reelle Zahlen x_j^* ($1 \le j \le k$) mit

$$a_{n,j} \le x_j^* \le b_{n,j} \quad (1 \le j \le k; \; n = 1, 2, 3, \dots).$$

Für $\mathbf{x}^* = (x_1^*, \dots, x_k^*)$ erhält man $\mathbf{x}^* \in I_n$ für $n = 1, 2, 3, \dots$. Damit ist der Satz bewiesen. $\square$

2.40 Satz. *Jede k-Zelle ist kompakt.*

Beweis. Sei I eine k-Zelle, bestehend aus allen Punkten $\mathbf{x} = (x_1, \dots, x_k)$ mit $a_j \le x_j \le b_j$ ($1 \le j \le k$). Setze

$$\delta = \left(\sum_{j=1}^k (b_j - a_j)^2 \right)^{1/2}.$$

Für beliebige $\mathbf{x} \in I$, $\mathbf{y} \in I$ gilt dann $|\mathbf{x} - \mathbf{y}| \leq \delta$.

Wir wollen den Beweis indirekt führen und nehmen dazu an, es gäbe eine offene Überdeckung $\{G_\alpha\}$ von I, die keine endliche Teilüberdeckung von I enthält. Setze $c_j = (a_j + b_j)/2$. Die Intervalle $[a_j, c_j]$ und $[c_j, b_j]$ bestimmen dann 2^k k-Zellen Q_i, deren Vereinigung I ist. Mindestens eine dieser Mengen Q_i, nennen wir sie I_1, kann von keiner endlichen Unterfamilie von $\{G_\alpha\}$ überdeckt werden (andernfalls gäbe es auch für I eine endliche Teilüberdeckung). Als nächstes unterteilen wir I_1 und führen das Verfahren fort. Wir erhalten eine Folge $\{I_n\}$ mit den folgenden Eigenschaften:

(a) $I \supset I_1 \supset I_2 \supset I_3 \supset \cdots$

(b) I_n wird von keiner endlichen Unterfamilie von $\{G_\alpha\}$ überdeckt.

(c) Sind $\mathbf{x} \in I_n$ und $\mathbf{y} \in I_n$, dann gilt $|\mathbf{x} - \mathbf{y}| \leq 2^{-n}\delta$.

Nach (a) und Satz 2.39 gibt es einen Punkt $\mathbf{x}^*$, der in jedem I_n liegt. Für ein geeignetes α ist $\mathbf{x}^* \in G_\alpha$. Da G_α offen ist, existiert ein $r > 0$ derart, dass aus $|\mathbf{y} - \mathbf{x}^*| < r$ stets $\mathbf{y} \in G_\alpha$ folgt. Ist n so groß, dass $2^{-n}\delta < r$ ist (es gibt ein solches n, denn anderenfalls wäre $2^n \leq \delta/r$ für alle positiven ganzen Zahlen n, was der archimedischen Eigenschaft von $\mathbb{R}$ widerspräche), dann folgt aus (c) die Inklusion $I_n \subset G_\alpha$, was wiederum im Widerspruch zu (b) steht.

Damit ist der Beweis vollständig. □

Die Äquivalenz von (a) und (b) im nächsten Satz ist als der *Satz von Heine-Borel* bekannt.

2.41 Satz. *Hat eine Menge E in $\mathbb{R}^k$ eine der drei folgenden Eigenschaften, so besitzt sie auch die anderen beiden:*

(a) *E ist abgeschlossen und beschränkt.*

(b) *E ist kompakt.*

(c) *Jede unendliche Teilmenge von E hat einen Häufungspunkt in E.*

Beweis. Trifft Aussage (a) zu, dann gilt $E \subset I$ für eine k-Zelle I und Aussage (b) ergibt sich aus den Sätzen 2.40 und 2.35. Satz 2.37 zeigt, dass (c) aus (b) folgt. Es bleibt zu beweisen, dass (c) die Gültigkeit von (a) impliziert.

Ist E nicht beschränkt, dann enthält E Punkte $\mathbf{x}_n$ mit

$$|\mathbf{x}_n| > n \quad (n = 1, 2, 3, \ldots).$$

Die Menge S, bestehend aus diesen Punkten $\mathbf{x}_n$, ist unendlich und hat offensichtlich keinen Häufungspunkt in $\mathbb{R}^k$. Folglich hat sie auch keinen in E. Somit folgt aus (c) zunächst, dass E beschränkt ist.

Ist E nicht abgeschlossen, dann existiert ein Punkt $\mathbf{x}_0 \in \mathbb{R}^k$, der ein Häufungspunkt von E ist, jedoch nicht zu E gehört. Für $n = 1, 2, 3, \ldots$ gibt es Punkte $\mathbf{x}_n \in E$, für die $|\mathbf{x}_n - \mathbf{x}_0| < 1/n$ gilt. Sei S die Menge dieser Punkte $\mathbf{x}_n$, dann ist S unendlich (andernfalls würde $|\mathbf{x}_n - \mathbf{x}_0|$ für unendlich viele n einen konstanten positiven Wert haben). S hat $\mathbf{x}_0$ als Häufungspunkt und S hat keinen weiteren Häufungspunkt in $\mathbb{R}^k$. Denn für $\mathbf{y} \in \mathbb{R}^k$, $\mathbf{y} \neq \mathbf{x}_0$ gilt

$$|\mathbf{x}_n - \mathbf{y}| \geq |\mathbf{x}_0 - \mathbf{y}| - |\mathbf{x}_n - \mathbf{x}_0|$$
$$\geq |\mathbf{x}_0 - \mathbf{y}| - \frac{1}{n}$$
$$\geq \frac{1}{2}|\mathbf{x}_0 - \mathbf{y}|$$

für alle n, bis auf höchstens endlich viele. Dies zeigt, dass $\mathbf{y}$ kein Häufungspunkt von S ist (Satz 2.20).

Somit hat S keinen Häufungspunkt in E. Also muss E abgeschlossen sein, wenn (c) gilt. $\qquad\square$

Wir wollen an dieser Stelle anmerken, dass (b) und (c) in jedem metrischen Raum äquivalent sind (Übungsaufgabe 26), dass aber (a) im Allgemeinen nicht die Aussagen (b) und (c) impliziert. Beispiele dafür liefern die Übungsaufgabe 16 sowie der Raum $\mathcal{L}^2$, der in Kapitel 11 erörtert wird.

2.42 Satz (Satz von Weierstraß). *Jede beschränkte unendliche Teilmenge E von $\mathbb{R}^k$ hat einen Häufungspunkt in $\mathbb{R}^k$.*

Beweis. Da die Menge E beschränkt ist, ist sie eine Teilmenge einer k-Zelle $I \subset \mathbb{R}^k$. Nach Satz 2.40 ist I kompakt; also hat E (nach Satz 2.37) einen Häufungspunkt in I. $\quad\square$

Vollkommene Mengen

2.43 Satz. *Sei P eine nichtleere vollkommene Menge in $\mathbb{R}^k$. Dann ist P überabzählbar.*

Beweis. Da P Häufungspunkte hat, muss P unendlich sein. Angenommen, P sei abzählbar und die Punkte von P seien $x_1, x_2, x_3, \ldots$. Wir konstruieren nun eine Folge $\{V_n\}$ von Umgebungen wie folgt.

Sei V_1 eine beliebige Umgebung von $\mathbf{x}_1$. Besteht V_1 aus allen $\mathbf{y} \in \mathbb{R}^k$, für die $|\mathbf{y} - \mathbf{x}_1| < r$ gilt, dann ist die abgeschlossene Hülle $\overline{V}_1$ von V_1 die Menge aller $\mathbf{y} \in \mathbb{R}^k$ mit $|\mathbf{y} - \mathbf{x}_1| \leq r$.

Angenommen, V_n wurde so konstruiert, dass $V_n \cap P$ nicht leer ist. Da jeder Punkt von P ein Häufungspunkt von P ist, gibt es eine Umgebung V_{n+1} derart, dass (i) $\overline{V}_{n+1} \subset V_n$, (ii) $\mathbf{x}_n \notin \overline{V}_{n+1}$ und (iii) $V_{n+1} \cap P$ nicht leer ist. Nach (iii) erfüllt V_{n+1} unsere Induktionsannahme und die Konstruktion kann weitergeführt werden.

Man setze $K_n = \overline{V}_n \cap P$. Da $\overline{V}_n$ abgeschlossen und beschränkt ist, ist $\overline{V}_n$ kompakt. Da $\mathbf{x}_n \notin K_{n+1}$ ist, liegt kein Punkt von P in $\bigcap_{n=1}^{\infty} K_n$. Wegen $K_n \subset P$ ist daher $\bigcap_1^{\infty} K_n$ leer. Nach (iii) ist aber jedes K_n nicht leer, und nach (i) gilt $K_n \supset K_{n+1}$; dies widerspricht dem Korollar zu Satz 2.36. $\qquad\square$

Korollar. *Jedes Intervall* $[a,b]$ $(a < b)$ *ist überabzählbar. Insbesondere ist die Menge aller reellen Zahlen überabzählbar.*

2.44 Cantorsche Wischmenge. Die Menge, die wir nun konstruieren werden, zeigt, dass es in $\mathbb{R}^1$ vollkommene Mengen gibt, die kein Segment enthalten.

Sei E_0 das Intervall $[0,1]$. Man wische daraus das Segment $(\frac{1}{3}, \frac{2}{3})$ weg und definiere E_1 als die Vereinigungsmenge der Intervalle

$$\left[0,\tfrac{1}{3}\right], \quad \left[\tfrac{2}{3},1\right].$$

Nun wische man die mittleren Drittel dieser Intervalle weg und definiere E_2 als die Vereinigungsmenge der Intervalle

$$\left[0,\tfrac{1}{9}\right], \quad \left[\tfrac{2}{9},\tfrac{3}{9}\right], \quad \left[\tfrac{6}{9},\tfrac{7}{9}\right], \quad \left[\tfrac{8}{9},1\right].$$

Wenn wir dieses Verfahren fortsetzen, erhalten wir eine Folge von kompakten Mengen E_n, für die gilt
(a) $E_1 \supset E_2 \supset E_3 \supset \cdots$
(b) E_n ist die Vereinigung von 2^n Intervallen der Länge 3^{-n}.

Die Menge

$$P = \bigcap_{n=1}^{\infty} E_n$$

wird die *Cantorsche Wischmenge* genannt. P ist natürlich kompakt, und Satz 2.36 zeigt, dass P nicht leer ist.

Kein Segment der Form

$$\left(\frac{3k+1}{3^m}, \frac{3k+2}{3^m}\right), \tag{2.24}$$

wobei k und m natürliche Zahlen sind, hat einen gemeinsamen Punkt mit P. Da jedes Segment (α,β) ein Segment der Form (2.24) enthält, wenn

$$3^{-m} < \frac{\beta - \alpha}{6}$$

gilt, enthält P kein Segment.

Um zu beweisen, dass P vollkommen ist, genügt es zu zeigen, dass P keinen isolierten Punkt enthält. Sei $x \in P$, und sei S ein beliebiges Segment, das x enthält. Sei ferner I_n dasjenige Intervall von E_n, das x enthält. Man wähle n so groß, dass $I_n \subset S$ erfüllt ist. Sei x_n ein Endpunkt von I_n derart, dass $x_n \neq x$ ist.

Aus der Konstruktion von P folgt, dass $x_n \in P$ ist. Also ist x ein Häufungspunkt von P, und P ist vollkommen.

Eine der wichtigsten Eigenschaften der Cantorschen Wischmenge ist, dass sie uns ein Beispiel einer überabzählbaren Menge vom Maß null liefert (Der Begriff „Maß" wird in Kapitel 11 behandelt).

Zusammenhängende Mengen

2.45 Definition. Zwei Teilmengen A und B eines metrischen Raumes X heißen *getrennt*, wenn sowohl $A \cap \overline{B}$ als auch $\overline{A} \cap B$ leer sind, d. h., wenn kein Punkt von A in der abgeschlossenen Hülle von B und kein Punkt von B in der abgeschlossenen Hülle von A liegt.

Eine Menge $E \subset X$ heißt *zusammenhängend*, wenn E nicht die Vereinigungsmenge von zwei nichtleeren getrennten Mengen ist.

2.46 Bemerkung. Getrennte Mengen sind natürlich disjunkt, aber disjunkte Mengen müssen nicht notwendig getrennt sein. Zum Beispiel sind das Intervall $[0, 1]$ und das Segment $(1, 2)$ *nicht* getrennt, da 1 ein Häufungspunkt von $(1, 2)$ ist. Die Segmente $(0, 1)$ und $(1, 2)$ *sind* jedoch getrennt.

Die zusammenhängenden Teilmengen der Zahlengeraden haben eine besonders einfache Struktur:

2.47 Satz. *Eine Teilmenge E der reellen Zahlengeraden $\mathbb{R}^1$ ist genau dann zusammenhängend, wenn sie die folgende Eigenschaft besitzt: Wenn $x \in E$, $y \in E$ und $x < z < y$ ist, dann gilt $z \in E$.*

Beweis. Seien $x \in E$, $y \in E$ und $z \in (x, y)$ derart, dass $z \notin E$ ist. Dann ist $E = A_z \cup B_z$, wobei

$$A_z = E \cap (-\infty, z), \quad B_z = E \cap (z, \infty)$$

gesetzt wurden. Wegen $x \in A_z$ und $y \in B_z$ sind die Mengen A_z und B_z nicht leer. Da $A_z \subset (-\infty, z)$ und $B_z \subset (z, \infty)$ gilt, sind sie getrennt. Also ist E eine nicht zusammenhängende Menge.

Um die Umkehrung zu beweisen, nehme man an, E sei nicht zusammenhängend. Dann existieren nichtleere, getrennte Mengen A und B, für die $A \cup B = E$ gilt. Man wähle $x \in A$, $y \in B$ und nehme (ohne Beschränkung der Allgemeingültigkeit) $x < y$ an. Man definiere

$$z = \sup(A \cap [x, y]).$$

Nach Satz 2.28 gilt $z \in \overline{A}$. Also ist $z \notin B$ und insbesondere ist $x \le z < y$.

Gilt $z \notin A$, so folgt $x < z < y$ und $z \notin E$.

Ist $z \in A$, dann gilt $z \notin \overline{B}$. Somit gibt es ein z_1, für das $z < z_1 < y$ und $z_1 \notin B$ gilt. Man erhält schließlich $x < z_1 < y$ und $z_1 \notin E$. $\qquad \square$

Übungsaufgaben

1. Man beweise, dass die leere Menge eine Teilmenge jeder Menge ist.
2. Eine komplexe Zahl z heißt *algebraisch*, wenn ganze Zahlen $a_0, \ldots, a_n$, die nicht alle null sind, existieren, so dass

$$a_0 z^n + a_1 z^{n-1} + \cdots + a_{n-1} z + a_n = 0$$

   gilt. Man beweise, dass die Menge aller algebraischen Zahlen abzählbar ist. *Hinweis:* Für jede natürliche Zahl N gibt es nur endlich viele Gleichungen, die

$$n + |a_0| + |a_1| + \cdots + |a_n| = N$$

   erfüllen.
3. Man beweise, dass es reelle Zahlen gibt, die nicht algebraisch sind.
4. Ist die Menge aller irrationalen reellen Zahlen abzählbar?
5. Man konstruiere eine beschränkte Menge reeller Zahlen mit genau drei Häufungspunkten.
6. E' sei die Menge aller Häufungspunkte einer Menge E. Man beweise, dass E' abgeschlossen ist. Man zeige ferner, dass E und $\overline{E}$ dieselben Häufungspunkte haben. (Man beachte, dass $\overline{E} = E \cup E'$.) Haben E und E' immer dieselben Häufungspunkte?
7. Seien $A_1, A_2, A_3, \ldots$ Teilmengen eines metrischen Raumes.
   (a) Ist

$$B_n = \bigcup_{i=1}^{n} A_i,$$

   dann beweise man, dass

$$\overline{B}_n = \bigcup_{i=1}^{n} \overline{A}_i \quad \text{für } n = 1, 2, 3, \ldots$$

   gilt.
   (b) Ist

$$B = \bigcup_{i=1}^{\infty} A_i,$$

   dann beweise man, dass

$$\overline{B} \supset \bigcup_{i=1}^{\infty} \overline{A}_i$$

   gilt.
   Man zeige anhand eines Beispiels, dass diese Inklusion echt sein kann.

8. Ist jeder Punkt einer jeden offenen Menge $E \subset \mathbb{R}^2$ ein Häufungspunkt von E? Man beantworte dieselbe Frage für abgeschlossene Mengen im $\mathbb{R}^2$.

9. Man bezeichne die Menge aller inneren Punkte einer Menge E mit E^0. (Siehe Definition 2.18 (e); E^0 heißt das *Innere* von E.)

    (a) Man beweise, dass E^0 immer offen ist.

    (b) Man beweise, dass E genau dann offen ist, wenn $E^0 = E$ ist.

    (c) Man zeige: Gilt $G \subset E$ und ist G offen, dann gilt $G \subset E^0$.

    (d) Man beweise, dass das Komplement von E^0 die abgeschlossene Hülle des Komplements von E ist.

    (e) Haben E und $\overline{E}$ stets dasselbe Innere?

    (f) Haben E und E^0 stets dieselben abgeschlossenen Hüllen?

10. X sei eine unendliche Menge. Für $p \in X$ und $q \in X$ definiere

$$d(p,q) = \begin{cases} 1, & \text{wenn } p \neq q; \\ 0, & \text{wenn } p = q. \end{cases}$$

    Man beweise, dass dies eine Metrik ist. Welche Teilmengen des resultierenden metrischen Raumes sind offen? Welche sind abgeschlossen? Welche sind kompakt?

11. Für $x \in \mathbb{R}^1$ und $y \in \mathbb{R}^1$ definiere

$$d_1(x,y) = (x-y)^2,$$
$$d_2(x,y) = \sqrt{|x-y|},$$
$$d_3(x,y) = |x^2 - y^2|,$$
$$d_4(x,y) = |x - 2y|,$$
$$d_5(x,y) = \frac{|x-y|}{1 + |x-y|}.$$

    Man entscheide in jedem Fall, ob eine Metrik vorliegt oder nicht.

12. Die Teilmenge $K \subset \mathbb{R}^1$ bestehe aus 0 und den Zahlen $1/n$ für $n = 1, 2, 3, \ldots$. Man beweise direkt aus der Definition (ohne Anwendung des Satzes von Heine-Borel), dass K kompakt ist.

13. Man konstruiere eine kompakte Menge reeller Zahlen, deren Häufungspunkte eine abzählbare Menge bilden.

14. Man gebe ein Beispiel für eine offene Überdeckung des Segments $(0,1)$ an, die keine endliche Teilüberdeckung hat.

15. Man zeige, dass Satz 2.36 und sein Korollar nicht mehr gelten (zum Beispiel in $\mathbb{R}^1$), wenn das Wort „kompakt" durch „abgeschlossen" oder „beschränkt" ersetzt wird.

16. Man betrachte $\mathbb{Q}$, die Menge aller rationalen Zahlen, als einen metrischen Raum mit $d(p,q) = |p - q|$. E sei die Menge aller $p \in \mathbb{Q}$, für die $2 < p^2 < 3$ gilt. Man zeige, dass E abgeschlossen und beschränkt in $\mathbb{Q}$ ist, dass aber E nicht kompakt ist. Ist E offen in $\mathbb{Q}$?

17. Sei E die Menge aller $x \in [0,1]$, deren Dezimalentwicklung nur die Ziffern 4 und 7 enthält. Ist E abzählbar? Ist E dicht in $[0,1]$? Ist E kompakt? Ist E vollkommen?

18. Gibt es eine nichtleere vollkommene Menge in $\mathbb{R}^1$, die keine rationale Zahl enthält?

19.

   (a) Man beweise: Sind A und B disjunkte abgeschlossene Mengen in irgendeinem metrischen Raum X, dann sind sie getrennt.

   (b) Man beweise die analoge Behauptung für disjunkte offene Mengen.

   (c) Seien $p \in X$, $\delta > 0$ fest gewählt und sei A die Menge aller $q \in X$, für die $d(p,q) < \delta$ gilt. Man definiere B analog mit $>$ statt $<$. Man beweise, dass A und B getrennt sind.

   (d) Man beweise, dass jeder zusammenhängende metrische Raum mit mindestens zwei Punkten überabzählbar ist.
   Hinweis: Man verwende (c).

20. Sind die abgeschlossene Hülle und das Innere einer zusammenhängenden Menge immer zusammenhängend? (Man betrachte Teilmengen von $\mathbb{R}^2$.)

21. Seien A und B seien getrennte Teilmengen von $\mathbb{R}^k$. Wähle $\mathbf{a} \in A$, $\mathbf{b} \in B$ und definiere

$$\mathbf{p}(t) = (1 - t)\mathbf{a} + t\mathbf{b}$$

   für $t \in \mathbb{R}^1$. Man setze $A_0 = \mathbf{p}^{-1}(A)$, $B_0 = \mathbf{p}^{-1}(B)$. [Somit ist $t \in A_0$ äquivalent mit $\mathbf{p}(t) \in A$.]

   (a) Man beweise, dass A_0 und B_0 getrennte Teilmengen von $\mathbb{R}^1$ sind.

   (b) Man beweise, dass es ein $t_0 \in (0,1)$ gibt, für das $\mathbf{p}(t_0) \notin A \cup B$ gilt.

   (c) Man beweise, dass jede konvexe Teilmenge von $\mathbb{R}^k$ zusammenhängend ist.

22. Ein metrischer Raum heißt *teilbar* bzw. *separabel*, wenn er eine abzählbare dichte Teilmenge enthält. Man zeige, dass $\mathbb{R}^k$ teilbar ist.
   Hinweis: Man betrachtet die Menge der Punkte, die nur rationale Koordinaten haben.

23. Eine Familie $\{V_\alpha\}$ von offenen Teilmengen von X wird als eine *Basis* für X bezeichnet, wenn folgende Bedingungen erfüllt sind: Für jedes $x \in X$ und jede offene Menge $G \subset X$ mit $x \in G$ gibt es ein α, mit dem $x \in V_\alpha \subset G$ gilt. Mit anderen Worten: Jede offene Menge in X ist die Vereinigungsmenge einer Unterfamilie von $\{V_\alpha\}$. Man beweise, dass jeder teilbare metrische Raum eine *abzählbare* Basis hat.
   Hinweis: Man nehme alle Umgebungen mit rationalem Radius und rationalem Mittelpunkt in einer beliebigen abzählbaren dichten Teilmenge von X.

24. X sei ein metrischer Raum, in welchem jede unendliche Teilmenge einen Häufungspunkt hat. Man beweise, dass X teilbar ist.
   Hinweis: Wähle $\delta > 0$ und $x_1 \in X$. Nach Wahl von $x_1, \dots, x_j \in X$ wähle man, wenn möglich, $x_{j+1} \in X$ so, dass $d(x_i, x_{j+1}) \geq \delta$ für $i = 1, \dots, j$ gilt. Man zeige, dass sich dieses Verfahren nach einer endlichen Anzahl von Schritten nicht weiterführen

lässt und dass X daher von endlich vielen Umgebungen mit Radius δ überdeckt werden kann. Man setze $\delta = 1/n$ ($n = 1, 2, 3, \ldots$) und betrachte die Mittelpunkte der entsprechenden Umgebungen.

25. Man beweise, dass jeder kompakte metrische Raum K eine abzählbare Basis hat und dass K daher separabel ist.

    Hinweis: Für jede natürliche Zahl n gibt es endlich viele Umgebungen mit Radius $1/n$, deren Vereinigung K überdeckt.

26. X sei ein metrischer Raum, in dem jede unendliche Teilmenge einen Häufungspunkt hat. Man beweise, dass X kompakt ist.

    Hinweis: Nach den Übungsaufgaben 23 und 24 hat X eine abzählbare Basis. Daraus folgt, dass jede offene Überdeckung von X eine *abzählbare* Teilüberdeckung $\{G_n\}$, $n = 1, 2, 3, \ldots$ hat. Wenn X von keiner endlichen Unterfamilie von $\{G_n\}$ überdeckt wird, dann ist das Komplement F_n von $G_1 \cup \cdots \cup G_n$ nicht leer für jedes n, aber $\bigcap F_n$ ist leer. Ist E eine Menge, die einen Punkt von jedem F_n enthält, so betrachte man einen Häufungspunkt von E und leite einen Widerspruch ab.

27. Man definiere einen Punkt p in einem metrischen Raum X als einen *Verdichtungspunkt* einer Menge $E \subset X$, wenn jede Umgebung von p überabzählbar viele Punkte von E enthält. Sei E eine überabzählbare Teilmenge von $\mathbb{R}^k$ und sei P die Menge aller Verdichtungspunkte von E. Man beweise, dass P vollkommen ist und dass höchstens abzählbar viele Punkte von E nicht in P liegen. Anders formuliert: Man zeige, dass $P^c \cap E$ höchstens abzählbar ist.

    Hinweis: $\{V_n\}$ sei eine abzählbare Basis von $\mathbb{R}^k$ und W die Vereinigungsmenge derjenigen V_n, für die $E \cap V_n$ höchstens abzählbar ist. Man zeige, dass $P = W^c$ gilt.

28. Man beweise, dass jede abgeschlossene Menge in einem teilbaren metrischen Raum die Vereinigung einer (möglicherweise leeren) vollkommenen Menge und einer höchstens abzählbaren Menge ist.

    (*Korollar:* Jede abzählbare abgeschlossene Menge in $\mathbb{R}^k$ hat isolierte Punkte.)

    Hinweis: Man verwende Übungsaufgabe 27.

29. Man beweise, dass jede offene Menge in $\mathbb{R}^1$ die Vereinigung einer höchstens abzählbaren Familie von disjunkten Segmenten ist.

    Hinweis: Man verwende Übungsaufgabe 22.

30. Man gehe wie beim Beweis von Satz 2.43 vor, um das folgende Ergebnis zu erhalten:

    Gilt $\mathbb{R}^k = \bigcup_1^\infty F_n$, wobei jedes F_n eine abgeschlossene Teilmenge von $\mathbb{R}^k$ ist, dann hat mindestens ein F_n ein nichtleeres Inneres.

    Äquivalente Formulierung: Sind G_n ($n = 1, 2, 3, \ldots$) dichte offene Teilmengen von $\mathbb{R}^k$, dann ist $\bigcap_1^\infty G_n$ nicht leer (tatsächlich ist es sogar dicht in $\mathbb{R}^k$).

    (Dies ist ein Spezialfall des Satzes von Baire. Für den allgemeinen Fall siehe Übungsaufgabe 22, Kapitel 3.)

3 Zahlenfolgen und Reihen

Dieses Kapitel befasst sich in erster Linie mit Folgen und Reihen komplexer Zahlen. Die grundlegenden Tatsachen über Konvergenz lassen sich jedoch ebenso leicht in einem allgemeineren Rahmen erläutern. Die ersten drei Abschnitte beziehen sich daher auf Folgen in euklidischen Räumen oder sogar in beliebigen metrischen Räumen.

Konvergente Folgen

3.1 Definition. Wir sagen, eine Folge $\{p_n\}$ in einem metrischen Raum X *konvergiert*, wenn ein Punkt $p \in X$ mit der folgenden Eigenschaft existiert: Für jedes $\varepsilon > 0$ gibt es eine positive ganze Zahl N mit der Eigenschaft, dass aus $n \geq N$ stets $d(p_n, p) < \varepsilon$ folgt. (Hier bezeichnet d den Abstand in X.)

In diesem Fall sagt man auch, dass $\{p_n\}$ gegen p konvergiert oder dass p der *Grenzwert* von $\{p_n\}$ ist [siehe Satz 3.2 (b)]. Wir schreiben dies als $p_n \to p$ oder

$$\lim_{n \to \infty} p_n = p.$$

Konvergiert die Folge $\{p_n\}$ nicht, so sagt man, sie *divergiert*.

Beachte, dass unsere Definition einer „konvergenten Folge" nicht nur von $\{p_n\}$, sondern auch von X abhängt. So konvergiert zum Beispiel die Folge $\{1/n\}$ in $\mathbb{R}^1$ (gegen 0), sie konvergiert aber nicht in der Menge aller positiven reellen Zahlen [mit $d(x, y) = [x-y]]$. In Fällen, die möglicherweise nicht eindeutig sind, nennen wir Folgen präziser „*konvergent in X*" anstatt „*konvergent*".

Wir erinnern daran, dass die Menge aller Punkte p_n ($n = 1, 2, 3, \dots$) der *Bild- oder Wertebereich* von $\{p_n\}$ ist. Der Bildbereich einer Folge kann eine endliche oder eine unendliche Menge sein. Wir nennen die Folge $\{p_n\}$ *beschränkt*, wenn ihr Bildbereich beschränkt ist.

Als Beispiele betrachte man die nachstehenden Folgen komplexer Zahlen (d. h., $X = \mathbb{R}^2$).

(a) Ist $s_n = 1/n$, dann gilt $\lim_{n \to \infty} s_n = 0$; der Bildbereich ist unendlich, und die Folge ist beschränkt.

(b) Ist $s_n = n^2$, so ist die Folge $\{s_n\}$ nicht beschränkt, sie divergiert und hat einen unendlichen Bildbereich.

(c) Ist $s_n = 1 + [(-1)^n/n]$, so konvergiert die Folge $\{s_n\}$ gegen 1, sie ist beschränkt und hat einen unendlichen Bildbereich.

(d) Ist $s_n = i^n$, so ist die Folge $\{s_n\}$ divergent und beschränkt, und sie hat einen endlichen Bildbereich.

(e) Ist $s_n = 1$ ($n = 1, 2, 3, \dots$), dann konvergiert die Folge $\{s_n\}$ gegen 1, sie ist beschränkt und hat einen endlichen Bildbereich.

https://doi.org/10.1515/9783110750430-003

Wir fassen nun einige wichtige Eigenschaften konvergenter Folgen in metrischen Räumen zusammen.

3.2 Satz. *Es sei $\{p_n\}$ eine Folge in einem metrischen Raum X:*
(a) *$\{p_n\}$ konvergiert genau dann gegen $p \in X$, wenn jede Umgebung von p bis auf höchstens endlich viele Ausnahmen alle Glieder von $\{p_n\}$ enthält.*
(b) *Gilt $p \in X$, $p' \in X$ und konvergiert $\{p_n\}$ gegen p und gegen p', dann ist $p' = p$.*
(c) *Wenn $\{p_n\}$ konvergiert, dann ist $\{p_n\}$ beschränkt.*
(d) *Gilt $E \subset X$ und ist p ein Häufungspunkt von E, dann existiert eine Folge $\{p_n\}$ in E, für die $p = \lim_{n \to \infty} p_n$ gilt.*

Beweis.
(a) Es gelte $p_n \to p$ und V sei eine Umgebung von p. Für ein geeignetes $\varepsilon > 0$ folgt dann aus den Bedingungen $d(q,p) < \varepsilon$, $q \in X$, dass $q \in V$ gilt. Zu diesem ε gibt es ein N derart, dass $n \geq N$ zu $d(p_n, q) < \varepsilon$ führt. Somit folgt $p_n \in V$ für alle p_n mit $n \geq N$.

Umgekehrt enthalte jede Umgebung von p bis auf höchstens endlich viele Ausnahmen alle p_n. Sei $\varepsilon > 0$ fest gewählt, und sei V die Menge aller $q \in X$ mit $d(p,q) < \varepsilon$. Nach unserer Annahme existiert ein N (welches von V abhängt), für das $p_n \in V$ folgt, wenn $n \geq N$ ist. Somit gilt $d(p_n, q) < \varepsilon$ für $n \geq N$; also $p_n \to p$.

(b) Sei $\varepsilon > 0$ gegeben. Dann existieren nichtnegative ganze Zahlen N, N' mit folgenden Eigenschaften:

$$n \geq N \quad \text{impliziert} \quad d(p_n, p) < \frac{\varepsilon}{2},$$

und

$$n \geq N' \quad \text{impliziert} \quad d(p_n, p') < \frac{\varepsilon}{2}.$$

Also ergibt sich für $n \geq \max(N, N')$ die Abschätzung

$$d(p, p') \leq d(p, p_n) + d(p_n, p') < \varepsilon.$$

Da ε beliebig war, folgern wir, dass $d(p, p') = 0$ ist.

(c) Es gelte $p_n \to p$. Dann existiert eine nichtnegative ganze Zahl N derart, dass für $n > N$ stets $d(p_n, p) < 1$ gilt. Setze

$$r = \max\{1, d(p_1, p), \dots, d(p_N, p)\},$$

dann gilt $d(p_n, p) \leq r$ für $n = 1, 2, 3, \dots$.

(d) Für jede positive ganze Zahl n existiert ein Punkt $p_n \in E$ mit $d(p_n, p) < 1/n$. Sei $\varepsilon > 0$ vorgegeben. Man wähle N so, dass $N\varepsilon > 1$ gilt. Für $n > N$ ergibt sich $d(p_n, p) < \varepsilon$. Also gilt $p_n \to p$.

Der Satz ist damit bewiesen. □

Für Folgen in $\mathbb{R}^k$ stellt sich die Frage nach der Beziehung zwischen Konvergenz und den algebraischen Operationen. Wir betrachten zunächst Folgen komplexer Zahlen.

3.3 Satz. *Seien $\{s_n\}$, $\{t_n\}$ Folgen komplexer Zahlen mit $\lim_{n\to\infty} s_n = s$, $\lim_{n\to\infty} t_n = t$. Dann gilt:*

(a) $\lim_{n\to\infty}(s_n + t_n) = s + t$;

(b) $\lim_{n\to\infty} cs_n = cs$, $\lim_{n\to\infty}(c + s_n) = c + s$ *für jede komplexe Zahl c*;

(c) $\lim_{n\to\infty} s_n t_n = st$;

(d) $\lim_{n\to\infty} \frac{1}{s_n} = \frac{1}{s}$, *vorausgesetzt, dass $s_n \neq 0$ $(n = 1, 2, 3, \dots)$ und $s \neq 0$.*

Beweis.

(a) Zu vorgegebenem $\varepsilon > 0$ existieren positive ganze Zahlen N_1, N_2 mit

$$n \geq N_1 \quad \text{impliziert} \quad |s_n - s| < \frac{\varepsilon}{2}$$

und

$$n \geq N_2 \quad \text{impliziert} \quad |t_n - t| < \frac{\varepsilon}{2}.$$

Wenn $N = \max(N_1, N_2)$ gilt, dann folgt aus $n \geq N$:

$$|(s_n + t_n) - (s + t)| \leq |s_n - s| + |t_n - t| < \varepsilon.$$

Dies beweist die Aussage (a).

(b) Der Beweis von (b) ist trivial.

(c) Wir verwenden die Identität

$$s_n t_n - st = (s_n - s)(t_n - t) + s(t_n - t) + t(s_n - s). \tag{3.1}$$

Zu $\varepsilon > 0$ gibt es positive ganze Zahlen N_1, N_2 mit

$$n \geq N_1 \quad \text{impliziert} \quad |s_n - s| < \sqrt{\varepsilon}$$

und

$$n \geq N_2 \quad \text{impliziert} \quad |t_n - t| < \sqrt{\varepsilon}.$$

Setzt man $N = \max(N_1, N_2)$, dann folgt aus $n \geq N$, dass

$$|(s_n - s)(t_n - t)| < \varepsilon$$

gilt. Daher ist

$$\lim_{n\to\infty}(s_n - s)(t_n - t) = 0.$$

Wendet man nun (a) und (b) auf die Identität (3.1) an, so erhält man

$$\lim_{n\to\infty}(s_n t_n - st) = 0.$$

(d) Wählt man m so, dass $|s_n - s| < \frac{1}{2}|s|$ für $n \geq m$ gilt, dann folgt

$$|s_n| > \frac{1}{2}|s| \quad (n \geq m).$$

Zu $\varepsilon > 0$ gibt es eine positive ganze Zahl $N > m$ derart, dass für $n \geq N$ gilt:

$$|s_n - s| < \frac{1}{2}|s|^2\varepsilon.$$

Also gilt für $n \geq N$:

$$\left|\frac{1}{s_n} - \frac{1}{s}\right| = \left|\frac{s_n - s}{s_n s}\right| < \frac{2}{|s|^2}|s_n - s| < \varepsilon. \qquad \square$$

3.4 Satz.

(a) *Die Folge $\{x_n\}$ mit $x_n \in \mathbb{R}^k$ ($n = 1, 2, 3, \dots$) und $x_n = (\alpha_{1,n}, \dots, \alpha_{k,n})$ konvergiert genau dann gegen $x = (\alpha_1, \dots, \alpha_k)$, wenn gilt*

$$\lim_{n\to\infty} \alpha_{j,n} = \alpha_j \quad (1 \leq j \leq k). \tag{3.2}$$

(b) *Seien $\{x_n\}$ und $\{y_n\}$ Folgen in $\mathbb{R}^k$, sei $\{\beta_n\}$ eine Folge reeller Zahlen und es gelte $x_n \to x$, $y_n \to y$, $\beta_n \to \beta$. Dann gilt*

$$\lim_{n\to\infty}(x_n + y_n) = x + y, \quad \lim_{n\to\infty} x_n \cdot y_n = x \cdot y, \quad \lim_{n\to\infty}\beta_n x_n = \beta x.$$

Beweis.

(a) Gilt $x_n \to x$, so folgt (3.2) unmittelbar aus den Ungleichungen

$$|\alpha_{j,n} - \alpha_j| \leq |x_n - x|, \quad (1 \leq j \leq k),$$

die sich direkt aus der Definition der Norm in $\mathbb{R}^k$ ableiten lassen.
Setzt man umgekehrt die Gültigkeit von (3.2) voraus, dann existiert zu jedem $\varepsilon > 0$ eine ganze Zahl N, so dass $n \geq N$ zu

$$|\alpha_{j,n} - \alpha_j| < \frac{\varepsilon}{\sqrt{k}} \quad (1 \leq j \leq k)$$

führt. Also gilt für $n \geq N$

$$|x_n - x| = \left(\sum_{j=1}^{k} |\alpha_{j,n} - \alpha_j|^2\right)^{1/2} < \varepsilon.$$

Damit gilt $x_n \to x$ und (a) ist bewiesen.
Teil (b) folgt aus (a) und Satz 3.3. $\qquad \square$

Teilfolgen

3.5 Definition. Gegeben sei eine Folge $\{p_n\}$. Man betrachte eine Folge $\{n_k\}$ positiver ganzer Zahlen mit $n_1 < n_2 < n_3 < \cdots$. Dann heißt die Folge $\{p_{n_i}\}$ eine *Teilfolge* von $\{p_n\}$. Konvergiert $\{p_{n_i}\}$, so wird ihr Grenzwert ein *Teilfolgengrenzwert* von $\{p_n\}$ genannt.

Es ist klar, dass $\{p_n\}$ genau dann gegen p konvergiert, wenn jede Teilfolge von $\{p_n\}$ gegen p konvergiert. Die Einzelheiten des Beweises seien dem Leser überlassen.

3.6 Satz.
(a) *Ist $\{p_n\}$ eine Folge in einem kompakten metrischen Raum X, dann gibt es eine Teilfolge von $\{p_n\}$, die gegen einen Punkt von X konvergiert.*
(b) *Jede beschränkte Folge in $\mathbb{R}^k$ enthält eine konvergente Teilfolge.*

Beweis.
(a) Sei E der Bildbereich von $\{p_n\}$. Ist E endlich, dann existiert ein $p \in E$ und eine Folge $\{n_i\}$ mit $n_1 < n_2 < n_3 < \cdots$, für die

$$p_{n_1} = p_{n_2} = \cdots = p$$

gilt. Die so erhaltene Teilfolge $\{p_{n_i}\}$ konvergiert natürlich gegen p.
Ist E unendlich, dann folgt aus Satz 2.37, dass E einen Häufungspunkt $p \in X$ hat. Man wähle n_1 so, dass $d(p, p_{n_1}) < 1$ gilt. Nach Wahl von $n_1, \ldots, n_{i-1}$ lässt sich aus Satz 2.20 die Existenz einer ganzen Zahl $n_i > n_{i-1}$ ableiten, für die $d(p, p_{n_i}) < 1/i$ gilt. Dann konvergiert $\{p_{n_i}\}$ gegen p.
(b) Dies folgt aus (a), da nach Satz 2.41 jede beschränkte Teilmenge von $\mathbb{R}^k$ in einer kompakten Teilmenge von $\mathbb{R}^k$ liegt. □

3.7 Satz. *Die Teilfolgengrenzwerte einer Folge $\{p_n\}$ in einem metrischen Raum X bilden eine abgeschlossene Teilmenge von X.*

Beweis. Sei E^* die Menge aller Teilfolgengrenzwerte von $\{p_n\}$ und sei q ein Häufungspunkt von E^*. Es ist zu beweisen, dass $q \in E^*$ gilt.
Man wähle n_1 so, dass $p_{n_1} \neq q$ gilt. (Existiert kein solches n_1, dann hat E^* nur einen Punkt, und es ist nichts zu beweisen.) Man setze $\delta = d(q, p_{n_1})$ und nehme an, $n_1, \ldots, n_{i-1}$ seien gewählt. Da q ein Häufungspunkt von E^* ist, existiert ein $x \in E^*$ mit $d(x, q) < 2^{-i}\delta$. Wegen $x \in E^*$ gibt es ein $n_i > n_{i-1}$, für das $d(x, p_{n_i}) < 2^{-i}\delta$ gilt. Somit ist

$$d(q, p_{n_i}) \leq 2^{1-i}\delta$$

für $i = 1, 2, 3, \ldots$ Dies sagt aber gerade, dass $\{p_{n_i}\}$ gegen q konvergiert. Also ist $q \in E^*$.
□

Cauchy-Folgen

3.8 Definition. Eine Folge $\{p_n\}$ in einem metrischen Raum X heißt *Cauchy-Folge*, wenn für jedes $\varepsilon > 0$ eine positive ganze Zahl N existiert, mit der für jedes $n \geq N$ und jedes $m \geq N$ $d(p_n, p_m) < \varepsilon$ gilt.

Bei unserer Erörterung der Cauchy-Folgen sowie in anderen, später auftretenden Situationen wird das folgende geometrische Konzept hilfreich sein.

3.9 Definition. Es sei E eine nichtleere Teilmenge eines metrischen Raumes X, und M sei die Menge aller reellen Zahlen der Form $d(p, q)$ mit $p \in E$ und $q \in E$. Das Supremum von M wird der *Durchmesser* von E genannt und durch diam E abgekürzt.

Ist $\{p_n\}$ eine Folge in X und besteht E_N aus den Punkten $p_N, p_{N+1}, p_{N+2}, \ldots$, so folgt aus den beiden vorangegangenen Definitionen, dass $\{p_n\}$ genau dann eine Cauchy-Folge ist, wenn gilt

$$\lim_{N \to \infty} \text{diam } E_N = 0.$$

3.10 Satz.

(a) *Ist $\overline{E}$ die abgeschlossene Hülle einer Menge E in einem metrischen Raum X, dann gilt*

$$\text{diam } \overline{E} = \text{diam } E.$$

(b) *Ist K_n eine Folge von nichtleeren kompakten Mengen in X mit*

$$K_n \supset K_{n+1} \quad (n = 1, 2, 3, \ldots)$$

und gilt

$$\lim_{n \to \infty} \text{diam } K_n = 0,$$

dann besteht $\bigcap_1^\infty K_n$ aus genau einem Punkt.

Beweis.

(a) Aus $E \subset \overline{E}$ folgt sofort die Ungleichung

$$\text{diam } E \leq \text{diam } \overline{E}.$$

Sei $\varepsilon > 0$ fest vorgegeben. Wähle Punkte $p \in \overline{E}, q \in \overline{E}$. Nach Definition von $\overline{E}$ gibt es Punkte p', q' in E mit $d(p, p') < \varepsilon, d(q, q') < \varepsilon$. Also ist

$$d(p, q) \leq d(p, p') + d(p', q') + d(q', q)$$
$$< 2\varepsilon + d(p', q')$$
$$\leq 2\varepsilon + \text{diam } E.$$

Es folgt

$$\operatorname{diam}\overline{E} \leq 2\varepsilon + \operatorname{diam}E,$$

und da ε beliebig gewählt war, ist (a) bewiesen.

(b) Man setze $K = \bigcap_1^\infty K_n$. Nach Satz 2.36 ist K nicht leer. Enthält K mehr als einen Punkt, so ist $\operatorname{diam}K > 0$. Für jedes n gilt aber $K_n \supset K$ und daher $\operatorname{diam}K_n \geq \operatorname{diam}K$. Dies widerspricht der Annahme, dass $\operatorname{diam}K_n \to 0$. □

3.11 Satz.

(a) *In einem metrischen Raum X ist jede konvergente Folge eine Cauchy-Folge.*

(b) *Ist X ein kompakter metrischer Raum und ist $\{p_n\}$ eine Cauchy-Folge in X, dann konvergiert $\{p_n\}$ gegen einen Punkt von X.*

(c) *In $\mathbb{R}^k$ konvergiert jede Cauchy-Folge.*

Beachte: Der Unterschied zwischen der Definition der Konvergenz und der Definition einer Cauchy-Folge besteht darin, dass erstere sich explizit auf den Grenzwert bezieht, nicht aber letztere. Somit kann man mit Satz 3.11 (b) gelegentlich entscheiden, ob eine Folge konvergiert, ohne den Grenzwert zu kennen, gegen den sie konvergiert.

Die Tatsache (in Satz 3.11), dass eine Folge in $\mathbb{R}^k$ genau dann konvergiert, wenn sie eine Cauchy-Folge ist, wird gewöhnlich das *Cauchysche Konvergenzkriterium* genannt.

Beweis.

(a) Es gelte $p_n \to p$. Dann existiert zu vorgegebenem $\varepsilon > 0$ eine ganze Zahl N, mit der $d(p, p_n) < \varepsilon$ für alle $n \geq N$ gilt. Für $n \geq N$ und $m \geq N$ erhält man die Abschätzung

$$d(p_n, p_m) \leq d(p_n, p) + d(p, p_m) < 2\varepsilon.$$

Also ist $\{p_n\}$ eine Cauchy-Folge.

(b) Sei $\{p_n\}$ eine Cauchy-Folge in dem kompakten Raum X. Für $N = 1, 2, 3, \dots$ sei E_N die Menge bestehend aus $p_N, p_{N+1}, p_{N+2}, \dots$. Dann ist

$$\lim_{N\to\infty} \operatorname{diam}\overline{E}_N = 0, \tag{3.3}$$

nach Definition 3.9 und Satz 3.10 (a). Nach Satz 2.35 ist jedes $\overline{E}_N$ kompakt, da es eine abgeschlossene Teilmenge des kompakten Raumes X ist. Ferner gilt $E_N \supset E_{N+1}$ und daher $\overline{E}_N \supset \overline{E}_{N+1}$.

Satz 3.10 (b) zeigt nun, dass es ein einziges $p \in X$ gibt, das in jedem $\overline{E}_N$ liegt.

Sei $\varepsilon > 0$ gegeben. Nach (3.3) existiert eine ganze Zahl N_0 mit $\operatorname{diam}\overline{E}_N < \varepsilon$ für $N \geq N_0$. Wegen $p \in \overline{E}_N$ folgt, dass $d(p, q) < \varepsilon$ für jedes $q \in \overline{E}_N$ gilt und somit insbesondere für jedes $q \in E_N$. Anders formuliert: Für $n \geq N_0$ gilt $d(p, p_n) < \varepsilon$. Dies besagt aber gerade, dass $p_n \to p$.

(c) Sei $\{\mathbf{x}_n\}$ eine Cauchy-Folge in $\mathbb{R}^k$. Man definiere E_N wie in (b) mit $\mathbf{x}_i$ anstelle von p_i. Für ein geeignetes N ist dann diam $E_N < 1$. Der Bildbereich von $\{\mathbf{x}_n\}$ ist die Vereinigung von E_N und der endlichen Menge $\{\mathbf{x}_1, \ldots, \mathbf{x}_{N-1}\}$. Somit ist $\{\mathbf{x}_n\}$ beschränkt. Da jede beschränkte Teilmenge von $\mathbb{R}^k$ eine kompakte abgeschlossene Hülle in $\mathbb{R}^k$ hat (Satz 2.41), folgt (c) aus (b). □

3.12 Definition. Ein metrischer Raum, in dem jede Cauchy-Folge konvergiert, heißt *vollständig*.

Somit besagt Satz 3.11, dass alle kompakten metrischen Räume und alle euklidischen Räume vollständig sind. Aus der Definition der Vollständigkeit folgt ferner, dass jede abgeschlossene Teilmenge E eines vollständigen metrischen Raumes X vollständig ist. (Jede Cauchy-Folge in E ist eine Cauchy-Folge in X. Sie konvergiert daher gegen einen Punkt $p \in X$, und es gilt sogar $p \in E$, da E abgeschlossen ist.) Ein Beispiel eines metrischen Raumes, der nicht vollständig ist, ist der Raum aller rationalen Zahlen mit $d(x,y) = |x - y|$.

Satz 3.2 (c) und Beispiel (d) der Definition 3.1 zeigen, dass konvergente Folgen beschränkt sind, dass aber beschränkte Folgen in $\mathbb{R}^k$ nicht notwendig konvergent sein müssen. Es gibt allerdings einen wichtigen Fall, in dem Konvergenz äquivalent ist mit Beschränktheit, und zwar gilt dies für monotone Folgen in $\mathbb{R}^1$.

3.13 Definition. Eine Folge $\{s_n\}$ reeller Zahlen heißt
(a) *monoton wachsend*, wenn $s_n \le s_{n+1}$ ($n = 1, 2, 3, \ldots$) gilt;
(b) *monoton fallend*, wenn $s_n \ge s_{n+1}$ ($n = 1, 2, 3, \ldots$) gilt.

Die Klasse der *monotonen* Folgen besteht aus den wachsenden und fallenden Folgen.

3.14 Satz. *Sei $\{s_n\}$ monoton. Die Folge $\{s_n\}$ konvergiert genau dann, wenn sie beschränkt ist.*

Beweis. Sei $s_n \le s_{n+1}$. (Der Beweis im anderen Fall verläuft analog.) Ferner sei E der Bildbereich von $\{s_n\}$. Ist $\{s_n\}$ beschränkt, so sei s das Supremum von E. Dann gilt

$$s_n \le s \quad (n = 1, 2, 3, \ldots).$$

Für jedes $\varepsilon > 0$ gibt es eine ganze Zahl N, mit der gilt

$$s - \varepsilon < s_N \le s,$$

denn andernfalls wäre $s - \varepsilon$ eine obere Schranke von E. Da $\{s_n\}$ wächst, folgt aus $n \ge N$, dass

$$s - \varepsilon < s_n \le s$$

gilt. Dies beweist die Konvergenz von $\{s_n\}$ (gegen s). Die Umkehrung folgt aus Satz 3.2 (c). □

Obere und untere Grenzwerte

3.15 Definition. Sei $\{s_n\}$ eine Folge reeller Zahlen mit der folgenden Eigenschaft: Zu jeder reellen Zahl M gibt es eine ganze Zahl N derart, dass $s_n \geq M$ aus $n \geq N$ folgt. Wir schreiben dann

$$s_n \to +\infty.$$

Analog schreiben wir

$$s_n \to -\infty,$$

wenn zu jedem reellen M eine ganze Zahl N mit $s_n \leq M$ für $n \geq N$ existiert.

Man beachte, dass wir nun das Symbol $\to$ (wie in Definition 3.1 eingeführt) sowohl für bestimmte Arten von divergenten Folgen als auch für konvergente Folgen verwenden, jedoch haben sich die Definitionen „Konvergenz" und „Grenzwert" (Definition 3.1) in keiner Weise geändert.

3.16 Definition. Sei $\{s_n\}$ eine Folge reeller Zahlen. Sei E ferner die Menge aller Zahlen x (in der erweiterten reellen Zahlengeraden), für die $s_{n_k} \to x$ für eine Teilfolge $\{s_{n_k}\}$ gilt. Diese Menge E enthält alle Teilfolgengrenzwerte, wie in Definition 3.5 definiert, und möglicherweise zusätzlich die Zahlen $+\infty, -\infty$.

Es sei noch einmal auf die Definitionen 1.8 und 1.23 hingewiesen.

Man setze nun

$$s^* = \sup E,$$
$$s_* = \inf E.$$

Die Zahlen s^*, s_* heißen der *obere* und der *untere Grenzwert* von $\{s_n\}$ oder auch *Limes superior* bzw. *Limes inferior* von $\{s_n\}$. Wir verwenden die Notation

$$\limsup_{n\to\infty} s_n = s^*, \quad \liminf_{n\to\infty} s_n = s_*.$$

3.17 Satz. *Sei $\{s_n\}$ eine Folge reeller Zahlen. Ferner haben E und s^* dieselbe Bedeutung wie in Definition 3.16 erklärt. Dann hat s^* die folgenden beiden Eigenschaften:*
(a) *$s^* \in E$.*
(b) *Ist $x > s^*$, so existiert eine ganze Zahl N derart, dass für $n \geq N$ stets $s_n < x$ gilt.*

Darüber hinaus ist s^* die einzige Zahl, die die Eigenschaften (a) und (b) besitzt.

Natürlich gelten analoge Aussagen auch für s_*.

Beweis.

(a) Ist $s^* = +\infty$, dann ist E nicht nach oben beschränkt. Somit ist $\{s_n\}$ nicht nach oben beschränkt, und es existiert eine Teilfolge $\{s_{n_k}\}$ mit $s_{n_k} \to +\infty$.

Ist s^* reell, dann ist E nach oben beschränkt, und es gibt mindestens einen Teilfolgengrenzwert. In diesem Fall folgt (a) aus den Sätzen 3.7 und 2.28.

Ist $s^* = -\infty$, dann enthält E nur ein Element, und zwar $-\infty$, und es gibt keinen Teilfolgengrenzwert. Für jede Zahl M gilt somit $s_n > M$ für höchstens endlich viele Werte von n, das heißt, $s_n \to -\infty$.

Damit ist (a) in allen Fällen bewiesen.

(b) Man nehme an, es gäbe eine Zahl $x > s^*$, mit der $s_n \geq x$ für unendlich viele Werte von n gilt. In diesem Fall gibt es eine Zahl $y \in E$ mit $y \geq x > s^*$, was der Definition von s^* widerspricht.

s^* erfüllt also (a) und (b).

Zum Beweis der Eindeutigkeit nehme man die Existenz zweier Zahlen p und q an, die (a) und (b) erfüllen. Ist etwa $p < q$, so wähle man x so, dass $p < x < q$ gilt. Da p die Bedingung (b) erfüllt, erhält man $s_n < x$ für $n \geq N$. Dann erfüllt aber q sicher nicht die Bedingung (a). $\qquad\square$

3.18 Beispiele.

(a) Sei $\{s_n\}$ eine Folge, die alle rationalen Zahlen enthält. Dann ist jede reelle Zahl ein Teilfolgengrenzwert und es gilt

$$\limsup_{n\to\infty} s_n = +\infty, \qquad \liminf_{n\to\infty} s_n = -\infty.$$

(b) Sei $s_n = (-1)^n/[1 + (1/n)]$. Dann ist

$$\limsup_{n\to\infty} s_n = 1, \qquad \liminf_{n\to\infty} s_n = -1.$$

(c) Für eine reellwertige Folge $\{s_n\}$ gilt $\lim_{n\to\infty} s_n = s$ genau dann, wenn gilt

$$\limsup_{n\to\infty} s_n = \liminf_{n\to\infty} s_n = s.$$

Wir schließen diesen Abschnitt mit einem Satz, der recht nützlich ist, obgleich der Beweis trivial ist.

3.19 Satz. *Gibt es eine positive ganze Zahl N mit $s_n \leq t_n$ für $n \geq N$, dann gilt*

$$\liminf_{n\to\infty} s_n \leq \liminf_{n\to\infty} t_n,$$
$$\limsup_{n\to\infty} s_n \leq \limsup_{n\to\infty} t_n.$$

Einige spezielle Folgen

Wir werden nun die Grenzwerte einiger häufig vorkommender Folgen berechnen. Die Beweise basieren alle auf der folgenden Beobachtung: Ist $0 \leq x_n \leq s_n$ für $n \geq N$, wobei N eine feste positive ganze Zahl ist, und gilt $s_n \to 0$, dann folgt $x_n \to 0$.

3.20 Satz.
(a) *Für $p > 0$ ist $\lim_{n\to\infty} \frac{1}{n^p} = 0$.*
(b) *Für $p > 0$ ist $\lim_{n\to\infty} \sqrt[n]{p} = 1$.*
(c) $\lim_{n\to\infty} \sqrt[n]{n} = 1$.
(d) *Ist $p > 0$ und ist α reell, dann ist $\lim_{n\to\infty} \frac{n^\alpha}{(1+p)^n} = 0$.*
(e) *Für $|x| < 1$ ist $\lim_{n\to\infty} x^n = 0$.*

Beweis.
(a) Man wähle $n > (1/\varepsilon)^{1/p}$. (Beachte, dass die archimedische Eigenschaft des reellen Zahlensystems hier verwendet wird.)
(b) Für $p > 1$ setze man $x_n = \sqrt[n]{p} - 1$. Dann folgt $x_n > 0$ und nach dem Binomialsatz gilt $1 + nx_n \leq (1 + x_n)^n = p$. Also gilt

$$0 < x_n \leq \frac{p-1}{n}$$

und daher $x_n \to 0$. Für $p = 1$ ist (b) trivial und für $0 < p < 1$ erhält man das Ergebnis durch Kehrwertbildung.
(c) Setze $x_n = \sqrt[n]{n} - 1$. Dann folgt $x_n \geq 0$ und nach dem Binomialsatz gilt

$$n = (1 + x_n)^n \geq \frac{n(n-1)}{2} x_n^2.$$

Somit gilt

$$0 \leq x_n \leq \sqrt{\frac{2}{n-1}} \quad (n \geq 2).$$

(d) Sei k eine positive ganze Zahl mit $k > \alpha$. Für $n > 2k$ gilt

$$(1+p)^n > \binom{n}{k} p^k = \frac{n(n-1)\cdots(n-k+1)}{k!} p^k > \frac{n^k p^k}{2^k k!}.$$

Also gilt

$$0 < \frac{n^\alpha}{(1+p)^n} < \frac{2^k k!}{p^k} n^{\alpha-k} \quad (n > 2k).$$

Da $\alpha - k < 0$ ist, gilt $n^{\alpha-k} \to 0$ nach (a).
(e) Man setze $\alpha = 0$ in (d). $\qquad\square$

Reihen

Im verbleibenden Teil dieses Kapitels sind alle betrachteten Folgen und Reihen komplexwertig, sofern nicht ausdrücklich anders gefordert. Verallgemeinerungen von einigen der nachfolgenden Sätze auf Reihen mit Gliedern in $\mathbb{R}^k$ werden in Übungsaufgabe 15 behandelt.

3.21 Definition. Ist eine Folge $\{a_n\}$ gegeben, so bezeichnen wir mit

$$\sum_{n=p}^{q} a_n \quad (p \le q)$$

die Summe $a_p + a_{p+1} + \cdots + a_q$. Der Folge $\{a_n\}$ ordnen wir eine Folge $\{s_n\}$ zu, wobei

$$s_n = \sum_{k=1}^{n} a_k$$

ist. Für $\{s_n\}$ verwenden wir die symbolische Schreibweise

$$a_1 + a_2 + a_3 + \cdots$$

oder prägnanter

$$\sum_{n=1}^{\infty} a_n. \tag{3.4}$$

Das Symbol (3.4) nennen wir eine *unendliche Reihe* oder einfach eine *Reihe*. Die Zahlen a_n heißen die *Glieder* der Reihe, und die Zahlen s_n heißen ihre *Partialsummen*. Konvergiert $\{s_n\}$ gegen s, so sagt man, die Reihe konvergiere und schreibt

$$\sum_{n=1}^{\infty} a_n = s.$$

Die Zahl s wird die *Summe* der Reihe genannt. Es sollte jedoch wohlverstanden sein, dass s der Grenzwert einer Folge von Summen ist und sich nicht einfach durch Addition ergibt. Divergiert $\{s_n\}$, so sagt man, die Reihe *divergiere*. Gelegentlich werden wir zur bequemeren Schreibweise Reihen der Form

$$\sum_{n=0}^{\infty} a_n \tag{3.5}$$

betrachten. Sehr oft, wenn die Möglichkeit einer Zweideutigkeit nicht gegeben ist oder wenn die Unterscheidung unbedeutend ist, verwenden wir die einfachere Schreibweise $\sum a_n$ anstelle von (3.4) oder (3.5). Es ist klar, dass jeder Satz über Folgen durch Reihen ausgedrückt werden kann (indem man $a_1 = s_1$ setzt und $a_n = s_n - s_{n-1}$ für $n > 1$ gilt) und umgekehrt. Es ist dennoch nützlich, beide Begriffe zu betrachten.

Das Cauchysche Kriterium (Satz 3.11) kann wie folgt umformuliert werden:

3.22 Satz. $\sum a_n$ *konvergiert genau dann, wenn für jedes $\varepsilon > 0$ eine positive ganze Zahl N existiert, die für alle m, n mit $m \geq n \geq N$ die folgende Bedingung erfüllt:*

$$\left| \sum_{k=n}^{m} a_k \right| \leq \varepsilon. \tag{3.6}$$

Insbesondere erhält man für $m = n$ aus (3.6)

$$|a_n| \leq \varepsilon \quad (n \geq N).$$

Anders formuliert:

3.23 Satz. *Konvergiert $\sum a_n$, dann ist $\lim_{n \to \infty} a_n = 0$.*

Die Bedingung $a_n \to 0$ ist jedoch nicht hinreichend, um die Konvergenz von $\sum a_n$ zu gewährleisten. Zum Beispiel divergiert die Reihe

$$\sum_{n=1}^{\infty} \frac{1}{n}.$$

Für einen Beweis dieser Tatsache verweisen wir auf Satz 3.28.

Auch der Satz 3.14 über monotone Folgen hat ein direktes Gegenstück zu Reihen.

3.24 Satz. *Eine Reihe mit nichtnegativen[1] Gliedern konvergiert genau dann, wenn ihre Partialsummen eine beschränkte Folge bilden.*

Wir wenden uns nun einem anders gearteten Konvergenzkriterium zu, dem sogenannten *Majorantenkriterium*.

3.25 Satz.

(a) *Gilt $|a_n| \leq c_n$ für $n \geq N_0$, wobei N_0 eine feste ganze Zahl ist, und konvergiert $\sum c_n$, dann konvergiert auch $\sum a_n$.*

(b) *Gilt $a_n \geq d_n \geq 0$ für $n \geq N_0$ und divergiert $\sum d_n$, dann divergiert auch $\sum a_n$.*

Man beachte, dass (b) nur auf Reihen mit nichtnegativen Gliedern a_n anwendbar ist.

Beweis. Ist $\varepsilon > 0$ gegeben, so existiert nach dem Cauchy-Kriterium ein $N \geq N_0$ derart, dass für alle m, n mit $m \geq n \geq N$ gilt

$$\sum_{k=n}^{m} c_k \leq \varepsilon.$$

---

[1] Der Ausdruck „nichtnegativ" bezieht sich stets auf *reelle* Zahlen.

Also gilt

$$\left|\sum_{k=n}^{m} a_k\right| \leq \sum_{k=n}^{m} |a_k| \leq \sum_{k=n}^{m} c_k \leq \varepsilon,$$

woraus sich (a) ergibt. Danach folgt (b) aus (a); denn konvergiert $\sum a_n$, so muss auch $\sum d_n$ konvergieren. [Beachte, dass (b) auch aus Satz 3.24 ableitbar ist.] □

Das Majorantenkriterium ist sehr hilfreich. Um es effizient anwenden zu können, müssen wir mit einigen Reihen mit nichtnegativen Gliedern vertraut werden, deren Konvergenz oder Divergenz bekannt ist.

Reihen mit nichtnegativen Gliedern

Die einfachste von allen ist vielleicht die *geometrische Reihe*.

3.26 Satz. *Für* $0 \leq x < 1$ *gilt*

$$\sum_{n=0}^{\infty} x^n = \frac{1}{1-x}.$$

Für $x \geq 1$ *divergiert die Reihe.*

Beweis. Für $x \neq 1$ ist

$$s_n = \sum_{k=0}^{n} x^k = \frac{1 - x^{n+1}}{1-x}.$$

Die Behauptung folgt aus der Betrachtung von $n \to \infty$. Für $x = 1$ erhält man

$$1 + 1 + 1 + \cdots,$$

was offensichtlich divergiert. □

In Anwendungen ist es oft der Fall, dass die Glieder der Reihe monoton abnehmen. Der folgende Satz von Cauchy ist daher von besonderem Interesse. Die bemerkenswerte Aussage des Satzes ist, dass eine ziemlich „dünne" Teilfolge von $\{a_n\}$ die Konvergenz bzw. Divergenz von $\sum a_n$ bestimmt.

3.27 Satz. *Es gelte* $a_1 \geq a_2 \geq a_3 \geq \cdots \geq 0$. *Dann konvergiert die Reihe* $\sum_{n=1}^{\infty} a_n$ *genau dann, wenn die Reihe*

$$\sum_{k=0}^{\infty} 2^k a_{2^k} = a_1 + 2a_2 + 4a_4 + 8a_8 + \cdots \tag{3.7}$$

konvergiert.

Beweis. Nach Satz 3.24 genügt es, die Beschränktheit der Partialsummen zu untersuchen. Sei

$$s_n = a_1 + a_2 + \cdots + a_n,$$
$$t_k = a_1 + 2a_2 + \cdots + 2^k a_{2^k}.$$

Für $n < 2^k$ gilt

$$s_n \leq a_1 + (a_2 + a_3) + \cdots + (a_{2^k} + \cdots + a_{2^{k+1}-1})$$
$$\leq a_1 + 2a_2 + \cdots + 2^k a_{2^k}$$
$$= t_k,$$

also

$$s_n \leq t_k. \tag{3.8}$$

Andererseits folgt für $n > 2^k$

$$s_n \geq a_1 + a_2 + (a_3 + a_4) + \cdots + (a_{2^{k-1}+1} + \cdots + a_{2^k})$$
$$\geq \frac{1}{2}a_1 + a_2 + 2a_4 + \cdots + 2^{k-1}a_{2^k}$$
$$= \frac{1}{2}t_k,$$

also

$$2s_n \geq t_k. \tag{3.9}$$

Nach (3.8) und (3.9) sind die Folgen $\{s_n\}$ und $\{t_k\}$ entweder beide beschränkt oder beide nicht beschränkt. Der Satz ist damit bewiesen. □

3.28 Satz. $\sum \frac{1}{n^p}$ *konvergiert für $p > 1$ und divergiert für $p \leq 1$.*

Beweis. Für $p \leq 0$ folgt die Divergenz aus Satz 3.23. Ist $p > 0$, dann ist Satz 3.27 anwendbar, und wir haben die Reihe

$$\sum_{k=0}^{\infty} 2^k \cdot \frac{1}{2^{kp}} = \sum_{k=0}^{\infty} 2^{(1-p)k}$$

zu testen. Nun ist $2^{1-p} < 1$ genau dann, wenn $1 - p < 0$ gilt, und das Ergebnis folgt durch Vergleich mit der geometrischen Reihe (man wähle $x = 2^{1-p}$ in Satz 3.26). □

Als eine weitere Anwendungsmöglichkeit von Satz 3.27 beweisen wir:

3.29 Satz. *Für $p > 1$ konvergiert*

$$\sum_{n=2}^{\infty} \frac{1}{n(\log n)^p}. \tag{3.10}$$

Ist $p \leq 1$, dann divergiert die Reihe.

Anmerkung: „log n" bezeichnet den Logarithmus von n zur Basis e (vergleiche Übungsaufgabe 7, Kapitel 1); die Zahl e wird in Kürze definiert werden (siehe Definition 3.30). Wir lassen die Reihe mit $n = 2$ beginnen, da log 1 = 0 ist.

Beweis. Die Monotonie der Logarithmusfunktion (die in Kapitel 8 detaillierter behandelt wird) hat zur Folge, dass $\{\log n\}$ wächst. Also nimmt $\{1/n \log n\}$ ab, und Satz 3.27 lässt sich auf (3.10) anwenden. Dies führt uns zu folgender Reihe:

$$\sum_{k=1}^{\infty} 2^k \cdot \frac{1}{2^k (\log 2^k)^p} = \sum_{k=1}^{\infty} \frac{1}{(k \log 2)^p} = \frac{1}{(\log 2)^p} \sum_{k=1}^{\infty} \frac{1}{k^p}. \qquad (3.11)$$

Satz 3.29 folgt nun aus Satz 3.28. □

Dieses Verfahren kann offensichtlich weitergeführt werden. Zum Beispiel divergiert

$$\sum_{n=3}^{\infty} \frac{1}{n \log n \log \log n}, \qquad (3.12)$$

wohingegen

$$\sum_{n=3}^{\infty} \frac{1}{n \log n (\log \log n)^2}, \qquad (3.13)$$

konvergiert.

Man kann nun beobachten, dass sich die Glieder der Reihe (3.12) nur geringfügig von denen der Reihe (3.13) unterscheiden. Dennoch divergiert die eine Reihe, während die andere konvergiert. Setzen wir das Verfahren fort, das uns von Satz 3.28 zu Satz 3.29 und dann zu (3.12) und (3.13) führte, so erhalten wir Paare von konvergenten und divergenten Reihen, deren Glieder sich noch geringfügiger voneinander unterscheiden als die von (3.12) und (3.13). Man könnte zu der Vermutung kommen, dass es eine Grenzsituation gibt, eine Art „Schranke" mit allen konvergenten Reihen auf der einen Seite und allen divergenten Reihen auf der anderen – zumindest, soweit es Reihen mit monotonen Koeffizienten betrifft. Unsere Vorstellung von dieser „Schranke" ist natürlich ziemlich unklar. Was wir aber herausstellen möchten, ist Folgendes: Wie wir auch immer diesen Begriff präzisieren, die Vermutung ist falsch. Die Übungsaufgaben 11 (b) und 12 (b) mögen dies illustrieren.

Wir möchten nicht auf weitere Details dieses Aspekts der Konvergenztheorie eingehen und verweisen den Leser auf Knopps „Theorie und Anwendungen der unendlichen Reihen", Kapitel IX, und hier insbesondere Abschnitt 41.

Die Zahl e

3.30 Definition.

$$e = \sum_{n=0}^{\infty} \frac{1}{n!}.$$

Hier ist $n! = 1 \cdot 2 \cdot 3 \cdots n$ für $n \geq 1$ und $0! = 1$. Wegen

$$s_n = 1 + 1 + \frac{1}{1 \cdot 2} + \frac{1}{1 \cdot 2 \cdot 3} + \cdots + \frac{1}{1 \cdot 2 \cdots n}$$
$$< 1 + 1 + \frac{1}{2} + \frac{1}{2^2} + \cdots + \frac{1}{2^{n-1}}$$
$$< 3$$

konvergiert die Reihe, und die Definition ergibt einen Sinn. In der Tat konvergiert die Reihe sehr schnell, was es uns erlaubt, die Zahl e mit großer Genauigkeit zu berechnen.

Interessanterweise kann e auch mit Hilfe eines anderen Grenzwertprozesses definiert werden. Der Beweis hierfür ist eine gute Illustration für Operationen mit Grenzwerten.

3.31 Satz.

$$\lim_{n \to \infty} \left(1 + \frac{1}{n}\right)^n = e.$$

Beweis. Sei

$$s_n = \sum_{k=0}^n \frac{1}{k!}, \quad t_n = \left(1 + \frac{1}{n}\right)^n.$$

Nach dem binomischen Satz ist

$$t_n = 1 + 1 + \frac{1}{2!}\left(1 - \frac{1}{n}\right) + \frac{1}{3!}\left(1 - \frac{1}{n}\right)\left(1 - \frac{2}{n}\right) + \cdots$$
$$+ \frac{1}{n!}\left(1 - \frac{1}{n}\right)\left(1 - \frac{2}{n}\right)\cdots\left(1 - \frac{n-1}{n}\right).$$

Also gilt $t_n \leq s_n$, so dass nach Satz 3.19

$$\limsup_{n \to \infty} t_n \leq e \tag{3.14}$$

folgt. Für $n \geq m$ gilt ferner

$$t_n \geq 1 + 1 + \frac{1}{2!}\left(1 - \frac{1}{n}\right) + \cdots + \frac{1}{m!}\left(1 - \frac{1}{n}\right)\cdots\left(1 - \frac{m-1}{n}\right).$$

Lässt man nun n gegen ∞ streben, wobei m fest bleibt, so erhält man

$$\liminf_{n \to \infty} t_n \geq 1 + 1 + \frac{1}{2!} + \cdots + \frac{1}{m!}.$$

Also gilt

$$s_m \leq \liminf_{n \to \infty} t_n.$$

Für $m \to \infty$ erhalten wir schließlich

$$e \leq \liminf_{n \to \infty} t_n. \tag{3.15}$$

Der Satz folgt aus (3.14) und (3.15). $\qquad\square$

Die Geschwindigkeit, mit der die Reihe $\sum \frac{1}{n!}$ konvergiert, kann wie folgt abgeschätzt werden: Hat s_n dieselbe Bedeutung wie oben, dann gilt

$$
\begin{aligned}
e - s_n &= \frac{1}{(n+1)!} + \frac{1}{(n+2)!} + \frac{1}{(n+3)!} + \cdots \\
&< \frac{1}{(n+1)!} \left(1 + \frac{1}{n+1} + \frac{1}{(n+1)^2} + \cdots \right) \\
&= \frac{1}{n!\, n},
\end{aligned}
$$

so dass

$$
0 < e - s_n < \frac{1}{n!\, n} \tag{3.16}
$$

ist. Somit approximiert zum Beispiel s_{10} die Zahl e mit einem Fehler kleiner als 10^{-7}. Die Ungleichung (3.16) ist auch von theoretischem Interesse, da sie es erlaubt, die Irrationalität von e sehr leicht zu beweisen.

3.32 Satz. *Die Zahl e ist irrational.*

Beweis. Angenommen, e sei rational, dann ist $e = p/q$, wobei p und q positive ganze Zahlen sind. Aus (3.16) folgt

$$
0 < q!(e - s_q) < \frac{1}{q}. \tag{3.17}
$$

Nach unserer Annahme ist $q!e$ eine ganze Zahl. Da

$$
q!s_q = q! \left(1 + 1 + \frac{1}{2!} + \cdots + \frac{1}{q!} \right)
$$

ebenfalls eine ganze Zahl ist, ist auch $q!(e - s_q)$ eine ganze Zahl.

Da $q \geq 1$ gilt, folgt aus (3.17) die Existenz einer ganzen Zahl zwischen 0 und 1. Somit sind wir zu einem Widerspruch gelangt. □

Tatsächlich ist e nicht einmal eine algebraische Zahl. Einen einfachen Beweis hierfür kann man etwa in den im Literaturverzeichnis aufgeführten Büchern von Niven (S. 25) und Herstein (S. 223) finden.

Das Wurzel- und das Quotientenkriterium

3.33 Satz (Wurzelkriterium). *Gegeben sei die Reihe $\sum a_n$. Setze $\alpha = \limsup_{n \to \infty} \sqrt[n]{|a_n|}$. Dann gilt:*
(a) *Ist $\alpha < 1$, dann konvergiert $\sum a_n$.*
(b) *Ist $\alpha > 1$, dann divergiert $\sum a_n$.*

(c) *Im Fall $\alpha = 1$ erlaubt das Wurzelkriterium keine Divergenz- oder Konvergenzaussage.*

Beweis. Für $\alpha < 1$ wähle man β so, dass $\alpha < \beta < 1$ ist. Dann existiert eine ganze Zahl N derart, dass

$$\sqrt[n]{|a_n|} < \beta$$

für $n \geq N$ gilt [nach Satz 3.17 (b)]. Das heißt, für $n \geq N$ ist

$$|a_n| < \beta^n.$$

Da $0 < \beta < 1$ ist, konvergiert $\sum \beta^n$. Die Konvergenz von $\sum a_n$ folgt dann aus dem Majorantenkriterium.

Sei nun $\alpha > 1$ angenommen. Nach Satz 3.17 existiert eine Folge $\{n_k\}$ mit

$$\sqrt[n_k]{|a_{n_k}|} \to \alpha.$$

Somit gilt $|a_n| > 1$ für unendlich viele Werte von n, so dass die für die Konvergenz von $\sum a_n$ notwendige Bedingung $a_n \to 0$ nicht erfüllt ist (Satz 3.23).

Um (c) zu beweisen, betrachten wir die Reihen

$$\sum \frac{1}{n}, \quad \sum \frac{1}{n^2}.$$

Für jede dieser Reihen ist $\alpha = 1$, aber die erste Reihe divergiert, während die zweite konvergiert. $\qquad\square$

3.34 Satz (Quotientenkriterium). *Die Reihe $\sum a_n$*
(a) *konvergiert, wenn $\limsup_{n\to\infty} \left|\frac{a_{n+1}}{a_n}\right| < 1$ ist;*
(b) *divergiert, wenn es eine positive ganze Zahl n_0 gibt mit $\left|\frac{a_{n+1}}{a_n}\right| \geq 1$ für alle $n \geq n_0$.*

Beweis. Ist Bedingung (a) erfüllt, so lassen sich $\beta < 1$ und eine ganze Zahl N finden, so dass

$$\left|\frac{a_{n+1}}{a_n}\right| < \beta$$

für $n \geq N$ gilt. Insbesondere folgt

$$\begin{aligned}
|a_{N+1}| &< \beta|a_N|, \\
|a_{N+2}| &< \beta|a_{N+1}| < \beta^2|a_N|, \\
&\vdots \qquad\qquad \vdots \\
|a_{N+p}| &< \beta|a_{N+p-1}| < \beta^p|a_N|
\end{aligned}$$

und somit

$$|a_n| < |a_N|\beta^{-N} \cdot \beta^n$$

für $n \geq N$. Aussage (a) folgt nun aus dem Majorantenkriterium, da die Reihe $\sum \beta^n$ konvergiert.

Ist $|a_{n+1}| \geq |a_n|$ für $n \geq n_0$, so lässt sich leicht feststellen, dass die Bedingung $a_n \to 0$ nicht erfüllt ist. Damit folgt (b). □

Beachte: Das Wissen, dass $\lim a_{n+1}/a_n = 1$ ist, erlaubt keine Aussage über die Konvergenz von $\sum a_n$. Dies veranschaulichen etwa die Reihen $\sum 1/n$ und $\sum 1/n^2$.

3.35 Beispiele.
(a) Betrachte die Reihe

$$\frac{1}{2} + \frac{1}{3} + \frac{1}{2^2} + \frac{1}{3^2} + \frac{1}{2^3} + \frac{1}{3^3} + \frac{1}{2^4} + \frac{1}{3^4} + \cdots$$

Es gilt

$$\liminf_{n\to\infty} \frac{a_{n+1}}{a_n} = \lim_{n\to\infty} \left(\frac{2}{3}\right)^n = 0,$$

$$\liminf_{n\to\infty} \sqrt[n]{a_n} = \lim_{n\to\infty} \sqrt[2n]{\frac{1}{3^n}} = \frac{1}{\sqrt{3}},$$

$$\limsup_{n\to\infty} \sqrt[n]{a_n} = \lim_{n\to\infty} \sqrt[2n]{\frac{1}{2^n}} = \frac{1}{\sqrt{2}},$$

$$\limsup_{n\to\infty} \frac{a_{n+1}}{a_n} = \lim_{n\to\infty} \left(\frac{3}{2}\right)^n = +\infty.$$

Das Wurzelkriterium zeigt Konvergenz an; das Quotientenkriterium ist nicht anwendbar.

(b) Dasselbe gilt für die Reihe

$$\frac{1}{2} + 1 + \frac{1}{8} + \frac{1}{4} + \frac{1}{32} + \frac{1}{16} + \frac{1}{128} + \frac{1}{64} + \cdots,$$

wobei

$$\liminf_{n\to\infty} \frac{a_{n+1}}{a_n} = \frac{1}{8},$$

$$\limsup_{n\to\infty} \frac{a_{n+1}}{a_n} = 2,$$

aber

$$\lim \sqrt[n]{a_n} = \frac{1}{2}$$

ist.

3.36 Bemerkungen. Das Quotientenkriterium ist häufig einfacher anzuwenden als das Wurzelkriterium, da es gewöhnlich leichter ist, Quotienten zu berechnen als n-te Wurzeln. Das Wurzelkriterium hat jedoch einen größeren Anwendungsbereich. Präziser gesagt: Wann immer das Quotientenkriterium Konvergenz anzeigt, so tut dies auch das Wurzelkriterium; wann immer das Wurzelkriterium ergebnislos ist, gilt dies auch für das Quotientenkriterium. Dies folgt aus Satz 3.37 und wird durch die vorangehenden Beispiele illustriert.

Keines der beiden Kriterien ist besonders scharf hinsichtlich der Divergenz. Beide leiten die Divergenz aus der Tatsache ab, dass a_n für $n \to \infty$ nicht gegen null strebt.

3.37 Satz. *Für jede Folge $\{c_n\}$ positiver Zahlen gilt*

$$\liminf_{n \to \infty} \frac{c_{n+1}}{c_n} \leq \liminf_{n \to \infty} \sqrt[n]{c_n},$$

$$\limsup_{n \to \infty} \sqrt[n]{c_n} \leq \limsup_{n \to \infty} \frac{c_{n+1}}{c_n}.$$

Beweis. Wir beweisen die zweite Ungleichung; der Beweis der ersten verläuft ganz ähnlich. Man setze

$$\alpha = \limsup_{n \to \infty} \frac{c_{n+1}}{c_n}.$$

Für $\alpha = +\infty$ ist nichts zu beweisen. Ist α endlich, so wähle $\beta > \alpha$. Dann existiert eine ganze Zahl N, so dass

$$\frac{c_{n+1}}{c_n} \leq \beta$$

gilt für $n \geq N$. Insbesondere gilt für alle $p > 0$

$$c_{N+k+1} \leq \beta c_{N+k} \quad (k = 0, 1, \ldots, p - 1).$$

Durch sukzessives Einsetzen dieser Ungleichungen für $k = p - 1, p - 2, \ldots, 0$ erhält man

$$c_{N+p} \leq \beta^p c_N$$

oder

$$c_n \leq c_N \beta^{-N} \cdot \beta^n \quad (n \geq N).$$

Daraus folgt

$$\sqrt[n]{c_n} \leq \sqrt[n]{c_N \beta^{-N}} \cdot \beta$$

und schließlich nach Satz 3.20 (b)

$$\limsup_{n \to \infty} \sqrt[n]{c_n} \leq \beta. \tag{3.18}$$

Da (3.18) für jedes $\beta > \alpha$ gilt, ergibt sich

$$\limsup_{n \to \infty} \sqrt[n]{c_n} \leq \alpha. \qquad \square$$

Potenzreihen

3.38 Definition. Ist $\{c_n\}$ eine Folge komplexer Zahlen, so heißt die Reihe

$$\sum_{n=0}^{\infty} c_n z^n \tag{3.19}$$

eine *Potenzreihe.* Die Zahlen c_n heißen die *Koeffizienten* der Reihe; z ist eine komplexe Zahl.

Im Allgemeinen konvergiert oder divergiert die Reihe je nach Wahl von z. Ausführlicher: Zu jeder Potenzreihe (3.19) gehört ein Kreis, der sogenannte *Konvergenzkreis,* der die Eigenschaft hat, dass (3.19) für alle z im Innern des Kreises konvergiert und für alle z im äußeren Bereich divergiert. (Um alle Fälle zu berücksichtigen, müssen wir die Ebene als das Innere eines Kreises mit unendlichem Radius und einen Punkt als einen Kreis vom Radius 0 betrachten.) Das Verhalten auf dem Konvergenzkreis ist unterschiedlich und lässt sich nicht so einfach beschreiben.

3.39 Satz. *Gegeben sei die Potenzreihe* $\sum c_n z^n$. *Man setze*

$$\alpha = \limsup_{n \to \infty} \sqrt[n]{|c_n|}, \quad R = \frac{1}{\alpha}.$$

(Für $\alpha = 0$ *sei* $R = +\infty$, *für* $\alpha = +\infty$ *sei* $R = 0$.) *Dann konvergiert* $\sum c_n z^n$ *für* $|z| < R$ *und divergiert für* $|z| > R$.

Beweis. Man setze $a_n = c_n z^n$ und wende das Wurzelkriterium an:

$$\limsup_{n \to \infty} \sqrt[n]{|a_n|} = |z| \limsup_{n \to \infty} \sqrt[n]{|c_n|} = \frac{|z|}{R}. \qquad \square$$

Anmerkung: R wird der *Konvergenzradius* von $\sum c_n z^n$ genannt.

3.40 Beispiele.
(a) Die Reihe $\sum n^n z^n$ hat den Konvergenzradius $R = 0$.
(b) Die Reihe $\sum \frac{z^n}{n!}$ hat den Konvergenzradius $R = +\infty$. (In diesem Fall lässt sich das Quotientenkriterium leichter anwenden als das Wurzelkriterium.)
(c) Die Reihe $\sum z^n$ (*geometrische Reihe*) hat den Konvergenzradius $R = 1$. Ist $|z| = 1$, dann divergiert die Reihe, da $\{z^n\}$ für $n \to \infty$ nicht gegen 0 strebt.
(d) Die Reihe $\sum \frac{z^n}{n}$ hat den Konvergenzradius $R = 1$. Sie divergiert für $z = 1$, konvergiert aber für alle anderen z mit $|z| = 1$. (Die letzte Behauptung wird in Satz 3.44 bewiesen.)
(e) Die Reihe $\sum \frac{z^n}{n^2}$ hat den Konvergenzradius $R = 1$. Sie konvergiert nach dem Majorantenkriterium für alle z mit $|z| = 1$, da dann $|z^n/n^2| = 1/n^2$ ist.

Partielle Summation

3.41 Satz. *Gegeben seien zwei Folgen $\{a_n\}$, $\{b_n\}$. Setze*

$$A_n = \sum_{k=0}^{n} a_k$$

für $n \geq 0$ und $A_{-1} = 0$. Dann folgt für $0 \leq p \leq q$

$$\sum_{n=p}^{q} a_n b_n = \sum_{n=p}^{q-1} A_n(b_n - b_{n+1}) + A_q b_q - A_{p-1} b_p. \tag{3.20}$$

Beweis. Es gilt

$$\sum_{n=p}^{q} a_n b_n = \sum_{n=p}^{q} (A_n - A_{n-1}) b_n = \sum_{n=p}^{q} A_n b_n - \sum_{n=p-1}^{q-1} A_n b_{n+1},$$

und der letzte Ausdruck auf der rechten Seite ist gleich der rechten Seite von (3.20). □

Die Formel (3.20) für die partielle Summation ist nützlich bei der Untersuchung von Reihen der Form $\sum a_n b_n$, insbesondere, wenn $\{b_n\}$ monoton ist. Nachfolgend einige Anwendungsbeispiele.

3.42 Satz. *Es gelte*
(a) *die Partialsummen A_n von $\sum a_n$ bilden eine beschränkte Folge;*
(b) $b_0 \geq b_1 \geq b_2 \geq \cdots$;
(c) $\lim_{n \to \infty} b_n = 0$.

Dann konvergiert $\sum a_n b_n$.

Beweis. Man wähle M so, dass $|A_n| \leq M$ für alle n gilt. Zu $\varepsilon > 0$ existiert eine ganze Zahl N mit $b_N \leq (\varepsilon/2M)$. Für $N \leq p \leq q$ ergibt sich:

$$\left| \sum_{n=p}^{q} a_n b_n \right| = \left| \sum_{n=p}^{q-1} A_n(b_n - b_{n+1}) + A_q b_q - A_{p-1} b_p \right|$$

$$\leq M \left| \sum_{n=p}^{q-1} (b_n - b_{n+1}) + b_q + b_p \right|$$

$$= 2M b_p$$

$$\leq 2M b_N$$

$$\leq \varepsilon.$$

Die Konvergenz folgt nun aus dem Cauchy-Kriterium. Man beachte, dass die erste Ungleichung in der obigen Kette natürlich von der Tatsache abhängt, dass $b_n - b_{n+1} \geq 0$ ist. □

3.43 Satz. *Es gelte*

(a) $|c_1| \geq |c_2| \geq |c_3| \geq \cdots$;

(b) $c_{2m-1} \geq 0$, $c_{2m} \leq 0$ $(m = 1, 2, 3, \ldots)$;

(c) $\lim_{n \to \infty} c_n = 0$.

Dann konvergiert $\sum c_n$.

Reihen, die (b) erfüllen, heißen *alternierende Reihen*. Der Satz war schon Leibniz bekannt.

Beweis. Man wende Satz 3.42 an mit $a_n = (-1)^{n+1}$, $b_n = |c_n|$. □

3.44 Satz. *Der Konvergenzradius von $\sum c_n z^n$ sei 1. Ferner gelte $c_0 \geq c_1 \geq c_2 \geq \cdots$ und $\lim_{n \to \infty} c_n = 0$. Dann konvergiert $\sum c_n z^n$ für jeden Punkt auf dem Kreis $|z| = 1$, außer möglicherweise für $z = 1$.*

Beweis. Setze $a_n = z^n$, $b_n = c_n$. Die Annahmen von Satz 3.42 sind dann für $|z| = 1$, $z \neq 1$ erfüllt, da in diesem Fall gilt

$$|A_n| = \left| \sum_{m=0}^{n} z^m \right| = \left| \frac{1 - z^{n+1}}{1 - z} \right| \leq \frac{2}{|1 - z|}.$$

□

Absolute Konvergenz

Man sagt, die Reihe $\sum a_n$ *konvergiert absolut*, wenn die Reihe $\sum |a_n|$ konvergiert.

3.45 Satz. *Konvergiert $\sum a_n$ absolut, dann konvergiert $\sum a_n$.*

Beweis. Die Behauptung folgt aus der Ungleichung

$$\left| \sum_{k=n}^{m} a_k \right| \leq \sum_{k=n}^{m} |a_k|,$$

zusammen mit dem Cauchy-Kriterium. □

3.46 Bemerkungen. Bei Reihen mit positiven Gliedern bedeutet absolute Konvergenz dasselbe wie Konvergenz.

Falls $\sum a_n$ konvergiert, $\sum |a_n|$ aber divergiert, so sagt man, $\sum a_n$ konvergiere *nicht absolut*. Die Reihe

$$\sum \frac{(-1)^n}{n}$$

konvergiert zum Beispiel nicht absolut (Satz 3.43).

Das Majorantenkriterium ist wie das Wurzelkriterium und das Quotientenkriterium ein Kriterium für die absolute Konvergenz und kann daher nichts über nicht absolut konvergente Reihen aussagen. Für letztere lässt sich gelegentlich die partielle

Summation anwenden. Insbesondere konvergieren Potenzreihen absolut im Innern des Konvergenzkreises.

Wir werden sehen, dass man mit absolut konvergenten Reihen fast so wie mit endlichen Summen operieren kann. Man kann sie gliedweise multiplizieren, und man kann die Reihenfolge, in der die Additionen durchgeführt werden, ändern, ohne dadurch die Summe der Reihe zu ändern. Für nicht absolut konvergente Reihen trifft dies jedoch nicht mehr zu, und die Behandlung solcher Reihen verlangt weit größere Sorgfalt.

Addition und Multiplikation von Reihen

3.47 Satz. *Ist $\sum a_n = A$ und $\sum b_n = B$, dann gilt $\sum(a_n + b_n) = A + B$ und $\sum ca_n = cA$ für jedes feste c.*

Beweis. Setze

$$A_n = \sum_{k=0}^{n} a_k, \quad B_n = \sum_{k=0}^{n} b_k.$$

Dann ist

$$A_n + B_n = \sum_{k=0}^{n} (a_k + b_k).$$

Da $\lim_{n\to\infty} A_n = A$ und $\lim_{n\to\infty} B_n = B$ ist, erhält man

$$\lim_{n\to\infty} (A_n + B_n) = A + B.$$

Der Beweis der zweiten Behauptung ist noch einfacher. □

Somit können zwei konvergente Reihen gliedweise addiert werden, und die resultierende Reihe konvergiert gegen die Summe der beiden Reihen. Komplizierter wird es, wenn wir die Multiplikation zweier Reihen betrachten. Zunächst muss das Produkt definiert werden, was auf verschiedene Weise geschehen kann. Wir betrachten das sogenannte *Cauchy-Produkt*.

3.48 Definition. Gegeben seien die Reihen $\sum a_n$ und $\sum b_n$. Man setze

$$c_n = \sum_{k=0}^{n} a_k b_{n-k} \quad (n = 0, 1, 2, \dots).$$

Die Reihe $\sum c_n$ nennen wir das *Produkt* der beiden gegebenen Reihen.

Diese Definition lässt sich wie folgt begründen: Multiplizieren wir zwei Potenzreihen $\sum a_n z^n$ und $\sum b_n z^n$ gliedweise miteinander und fassen die Glieder zusammen, die dieselbe Potenz von z enthalten, so ergibt sich

$$
\begin{aligned}
\sum_{n=0}^{\infty} a_n z^n \cdot \sum_{n=0}^{\infty} b_n z^n &= (a_0 + a_1 z + a_2 z^2 + \cdots)(b_0 + b_1 z + b_2 z^2 + \cdots) \\
&= a_0 b_0 + (a_0 b_1 + a_1 b_0) z \\
&\quad + (a_0 b_2 + a_1 b_1 + a_2 b_0) z^2 + \cdots \\
&= c_0 + c_1 z + c_2 z^2 + \cdots.
\end{aligned}
$$

Setzen wir $z = 1$, so erhalten wir die obige Definition.

3.49 Beispiel. Ist $\sum c_n$ das Produkt der Reihen $\sum a_n$ und $\sum b_n$, ist

$$
A_n = \sum_{k=0}^{n} a_k, \quad B_n = \sum_{k=0}^{n} b_k, \quad C_n = \sum_{k=0}^{n} c_k,
$$

und gilt $A_n \to A$, $B_n \to B$, dann ist keineswegs klar, dass $\{C_n\}$ gegen AB konvergiert, da $C_n = A_n B_n$ nicht erfüllt ist. Die Abhängigkeit der Folge $\{C_n\}$ von $\{A_n\}$ und $\{B_n\}$ ist recht kompliziert (vgl. den Beweis des Satzes 3.50). Wir zeigen nun, dass das Produkt zweier konvergenter Reihen tatsächlich divergieren kann.

Die Reihe

$$
\sum_{n=0}^{\infty} \frac{(-1)^n}{\sqrt{n+1}} = 1 - \frac{1}{\sqrt{2}} + \frac{1}{\sqrt{3}} - \frac{1}{\sqrt{4}} + \cdots
$$

konvergiert (Satz 3.43). Wir bilden das Produkt der Reihe mit sich selbst und erhalten

$$
\begin{aligned}
\sum_{n=0}^{\infty} c_n = 1 &- \left(\frac{1}{\sqrt{2}} + \frac{1}{\sqrt{2}} \right) + \left(\frac{1}{\sqrt{3}} + \frac{1}{\sqrt{2}\sqrt{2}} + \frac{1}{\sqrt{3}} \right) \\
&- \left(\frac{1}{\sqrt{4}} + \frac{1}{\sqrt{3}\sqrt{2}} + \frac{1}{\sqrt{2}\sqrt{3}} + \frac{1}{\sqrt{4}} \right) + \cdots,
\end{aligned}
$$

also

$$
c_n = (-1)^n \sum_{k=0}^{n} \frac{1}{\sqrt{(n-k+1)(k+1)}}.
$$

Wegen

$$
(n - k + 1)(k + 1) = \left(\frac{n}{2} + 1 \right)^2 - \left(\frac{n}{2} - k \right)^2 \leq \left(\frac{n}{2} + 1 \right)^2
$$

folgt

$$
|c_n| \geq \sum_{k=0}^{n} \frac{2}{n+2} = \frac{2(n+1)}{n+2}.
$$

Daher ist die Bedingung $c_n \to 0$, die für die Konvergenz von $\sum c_n$ notwendig ist, nicht erfüllt.

Im Hinblick auf den nächsten Satz, der auf Mertens zurückgeht, sei bemerkt, dass wir hier das Produkt zweier nicht absolut konvergenter Reihen betrachtet haben.

3.50 Satz. *Es gelte*
(a) $\sum_{n=0}^{\infty} a_n$ *konvergiert absolut,*
(b) $\sum_{n=0}^{\infty} a_n = A$,
(c) $\sum_{n=0}^{\infty} b_n = B$,
(d) $c_n = \sum_{k=0}^{n} a_k b_{n-k}$ $(n = 0, 1, 2, \dots)$.

Dann ist

$$\sum_{n=0}^{\infty} c_n = AB.$$

Das heißt, das Produkt zweier konvergenter Reihen konvergiert, und zwar gegen den richtigen Wert, wenn mindestens eine der beiden Reihen absolut konvergiert.

Beweis. Setze

$$A_n = \sum_{k=0}^{n} a_k, \quad B_n = \sum_{k=0}^{n} b_k, \quad C_n = \sum_{k=0}^{n} c_k, \quad \beta_n = B_n - B.$$

Dann folgt

$$\begin{aligned}
C_n &= a_0 b_0 + (a_0 b_1 + a_1 b_0) + \cdots + (a_0 b_n + a_1 b_{n-1} + \cdots + a_n b_0) \\
&= a_0 B_n + a_1 B_{n-1} + \cdots + a_n B_0 \\
&= a_0(B + \beta_n) + a_1(B + \beta_{n-1}) + \cdots + a_n(B + \beta_0) \\
&= A_n B + a_0 \beta_n + a_1 \beta_{n-1} + \cdots + a_n \beta_0.
\end{aligned}$$

Setze

$$\gamma_n = a_0 \beta_n + a_1 \beta_{n-1} + \cdots + a_n \beta_0.$$

Wir wollen nun zeigen, dass $C_n \to AB$. Da $A_n B \to AB$ gilt, genügt es zu beweisen, dass

$$\lim_{n \to \infty} \gamma_n = 0. \tag{3.21}$$

Setze

$$\alpha = \sum_{n=0}^{\infty} |a_n|.$$

[An dieser Stelle verwenden wir die Voraussetzung (a).] Sei $\varepsilon > 0$ gegeben. Nach (c) gilt $\beta_n \to 0$. Wir können also N so wählen, dass $|\beta_n| \leq \varepsilon$ für $n \geq N$ ist. Dann folgt für $n \geq N$

$$|\gamma_n| \leq |\beta_0 a_n + \cdots + \beta_N a_{n-N}| + |\beta_{N+1} a_{n-N-1} + \cdots + \beta_n a_0|$$
$$\leq |\beta_0 a_n + \cdots + \beta_N a_{n-N}| + \varepsilon \alpha.$$

Hält man N fest und lässt $n \to \infty$ streben, dann erhält man

$$\limsup_{n \to \infty} |\gamma_n| \leq \varepsilon \alpha,$$

weil $a_k \to 0$ für $k \to \infty$ gilt. Da ε beliebig gewählt war, folgt (3.21). $\qquad\square$

Eine andere naheliegende Frage ist, ob die Reihe $\sum c_n$, falls sie konvergent ist, die Summe AB haben muss. Abel hat diese Frage positiv beantwortet.

3.51 Satz. *Konvergieren die Reihen $\sum a_n$, $\sum b_n$, $\sum c_n$ gegen A, B, C, und ist*

$$c_n = a_0 b_n + \cdots + a_n b_0 \quad (n = 0, 1, 2, \dots),$$

dann gilt $C = AB$.

Hier wird keine Voraussetzung an die absolute Konvergenz einer der Reihen gestellt. Im Anschluss an Satz 8.2 werden wir einen einfachen Beweis für diesen Satz geben, der auf der Stetigkeit von Potenzreihen basiert.

Umordnungen

3.52 Definition. Sei $\{k_n\}$, $n = 1, 2, 3, \dots$, eine Folge, in der jede positive ganze Zahl genau einmal vorkommt (das heißt, $\{k_n\}$ ist eine injektive Abbildung von $\mathbb{N}$ auf sich selbst nach der Bezeichnung von Definition 2.2). Setzt man

$$a_n' = a_{k_n} \quad (n = 1, 2, 3, \dots),$$

so sagt man, $\sum a_n'$ ist eine *Umordnung* von $\sum a_n$.

Sind $\{s_n\}$, $\{s_n'\}$ die Folgen der Partialsummen von $\sum a_n$, $\sum a_n'$, so sieht man leicht ein, dass diese zwei Folgen im Allgemeinen aus völlig verschiedenen Zahlen bestehen. Somit werden wir vor das Problem gestellt zu bestimmen, unter welchen Bedingungen alle Umordnungen einer konvergenten Reihe konvergieren und ob die Summen zwangsläufig dieselben sind.

3.53 Beispiel. Man betrachte die konvergente Reihe

$$1 - \frac{1}{2} + \frac{1}{3} - \frac{1}{4} + \frac{1}{5} - \frac{1}{6} + \cdots \tag{3.22}$$

und eine ihrer Umordnungen

$$1 + \frac{1}{3} - \frac{1}{2} + \frac{1}{5} + \frac{1}{7} - \frac{1}{4} + \frac{1}{9} + \frac{1}{11} - \frac{1}{6} + \cdots, \qquad (3.23)$$

in welcher auf jeweils zwei positive Glieder ein negatives folgt. Ist s die Summe von (3.22), dann ist

$$s < 1 - \frac{1}{2} + \frac{1}{3} = \frac{5}{6}.$$

Da

$$\frac{1}{4k - 3} + \frac{1}{4k - 1} - \frac{1}{2k} > 0$$

für $k \geq 1$ gilt, erhält man $s_3' < s_6' < s_9' < \cdots$, wobei s_n' die n-te Partialsumme von (3.23) ist. Also gilt

$$\limsup_{n \to \infty} s_n' > s_3' = \frac{5}{6},$$

so dass (3.23) sicherlich nicht gegen s konvergiert. [Es sei dem Leser überlassen nachzuprüfen, dass die Reihe (3.23) trotzdem konvergiert.]

Dieses Beispiel veranschaulicht den folgenden Satz, der auf Riemann zurückgeht.

3.54 Satz. *Sei $\sum a_n$ eine Reihe reeller Zahlen, die konvergiert, jedoch nicht absolut konvergiert. Sei ferner*

$$-\infty \leq \alpha \leq \beta \leq \infty.$$

Dann existiert eine Umordnung $\sum a_n'$ mit Partialsummen s_n' derart, dass gilt

$$\liminf_{n \to \infty} s_n' = \alpha, \quad \limsup_{n \to \infty} s_n' = \beta. \qquad (3.24)$$

Beweis. Sei

$$p_n = \frac{|a_n| + a_n}{2}, \quad q_n = \frac{|a_n| - a_n}{2} \quad (n = 1, 2, 3, \dots).$$

Dann folgt $p_n - q_n = a_n$, $p_n + q_n = |a_n|$, $p_n \geq 0$ und $q_n \geq 0$. Die Reihen $\sum p_n$, $\sum q_n$ divergieren beide. Denn wären beide konvergent, dann würde

$$\sum (p_n + q_n) = \sum |a_n|$$

entgegen unserer Voraussetzung konvergieren. Da ferner

$$\sum_{n=1}^{N} a_n = \sum_{n=1}^{N} (p_n - q_n) = \sum_{n=1}^{N} p_n - \sum_{n=1}^{N} q_n$$

gilt, folgt aus der Divergenz von $\sum p_n$ und der Konvergenz von $\sum q_n$ (oder umgekehrt) die Divergenz von $\sum a_n$, wiederum entgegen der Voraussetzung.

Seien nun P_1, P_2, P_3, ... die nichtnegativen Glieder von $\sum a_n$ in der Reihenfolge, in der sie auftreten, und seien Q_1, Q_2, Q_3, ... die Absolutbeträge der negativen Glieder von $\sum a_n$, ebenfalls in ihrer ursprünglichen Reihenfolge.

Die Reihen $\sum P_n$, $\sum Q_n$ unterscheiden sich von $\sum p_n$, $\sum q_n$ nur durch Nullglieder und sind daher divergent.

Wir konstruieren nun Folgen $\{m_n\}$ und $\{k_n\}$ derart, dass die Reihe

$$P_1 + \cdots + P_{m_1} - Q_1 - \cdots - Q_{k_1} +$$
$$P_{m_1+1} + \cdots + P_{m_2} - Q_{k_1+1} - \cdots - Q_{k_2} + \cdots, \tag{3.25}$$

die natürlich eine Umordnung von $\sum a_n$ ist, die Bedingungen (3.24) erfüllt.

Man wähle reellwertige Folgen $\{\alpha_n\}$, $\{\beta_n\}$, so dass $\alpha_n \to \alpha$, $\beta_n \to \beta$, $\alpha_n < \beta_n$ und $\beta_1 > 0$ gilt.

Seien m_1 und k_1 die kleinsten ganzen Zahlen, so dass

$$P_1 + \cdots + P_{m_1} > \beta_1,$$
$$P_1 + \cdots + P_{m_1} - Q_1 - \cdots - Q_{k_1} < \alpha_1$$

gilt. Sodann seien m_2 und k_2 die kleinsten ganzen Zahlen mit

$$P_1 + \cdots + P_{m_1} - Q_1 - \cdots - Q_{k_1} + P_{m_1+1} + \cdots + P_{m_2} > \beta_2,$$
$$P_1 + \cdots + P_{m_1} - Q_1 - \cdots - Q_{k_1} + P_{m_1+1} + \cdots + P_{m_2} - Q_{k_1+1} - \cdots - Q_{k_2} < \alpha_2.$$

Wegen der Divergenz von $\sum P_n$ und $\sum Q_n$ kann man den Prozess auf diese Weise weiterführen.

Bezeichnen x_n und y_n die Partialsummen von (3.25), deren letzte Glieder P_{m_n} bzw. $-Q_{k_n}$ sind, dann folgt

$$|x_n - \beta_n| \le P_{m_n}, \quad |y_n - \alpha_n| \le Q_{k_n}.$$

Wegen $P_n \to 0$ und $Q_n \to 0$ für $n \to \infty$ gilt daher $x_n \to \beta$, $y_n \to \alpha$.

Schließlich ist klar, dass keine Zahl, die kleiner als α oder größer als β ist, ein Teilfolgengrenzwert der Partialsummen von (3.25) sein kann. □

3.55 Satz. *Ist $\sum a_n$ eine Reihe komplexer Zahlen, die absolut konvergiert, dann konvergiert jede Umordnung von $\sum a_n$, und alle Umordnungen konvergieren gegen dieselbe Summe.*

Beweis. Sei $\sum a_n'$ eine Umordnung mit Partialsummen s_n'. Ist $\varepsilon > 0$ gegeben, dann existiert eine positive ganze Zahl N mit

$$\sum_{i=n}^{m} |a_i| \le \varepsilon \tag{3.26}$$

für $m \geq n \geq N$. Man wähle nun p so, dass alle ganzen Zahlen $1, 2, \ldots, N$ in der Menge $k_1, k_2, \ldots, k_p$ enthalten sind. (Wir verwenden die Bezeichnungen aus Definition 3.52.) Dann folgt für $n > p$, dass die Zahlen $a_1, \ldots, a_N$ sich in der Differenz $s_n - s_n'$ gegenseitig aufheben, so dass nach (3.26) $|s_n - s_n'| \leq \varepsilon$ folgt. Also konvergiert $\{s_n'\}$ gegen dieselbe Summe wie $\{s_n\}$. $\qquad\square$

Übungsaufgaben

1. Man beweise, dass aus der Konvergenz von $\{s_n\}$ die Konvergenz von $\{|s_n|\}$ folgt. Gilt auch die Umkehrung?
2. Man berechne $\lim_{n\to\infty} \left(\sqrt{n^2 + n} - n \right)$.
3. Sei $s_1 = \sqrt{2}$ und

$$s_{n+1} = \sqrt{2 + \sqrt{s_n}} \quad (n = 1, 2, 3, \ldots).$$

Man beweise, dass $\{s_n\}$ konvergiert und dass $s_n < 2$ für $n = 1, 2, 3, \ldots$ gilt.
4. Man bestimme die oberen und unteren Grenzwerte der Folge $\{s_n\}$, die durch

$$s_1 = 0, \quad s_{2m} = \frac{s_{2m-1}}{2}, \quad s_{2m+1} = \frac{1}{2} + s_{2m}$$

definiert ist.
5. Sind $\{a_n\}$ und $\{b_n\}$ zwei beliebige reelle Folgen, so beweise man, dass

$$\limsup_{n\to\infty}(a_n + b_n) \leq \limsup_{n\to\infty} a_n + \limsup_{n\to\infty} b_n$$

gilt, vorausgesetzt, dass die Summe auf der rechten Seite nicht von der Form $\infty - \infty$ ist.
6. Man untersuche das Verhalten (Konvergenz oder Divergenz) von $\sum a_n$ in den Fällen
   (a) $a_n = \sqrt{n+1} - \sqrt{n}$;
   (b) $a_n = \frac{\sqrt{n+1} - \sqrt{n}}{n}$;
   (c) $a_n = \left(\sqrt[n]{n} - 1 \right)^n$;
   (d) $a_n = \frac{1}{1+z^n}$ für komplexe Werte von z.
7. Man beweise, dass aus der Konvergenz von $\sum a_n$ die Konvergenz von

$$\sum \frac{\sqrt{a_n}}{n}$$

folgt, falls $a_n \geq 0$ ist.
8. Konvergiert $\sum a_n$ und ist $\{b_n\}$ monoton und beschränkt, so beweise man, dass $\sum a_n b_n$ konvergiert.

9. Man bestimme den Konvergenzradius von jeder der folgenden Potenzreihen:

$$\text{(a)} \quad \sum n^3 z^3, \quad \text{(b)} \quad \sum \frac{2^n}{n!} z^n,$$

$$\text{(c)} \quad \sum \frac{2^n}{n^2} z^n, \quad \text{(d)} \quad \sum \frac{n^3}{3^n} z^n.$$

10. Die Koeffizienten der Potenzreihe $\sum a_n z^n$ seien ganze Zahlen, von denen unendlich viele von null verschieden sind. Man beweise, dass der Konvergenzradius höchstens 1 ist.

11. Es gelte $a_n > 0$, $s_n = a_1 + \cdots + a_n$, und die Reihe $\sum a_n$ divergiere.
    (a) Man beweise, dass $\sum \frac{a_n}{1+a_n}$ divergiert.
    (b) Man beweise, dass

    $$\frac{a_{N+1}}{s_{N+1}} + \cdots + \frac{a_{N+k}}{s_{N+k}} \geq 1 - \frac{s_N}{s_{N+k}}$$

    gilt und leite daraus die Divergenz von $\sum \frac{a_n}{s_n}$ ab.
    (c) Man beweise, dass

    $$\frac{a_n}{s_n^2} \leq \frac{1}{s_{n-1}} - \frac{1}{s_n}$$

    gilt und leite die Konvergenz von $\sum \frac{a_n}{s_n^2}$ ab.
    (d) Was lässt sich aussagen über

    $$\sum \frac{a_n}{1 + na_n} \quad \text{und} \quad \sum \frac{a_n}{1 + n^2 a_n}?$$

12. Es gelte $a_n > 0$, und die Reihe $\sum a_n$ konvergiere. Setze

    $$r_n = \sum_{m=n}^{\infty} a_m.$$

    (a) Man beweise, dass

    $$\frac{a_m}{r_m} + \cdots + \frac{a_n}{r_n} > 1 - \frac{r_n}{r_m}$$

    für $m < n$ gilt und folgere daraus, dass $\sum \frac{a_n}{r_n}$ divergiert.
    (b) Man beweise, dass

    $$\frac{a_n}{\sqrt{r_n}} < 2 \left(\sqrt{r_n} - \sqrt{r_{n+1}} \right)$$

    ist und leite daraus ab, dass $\sum \frac{a_n}{\sqrt{r_n}}$ konvergiert.

13. Man beweise, dass das Cauchy-Produkt zweier absolut konvergenter Reihen absolut konvergiert.

14. Ist $\{s_n\}$ eine komplexe Folge, dann definiere man ihre arithmetischen Mittel σ_n durch

$$\sigma_n = \frac{s_0 + s_1 + \cdots + s_n}{n+1} \quad (n = 0, 1, 2, \ldots).$$

(a) Ist $\lim s_n = s$, so beweise man, dass $\lim \sigma_n = s$ ist.

(b) Man konstruiere eine Folge $\{s_n\}$, die nicht konvergiert, für die aber $\lim \sigma_n = 0$ gilt.

(c) Kann es vorkommen, dass $s_n > 0$ für alle n gilt und $\limsup s_n = \infty$, aber $\lim \sigma_n = 0$?

(d) Man setze $a_n = s_n - s_{n-1}$ für $n \geq 1$ und zeige, dass

$$s_n - \sigma_n = \frac{1}{n+1} \sum_{k=1}^{n} k\, a_k$$

gilt. Angenommen, $\lim(na_n) = 0$ und $\{\sigma_n\}$ konvergiert. Man beweise, dass $\{s_n\}$ konvergiert. [Dies ergibt eine Umkehrung von (a), jedoch unter der zusätzlichen Voraussetzung $na_n \to 0$.]

(e) Man leite die letzte Schlussfolgerung aus einer schwächeren Annahme her: Gibt es ein $M < \infty$ mit $|na_n| \leq M$ für alle n und ist $\lim \sigma_n = \sigma$, so beweise man, dass $\lim s_n = \sigma$ ist. Man vervollständige dazu die folgende Beweisskizze: Ist $m < n$, dann folgt

$$s_n - \sigma_n = \frac{m+1}{n-m}(\sigma_n - \sigma_m) + \frac{1}{n-m} \sum_{i=m+1}^{n}(s_n - s_i).$$

Für die Glieder der rechten Summe gilt

$$|s_n - s_i| \leq \frac{(n-i)M}{i+1} \leq \frac{(n-m-1)M}{m+2}.$$

Sei $\varepsilon > 0$ fest vorgegeben. Man ordne jedem n die ganze Zahl m zu, die

$$m \leq \frac{n-\varepsilon}{1+\varepsilon} < m+1$$

erfüllt. Dann ist $(m+1)/(n-m) \leq 1/\varepsilon$ und $|s_n - s_i| < M\varepsilon$. Also gilt

$$\limsup_{n\to\infty} |s_n - \sigma| \leq M\varepsilon.$$

Da ε beliebig wählbar war, folgt $\lim s_n = \sigma$.

15. Definition 3.21 kann auf den Fall $\mathbf{a}_n \in \mathbb{R}^k$ erweitert werden. *Absolute Konvergenz* wird als Konvergenz von $\sum |\mathbf{a}_n|$ definiert. Man zeige, dass die Sätze 3.22, 3.23, 3.25 (a), 3.33, 3.34, 3.42, 3.45, 3.47 und 3.55 in diesem allgemeineren Rahmen gültig sind. (In jedem der Beweise sind nur geringfügige Änderungen erforderlich.)

16. Sei α eine positive Zahl. Man wähle $x_1 > \sqrt{\alpha}$ und definiere $x_2, x_3, x_4, \ldots$ rekursiv durch

$$x_{n+1} = \frac{1}{2}\left(x_n + \frac{\alpha}{x_n}\right).$$

   (a) Man beweise, dass $\{x_n\}$ monoton fällt und dass $\lim x_n = \sqrt{\alpha}$ ist.
   (b) Man setze $\varepsilon_n = x_n - \sqrt{\alpha}$ und zeige, dass

$$\varepsilon_{n+1} = \frac{\varepsilon_n^2}{2x_n} < \frac{\varepsilon_n^2}{2\sqrt{\alpha}}$$

   gilt, so dass für $\beta = 2\sqrt{\alpha}$ die Abschätzung

$$\varepsilon_{n+1} < \beta\left(\frac{\varepsilon_1}{\beta}\right)^{2^n} \quad (n = 1, 2, 3, \ldots)$$

   folgt.
   (c) Dies ist ein guter Algorithmus zur Berechnung von Quadratwurzeln, da die Rekursionsformel einfach und die Konvergenz äußerst schnell ist. Ist zum Beispiel $\alpha = 3$ und $x_1 = 2$, so zeige man, dass $\varepsilon_1/\beta < \frac{1}{10}$ gilt und daher

$$\varepsilon_5 < 4 \cdot 10^{-16}, \quad \varepsilon_6 < 4 \cdot 10^{-32}.$$

17. Sei $\alpha > 1$. Man wähle $x_1 > \sqrt{\alpha}$ und definiere

$$x_{n+1} = \frac{\alpha + x_n}{1 + x_n} = x_n + \frac{\alpha - x_n^2}{1 + x_n}.$$

   Man beweise:
   (a) $x_1 > x_3 > x_5 > \cdots$
   (b) $x_2 < x_4 < x_6 < \cdots$
   (c) $\lim x_n = \sqrt{\alpha}$.
   (d) Vergleiche die Konvergenzgeschwindigkeit dieses Verfahrens mit der des Verfahrens, das in Übungsaufgabe 16 beschrieben wird.

18. Man ersetze die Rekursionsformel aus Übungsaufgabe 16 durch

$$x_{n+1} = \frac{p-1}{p}x_n + \frac{\alpha}{p}x_n^{-p+1},$$

   wobei p eine vorgegebene positive ganze Zahl ist, und beschreibe das Verhalten der daraus resultierenden Folge $\{x_n\}$.

19. Man ordne jeder Folge $a = \{\alpha_n\}$ mit $\alpha_n = 0$ oder 2 die reelle Zahl

$$x(a) = \sum_{n=1}^{\infty} \frac{\alpha_n}{3^n}$$

   zu. Man beweise, dass die Menge aller $x(a)$ genau die Cantorsche Wischmenge ist, die in Abschnitt 2.44 beschrieben wurde.

20. $\{p_n\}$ sei eine Cauchy-Folge in einem metrischen Raum X, und eine geeignete Teilfolge $\{p_{n_i}\}$ konvergiere gegen einen Punkt $p \in X$. Man beweise, dass die Folge $\{p_n\}$ gegen p konvergiert.

21. Man beweise das folgende Analogon zu Satz 3.10 (b):

    Ist $\{E_n\}$ eine Folge abgeschlossener, nichtleerer und beschränkter Mengen in einem *vollständigen* metrischen Raum X mit $E_n \supset E_{n+1}$ und

    $$\lim_{n\to\infty} \operatorname{diam} E_n = 0,$$

    dann besteht $\bigcap_1^\infty E_n$ aus genau einem Punkt.

22. X sei ein nichtleerer vollständiger metrischer Raum, und $\{G_n\}$ sei eine Folge dichter offener Teilmengen von X. Man beweise den Satz von Baire: $\bigcap_1^\infty G_n$ ist nicht leer. (In der Tat ist $\bigcap_1^\infty G_n$ dicht in X.)

    Hinweis: Man finde eine schrumpfende Folge von Umgebungen E_n, für die $\overline{E}_n \subset G_n$ gilt, und wende Übungsaufgabe 21 an.

23. $\{p_n\}$ und $\{q_n\}$ seien Cauchy-Folgen in einem metrischen Raum X. Man zeige, dass die Folge $\{d(p_n, q_n)\}$ konvergiert.

    Hinweis: Für beliebige m, n gilt

    $$d(p_n, q_n) \leq d(p_n, p_m) + d(p_m, q_m) + d(q_m, q_n);$$

    daraus folgt, dass

    $$|d(p_n, q_n) - d(p_m, q_m)|$$

    klein ist, wenn m und n groß sind.

24. Sei X ein metrischer Raum.

    (a) Wir nennen zwei Cauchy-Folgen $\{p_n\}$, $\{q_n\}$ in X *äquivalent*, wenn

    $$\lim_{n\to\infty} d(p_n, q_n) = 0$$

    gilt. Man beweise, dass dies eine Äquivalenzrelation definiert.

    (b) Sei X^* die Menge aller auf diese Weise erhaltenen Äquivalenzklassen. Für $\mathbf{P} \in X^*$, $\mathbf{Q} \in X^*$, $\{p_n\} \in \mathbf{P}$ und $\{q_n\} \in \mathbf{Q}$ definiere man

    $$\Delta(\mathbf{P}, \mathbf{Q}) = \lim_{n\to\infty} d(p_n, q_n);$$

    nach Übungsaufgabe 23 existiert dieser Grenzwert. Man zeige, dass sich die Zahl $\Delta(\mathbf{P}, \mathbf{Q})$ nicht ändert, wenn $\{p_n\}$ und $\{q_n\}$ durch äquivalente Folgen ersetzt werden, und dass somit Δ eine Distanzfunktion in X^* ist.

    (c) Man beweise die Vollständigkeit des daraus resultierenden metrischen Raumes X^*.

(d) Betrachte für jedes $p \in X$ die Cauchy-Folge, deren sämtliche Glieder gleich p sind. Sei $\mathbf{P}_p$ das Element von X^*, das diese Folge enthält. Man beweise, dass

$$\Delta(\mathbf{P}_p, \mathbf{P}_q) = d(p, q)$$

für alle $p, q \in X$ gilt. In anderen Worten: Die Abbildung φ, definiert durch $\varphi(p) = \mathbf{P}_p$, ist eine *Isometrie* (d. h. eine distanzerhaltende Abbildung) von X in X^*.

(e) Man beweise, dass $\varphi(X)$ dicht ist in X^* und dass $\varphi(X) = X^*$ gilt, wenn X vollständig ist. Nach (d) lässt sich X mit $\varphi(X)$ identifizieren. Somit können wir X als in den vollständigen metrischen Raum X^* eingebettet betrachten. Wir nennen X^* die *Vervollständigung* von X.

25. Sei X der metrische Raum, dessen Punkte die rationalen Zahlen sind, mit der Metrik $d(x, y) = |x - y|$. Was ist die Vervollständigung dieses Raumes? (Vgl. Übungsaufgabe 24).

4 Stetigkeit

Der Funktionsbegriff und ein Teil der zugehörigen Terminologie sind in den Definitionen 2.1 und 2.2 eingeführt worden. Obgleich unser Hauptinteresse in späteren Kapiteln den reellen und den komplexen Funktionen gelten wird (d. h. Funktionen, deren Werte reelle oder komplexe Zahlen sind), werden wir auch vektorwertige Funktionen (d. h. Funktionen mit Werten in $\mathbb{R}^k$) und Funktionen mit Werten in einem beliebigen metrischen Raum behandeln. Sätze, die wir in diesem allgemeinen Rahmen diskutieren werden, würden durch Spezialisierung, etwa auf den Fall reeller Funktionen, keineswegs einfacher werden. Im Gegenteil, indem wir unnötige Voraussetzungen weglassen und die Sätze in angemessener Allgemeinheit beweisen, erreichen wir eine Vereinfachung und Vereinheitlichung der Gesamtdarstellung.

Als Definitionsbereiche unserer Funktionen lassen wir ebenfalls metrische Räume zu, die gelegentlich geeignet spezialisiert werden.

Grenzwerte von Funktionen

4.1 Definition. Seien X und Y metrische Räume. Ferner seien $E \subset X$, f eine Abbildung von E in Y und p ein Häufungspunkt von E. Wir schreiben $f(x) \to q$ für $x \to p$ oder

$$\lim_{x \to p} f(x) = q, \tag{4.1}$$

falls es einen Punkt $q \in Y$ mit der folgenden Eigenschaft gibt: Für jedes $\varepsilon > 0$ existiert ein $\delta > 0$ mit

$$d_Y(f(x), q) < \varepsilon \tag{4.2}$$

für alle Punkte $x \in E$, für die

$$0 < d_X(x, p) < \delta \tag{4.3}$$

gilt. Die Symbole d_X und d_Y bezeichnen hierbei die Distanzfunktionen von X bzw. Y.

Ersetzt man X und/oder Y durch die reelle Zahlengerade, die komplexe Ebene oder den euklidischen Raum $\mathbb{R}^k$, so werden d_X und d_Y natürlich durch Absolutbeträge oder geeignete Normen ersetzt (siehe Abschnitt 2.16).

Beachte, dass in der obigen Definition $p \in X$, aber nicht notwendigerweise $p \in E$ gilt. Außerdem ist es im Fall $p \in E$ durchaus möglich, dass $f(p) \neq \lim_{x \to p} f(x)$ gilt.

Wir können die in der Definition beschriebene Situation auch durch Grenzwerte von Folgen ausdrücken:

4.2 Satz. *Die Bezeichnungen X, Y, E, f und p seien wie in Definition 4.1 gewählt. Es gilt*

$$\lim_{x \to p} f(x) = q \tag{4.4}$$

https://doi.org/10.1515/9783110750430-004

genau dann, wenn

$$\lim_{n\to\infty} f(p_n) = q \tag{4.5}$$

für jede Folge $\{p_n\}$ in E mit

$$p_n \neq p, \quad \lim_{n\to\infty} p_n = p \tag{4.6}$$

gilt.

Beweis. Es gelte (4.4), und es sei $\{p_n\}$ eine Folge in E, die (4.6) erfüllt. Ist $\varepsilon > 0$ gegeben, dann existiert ein $\delta > 0$ derart, dass $d_Y(f(x), q) < \varepsilon$ gilt für alle $x \in E$ mit $0 < d_X(x, p) < \delta$. Ferner existiert N mit $0 < d_X(p_n, p) < \delta$ für $n > N$. Daher gilt für $n > N$ die Abschätzung $d_Y(f(p_n), q) < \varepsilon$, was (4.5) beweist.

Sei nun umgekehrt (4.4) falsch. Dann gibt es ein $\varepsilon > 0$ derart, dass für jedes $\delta > 0$ ein Punkt $x \in E$ existiert (der von δ abhängt) mit $d_Y(f(x), q) \geq \varepsilon$, aber $0 < d_X(x, p) < \delta$. Wählt man $\delta_n = 1/n$ ($n = 1, 2, 3, \dots$), so findet man auf diese Weise eine Folge in E, die (4.6) erfüllt, aber nicht (4.5). $\square$

Korollar. *Hat f einen Grenzwert an der Stelle p, so ist dieser Grenzwert eindeutig bestimmt.*

Beweis. Dies folgt aus den Sätzen 3.2 (b) und 4.2. $\square$

4.3 Definition. Seien f und g zwei komplexe Funktionen, die beide auf E definiert sind. Mit $f + g$ bezeichnen wir diejenige Funktion, die jedem Punkt $x \in E$ die Zahl $f(x) + g(x)$ zuordnet. Analog definieren wir die Differenz $f - g$, das Produkt fg und den Quotienten f/g der beiden Funktionen, wobei der Quotient natürlich nur für solche Punkte $x \in E$ definiert ist, für die $g(x) \neq 0$ ist. Ordnet f jedem Punkt $x \in E$ dieselbe Zahl c zu, so heißt f eine *konstante Funktion* oder einfach eine *Konstante*, und wir schreiben $f = c$. Sind f und g reelle Funktionen, und gilt $f(x) \geq g(x)$ für alle $x \in E$, so schreiben wir gelegentlich der Kürze halber $f \geq g$.

Auf die gleiche Weise wird E durch $\mathbf{f}$ und $\mathbf{g}$ nach $\mathbb{R}^k$ abgebildet, und wir definieren $\mathbf{f} + \mathbf{g}$ und $\mathbf{f} \cdot \mathbf{g}$ durch

$$(\mathbf{f} + \mathbf{g})(x) = \mathbf{f}(x) + \mathbf{g}(x), \quad (\mathbf{f} \cdot \mathbf{g})(x) = \mathbf{f}(x) \cdot \mathbf{g}(x).$$

Ist λ eine reelle Zahl, so setzen wir $(\lambda\mathbf{f})(x) = \lambda\mathbf{f}(x)$.

4.4 Satz. *Es sei E eine Teilmenge des metrischen Raumes X, p ein Häufungspunkt von E und f und g komplexe Funktionen auf E mit*

$$\lim_{x\to p} f(x) = A, \quad \lim_{x\to p} g(x) = B.$$

Dann gilt:

(a) $\lim_{x \to p}(f + g)(x) = A + B$;

(b) $\lim_{x \to p}(fg)(x) = AB$;

(c) $\lim_{x \to p}\left(\frac{f}{g}\right)(x) = \frac{A}{B}$, *wenn* $B \neq 0, g(x) \neq 0$.

Beweis. Im Hinblick auf Satz 4.2 folgen diese Behauptungen unmittelbar aus den Eigenschaften der Grenzwerte von Folgen (Satz 3.3). □

Bemerkung. Sind $\mathbf{f}$ und $\mathbf{g}$ Abbildungen von E nach $\mathbb{R}^k$, so bleibt (a) gültig und (b) wird zu

(b′) $\lim_{x \to p}(\mathbf{f} \cdot \mathbf{g})(x) = A \cdot B$

(Vgl. Satz 3.4.)

Stetige Funktionen

4.5 Definition. Seien X und Y metrische Räume, $E \subset X$, $p \in E$ und f eine Abbildung von E nach Y. Dann heißt f *stetig an der Stelle p*, falls es für jedes $\varepsilon > 0$ ein $\delta > 0$ gibt mit

$$d_Y\bigl(f(x), f(p)\bigr) < \varepsilon$$

für alle Punkte $x \in E$, für die $d_X(x, p) < \delta$ ist.

Ist f stetig an allen Punkten von E, so heißt f *stetig auf E*.

Beachte, dass f für p definiert sein muss, um stetig an der Stelle p zu sein. (Vergleiche dies mit der Bemerkung im Anschluss an die Definition 4.1.)

Ist p ein isolierter Punkt von E, dann folgt aus der Definition, dass jede auf E definierte Funktion f stetig an der Stelle p ist. Denn wie auch immer wir $\varepsilon > 0$ wählen, können wir $\delta > 0$ so bestimmen, dass der einzige Punkt $x \in E$ mit $d_X(x, p) < \delta$ gerade $x = p$ ist. Dann gilt

$$d_Y\bigl(f(x), f(p)\bigr) = 0 < \varepsilon.$$

4.6 Satz. *Ist in der Situation von Definition 4.5 der Punkt p zusätzlich ein Häufungspunkt von E, so ist f genau dann stetig an der Stelle p, wenn $\lim_{x \to p} f(x) = f(p)$ gilt.*

Beweis. Dies folgt unmittelbar durch Vergleich der Definitionen 4.1 und 4.5. □

Wir betrachten nun die Hintereinanderausführung oder Verkettung von Funktionen. Den folgenden Satz können wir kurz so ausdrücken, dass eine stetige Funktion einer stetigen Funktion insgesamt stetig ist.

4.7 Satz. *Es seien X, Y, Z metrische Räume, $E \subset X$, f eine Abbildung von E nach Y und g eine Abbildung des Bildbereichs $f(E)$ von f nach Z. Ferner sei h die Abbildung von E*

nach Z, die definiert ist durch

$$h(x) = g(f(x)) \quad (x \in E).$$

Ist f stetig an der Stelle p $\in$ E und g stetig an der Stelle f(p), so ist h stetig an der Stelle p.

Diese Funktion h wird *Verkettung, Hintereinanderausführung* oder *Komposition* von f und g genannt. Häufig wird in diesem Zusammenhang die Schreibweise

$$h = g \circ f$$

gebraucht.

Beweis. Sei $\varepsilon > 0$ vorgegeben. Da g an der Stelle $f(p)$ stetig ist, existiert $\eta > 0$ mit

$$d_Z(g(y), g(f(p))) < \varepsilon,$$

falls $d_Y(y, f(p)) < \eta$ und $y \in f(E)$. Wegen der Stetigkeit von f an der Stelle p existiert ein $\delta > 0$ mit $d_Y(f(x), f(p)) < \eta$, falls $d_X(x, p) < \delta$ und $x \in E$.

Insgesamt folgt, dass

$$d_Z(h(x), h(p)) = d_Z(g(f(x)), g(f(p))) < \varepsilon$$

ist, falls $d_X(x, p) < \delta$ und $x \in E$. Somit ist h stetig an der Stelle p. $\square$

4.8 Satz. *Eine Abbildung f eines metrischen Raumes X in einen metrischen Raum Y ist genau dann stetig auf X, wenn für jede offene Menge V in Y das Urbild $f^{-1}(V)$ offen in X ist.*

(Der Begriff des Urbilds ist in Definition 2.2 erklärt.) Dies ist eine sehr nützliche Charakterisierung der Stetigkeit.

Beweis. Sei zunächst f stetig auf X, und sei V eine offene Teilmenge von Y. Es ist zu zeigen, dass jeder Punkt von $f^{-1}(V)$ ein innerer Punkt von $f^{-1}(V)$ ist. Sei also $p \in X$ mit $f(p) \in V$. Da V offen ist, gibt es ein $\varepsilon > 0$ derart, dass $y \in V$ gilt für alle $y \in Y$ mit $d_Y(f(p), y) < \varepsilon$. Wegen der Stetigkeit von f an der Stelle p existiert ferner ein $\delta > 0$ mit $d_Y(f(x), f(p)) < \varepsilon$ für $d_X(x, p) < \delta$. Daher gilt $x \in f^{-1}(V)$, sofern $d_X(x, p) < \delta$ ist.

Sei nun umgekehrt $f^{-1}(V)$ offen in X für jede offene Teilmenge V von Y. Zu vorgegebenem $p \in X$ und $\varepsilon > 0$ sei V die Menge aller $y \in Y$ mit $d_Y(y, f(p)) < \varepsilon$. Dann ist V offen, also ist auch $f^{-1}(V)$ offen. Folglich existiert ein $\delta > 0$, für das $x \in f^{-1}(V)$ gilt, sofern $d_X(p, x) < \delta$ ist. Für $x \in f^{-1}(V)$ ist aber $f(x) \in V$ und damit $d_Y(f(x), f(p)) < \varepsilon$. Damit ist der Beweis abgeschlossen. $\square$

Korollar. *Eine Abbildung f eines metrischen Raumes X in einen metrischen Raum Y ist genau dann stetig, wenn $f^{-1}(C)$ für jede abgeschlossene Teilmenge C von Y in X abgeschlossen ist.*

Dies folgt aus dem obigen Satz, da eine Menge genau dann abgeschlossen ist, wenn ihr Komplement offen ist, und weil $f^{-1}(E^c) = [f^{-1}(E)]^c$ für jedes $E \subset Y$ gilt.

Wir wenden uns nun komplexwertigen und vektorwertigen Funktionen zu und solchen Funktionen, die auf Teilmengen von $\mathbb{R}^k$ definiert sind.

4.9 Satz. *Es seien f und g komplexe stetige Funktionen auf einem metrischen Raum X. Dann sind auch $f + g$, fg und f/g stetig auf X.*

In letzterem Fall müssen wir natürlich annehmen, dass $g(x) \neq 0$ ist für alle $x \in X$.

Beweis. An isolierten Punkten von X ist nichts nachzuweisen. Für Häufungspunkte folgt die Aussage aus den Sätzen 4.4 und 4.6. ◻

4.10 Satz.
(a) *Seien $f_1, \ldots, f_k$ reelle Funktionen auf einem metrischen Raum X, und sei $\mathbf{f}$ eine Abbildung von X nach $\mathbb{R}^k$, die durch*

$$\mathbf{f}(x) = (f_1(x), \ldots, f_k(x)) \quad (x \in X) \tag{4.7}$$

definiert ist. Die Abbildung $\mathbf{f}$ ist genau dann stetig, wenn jede der Funktionen $f_1, \ldots, f_k$ stetig ist.
(b) *Sind $\mathbf{f}$ und $\mathbf{g}$ stetige Abbildungen von X nach $\mathbb{R}^k$, so sind auch $\mathbf{f} + \mathbf{g}$ und $\mathbf{f} \cdot \mathbf{g}$ stetig auf X.*

Die Funktionen $f_1, \ldots, f_k$ heißen die *Komponenten* von $\mathbf{f}$. Beachte, dass $\mathbf{f} + \mathbf{g}$ eine Abbildung in $\mathbb{R}^k$ ist, während $\mathbf{f} \cdot \mathbf{g}$ eine *reelle* Funktion auf X ist.

Beweis. Teil (a) folgt aus der Ungleichung

$$|f_j(x) - f_j(y)| \leq |\mathbf{f}(x) - \mathbf{f}(y)| = \left(\sum_{i=1}^{k} |f_i(x) - f_i(y)|^2 \right)^{\frac{1}{2}}$$

für $j = 1, \ldots, k$.

Teil (b) folgt aus (a) und Satz 4.9. ◻

4.11 Beispiele. Bezeichnen $x_1, \ldots, x_k$ die Koordinaten des Punktes $\mathbf{x} \in \mathbb{R}^k$, so sind die Funktionen ϕ_i, definiert durch

$$\phi_i(\mathbf{x}) = x_i \quad (\mathbf{x} \in \mathbb{R}^k), \tag{4.8}$$

stetig auf $\mathbb{R}^k$; denn die Ungleichung

$$|\phi_i(\mathbf{x}) - \phi_i(\mathbf{y})| \leq |\mathbf{x} - \mathbf{y}|$$

zeigt, dass wir in Definition 4.5 $\delta = \varepsilon$ wählen können. Die Funktionen ϕ_i werden manchmal die *Koordinatenfunktionen* genannt.

Durch wiederholte Anwendung von Satz 4.9 folgt weiter, dass jedes Monom

$$x_1^{n_1} x_2^{n_2} \cdots x_k^{n_k}, \tag{4.9}$$

wo $n_1, \ldots, n_k$ nichtnegative ganze Zahlen sind, stetig auf $\mathbb{R}^k$ ist. Dasselbe ist auch für konstante Vielfache von (4.9) richtig, da Konstanten offensichtlich stetig sind. Folglich ist jedes *Polynom P* der Form

$$P(\mathbf{x}) = \sum c_{n_1 \cdots n_k} x_1^{n_1} x_2^{n_2} \cdots x_k^{n_k} \quad (\mathbf{x} \in \mathbb{R}^k) \tag{4.10}$$

stetig auf $\mathbb{R}^k$. Hierbei sind die Koeffizienten $c_{n_1 \cdots n_k}$ komplexe Zahlen, $n_1, \ldots, n_k$ sind nichtnegative ganze Zahlen und die Summe (4.10) hat endlich viele Terme.

Darüber hinaus ist jede rationale Funktion in $x_1, \ldots, x_k$, d. h. jeder Quotient von zwei Polynomen der Form (4.10), stetig an allen Punkten von $\mathbb{R}^k$, wo immer der Nenner von null verschieden ist.

Aus der Dreiecksungleichung sieht man sofort, dass

$$\big| |\mathbf{x}| - |\mathbf{y}| \big| \leq |\mathbf{x} - \mathbf{y}| \quad (\mathbf{x}, \mathbf{y} \in \mathbb{R}^k) \tag{4.11}$$

gilt. Daher ist die Abbildung $\mathbf{x} \to |\mathbf{x}|$ eine stetige reelle Funktion auf $\mathbb{R}^k$.

Ist nun $\mathbf{f}$ eine stetige Abbildung eines metrischen Raumes X in $\mathbb{R}^k$ und ist ϕ auf X definiert durch $\phi(p) = |\mathbf{f}(p)|$, so folgt mit Satz 4.7, dass ϕ eine stetige reelle Funktion auf X ist.

4.12 Bemerkung. Wir haben den Begriff der Stetigkeit für Funktionen erklärt, die auf einer *Teilmenge E* eines metrischen Raumes X definiert sind. Das Komplement von E in X spielt allerdings in dieser Definition überhaupt keine Rolle. (Beachte, dass dies bei den Grenzwerten von Funktionen nicht so war.) Deshalb geht uns nichts verloren, wenn wir das Komplement des Definitionsbereichs von f vollständig außer acht lassen. Dies bedeutet, dass wir genauso gut einfach über stetige Abbildungen eines metrischen Raumes in einen anderen sprechen können, anstatt über Abbildungen von Teilmengen. Dies vereinfacht die Formulierung und den Beweis einiger Sätze. Wir haben in den Sätzen 4.8 bis 4.10 bereits von dieser Einsicht Gebrauch gemacht und werden dies auch in dem folgenden Abschnitt über Kompaktheit tun.

Stetigkeit und Kompaktheit

4.13 Definition. Eine Abbildung $\mathbf{f}$ einer Menge E in $\mathbb{R}^k$ heißt *beschränkt*, falls es eine reelle Zahl M gibt, mit der $|\mathbf{f}(x)| \leq M$ für alle $x \in E$ gilt.

4.14 Satz. *Sei f eine stetige Abbildung eines kompakten metrischen Raumes X in einen metrischen Raum Y. Dann ist $f(X)$ kompakt.*

Beweis. Betrachte eine offene Überdeckung $\{V_\alpha\}$ von $f(X)$. Da f stetig ist, folgt aus Satz 4.8, dass jede der Mengen $f^{-1}(V_\alpha)$ offen ist. Die Kompaktheit von X impliziert, dass endlich viele Indizes, etwa $\alpha_1, \ldots, \alpha_n$, existieren mit

$$X \subset f^{-1}(V_{\alpha_1}) \cup \cdots \cup f^{-1}(V_{\alpha_n}). \tag{4.12}$$

Da für jedes $E \subset Y$ die Inklusion $f(f^{-1}(E)) \subset E$ gilt, folgt aus (4.12), dass

$$f(X) \subset V_{\alpha_1} \cup \cdots \cup V_{\alpha_n} \tag{4.13}$$

gilt. Damit ist der Beweis abgeschlossen. □

Beachte: Wir haben die Beziehung $f(f^{-1}(E)) \subset E$ benutzt, die für jedes $E \subset Y$ gilt. Für $E \subset X$ gilt die analoge Beziehung $f^{-1}(f(E)) \supset E$. In keinem der beiden Fälle gilt notwendigerweise die Gleichheit.

Wir leiten nun einige Folgerungen aus Satz 4.14 ab.

4.15 Satz. *Ist* **f** *eine stetige Abbildung eines kompakten metrischen Raumes X in $\mathbb{R}^k$, so ist* **f**(X) *abgeschlossen und beschränkt. Daher ist* **f** *beschränkt.*

Dies folgt aus Satz 2.41. Von besonderer Wichtigkeit ist dieses Resultat im Fall einer reellen Abbildung f.

4.16 Satz. *Sei f eine stetige reelle Funktion auf einem kompakten metrischen Raum X, und sei*

$$M = \sup_{p \in X} f(p), \quad m = \inf_{p \in X} f(p). \tag{4.14}$$

Dann existieren Punkte $p, q \in X$ mit $f(p) = M$ und $f(q) = m$.

Die Schreibweise (4.14) bedeutet, dass M die kleinste obere Schranke der Menge aller Zahlen $f(p)$ ist, wobei p ein beliebiges Element von X ist und m die größte untere Schranke dieser Menge ist.

Die Folgerung des Satzes kann auch wie folgt formuliert werden: *Es existieren Punkte p und q in X derart, dass $f(q) \leq f(x) \leq f(p)$ für alle $x \in X$ gilt*, d. h., f nimmt sein Maximum (an der Stelle p) und sein Minimum (an der Stelle q) an.

Beweis. Nach Satz 4.15 ist $f(X)$ eine beschränkte abgeschlossene Menge reeller Zahlen. Daher enthält $f(X)$ nach Satz 2.28 die Zahlen $M = \sup f(X)$ und $m = \inf f(X)$. □

4.17 Satz. *Sei f eine stetige injektive Abbildung eines kompakten metrischen Raumes X auf einen metrischen Raum Y. Dann ist die inverse Abbildung f^{-1}, die auf Y durch*

$$f^{-1}(f(x)) = x \quad (x \in X)$$

definiert ist, eine stetige Abbildung von Y auf X.

Beweis. Wenden wir Satz 4.8 auf die Funktion f^{-1} anstelle von f an, so sehen wir, dass es genügt nachzuweisen, dass das Bild $f(V)$ jeder offenen Teilmenge V von X eine offene Teilmenge von Y ist. Sei ein solches V vorgegeben.

Das Komplement V^c von V ist in X abgeschlossen und somit kompakt (Satz 2.35). Daher ist $f(V^c)$ eine kompakte Teilmenge von Y (Satz 4.14) und folglich abgeschlossen in Y (Satz 2.34). Da f bijektiv ist, ist $f(V)$ gerade das Komplement von $f(V^c)$. Daher ist $f(V)$ offen. □

4.18 Definition. Sei f eine Abbildung eines metrischen Raumes X in einen metrischen Raum Y. Wir nennen f *gleichmäßig stetig* auf X, wenn zu jedem $\varepsilon > 0$ ein $\delta > 0$ existiert, mit dem

$$d_Y(f(p), f(q)) < \varepsilon \tag{4.15}$$

für alle p und q in X mit $d_X(p, q) < \delta$ gilt.

Wir wollen kurz auf die Unterschiede zwischen den Begriffen Stetigkeit und gleichmäßige Stetigkeit eingehen. Zunächst ist die gleichmäßige Stetigkeit eine Eigenschaft einer Funktion auf einer Menge, während die Stetigkeit für einen einzelnen Punkt definiert wird. Es ist sinnlos zu fragen, ob eine Funktion an einem bestimmten Punkt gleichmäßig stetig ist. Zweitens: Ist f stetig auf X, so kann man zu jedem $\varepsilon > 0$ und zu jedem Punkt $p \in X$ eine Zahl $\delta > 0$ finden, welche die in der Definition 4.5 beschriebene Eigenschaft hat. Diese Zahl δ hängt von ε *und* von p ab. Ist f dagegen gleichmäßig stetig auf X, dann kann man zu jedem $\varepsilon > 0$ *eine* Zahl $\delta > 0$ finden, welche die geforderte Bedingung für *alle* Punkte p von X erfüllt.

Offensichtlich ist jede gleichmäßig stetige Funktion auch stetig. Aus dem nächsten Satz folgt, dass die Begriffe der Stetigkeit und der gleichmäßigen Stetigkeit für Funktionen auf kompakten Mengen zusammenfallen.

4.19 Satz. *Es sei f eine stetige Abbildung eines kompakten metrischen Raumes X in einen metrischen Raum Y. Dann ist f gleichmäßig stetig auf X.*

Beweis. Sei $\varepsilon > 0$ gegeben. Da f stetig ist, können wir zu jedem Punkt $p \in X$ eine positive Zahl $\phi(p)$ finden mit der folgenden Eigenschaft:

$$\text{Aus} \quad q \in X, \, d_X(p, q) < \phi(p) \quad \text{folgt} \quad d_Y(f(p), f(q)) < \frac{\varepsilon}{2}. \tag{4.16}$$

Sei $J(p)$ die Menge aller $q \in X$ mit

$$d_X(p, q) < \frac{1}{2}\phi(p). \tag{4.17}$$

Da $p \in J(p)$ gilt, bildet die Familie der $J(p)$ eine offene Überdeckung von X. Wegen der Kompaktheit von X existieren endlich viele Punkte $p_1, \ldots, p_n$ in X derart, dass

$$X \subset J(p_1) \cup \cdots \cup J(p_n) \tag{4.18}$$

gilt. Wir setzen

$$\delta = \frac{1}{2} \min \left[\phi(p_1), \ldots, \phi(p_n) \right]. \qquad (4.19)$$

Dann ist $\delta > 0$. (Hier ist die Endlichkeit der Überdeckung wesentlich, die durch die Kompaktheit von X garantiert wurde. Das Minimum einer endlichen Menge positiver Zahlen ist positiv, wohingegen das Infimum einer unendlichen Menge positiver Zahlen sehr wohl gleich 0 sein kann.)

Seien nun p und q Punkte von X, die $d_X(p,q) < \delta$ erfüllen. Nach (4.18) existiert eine positive ganze Zahl m mit $1 \le m \le n$ und $p \in J(p_m)$. Daher gilt

$$d_X(p,p_m) < \frac{1}{2} \phi(p_m) \qquad (4.20)$$

und ferner

$$d_X(q,p_m) \le d_X(p,q) + d_X(p,p_m) < \delta + \frac{1}{2}\phi(p_m) \le \phi(p_m).$$

Schließlich folgt daraus, zusammen mit (4.16), dass

$$d_Y(f(p),f(q)) \le d_Y(f(p),f(p_m)) + d_Y(f(q),f(p_m)) < \varepsilon$$

gilt. Damit ist der Beweis vollständig. □

Ein alternativer Beweis ist in Übungsaufgabe 10 skizziert.

Als nächstes zeigen wir, dass die Kompaktheit eine wesentliche Voraussetzung für die Gültigkeit der Sätze 4.14, 4.15, 4.16 und 4.19 ist.

4.20 Satz. *Sei E eine Teilmenge von $\mathbb{R}^1$, die nicht kompakt ist. Dann gilt:*
(a) *Es existiert eine stetige Funktion auf E, die nicht beschränkt ist.*
(b) *Es existiert eine beschränkte stetige Funktion auf E, die kein Maximum hat.*
    Ist E zusätzlich beschränkt, so gilt:
(c) *Es existiert eine stetige Funktion auf E, die nicht gleichmäßig stetig ist.*

Beweis. Sei zunächst angenommen, dass E beschränkt ist. Dann existiert ein Häufungspunkt x_0 von E, der nicht zu E gehört. Betrachte die Funktion

$$f(x) = \frac{1}{x - x_0} \qquad (x \in E). \qquad (4.21)$$

Diese ist nach Satz 4.9 stetig, aber offensichtlich nicht beschränkt. Um zu zeigen, dass f nicht gleichmäßig stetig ist, gebe man $\varepsilon > 0$ und $\delta > 0$ beliebig vor und wähle ferner einen Punkt $x \in E$ mit $|x - x_0| < \delta$. Wählt man schließlich t nahe genug bei x_0, so erreicht man, dass die Differenz $|f(t) - f(x)|$ größer als ε wird und gleichzeitig $|t - x| < \delta$ gilt. Da dies für jedes $\delta > 0$ gilt, ist f nicht gleichmäßig stetig auf E.

Die Funktion g, definiert durch

$$g(x) = \frac{1}{1 + (x - x_0)^2} \quad (x \in E),\tag{4.22}$$

ist stetig auf E und ist außerdem beschränkt, da $0 < g(x) < 1$ gilt. Es ist klar, dass

$$\sup_{x \in E} g(x) = 1,$$

wohingegen $g(x) < 1$ für alle $x \in E$. Somit hat g kein Maximum auf E.

Der Satz ist damit für beschränkte Mengen E bewiesen, und wir nehmen im Folgenden an, dass E nicht beschränkt ist. Dann erfüllt die Funktion $f(x) = x$ (a), wohingegen

$$h(x) = \frac{x^2}{1 + x^2} \quad (x \in E)\tag{4.23}$$

eine Funktion ist, die (b) erfüllt; denn es gilt $h(x) < 1$ für alle $x \in E$ und

$$\sup_{x \in E} h(x) = 1 \,. \qquad \square$$

Die Behauptung (c) wäre falsch ohne die Voraussetzung der Beschränktheit von E. Betrachte etwa den Fall, dass $E = \mathbb{Z}$ die Menge aller ganzen Zahlen ist. Dann ist jede auf E definierte Funktion gleichmäßig stetig auf E. Um dies einzusehen, wähle man lediglich $\delta < 1$ in der Definition 4.18.

Wir schließen diesen Abschnitt mit dem Nachweis, dass die Kompaktheit ebenfalls eine wesentliche Voraussetzung von Satz 4.17 ist.

4.21 Beispiel. Sei X das halboffene Intervall $[0, 2\pi)$ auf der reellen Zahlengeraden, und sei $\mathbf{f}$ die Abbildung von X auf den Kreis Y, der aus allen Punkten mit dem Abstand eins vom Ursprung besteht:

$$\mathbf{f}(t) = (\cos t, \sin t) \quad (0 \leq t < 2\pi)\,.\tag{4.24}$$

Die Stetigkeit der trigonometrischen Funktionen Sinus und Kosinus sowie ihre Periodizitätseigenschaften werden in Kapitel 8 behandelt. Die dortigen Betrachtungen zeigen, dass $\mathbf{f}$ eine stetige injektive Funktion von X auf Y ist.

Dagegen ist die Umkehrabbildung (welche existiert, da $\mathbf{f}$ injektiv und surjektiv ist) nicht stetig an der Stelle $(1, 0) = \mathbf{f}(0)$. Natürlich ist X in diesem Beispiel nicht kompakt. (Interessanterweise ist $\mathbf{f}^{-1}$ nicht stetig, obgleich Y kompakt ist!)

Stetigkeit und Zusammenhang

4.22 Satz. *Ist f eine stetige Abbildung eines metrischen Raumes X in einen metrischen Raum Y und ist E eine zusammenhängende Teilmenge von X, so ist $f(E)$ zusammenhängend.*

Beweis. Sei das Gegenteil angenommen, d. h., es gelte $f(E) = A \cup B$, wobei A und B nichtleere getrennte Teilmengen von Y sind. Setze $G = E \cap f^{-1}(A)$ und $H = E \cap f^{-1}(B)$. Dann gilt $E = G \cup H$, und weder G noch H sind leer.

Wegen $A \subset \overline{A}$ (die abgeschlossene Hülle von A) gilt $G \subset f^{-1}(\overline{A})$, und da die letztere Menge wegen der Stetigkeit von f abgeschlossen ist, folgt $\overline{G} \subset f^{-1}(\overline{A})$. Folglich gilt $f(\overline{G}) \subset \overline{A}$. Da $f(H) = B$ ist und $\overline{A} \cap B$ leer ist, schließt man, dass $\overline{G} \cap H$ leer ist. Ein analoges Argument zeigt, dass $G \cap \overline{H}$ leer ist. Daher sind G und H getrennt. Dies widerspricht aber der Tatsache, dass E zusammenhängend ist. □

4.23 Satz. *Sei f eine stetige reelle Funktion auf dem Intervall $[a, b]$. Gilt $f(a) < f(b)$, dann existiert zu jeder Zahl c mit $f(a) < c < f(b)$ ein $x \in (a, b)$ mit $f(x) = c$.*

Ein ähnliches Resultat gilt natürlich auch im Fall $f(a) > f(b)$. Kurz ausgedrückt, besagt der Satz, dass eine stetige reelle Funktion alle Zwischenwerte auf einem Intervall annimmt.

Beweis. Nach Satz 2.47 ist $[a, b]$ zusammenhängend. Daher ist nach Satz 4.22 auch $f([a, b])$ eine zusammenhängende Teilmenge von $\mathbb{R}^1$. Die Behauptung folgt nun durch eine weitere Anwendung von Satz 2.47. □

4.24 Bemerkung. Auf den ersten Blick mag es den Anschein haben, dass auch die Umkehrung von Satz 4.23 gilt. In anderen Worten: Man könnte glauben, dass f stetig sein muss, falls zu je zwei Punkten $x_1 < x_2$ und zu jeder Zahl c zwischen $f(x_1)$ und $f(x_2)$ ein Punkt x in (x_1, x_2) existiert mit $f(x) = c$.

Dass diese Vermutung nicht richtig ist, kann aus Beispiel 4.27 (d) abgeleitet werden.

Unstetigkeitsstellen

Ist x ein Punkt des Definitionsbereichs der Funktion f, an dem f nicht stetig ist, so sagt man, f sei *unstetig* an der Stelle x oder x sei eine *Unstetigkeitsstelle* von f. Für eine Funktion f, die auf einem Intervall oder Segment definiert ist, unterscheidet man gewöhnlich zwei Arten von Unstetigkeitsstellen. Bevor wir diese Klassifikation angeben können, müssen wir den *rechtsseitigen* und den *linksseitigen Grenzwert* von f an der Stelle x definieren, den wir mit $f(x+)$ bzw. $f(x-)$ bezeichnen werden.

4.25 Definition. Die Funktion f sei auf (a, b) definiert. Betrachte einen Punkt x mit $a \leq x < b$. Wir schreiben

$$f(x+) = q,$$

wenn für alle Folgen $\{t_n\}$ in (x, b) mit $t_n \to x$ für $n \to \infty$ folgt, dass $f(t_n) \to q$. Für $a < x \leq b$ erhalten wir die Definition von $f(x-)$ auf ähnliche Weise, indem wir uns auf Folgen $\{t_n\}$ in (a, x) beschränken.

Ist x irgendein Punkt aus (a, b), so existiert $\lim_{t \to x} f(t)$ offensichtlich genau dann, wenn gilt

$$f(x+) = f(x-) = \lim_{t \to x} f(t) \,.$$

4.26 Definition. Sei f auf (a, b) definiert. Ist f unstetig an der Stelle x und existieren $f(x+)$ und $f(x-)$, dann heißt x eine *Unstetigkeitsstelle erster Art* von f oder eine *einfache Unstetigkeitsstelle*. Sonst heißt x eine *Unstetigkeitsstelle zweiter Art*.

Einfache Unstetigkeitsstellen können auf zwei verschiedene Weisen auftreten: Entweder gilt $f(x+) \neq f(x-)$ [in diesem Fall ist der Funktionswert $f(x)$ unwesentlich] oder es gilt $f(x+) = f(x-) \neq f(x)$.

4.27 Beispiele.
(a) Definiere

$$f(x) = \begin{cases} 1 & \text{falls } x \text{ rational,} \\ 0 & \text{falls } x \text{ irrational.} \end{cases}$$

Dann hat f an jedem Punkt x eine Untetigkeitsstelle zweiter Art, da weder $f(x+)$ noch $f(x-)$ existiert.
(b) Definiere

$$f(x) = \begin{cases} x & \text{falls } x \text{ rational,} \\ 0 & \text{falls } x \text{ irrational.} \end{cases}$$

Dann ist f stetig an der Stelle $x = 0$ und hat eine Unstetigkeitsstelle zweiter Art an jedem anderen Punkt.
(c) Definiere

$$f(x) = \begin{cases} x + 2 & \text{falls } -3 < x < -2, \\ -x - 2 & \text{falls } -2 \leq x < 0, \\ x + 2 & \text{falls } 0 \leq x < 1. \end{cases}$$

Dann hat f eine einfache Unstetigkeitsstelle an der Stelle $x = 0$ und ist an allen anderen Punkten von $(-3, 1)$ stetig.
(d) Definiere

$$f(x) = \begin{cases} \sin \frac{1}{x} & \text{falls } x \neq 0, \\ 0 & \text{falls } x = 0. \end{cases}$$

Da weder $f(0+)$ noch $f(0-)$ existiert, hat f eine Unstetigkeitsstelle zweiter Art an der Stelle $x = 0$. Wir haben noch nicht gezeigt, dass $\sin x$ eine stetige Funktion ist. Setzen wir dieses Resultat aber für den Moment voraus, so folgt aus Satz 4.7, dass f an jedem anderen Punkt $x \neq 0$ stetig ist.

Monotone Funktionen

Wir wenden uns nun solchen Funktionen zu, die auf einem gegebenen Segment niemals abnehmen (oder niemals zunehmen).

4.28 Definition. Sei f eine reelle Funktion auf (a, b). Dann heißt f *monoton wachsend* auf (a, b), falls aus $a < x < y < b$ stets $f(x) \le f(y)$ folgt. Kehrt man die letztere Ungleichung um, so erhält man die Definition einer *monoton fallenden* Funktion. Die Klasse der *monotonen* Funktionen besteht aus beiden, den monoton wachsenden und den monoton fallenden Funktionen.

4.29 Satz. *Die reelle Funktion f sei monoton wachsend auf (a, b). Dann existieren $f(x+)$ und $f(x-)$ für jeden Punkt x aus (a, b). Genauer:*

$$\sup_{a<t<x} f(t) = f(x-) \le f(x) \le f(x+) = \inf_{x<t<b} f(t). \tag{4.25}$$

Darüber hinaus gilt für $a < x < y < b$ stets

$$f(x+) \le f(y-). \tag{4.26}$$

Analoge Resultate gelten offensichtlich für monoton fallende Funktionen.

Beweis. Laut Hypothese ist die Menge der Zahlen $f(t)$ mit $a < t < x$ nach oben durch die Zahl $f(x)$ beschränkt. Diese Menge hat daher eine kleinste obere Schranke, die wir mit A bezeichnen wollen. Offensichtlich gilt $A \le f(x)$. Wir haben nun zu zeigen, dass $A = f(x-)$ ist.

Sei $\varepsilon > 0$ gegeben. Aus der Definition von A als kleinste obere Schranke folgt die Existenz eines $\delta > 0$ derart, dass $a < x - \delta < x$ gilt und

$$A - \varepsilon < f(x - \delta) \le A. \tag{4.27}$$

Da f monoton ist, folgt

$$f(x - \delta) \le f(t) \le A \quad (x - \delta < t < x). \tag{4.28}$$

Durch Kombination von (4.27) und (4.28) erhält man

$$|f(t) - A| < \varepsilon \quad (x - \delta < t < x).$$

Also gilt $f(x-) = A$.

Die zweite Hälfte von (4.25) lässt sich auf genau dieselbe Weise beweisen.

Sei nun $a < x < y < b$. Dann folgt aus (4.25), dass

$$f(x+) = \inf_{x<t<b} f(t) = \inf_{x<t<y} f(t) \tag{4.29}$$

gilt. Hierbei folgt die rechte Gleichung in (4.29) durch Anwendung von (4.25) auf (a, y) anstelle von (a, b). Analog erhält man

$$f(y-) = \sup_{a<t<y} f(t) = \sup_{x<t<y} f(t). \tag{4.30}$$

Schließlich folgt (4.26) durch Vergleich von (4.29) und (4.30). □

Korollar. *Monotone Funktionen haben keine Unstetigkeitsstellen zweiter Art.*

Eine Folgerung aus diesem Korollar ist, dass jede monotone Funktion an höchstens abzählbar vielen Stellen unstetig ist. Anstatt uns auf ein allgemeines Resultat zu berufen, dessen Beweis in Übungsaufgabe 17 skizziert ist, geben wir hier einen einfachen Beweis, der für monotone Funktionen anwendbar ist.

4.30 Satz. *Sei f monoton auf (a, b). Dann ist die Menge der Punkte in (a, b), an denen f unstetig ist, höchstens abzählbar.*

Beweis. Wir führen den Beweis für ein monoton wachsendes f.

Sei E die Menge der Punkte, an denen f unstetig ist. Jedem Punkt x von E ordnen wir eine rationale Zahl $r(x)$ zu, für die gilt

$$f(x-) < r(x) < f(x+).$$

Da für $x_1 < x_2$ die Ungleichung $f(x_1+) \le f(x_2-)$ gilt, folgt aus $x_1 \ne x_2$ stets $r(x_1) \ne r(x_2)$.

Wir haben somit eine injektive Abbildung zwischen der Menge E und einer Teilmenge der Menge der rationalen Zahlen hergestellt. Die letztere ist aber, wie wir wissen, abzählbar. □

4.31 Bemerkung. Es sollte beachtet werden, dass die Unstetigkeitsstellen einer monotonen Funktion keineswegs isoliert zu sein brauchen. In der Tat können wir zu jeder abzählbaren Teilmenge E von (a, b), selbst wenn diese dicht ist, eine auf (a, b) monotone Funktion f konstruieren, die an jedem Punkt von E unstetig ist, aber an keinem anderen Punkt von (a, b).

Um dies zu beweisen, seien die Punkte von E in einer Folge $\{x_n\}$, $n = 1, 2, 3, \ldots$ angeordnet. Sei $\{c_n\}$ eine Folge positiver reeller Zahlen derart, dass $\sum c_n$ konvergiert. Definiere

$$f(x) = \sum_{x_n < x} c_n \quad (a < x < b). \tag{4.31}$$

Hierbei versteht sich die Summation wie folgt: Summiert wird über diejenigen Indizes n, für die $x_n < x$ gilt. Gibt es keine Punkte x_n links von x, so ist die Summe leer. Gemäß der allgemeinen Konvention setzen wir die Summe in diesem Fall gleich null. Da (4.31) absolut konvergiert, ist die Reihenfolge der Terme unwesentlich. Wir überlassen es dem Leser, die folgenden Eigenschaften von f zu verifizieren:

(a) f wächst monoton auf (a, b).
(b) f ist unstetig an jedem Punkt von E; es gilt $f(x_n+) - f(x_n-) = c_n$.
(c) f ist an jedem anderen Punkt von (a, b) stetig.

Darüber hinaus sieht man leicht ein, dass an allen Punkten von (a, b) die Gleichheit $f(x-) = f(x)$ gilt. Erfüllt eine Funktion f diese Bedingung, so sagen wir, f sei *linksseitig stetig*. Hätten wir die Summation in (4.31) über alle diejenigen Indizes n gewählt, für die $x_n \le x$ gilt, so würde für jeden Punkt x von (a, b) die Gleichheit $f(x+) = f(x)$ gelten, d. h. f wäre *rechtsseitig stetig*.

Funktionen dieser Art können auch mit Hilfe einer anderen Methode definiert werden. Für ein Beispiel verweisen wir auf Satz 6.16.

Unendliche Grenzwerte und Grenzwerte im Unendlichen

Um in dem erweiterten reellen Zahlensystem arbeiten zu können, erweitern wir die Definition 4.1, indem wir sie unter Benutzung des Umgebungsbegriffs umformulieren.

Ist x eine beliebige reelle Zahl, so haben wir bereits die Umgebungen von x als Segmente $(x - \delta, x + \delta)$ definiert.

4.32 Definition. Ist c eine reelle Zahl, so heißt die Menge aller reellen Zahlen x mit $x > c$ eine *Umgebung von* $+\infty$. Wir schreiben dafür $(c, +\infty)$. Analog ist die Menge $(-\infty, c)$ eine *Umgebung von* $-\infty$.

4.33 Definition. Es sei f eine auf E definierte reelle Funktion und x ein Häufungspunkt von E. Wir sagen, dass

$$f(t) \to A \quad \text{für } t \to x,$$

wobei A und x zum erweiterten reellen Zahlensystem gehören, falls es zu jeder Umgebung U von A eine Umgebung V von x gibt, mit der $V \cap E$ nicht leer ist und für alle $t \in V \cap E$ mit $t \ne x$ gilt: $f(t) \in U$.

Man überzeugt sich leicht, dass diese Definition für reelle A und x mit Definition 4.1 übereinstimmt.

Das Analogon von Satz 4.4 bleibt auch in diesem erweiterten Rahmen gültig, und der Beweis bietet nichts Neues. Der Vollständigkeit halber formulieren wir das Ergebnis.

4.34 Satz. *Die Funktionen f und g seien auf E definiert. Es gelte*

$$f(t) \to A, \quad g(t) \to B \quad \text{für } t \to x.$$

Dann gilt:
(a) *Aus $f(t) \to A'$ folgt $A' = A$.*

(b) $(f + g)(t) \to A + B$.

(c) $(fg)(t) \to AB$.

(d) $(f/g)(t) \to A/B$.

Hierbei ist vorausgesetzt, dass die rechten Seiten von (b), (c) *und* (d) *definiert sind.*

Beachte, dass $\infty - \infty$, $0 \cdot \infty$, ∞/∞ und $A/0$ nicht definiert sind (vgl. Definition 1.23).

Übungsaufgaben

1. Sei f eine auf $\mathbb{R}^1$ definierte reelle Funktion, die

$$\lim_{h \to 0}[f(x + h) - f(x - h)] = 0$$

   für jedes $x \in \mathbb{R}^1$ erfüllt. Folgt dann die Stetigkeit von f?

2. Sei f eine stetige Funktion eines metrischen Raumes X in einen metrischen Raum Y. Man beweise, dass für jedes $E \subset X$ gilt:

$$f(\overline{E}) \subset \overline{f(E)}.$$

   ($\overline{E}$ bezeichnet die abgeschlossene Hülle von E.) Man zeige durch ein Beispiel, dass $f(\overline{E})$ eine echte Teilmenge von $\overline{f(E)}$ sein kann.

3. Es sei f eine stetige reelle Funktion auf einem metrischen Raum X. Definiere $N(f)$ (die *Nullstellenmenge* von f) als die Menge aller $p \in X$, für die $f(p) = 0$ gilt. Man beweise, dass $N(f)$ abgeschlossen ist.

4. Es seien f und g stetige Abbildungen eines metrischen Raumes X in einen metrischen Raum Y, und sei E eine dichte Teilmenge von X. Man beweise, dass $f(E)$ dicht in $f(X)$ ist. Gilt $g(p) = f(p)$ für alle $p \in E$, so beweise man, dass $g(p) = f(p)$ für alle $p \in X$ gilt. (In anderen Worten: Eine stetige Abbildung ist durch ihre Werte auf einer dichten Teilmenge des Definitionsbereichs bestimmt.)

5. Ist f eine stetige reelle Funktion, die auf einer abgeschlossenen Menge $E \subset \mathbb{R}^1$ definiert ist, so beweise man die Existenz einer stetigen reellen Funktion g auf $\mathbb{R}^1$ mit $g(x) = f(x)$ für alle $x \in E$. (Eine solche Funktion g heißt eine *stetige Fortsetzung* von f aus E nach $\mathbb{R}^1$.) Man zeige, dass das Resultat ohne die Voraussetzung der Abgeschlossenheit falsch ist. Man verallgemeinere das Resultat auf den Fall einer vektorwertigen Funktion.

   Hinweis: Wähle g so, dass der Graph von g eine Gerade auf jedem der Segmente ist, die das Komplement von E bilden (vgl. Kapitel 2, Übungsaufgabe 29). Das Resultat bleibt richtig, wenn man $\mathbb{R}^1$ durch einen beliebigen metrischen Raum ersetzt. Der Beweis ist jedoch schwieriger.

6. Sei f eine auf E definierte Funktion. Die Menge der Punkte $(x, f(x))$ für $x \in E$ heißt der *Graph* von f. Ist E insbesondere eine Menge reeller Zahlen und f eine reellwertige Funktion, so ist der Graph von f eine Teilmenge der Ebene.
   Sei E kompakt. Man beweise, dass f genau dann stetig auf E ist, wenn der Graph von f kompakt ist.

7. Sei $E \subset X$ und sei f eine auf X definierte Funktion. Dann ist die *Einschränkung* von f auf E diejenige Funktion g, deren Definitionsbereich E ist und die $g(p) = f(p)$ für alle $p \in E$ erfüllt. Definiere f und g auf $\mathbb{R}^2$ durch $f(0,0) = g(0,0) = 0$, $f(x,y) = xy^2/(x^2 + y^4)$ und $g(x,y) = xy^2/(x^2 + y^6)$ für $(x, y) \neq (0, 0)$. Man beweise, dass f auf $\mathbb{R}^2$ beschränkt ist, dass g in jeder Umgebung von $(0,0)$ unbeschränkt ist und dass f an der Stelle $(0,0)$ unstetig ist. Trotzdem sind die Einschränkungen von f und g auf jede beliebige Gerade in $\mathbb{R}^2$ stetig.

8. Sei f eine gleichmäßig stetige reelle Funktion auf der beschränkten Menge E in $\mathbb{R}^1$. Man beweise, dass f auf E beschränkt ist.
   Man zeige, dass die Behauptung ohne die Voraussetzung der Beschränktheit von E falsch ist.

9. Man zeige, dass die Forderung in der Definition der gleichmäßigen Stetigkeit mit Hilfe von Durchmessern von Mengen wie folgt umformuliert werden kann: Zu jedem $\varepsilon > 0$ existiert ein $\delta > 0$ derart, dass für alle $E \subset X$ mit $\operatorname{diam} E < \delta$ gilt: $\operatorname{diam} f(E) < \varepsilon$.

10. Ergänze die Details in dem folgenden alternativen Beweis des Satzes 4.19: Ist f nicht gleichmäßig stetig, dann existieren für ein $\varepsilon > 0$ Folgen $\{p_n\}$, $\{q_n\}$ in X mit $d_X(p_n, q_n) \to 0$, aber $d_Y(f(p_n), f(q_n)) > \varepsilon$. Benutze Satz 2.37, um einen Widerspruch zu erhalten.

11. f sei eine gleichmäßig stetige Abbildung eines metrischen Raumes X in einen metrischen Raum Y. Man beweise, dass für jede Cauchy-Folge $\{x_n\}$ in X die Folge $\{f(x_n)\}$ eine Cauchy-Folge in Y ist. Unter Verwendung dieses Resultats gebe man einen anderen Beweis für den in Übungsaufgabe 13 formulierten Satz.

12. Eine gleichmäßig stetige Funktion einer gleichmäßig stetigen Funktion ist gleichmäßig stetig. Man formuliere diese Behauptung etwas genauer und beweise sie.

13. Sei E eine dichte Teilmenge des metrischen Raumes X und sei f eine gleichmäßig stetige *reelle* Funktion auf E. Man beweise, dass f eine stetige Fortsetzung aus E nach X hat (für die Terminologie vgl. Übungsaufgabe 15). (Die Eindeutigkeit der Fortsetzung folgt aus Übungsaufgabe 4.)
   Hinweis: Für jedes $p \in X$ und jede positive ganze Zahl n sei $V_n(p)$ die Menge aller $q \in E$ mit $d(p, q) < 1/n$. Man benutze Übungsaufgabe 9, um zu zeigen, dass die Schnittmenge der abgeschlossenen Hüllen von $f(V_1(p)), f(V_2(p)), \ldots$ aus einem einzigen Punkt in $\mathbb{R}^1$ besteht. Nennt man diesen Punkt $g(p)$, so zeige man, dass die so erhaltene Funktion g auf X die gewünschte Erweiterung von f ist.
   Könnte man hierbei $\mathbb{R}^1$ durch $\mathbb{R}^k$ ersetzen? Durch irgendeinen kompakten metrischen Raum? Durch irgendeinen vollständigen metrischen Raum? Durch einen beliebigen metrischen Raum?

14. Sei $I = [0,1]$ das abgeschlossene Einheitsintervall. Sei f eine stetige Abbildung von I in I. Man beweise, dass für wenigstens ein $x \in I$ gilt: $f(x) = x$.

15. Eine Abbildung von X in Y heißt *offen*, wenn das Bild $f(V)$ jeder offenen Menge V in X eine offene Menge in Y ist.
    Man beweise, dass jede offene stetige Abbildung von $\mathbb{R}^1$ nach $\mathbb{R}^1$ monoton ist.

16. Mit $[x]$ sei die größte ganze Zahl bezeichnet, die nicht größer ist als x, d. h., $[x]$ ist diejenige ganze Zahl, für die $x - 1 < [x] \leq x$ gilt. Setze $(x) = x - [x]$. Was sind die Unstetigkeitsstellen der Funktionen $[x]$ und (x) und von welcher Art sind sie?

17. Sei f eine auf (a, b) definierte reelle Funktion. Man beweise, dass die Menge der einfachen Unstetigkeitsstellen von f höchstens abzählbar ist.
    Hinweis: Sei E die Menge der Punkte x mit $f(x-) < f(x+)$. Jedem Punkt x von E ordne man ein Tripel (p, q, r) rationaler Zahlen derart zu, dass gilt:
    (a) $f(x-) < p < f(x+)$;
    (b) $a < q < t < x$ impliziert $f(t) < p$;
    (c) $x < t < r < b$ impliziert $f(t) > p$.
    Die Menge aller solchen Tripel ist abzählbar. Man zeige, dass jedes Tripel zu höchstens einem Punkt von E gehört. Analog verfahre man mit den anderen möglichen Typen von einfachen Unstetigkeitsstellen.

18. Jede rationale Zahl x kann in der Form $x = m/n$ geschrieben werden, wobei $n > 0$ ist und m und n teilerfremde ganze Zahlen sind. Für $x = 0$ wähle man $n = 1$. Auf $\mathbb{R}^1$ sei eine Funktion f wie folgt definiert:

$$f(x) = \begin{cases} 0 & \text{falls } x \text{ irrational,} \\ \frac{1}{n} & \text{falls } x = \frac{m}{n}. \end{cases}$$

    Man beweise, dass f an jedem irrationalen Punkt stetig ist und dass f an jedem rationalen Punkt eine einfache Unstetigkeitsstelle besitzt.

19. Sei f eine reelle Funktion mit Definitionsbereich $\mathbb{R}^1$, welche die *Zwischenwerteigenschaft* hat: Gilt $f(a) < c < f(b)$, so existiert x zwischen a und b mit $f(x) = c$. Sei ferner für jede rationale Zahl r die Menge aller x mit $f(x) = r$ abgeschlossen. Man beweise, dass f stetig ist.
    Hinweis: Gilt $x_n \to x_0$, aber es gibt ein r mit $f(x_n) > r > f(x_0)$ für alle n, dann folgt $f(t_n) = r$ für ein t_n zwischen x_0 und x_n. Also gilt $t_n \to x_0$. Man führe einen Widerspruch herbei. (N. J. Fine, *Amer. Math. Monthly*. Bd. 73, 1966, S. 782.)

20. Ist E eine nichtleere Teilmenge eines metrischen Raumes X, so sei der Abstand eines Punktes $x \in X$ von E definiert durch

$$\varrho_E(x) = \inf_{z \in E} d(x, z).$$

    (a) Man beweise, dass $\varrho_E(x) = 0$ gleichwertig ist mit $x \in \overline{E}$.
    (b) Man beweise, dass ϱ_E eine gleichmäßig stetige Funktion auf X ist. Hierzu zeige man, dass für alle $x \in X$, $y \in X$ gilt:

$$|\varrho_E(x) - \varrho_E(y)| \leq d(x, y).$$

Hinweis: $\varrho_E(x) \le d(x,z) \le d(x,y) + d(y,z)$, also

$$\varrho_E(x) \le d(x,y) + \varrho_E(y).$$

21. Seien K und F disjunkte Mengen eines metrischen Raumes X, wobei K kompakt sei und F abgeschlossen. Man beweise die Existenz eines $\delta > 0$ mit $d(p,q) > \delta$ für alle $p \in K$, $q \in F$.
    Hinweis: ϱ_F ist eine stetige positive Funktion auf K.
    Man zeige, dass die Konklusion für zwei disjunkte abgeschlossene Mengen, von denen keine kompakt ist, nicht mehr richtig zu sein braucht.

22. Es seien A und B disjunkte nichtleere abgeschlossene Mengen eines metrischen Raumes X. Man zeige, dass die durch

$$f(p) = \frac{\varrho_A(p)}{\varrho_A(p) + \varrho_B(p)} \quad (p \in X)$$

    definierte Funktion stetig auf X ist. Man zeige ferner, dass der Wertebereich von f in $[0,1]$ liegt, und dass $f(p) = 0$ genau auf A und $f(p) = 1$ genau auf B gilt. Dies liefert insbesondere eine Umkehrung von Übungsaufgabe 3: Jede abgeschlossene Menge $A \subset X$ ist eine Nullstellenmenge $N(f)$ einer stetigen reellen Funktion f auf X. Setze

$$V = f^{-1}\left(\left[0, \frac{1}{2}\right)\right), \quad W = f^{-1}\left(\left(\frac{1}{2}, 1\right]\right).$$

    Man zeige, dass V und W offene disjunkte Teilmengen von X sind mit $A \subset V$ und $B \subset W$. (Somit kann jedes Paar disjunkter abgeschlossener Mengen eines metrischen Raumes durch ein Paar disjunkter offener Mengen überdeckt werden. Metrische Räume mit dieser Eigenschaft heißen *normal*.)

23. Eine auf (a,b) definierte reelle Funktion heißt *konvex*, wenn für alle $a < x < b$, $a < y < b$, $0 < \lambda < 1$ gilt:

$$f(\lambda x + (1-\lambda)y) \le \lambda f(x) + (1-\lambda)f(y).$$

    Man beweise, dass jede konvexe Funktion stetig ist. Man zeige ferner, dass jede wachsende konvexe Funktion einer konvexen Funktion wieder konvex ist. (So ist zum Beispiel für ein konvexes f auch e^f konvex.)
    Ist f konvex in (a,b) und gilt $a < s < t < u < b$, so zeige man, dass gilt

$$\frac{f(t)-f(s)}{t-s} \le \frac{f(u)-f(s)}{u-s} \le \frac{f(u)-f(t)}{u-t}.$$

24. f sei eine stetige reelle Funktion in (a,b) mit der Eigenschaft, dass

$$f\left(\frac{x+y}{2}\right) \le \frac{f(x)+f(y)}{2}$$

    für alle $x, y \in (a,b)$ gilt. Man beweise, dass f konvex ist.

25. Für $A \subset \mathbb{R}^k$ und $B \subset \mathbb{R}^k$ sei $A + B$ die Menge aller Summen $\mathbf{x} + \mathbf{y}$ mit $\mathbf{x} \in A$, $\mathbf{y} \in B$.

    (a) Ist K kompakt und C abgeschlossen in $\mathbb{R}^k$, so beweise man, dass $K + C$ abgeschlossen ist.
    Hinweis: Wähle $\mathbf{z} \notin K + C$, und setze $F = \mathbf{z} - C$, die Menge aller $\mathbf{z} - \mathbf{y}$ mit $\mathbf{y} \in C$. Dann sind K und F disjunkt. Man wähle nun δ wie in Übungsaufgabe 21 und zeige, dass die offene Kugel mit Zentrum $\mathbf{z}$ und Radius δ $K + C$ nicht schneidet.

    (b) Sei α eine irrationale reelle Zahl. Sei $\mathbb{Z}$ die Menge aller ganzen Zahlen und $\alpha\mathbb{Z}$ die Menge der Zahlen αn mit $n \in \mathbb{Z}$. Man zeige, dass $\mathbb{Z}$ und $\alpha\mathbb{Z}$ abgeschlossene Teilmengen von $\mathbb{R}^1$ sind, deren Summe $\mathbb{Z} + \alpha\mathbb{Z}$ *nicht* abgeschlossen ist. Hierzu zeige man, dass $\mathbb{Z} + \alpha\mathbb{Z}$ eine abzählbare dichte Teilmenge von $\mathbb{R}^1$ ist.

26. X, Y, Z seien metrische Räume, und Y sei kompakt. Sei f eine Abbildung von X in Y und g eine stetige injektive Abbildung von Y in Z. Man setze $h(x) = g(f(x))$ für $x \in X$ und beweise, dass f gleichmäßig stetig ist, falls h gleichmäßig stetig ist.
    Hinweis: g^{-1} hat den kompakten Definitionsbereich $g(Y)$ und

    $$f(x) = g^{-1}(h(x)).$$

Man beweise ferner, dass f stetig ist, falls h stetig ist.

Man zeige (durch Modifikation von Beispiel 4.21 oder durch Konstruktion eines anderen Beispiels), dass die Annahme der Kompaktheit von Y nicht fallengelassen werden kann, selbst wenn X und Z kompakt sind.

5 Differentiation

In diesem Kapitel (außer im letzten Abschnitt) beschränken wir unsere Aufmerksamkeit auf *reelle* Funktionen, die auf Intervallen oder Segmenten definiert sind. Dies geschieht nicht der Bequemlichkeit halber, vielmehr treten wesentliche Unterschiede auf, wenn wir von den reellen Funktionen auf vektorwertige übergehen. Die Differentiation von Funktionen, die auf $\mathbb{R}^k$ definiert sind, wird in Kapitel 9 behandelt werden.

Die Ableitung einer reellen Funktion

5.1 Definition. Sei f auf $[a, b]$ definiert (und reellwertig). Für jedes $x \in [a, b]$ bilde man die Quotienten

$$\phi(t) = \frac{f(t) - f(x)}{t - x} \quad (a < t < b, t \neq x) \tag{5.1}$$

und definiere

$$f'(x) = \lim_{t \to x} \phi(t), \tag{5.2}$$

vorausgesetzt, dieser Wert existiert gemäß Definition 4.1.

Somit ordnen wir der Funktion f eine Funktion f' zu, deren Definitionsbereich die Menge aller Punkte x ist, für die der Grenzwert (5.2) existiert. Die Funktion f' heißt die *Ableitung* von f.

Ist f' an der Stelle x definiert, so sagen wir, f sei *differenzierbar* an der Stelle x. Ist f' an jeder Stelle einer Menge $E \subset [a, b]$ definiert, so sagen wir, f sei differenzierbar auf E.

Es ist möglich, in (5.2) rechts- und linksseitige Grenzwerte zu betrachten, was zur Definition von rechts- und linksseitigen Ableitungen führt. Insbesondere ist die Ableitung an den Endpunkten a und b, sofern sie existiert, eine rechts- bzw. linksseitige Ableitung. Wir werden jedoch einseitige Ableitungen nicht im Detail besprechen.

Ist f auf dem Segment (a, b) definiert und ist $a < x < b$, dann ist $f'(x)$ durch (5.1) und (5.2) wie oben definiert. In diesem Fall sind jedoch $f'(a)$ und $f'(b)$ nicht definiert.

5.2 Satz. *Sei f definiert auf $[a, b]$. Ist f differenzierbar an einer Stelle $x \in [a, b]$, dann ist f stetig an der Stelle x.*

Beweis. Für $t \to x$ folgt nach Satz 4.4

$$f(t) - f(x) = \frac{f(t) - f(x)}{t - x} \cdot (t - x) \to f'(x) \cdot 0 = 0. \qquad \square$$

Die Umkehrung dieses Satzes ist falsch. Es ist leicht, stetige Funktionen zu konstruieren, die an isolierten Punkten nicht differenzierbar sind. In Kapitel 7 werden wir

https://doi.org/10.1515/9783110750430-005

sogar auf eine Funktion treffen, die auf der ganzen Zahlengeraden stetig, aber an keinem Punkt differenzierbar ist.

5.3 Satz. *Seien f und g auf [a, b] definiert und an einer Stelle x ∈ [a, b] differenzierbar. Dann ist f + g, fg und f/g an der Stelle x differenzierbar und es gilt:*
(a) $(f + g)'(x) = f'(x) + g'(x)$;
(b) $(fg)'(x) = f'(x)g(x) + f(x)g'(x)$;
(c) $(\frac{f}{g})'(x) = \frac{g(x)f'(x) - g'(x)f(x)}{g^2(x)}$.

Den Quotienten in (c) betrachten wir natürlich nur an Stellen, wo $g(x) \neq 0$ ist.

Beweis. (a) folgt direkt aus Satz 4.4. Sei $h = fg$, dann ist

$$h(t) - h(x) = f(t)[g(t) - g(x)] + g(x)[f(t) - f(x)].$$

Teilt man dies durch $t - x$ und beachtet, dass $f(t) \to f(x)$ gilt für $t \to x$ (Satz 5.2), so folgt (b). Sei nun $h = f/g$. Dann ist

$$\frac{h(t) - h(x)}{t - x} = \frac{1}{g(t)g(x)} \left[g(x)\frac{f(t) - f(x)}{t - x} - f(x)\frac{g(t) - g(x)}{t - x} \right].$$

Lässt man nun t nach x streben und wendet die Sätze 4.4 und 5.2 an, so erhält man (c).
□

5.4 Beispiele. Die Ableitung einer beliebigen Konstanten ist offensichtlich null. Ist f definiert durch $f(x) = x$, dann ist $f'(x) = 1$. Durch wiederholte Anwendung von Satz 5.3 (b) bzw. (c) zeigt man dann, dass die Funktion x^n für jede beliebige ganze Zahl n differenzierbar ist und dass ihre Ableitung nx^{n-1} ist (für $n < 0$ müssen wir uns auf $x \neq 0$ beschränken). Somit ist jedes Polynom differenzierbar, sogar jede rationale Funktion, außer an den Punkten, wo der Nenner null ist.

Der folgende Satz ist als *Kettenregel* für die Differentiation bekannt. Er behandelt die Differentiation zusammengesetzter Funktionen und ist wahrscheinlich der wichtigste Satz über Ableitungen. In Kapitel 9 werden wir auf allgemeinere Versionen dieses Satzes stoßen.

5.5 Satz. *f sei stetig auf [a, b], f'(x) existiere an der Stelle x ∈ [a, b], g sei auf einem Intervall I definiert, das den Wertevorrat von f enthält, und g sei an dem Punkt f(x) differenzierbar. Setzt man*

$$h(t) = g(f(t)) \quad (a \leq t \leq b),$$

dann ist h differenzierbar an der Stelle x, und es gilt

$$h'(x) = g'(f(x))f'(x). \tag{5.3}$$

Beweis. Sei $y = f(x)$. Nach der Definition der Ableitung folgt

$$f(t) - f(x) = (t - x)[f'(x) + u(t)], \tag{5.4}$$

$$g(s) - g(y) = (s - y)[g'(y) + v(s)], \tag{5.5}$$

wobei $t \in [a, b]$, $s \in I$ und $u(t) \to 0$ für $t \to x$, $v(s) \to 0$ für $s \to y$ gilt. Sei $s = f(t)$. Wendet man zuerst (5.5) und dann (5.4) an, so folgt

$$
\begin{aligned}
h(t) - h(x) &= g(f(t)) - g(f(x)) \\
&= [f(t) - f(x)] \cdot [g'(y) + v(s)] \\
&= (t - x) \cdot [f'(x) + u(t)] \cdot [g'(y) + v(s)].
\end{aligned}
$$

Für $t \neq x$ folgt daraus

$$\frac{h(t) - h(x)}{t - x} = [g'(y) + v(s)] \cdot [f'(x) + u(t)]. \tag{5.6}$$

Für $t \to x$ folgt $s \to y$ wegen der Stetigkeit von f, so dass die rechte Seite von (5.6) nach $g'(y)f'(x)$ strebt. Dies beweist die Gültigkeit von (5.3). □

5.6 Beispiele.
(a) Sei f definiert durch

$$f(x) = \begin{cases} x \sin \frac{1}{x} & \text{falls } x \neq 0, \\ 0 & \text{falls } x = 0. \end{cases} \tag{5.7}$$

Setzt man für den Moment als bekannt voraus, dass $\cos x$ die Ableitung von $\sin x$ ist (wir werden die trigonometrischen Funktionen in Kapitel 8 behandeln), so können wir für $x \neq 0$ die Sätze 5.3 und 5.5 anwenden und erhalten

$$f'(x) = \sin \frac{1}{x} - \frac{1}{x} \cos \frac{1}{x} \quad (x \neq 0). \tag{5.8}$$

Diese Sätze sind für $x = 0$ nicht mehr anwendbar, da $1/x$ dort nicht definiert ist, und wir berufen uns direkt auf die Definition: Für $t \neq 0$ gilt

$$\frac{f(t) - f(0)}{t - 0} = \sin \frac{1}{t}.$$

Für $t \to 0$ hat diese Funktion keinen Grenzwert, so dass $f'(0)$ nicht existiert.
(b) Sei f definiert durch

$$f(x) = \begin{cases} x^2 \sin \frac{1}{x} & \text{falls } x \neq 0, \\ 0 & \text{falls } x = 0. \end{cases} \tag{5.9}$$

Wie oben erhalten wir

$$f'(x) = 2x \sin \frac{1}{x} - \cos \frac{1}{x} \quad (x \neq 0).$$ (5.10)

Bei $x = 0$ berufen wir uns auf die Definition und erhalten

$$\left| \frac{f(t) - f(0)}{t - 0} \right| = \left| t \sin \frac{1}{t} \right| \leq |t| \quad (x \neq 0);$$

Lässt man $t \to 0$ streben, so folgt

$$f'(0) = 0.$$ (5.11)

Also ist f an allen Punkten x differenzierbar, f' ist jedoch keine stetige Funktion, da $\cos(1/x)$ in (5.10) für $x \to 0$ keinen Grenzwert hat.

Mittelwertsätze

5.7 Definition. Sei f eine reelle Funktion, die auf einem metrischen Raum X definiert ist. Wir sagen, f habe ein *lokales Maximum* an einem Punkt $p \in X$, wenn es ein $\delta > 0$ gibt mit der Eigenschaft, dass $f(q) \leq f(p)$ für alle $q \in X$ mit $d(p,q) < \delta$ gilt.
Lokale Minima werden analog definiert.

Unser nächster Satz bildet die Grundlage vieler Anwendungsmöglichkeiten der Differentiation.

5.8 Satz. *Sei f auf $[a,b]$ definiert. Hat f ein lokales Maximum an einem Punkt $x \in (a,b)$ und existiert $f'(x)$, dann ist $f'(x) = 0$.*

Die analoge Aussage gilt natürlich auch für lokale Minima.

Beweis. Wähle δ gemäß Definition 5.7 so, dass

$$a < x - \delta < x < x + \delta < b$$

gilt. Ist $x - \delta < t < x$, dann folgt

$$\frac{f(t) - f(x)}{t - x} \geq 0.$$

Lassen wir t gegen x streben, so sehen wir, dass $f'(x) \geq 0$ ist.
Für $x < t < x + \delta$ gilt dann

$$\frac{f(t) - f(x)}{t - x} \leq 0,$$

woraus $f'(x) \leq 0$ folgt. Also ist $f'(x) = 0$. □

5.9 Satz. *Sind f und g stetige reelle Funktionen auf $[a, b]$, die in (a, b) differenzierbar sind, dann gibt es einen Punkt $x \in (a, b)$, für den gilt*

$$[f(b) - f(a)]g'(x) = [g(b) - g(a)]f'(x).$$

Beachte, dass an den Endpunkten keine Differenzierbarkeit erforderlich ist.

Beweis. Setze

$$h(t) = [f(b) - f(a)]g(t) - [g(b) - g(a)]f(t) \quad (a \leq t \leq b).$$

Dann ist h stetig auf $[a, b]$, h ist differenzierbar in (a, b) und

$$h(a) = f(b)g(a) - f(a)g(b) = h(b). \tag{5.12}$$

Um den Satz zu beweisen, müssen wir zeigen, dass $h'(x) = 0$ für ein geeignetes $x \in (a, b)$ gilt.

Ist h konstant, dann trifft dies für jedes $x \in (a, b)$ zu. Ist $h(t) > h(a)$ für ein $t \in (a, b)$, so sei x ein Punkt aus $[a, b]$, an dem die Funktion h ihr Maximum annimmt (Satz 4.16). Nach (5.12) gilt $x \in (a, b)$ und nach Satz 5.8 ist $h'(x) = 0$.

Für den Fall, dass $h(t) < h(a)$ für ein $t \in (a, b)$ gilt, lässt sich dasselbe Argument anwenden, wenn man für x einen Punkt aus $[a, b]$ wählt, an dem die Funktion h ihr Minimum annimmt. □

Dieser Satz wird oft als ein *verallgemeinerter Mittelwertsatz* bezeichnet; der folgende Spezialfall wird gewöhnlich „der" Mittelwertsatz genannt.

5.10 Satz. *Ist f eine reelle stetige Funktion auf $[a, b]$, die differenzierbar in (a, b) ist, dann gibt es einen Punkt $x \in (a, b)$, für den gilt*

$$f(b) - f(a) = (b - a)f'(x).$$

Beweis. Setze $g(x) = x$ in Satz 5.9. □

5.11 Satz. *Sei f differenzierbar in (a, b).*
(a) *Ist $f'(x) \geq 0$ für alle $x \in (a, b)$, dann ist f monoton wachsend.*
(b) *Ist $f'(x) = 0$ für alle $x \in (a, b)$, dann ist f konstant.*
(c) *Ist $f'(x) \leq 0$ für alle $x \in (a, b)$, dann ist f monoton fallend.*

Beweis. Alle Schlussfolgerungen lassen sich aus der Gleichung

$$f(x_2) - f(x_1) = (x_2 - x_1)f'(x)$$

ablesen, die für jedes Paar von Zahlen x_1, x_2 in (a, b) gilt, wobei x ein geeigneter Punkt zwischen x_1 und x_2 ist. □

Die Stetigkeit von Ableitungen

Wir haben bereits gesehen [Beispiel 5.6 (b)], dass eine Funktion f eine Ableitung f' haben kann, die an jedem Punkt existiert, die aber an einem Punkt unstetig ist. Eine wichtige Eigenschaft aber haben Ableitungen, die an jedem Punkt eines Intervalls existieren, mit stetigen Funktionen auf einem Intervall gemeinsam: Zwischenwerte werden angenommen (vgl. Satz 4.23). Die genaue Formulierung dieser Behauptung folgt.

5.12 Satz. *Sei f eine reelle differenzierbare Funktion auf $[a,b]$, und sei $f'(a) < \lambda < f'(b)$. Dann existiert ein Punkt $x \in (a,b)$, für den $f'(x) = \lambda$ gilt.*

Ein analoges Ergebnis lässt sich natürlich auch für den Fall $f'(a) > f'(b)$ ableiten.

Beweis. Setze $g(t) = f(t) - \lambda t$. Dann ist $g'(a) < 0$, und daraus folgt, dass $g(t_1) < g(a)$ für ein $t_1 \in (a,b)$ gilt. Außerdem ist $g'(b) > 0$, woraus man $g(t_2) < g(b)$ für ein $t_2 \in (a,b)$ erhält. Also nimmt die Funktion g ihr Minimum auf $[a,b]$ (Satz 4.16) an einem Punkt x an, der $a < x < b$ erfüllt. Nach Satz 5.8 ist $g'(x) = 0$, also ist $f'(x) = \lambda$. □

Korollar. *Ist f differenzierbar auf $[a,b]$, dann kann f' keine einfachen Unstetigkeitsstellen auf $[a,b]$ haben.*

f' kann jedoch durchaus Unstetigkeiten zweiter Art aufweisen.

Die l'Hospitalsche Regel

Der folgende Satz ist oft hilfreich bei der Berechnung von Grenzwerten.

5.13 Satz. *Seien f und g reell und differenzierbar in (a,b) mit $-\infty \le a < b \le +\infty$. Sei ferner $g'(x) \ne 0$ für alle $x \in (a,b)$. Es gelte*

$$\frac{f'(x)}{g'(x)} \to A \quad \text{für } x \to a. \tag{5.13}$$

Gilt

$$f(x) \to 0 \quad \text{und} \quad g(x) \to 0 \quad \text{für } x \to a \tag{5.14}$$

oder

$$g(x) \to +\infty \quad \text{für } x \to a, \tag{5.15}$$

dann gilt

$$\frac{f(x)}{g(x)} \to A \quad \text{für } x \to a. \tag{5.16}$$

Die analoge Behauptung ist natürlich auch wahr für $x \to b$ oder für $g(x) \to -\infty$ in (5.15). Es sei angemerkt, dass wir hier den Grenzwertbegriff in dem erweiterten Sinn von Definition 4.33 verwenden.

Beweis. Zunächst betrachten wir den Fall $-\infty \le A < +\infty$. Wähle eine reelle Zahl q mit $A < q$ und wähle dann r so, dass $A < r < q$ ist. Nach (5.13) gibt es einen Punkt $c \in (a, b)$ derart, dass für $a < x < c$ stets

$$\frac{f'(x)}{g'(x)} < r \tag{5.17}$$

folgt. Für $a < x < y < c$ erhält man dann nach Satz 5.9 einen Punkt $t \in (x, y)$ mit

$$\frac{f(x) - f(y)}{g(x) - g(y)} = \frac{f'(t)}{g'(t)} < r. \tag{5.18}$$

Es gelte (5.14). Für $x \to a$ in (5.18) ergibt sich

$$\frac{f(y)}{g(y)} \le r < q \quad (a < y < c). \tag{5.19}$$

Sei nun angenommen, es gelte (5.15). Lässt man y in (5.18) fest, so kann man einen Punkt $c_1 \in (a, y)$ finden, mit dem $g(x) > g(y)$ und $g(x) > 0$ für $a < x < c_1$ gilt. Nach Multiplikation von (5.18) mit $[g(x) - g(y)]/g(x)$ erhalten wir

$$\frac{f(x)}{g(x)} < r - r\frac{g(y)}{g(x)} + \frac{f(y)}{g(x)} \quad (a < x < c_1). \tag{5.20}$$

Lässt man in (5.20) x gegen a streben, so liefert (5.15) die Existenz eines Punktes $c_2 \in (a, c_1)$ mit

$$\frac{f(x)}{g(x)} < q \quad (a < x < c_2). \tag{5.21}$$

Zusammengefasst zeigen also (5.19) und (5.21), dass für jedes beliebige q, wenn lediglich $A < q$ ist, ein Punkt c_2 existiert, mit dem $f(x)/g(x) < q$ für $a < x < c_2$ gilt.

Ebenso lässt sich für $-\infty < A \le +\infty$ nach Wahl von p mit $p < A$ ein Punkt c_3 finden, für den

$$p < \frac{f(x)}{g(x)} \quad (a < x < c_3) \tag{5.22}$$

gilt. Die Behauptung (5.16) folgt aus diesen beiden Aussagen. $\qquad\square$

Ableitungen höherer Ordnung

5.14 Definition. Hat f eine Ableitung f' auf einem Intervall, und ist f' selbst differenzierbar, so bezeichnen wir die Ableitung von f' mit f'' und nennen f'' die zweite Ableitung von f. Setzt man dieses Verfahren fort, so erhält man Funktionen

$$f, f', f'', f^{(3)}, \ldots, f^{(n)},$$

von denen jede jeweils die Ableitung der vorangehenden ist. $f^{(n)}$ heißt die *n-te Ableitung oder die Ableitung der Ordnung n von f*.

Um die Existenz von $f^{(n)}(x)$ an einem Punkt x zu gewährleisten, muss die Ableitung $f^{(n-1)}(t)$ in einer Umgebung von x existieren (oder in einer einseitigen Umgebung, falls x ein Endpunkt des Intervalls ist, auf dem f definiert ist) und sie muss an der Stelle x differenzierbar sein. Da $f^{(n-1)}$ in einer Umgebung von x existieren muss, muss $f^{(n-2)}$ in dieser Umgebung differenzierbar sein.

Der Taylorsche Satz

5.15 Satz. *Sei f eine reelle Funktion auf $[a, b]$, n eine natürliche Zahl, $f^{(n-1)}$ sei stetig auf $[a, b]$ und $f^{(n)}(t)$ existiere für jedes $t \in (a, b)$. Seien ferner α, β verschiedene Punkte von $[a, b]$. Man definiere*

$$P(t) = \sum_{k=0}^{n-1} \frac{f^{(k)}(\alpha)}{k!} (t - \alpha)^k. \tag{5.23}$$

Dann existiert ein Punkt x zwischen α und β, für den gilt:

$$f(\beta) = P(\beta) + \frac{f^{(n)}(x)}{n!} (\beta - \alpha)^n. \tag{5.24}$$

Für $n = 1$ ist dies gerade der Mittelwertsatz. Im Allgemeinen zeigt der Satz, dass f durch ein Polynom vom Grad $n - 1$ approximiert werden kann und dass (5.24) eine Fehlerabschätzung ermöglicht, wenn Schranken für $|f^{(n)}(x)|$ bekannt sind.

Beweis. Sei die Zahl M durch

$$f(\beta) = P(\beta) + M(\beta - \alpha)^n \tag{5.25}$$

definiert. Setze

$$g(t) = f(t) - P(t) - M(t - \alpha)^n \quad (a \leq t \leq b). \tag{5.26}$$

Es ist zu beweisen, dass es ein x zwischen α und β gibt mit $n!M = f^{(n)}(x)$. Nach (5.23) und (5.26) gilt

$$g^{(n)}(t) = f^{(n)}(t) - n!M \quad (a < t < b). \tag{5.27}$$

Der Beweis ist also erbracht, wenn wir zeigen können, dass es ein x zwischen α und β gibt mit $g^{(n)}(x) = 0$.

Wegen $P^{(k)}(\alpha) = f^{(k)}(\alpha)$ für $k = 0, \ldots, n-1$ folgt

$$g(\alpha) = g'(\alpha) = \cdots = g^{(n-1)}(\alpha) = 0. \tag{5.28}$$

Nach Wahl von M gilt $g(\beta) = 0$, so dass nach dem Mittelwertsatz $g'(x_1) = 0$ für ein x_1 zwischen α und β gilt. Aus $g'(\alpha) = 0$ folgern wir analog, dass $g''(x_2) = 0$ für ein x_2 zwischen α und x_1 gilt. Nach n Schritten gelangen wir zu dem Schluss, dass $g^{(n)}(x_n) = 0$ für ein geeignetes x_n zwischen α und x_{n-1}, also zwischen α und β gilt. $\qquad\square$

Differentiation von vektorwertigen Funktionen

5.16 Bemerkungen. Definition 5.1 ist ohne jede Änderung auch für auf $[a, b]$ definierte komplexe Funktionen f anwendbar. Die Sätze 5.2 und 5.3 einschließlich ihrer Beweise bleiben in diesem erweiterten Rahmen gültig. Sind f_1 und f_2 die Real- und Imaginärteile von f, d. h., ist

$$f(t) = f_1(t) + \mathrm{i}f_2(t)$$

für $a \le t \le b$, wobei $f_1(t)$ und $f_2(t)$ reell sind, dann gilt offensichtlich

$$f'(x) = f_1'(x) + \mathrm{i}f_2'(x); \tag{5.29}$$

ebenso ist f genau dann differenzierbar an der Stelle x, wenn sowohl f_1 als auch f_2 an der Stelle x differenzierbar sind.

Wir gehen nun zu allgemeinen vektorwertigen Funktionen über, d. h. zu Funktionen $\mathbf{f}$, die $[a, b]$ in $\mathbb{R}^k$ abbilden. Um $\mathbf{f}'(x)$ zu definieren, kann man noch einmal Definition 5.1 anwenden. Für jedes t ist nun $\phi(t)$ in (5.1) ein Punkt in $\mathbb{R}^k$, und der Grenzwert (5.2) wird gemäß der Norm von $\mathbb{R}^k$ gebildet. Anders ausgedrückt: $\mathbf{f}'(x)$ ist derjenige Punkt von $\mathbb{R}^k$ (falls ein solcher existiert), für den

$$\lim_{t \to x} \left| \frac{\mathbf{f}(t) - \mathbf{f}(x)}{t - x} - \mathbf{f}'(x) \right| = 0 \tag{5.30}$$

gilt, und $\mathbf{f}'$ ist wieder eine Funktion mit Werten in $\mathbb{R}^k$.

Sind $f_1, \ldots, f_k$ die Komponenten von $\mathbf{f}$, wie in Satz 4.10 definiert, dann folgt

$$\mathbf{f}' = (f_1', \ldots, f_k'), \tag{5.31}$$

und $\mathbf{f}$ ist genau dann an der Stelle x differenzierbar, wenn jede der Funktionen $f_1, \ldots, f_k$ an der Stelle x differenzierbar ist.

Satz 5.2 ist auch in diesem Rahmen wahr, ebenso wie Satz 5.3 (a) und (b), wenn fg durch das innere Produkt $\mathbf{f} \cdot \mathbf{g}$ ersetzt wird (siehe Definition 4.3).

Für den Mittelwertsatz und eine seiner Folgerungen, die l'Hospitalsche Regel, ist die Situation dagegen eine andere. Die folgenden beiden Beispiele zeigen, dass keines dieser Ergebnisse für komplexwertige Funktionen zutrifft.

5.17 Beispiel. Für reelles x definiere man

$$f(x) = e^{ix} = \cos x + i \sin x. \tag{5.32}$$

(Der letzte Ausdruck kann als Definition der komplexen Exponentialfunktion e^{ix} betrachtet werden. Eine ausführliche Erörterung dieser Funktion findet man in Kapitel 8.) Dann ist

$$f(2\pi) - f(0) = 1 - 1 = 0, \tag{5.33}$$

aber

$$f'(x) = ie^{ix}, \tag{5.34}$$

so dass $|f'(x)| = 1$ für alle reellen x gilt.

Somit ist Satz 5.10 nicht auf diesen Fall übertragbar.

5.18 Beispiel. Auf dem Segment $(0,1)$ definiere man $f(x) = x$ und

$$g(x) = x + x^2 e^{i/x^2}. \tag{5.35}$$

Da $|e^{it}| = 1$ für alle reellen t gilt, folgt offensichtlich

$$\lim_{x \to 0} \frac{f(x)}{g(x)} = 1. \tag{5.36}$$

Ferner gilt

$$g'(x) = 1 + \left(2x - \frac{2i}{x}\right) e^{i/x^2} \quad (0 < x < 1), \tag{5.37}$$

also

$$|g'(x)| \geq \left|2x - \frac{2i}{x}\right| - 1 \geq \frac{2}{x} - 1. \tag{5.38}$$

Somit gilt

$$\left|\frac{f'(x)}{g'(x)}\right| = \frac{1}{|g'(x)|} \leq \frac{x}{2 - x} \tag{5.39}$$

und

$$\lim_{x \to 0} \frac{f'(x)}{g'(x)} = 0. \tag{5.40}$$

Aus (5.36) und (5.40) sieht man, dass die l'Hospitalsche Regel in diesem Fall nicht anwendbar ist. Beachte auch, dass nach (5.38) $g'(x) \neq 0$ auf $(0,1)$ gilt.

Es gibt jedoch eine Folgerung aus dem Mittelwertsatz, die für Anwendungen fast ebenso hilfreich sei kann wie der Satz 5.10 und die auch für vektorwertige Funktionen wahr bleibt: Aus Satz 5.10 folgt

$$|f(b) - f(a)| \leq (b-a) \sup_{a<x<b} |f'(x)|. \tag{5.41}$$

5.19 Satz. *Sei* **f** *eine stetige Abbildung von $[a,b]$ in $\mathbb{R}^k$, und sei* **f** *differenzierbar in (a,b). Dann existiert ein $x \in (a,b)$ mit*

$$|\mathbf{f}(b) - \mathbf{f}(a)| \leq (b-a)|\mathbf{f}'(x)|.$$

Beweis[1]. Setze $\mathbf{z} = \mathbf{f}(b) - \mathbf{f}(a)$ und definiere

$$\varphi(t) = \mathbf{z} \cdot \mathbf{f}(t) \quad (a \leq t \leq b).$$

Dann ist φ eine reellwertige stetige Funktion auf $[a,b]$, die in (a,b) differenzierbar ist. Der Mittelwertsatz zeigt daher, dass

$$\varphi(b) - \varphi(a) = (b-a)\varphi'(x) = (b-a)\mathbf{z} \cdot \mathbf{f}'(x)$$

für ein $x \in (a,b)$ gilt. Andererseits ist

$$\varphi(b) - \varphi(a) = \mathbf{z} \cdot \mathbf{f}(b) - \mathbf{z} \cdot \mathbf{f}(a) = \mathbf{z} \cdot \mathbf{z} = |\mathbf{z}|^2.$$

Die Schwarzsche Ungleichung impliziert nun

$$|\mathbf{z}|^2 = (b-a)|\mathbf{z} \cdot \mathbf{f}'(x)| \leq (b-a)|\mathbf{z}|\,|\mathbf{f}'(x)|.$$

Also gilt $|\mathbf{z}| \leq (b-a)|\mathbf{f}'(x)|$, die gewünschte Folgerung. ☐

Übungsaufgaben

1. Sei f definiert für alle reellen x und es gelte

$$|f(x) - f(y)| \leq (x-y)^2$$

   für alle reellen x und y. Man beweise, dass f konstant ist.
2. Es gelte $f'(x) > 0$ in (a,b). Man beweise, dass f in (a,b) streng monoton wachsend ist [d. h., für $x_1 < x_2$ in (a,b) gilt $f(x_1) < f(x_2)$]. Ist g die inverse Funktion von f, so zeige man, dass g differenzierbar ist und dass gilt

$$g'(f(x)) = \frac{1}{f'(x)} \quad (a < x < b).$$

---

1 V. P. Havin hat die 2. Auflage der englischen Originalfassung ins Russische übersetzt und diesen Beweis dem Originalbeweis hinzugefügt.

3. Sei g eine reelle Funktion auf $\mathbb{R}^1$ mit beschränkter Ableitung (etwa $|g'| \le M$). Man wähle $\varepsilon > 0$ fest und definiere $f(x) = x + \varepsilon g(x)$. Man beweise, dass f injektiv ist, wenn ε klein genug ist. (Es kann eine Menge zulässiger Werte von ε bestimmt werden, die nur von M abhängt.)

4. Gilt

$$C_0 + \frac{C_1}{2} + \cdots + \frac{C_{n-1}}{n} + \frac{C_n}{n+1} = 0,$$

wobei $C_0, \ldots, C_n$ reelle Konstanten sind, so beweise man, dass die Gleichung

$$C_0 + C_1 x + \cdots + C_{n-1}x^{n-1} + C_n x^n = 0$$

mindestens eine reelle Nullstelle zwischen 0 und 1 hat.

5. Sei f für jedes $x > 0$ definiert und differenzierbar und $f'(x) \to 0$ für $x \to +\infty$. Setze $g(x) = f(x+1) - f(x)$. Man beweise, dass $g(x) \to 0$ gilt für $x \to +\infty$.

6. Angenommen,
   (a) f sei stetig für $x \ge 0$,
   (b) $f'(x)$ existiere für $x > 0$,
   (c) $f(0) = 0$,
   (d) f' sei monoton wachsend.
   Setze

$$g(x) = \frac{f(x)}{x} \quad (x > 0).$$

   Man beweise, dass g monoton wächst.

7. Angenommen, $f'(x)$ und $g'(x)$ existieren und es gelte $g'(x) \ne 0$ und $f(x) = g(x) = 0$. Man beweise, dass gilt

$$\lim_{t \to x} \frac{f(t)}{g(t)} = \frac{f'(x)}{g'(x)}.$$

   (Dies gilt auch für komplexe Funktionen.)

8. Sei f' stetig auf $[a, b]$, und sei $\varepsilon > 0$. Man beweise, dass ein $\delta > 0$ existiert, mit dem

$$\left| \frac{f(t) - f(x)}{t - x} - f'(x) \right| < \varepsilon$$

   für $0 < |t - x| < \delta$, $a \le x \le b$, $a \le t \le b$ gilt. (Dies könnte wie folgt formuliert werden: f ist *gleichmäßig differenzierbar* auf $[a, b]$, wenn f' stetig auf $[a, b]$ ist.) Trifft dies auch für vektorwertige Funktionen zu?

9. Sei f eine stetige reelle Funktion auf $\mathbb{R}^1$, von der bekannt ist, dass $f'(x)$ für alle $x \ne 0$ existiert und dass $f'(x) \to 3$ gilt für $x \to 0$. Lässt sich daraus die Existenz von $f'(0)$ folgern?

10. Seien f und g komplexe differenzierbare Funktionen auf $(0,1)$. Ferner gelte $f(x) \to 0, g(x) \to 0, f'(x) \to A, g'(x) \to B$ für $x \to 0$, wobei A und B komplexe Zahlen sind und $B \neq 0$ ist. Man beweise, dass

$$\lim_{x \to 0} \frac{f(x)}{g(x)} = \frac{A}{B}$$

    gilt. Vergleiche mit Beispiel 5.18.
    Hinweis:

$$\frac{f(x)}{g(x)} = \left(\frac{f(x)}{x} - A \right) \cdot \frac{x}{g(x)} + A \cdot \frac{x}{g(x)}.$$

    Man wende Satz 5.13 auf die Real- und Imaginärteile von $f(x)/x$ und $g(x)/x$ an.

11. Sei f in einer Umgebung von x definiert und $f''(x)$ existiere. Man zeige, dass gilt

$$\lim_{h \to 0} \frac{f(x+h) + f(x-h) - 2f(x)}{h^2} = f''(x).$$

    Man zeige durch ein Beispiel, dass der Grenzwert existieren kann, selbst wenn $f''(x)$ nicht existiert.
    Hinweis: Verwende Satz 5.13.

12. Ist $f(x) = |x|^3$, so berechne man $f'(x), f''(x)$ für alle reellen x und zeige, dass $f^{(3)}(0)$ nicht existiert.

13. Seien a und c reelle Zahlen, ferner sei $c > 0$, und f sei auf $[-1, 1]$ definiert durch

$$f(x) = \begin{cases} x^a \sin(x^{-c}) & \text{falls } x \neq 0, \\ 0 & \text{falls } x = 0. \end{cases}$$

    Man beweise die folgenden Aussagen:
    (a) f ist genau dann stetig, wenn $a > 0$ gilt.
    (b) $f'(0)$ existiert genau dann, wenn $a > 1$ ist.
    (c) f' ist genau dann beschränkt, wenn $a \geq 1 + c$ ist.
    (d) f' ist genau dann stetig, wenn $a > 1 + c$ ist.
    (e) $f''(0)$ existiert genau dann, wenn $a > 2 + c$ ist.
    (f) f'' ist genau dann beschränkt, wenn $a \geq 2 + 2c$ ist.
    (g) f'' ist genau dann stetig, wenn $a > 2 + 2c$ ist.

14. Sei f eine differenzierbare reelle Funktion, definiert in (a, b). Man beweise, dass f genau dann konvex ist, wenn f' monoton wachsend ist. Für jedes $x \in (a, b)$ existiere ferner $f''(x)$. Man beweise, dass f genau dann konvex ist, wenn $f''(x) \geq 0$ für alle $x \in (a, b)$ gilt.

15. Sei $a \in \mathbb{R}^1$, sei f eine zweimal differenzierbare reelle Funktion auf (a, ∞), und seien M_0, M_1 und M_2 die kleinsten oberen Schranken von $|f(x)|, |f'(x)|$ bzw. $|f''(x)|$ auf (a, ∞). Man beweise, dass gilt

$$M_1^2 \leq 4M_0 M_2.$$

Hinweis: Ist $h > 0$, so folgt aus dem Taylorschen Satz, dass

$$f'(x) = \frac{1}{2h}[f(x + 2h) - f(x)] - hf''(\xi)$$

für ein $\xi \in (x, x + 2h)$ gilt. Also folgt

$$|f'(x)| \le hM_2 + \frac{M_0}{h}.$$

Um zu zeigen, dass $M_1^2 = 4M_0M_2$ tatsächlich vorkommen kann, wähle man $a = -1$, definiere

$$f(x) = \begin{cases} 2x^2 - 1 & \text{falls } -1 < x < 0, \\ \frac{x^2 - 1}{x^2 + 1} & \text{falls } 0 \le x < \infty \end{cases}$$

und zeige, dass $M_0 = 1$, $M_1 = 4$ und $M_2 = 4$ ist.

Gilt $M_1^2 \le 4M_0M_2$ auch für vektorwertige Funktionen?

16. Sei f zweimal auf $(0, \infty)$ differenzierbar, f'' sei auf $(0, \infty)$ beschränkt, und es gelte $f(x) \to 0$ für $x \to \infty$. Man beweise, dass $f'(x) \to 0$ für $x \to \infty$ gilt.
    Hinweis: In Übungsaufgabe 15 lasse man $a \to \infty$ streben.

17. Sei f eine reelle, dreimal differenzierbare Funktion auf $[-1, 1]$ mit

    $$f(-1) = 0, \quad f(0) = 0, \quad f(1) = 1, \quad f'(0) = 0.$$

    Man beweise, dass $f^{(3)}(x) \ge 3$ für ein $x \in (-1, 1)$ ist. Beachte, dass für $f(x) = \frac{1}{2}(x^3 + x^2)$ die Gleichheit gilt.
    Hinweis: Man benutze Satz 5.15 mit $\alpha = 0$ und $\beta = \pm 1$, um die Existenz von $s \in (0, 1)$ und $t \in (-1, 0)$ zu beweisen mit

    $$f^{(3)}(s) + f^{(3)}(t) = 6.$$

18. Sei f eine reelle Funktion auf $[a, b]$, n eine natürliche Zahl und es existiere $f^{(n-1)}(t)$ für jedes $t \in [a, b]$. Seien ferner α, β und P wie im Taylorschen Satz (5.15). Man definiere

    $$Q(t) = \frac{f(t) - f(\beta)}{t - \beta}$$

    für $t \in [a, b]$, $t \ne \beta$. Dann bilde man die $(n-1)$-te Ableitung von

    $$f(t) - f(\beta) = (t - \beta)\, Q(t)$$

    an der Stelle $t = \alpha$ und leite die folgende Version des Taylorschen Satzes ab:

    $$f(\beta) = P(\beta) + \frac{Q^{(n-1)}(\alpha)}{(n-1)!}(\beta - \alpha)^n.$$

19. Sei f in $(-1,1)$ definiert und $f'(0)$ existiere. Ferner gelte $-1 < \alpha_n < \beta_n < 1$ und $\alpha_n \to 0, \beta_n \to 0$ für $n \to \infty$. Man definiere die Differenzenquotienten wie folgt:

$$D_n = \frac{f(\beta_n) - f(\alpha_n)}{\beta_n - \alpha_n}.$$

Man beweise die folgenden Behauptungen:
    (a) Für $\alpha_n < 0 < \beta_n$ ist $\lim D_n = f'(0)$.
    (b) Ist $0 < \alpha_n < \beta_n$ und $\{\beta_n/(\beta_n - \alpha_n)\}$ beschränkt, dann gilt $\lim D_n = f'(0)$.
    (c) Ist f' stetig in $(-1,1)$, dann ist $\lim D_n = f'(0)$.
    Man gebe ein Beispiel an, in dem f in $(-1,1)$ differenzierbar ist (f' jedoch nicht stetig an der Stelle 0 ist) und in dem α_n, β_n dem Grenzwert 0 zustreben derart, dass $\lim D_n$ zwar existiert, aber von $f'(0)$ verschieden ist.

20. Man formuliere und beweise eine Ungleichung, die aus dem Taylorschen Satz folgt und die auch für vektorwertige Funktionen gültig bleibt.

21. Sei E eine abgeschlossene Teilmenge von $\mathbb{R}^1$. In Kapitel 4, Übungsaufgabe 22, haben wir gesehen, dass es eine reelle stetige Funktion f auf $\mathbb{R}^1$ gibt, deren Nullstellenmenge E ist. Lässt sich für jede abgeschlossene Menge E eine solche Funktion f finden, die auf $\mathbb{R}^1$ differenzierbar ist, oder eine, die n-mal differenzierbar ist, oder sogar eine, die Ableitungen jeder Ordnung auf $\mathbb{R}^1$ hat?

22. Sei f eine reelle Funktion auf $(-\infty, \infty)$. Ein Punkt x heißt *Fixpunkt* von f, falls $f(x) = x$ gilt.
    (a) Ist f differenzierbar und gilt $f'(t) \neq 1$ für jedes reelle t, so beweise man, dass f höchstens einen Fixpunkt hat.
    (b) Man zeige, dass die Funktion f, die durch

$$f(t) = t + (1 + e^t)^{-1}$$

definiert ist, keinen Fixpunkt hat, obwohl $0 < f'(t) < 1$ für alle reellen t gilt.
    (c) Für den Fall jedoch, dass es eine Konstante $A < 1$ gibt mit $|f'(t)| \leq A$ für alle reellen t, beweise man, dass ein Fixpunkt x von f existiert und dass $x = \lim x_n$ gilt, wobei x_1 eine beliebige reelle Zahl ist und

$$x_{n+1} = f(x_n)$$

für $n = 1, 2, 3, \ldots$ gesetzt wird.
    (d) Man zeige, dass der in (c) beschriebene Prozess durch den Zickzackweg

$$(x_1, x_2) \to (x_2, x_2) \to (x_2, x_3) \to (x_3, x_3) \to (x_3, x_4) \to \cdots$$

veranschaulicht werden kann.

23. Die durch

$$f(x) = \frac{x^3 + 1}{3}$$

definierte Funktion f hat drei Fixpunkte, α, β, γ, wobei

$$-2 < \alpha < -1, \quad 0 < \beta < 1, \quad 1 < \gamma < 2$$

gilt. Für beliebig gewähltes x_1 definiere man $\{x_n\}$ durch $x_{n+1} = f(x_n)$.
Man beweise die folgenden Aussagen:

(a) $x_n \to -\infty$ für $n \to \infty$, falls $x_1 < \alpha$;

(b) $x_n \to \beta$ für $n \to \infty$, falls $\alpha < x_1 < \gamma$;

(c) $x_n \to +\infty$ für $n \to \infty$, falls $\gamma < x_1$.

Somit kann man β durch dieses Verfahren lokalisieren, α und γ aber nicht.

24. Das in Teil (c) von Übungsaufgabe 22 beschriebene Verfahren kann natürlich auch auf Funktionen angewandt werden, die $(0, \infty)$ nach $(0, \infty)$ abbilden.
Sei $\alpha > 1$ fest gewählt, und seien

$$f(x) = \frac{1}{2}\left(x + \frac{\alpha}{x}\right), \quad g(x) = \frac{\alpha + x}{1 + x}.$$

Sowohl f als auch g haben $\sqrt{\alpha}$ als ihren einzigen Fixpunkt in $(0, \infty)$. Man versuche, anhand der Eigenschaften von f und g zu erklären, warum die Konvergenz in Übungsaufgabe 16 von Kapitel 3 um so viel schneller ist als die in Übungsaufgabe 17. (Man vergleiche f' und g' und ziehe die Zickzacklinien wie in Übungsaufgabe 22 vorgeschlagen.)
Man führe dasselbe für $0 < \alpha < 1$ durch.

25. Sei f zweimal differenzierbar auf $[a, b]$, seien ferner $f(a) < 0, f(b) > 0, f'(x) \geq \delta > 0$ und $0 \leq f''(x) \leq M$ für alle $x \in [a, b]$. Sei schließlich ξ der einzige Punkt in (a, b), an dem $f(\xi) = 0$ ist.
Man ergänze die Details in der folgenden Kurzfassung gemäß des *Newtonverfahrens* zur Berechnung von ξ.

(a) Man wähle $x_1 \in (\xi, b)$ und definiere $\{x_n\}$ durch

$$x_{n+1} = x_n - \frac{f(x_n)}{f'(x_n)}.$$

Man interpretiere dies geometrisch mit Hilfe einer Tangente an den Graphen von f.

(b) Man zeige, dass $x_{n+1} < x_n$ und $\lim_{n \to \infty} x_n = \xi$ ist.

(c) Unter Anwendung des Taylorschen Satzes zeige man, dass

$$x_{n+1} - \xi = \frac{f''(t_n)}{2f'(x_n)}(x_n - \xi)^2$$

für geeignete $t_n \in (\xi, x_n)$ gilt.

(d) Für $A = M/2\delta$ folgere man

$$0 \leq x_{n+1} - \xi \leq \frac{1}{A}[A(x_1 - \xi)]^{2^n}.$$

(Vergleiche mit den Übungsaufgaben 16 und 18 in Kapitel 3.)

(e) Man zeige, dass das Newtonverfahren auf die Bestimmung eines Fixpunktes der Funktion g hinausläuft, die durch

$$g(x) = x - \frac{f(x)}{f'(x)}$$

definiert ist. Wie verhält sich $g'(x)$ für x nahe bei ξ?

(f) Man betrachte $f(x) = x^{1/3}$ auf $(-\infty, \infty)$ und versuche, das Newtonverfahren anzuwenden. Was passiert in diesem Fall?

26. Sei f differenzierbar auf $[a, b]$ und sei $f(a) = 0$. Ferner existiere eine reelle Zahl A derart, dass $|f'(x)| \leq A|f(x)|$ auf $[a, b]$ gilt. Man beweise, dass $f(x) = 0$ für alle $x \in [a, b]$ gilt.

    Hinweis: Man lege $x_0 \in [a, b]$ fest. Dann sei

$$M_0 = \sup |f(x)|, \quad M_1 = \sup |f'(x)|$$

für $a \leq x \leq x_0$. Für solche x gilt

$$|f(x)| \leq M_1(x_0 - a) \leq A(x_0 - a)M_0.$$

Im Fall $A(x_0 - a) < 1$ folgt also $M_0 = 0$, d. h. $f = 0$ auf $[a, x_0]$. Man fahre fort.

27. Sei ϕ eine reelle Funktion, definiert auf dem Rechteck R in der Ebene, welches durch $a \leq x \leq b$, $\alpha \leq y \leq \beta$ gegeben ist. Eine *Lösung des Anfangswertproblems*

$$y' = \phi(x, y), \quad y(a) = c \quad (\alpha \leq c \leq \beta)$$

ist nach Aufgabenstellung eine differenzierbare Funktion f auf $[a, b]$, für die $f(a) = c$, $\alpha \leq f(x) \leq \beta$ und

$$f'(x) = \phi(x, f(x)) \quad (a \leq x \leq b)$$

gilt. Man beweise, dass ein solches Problem höchstens eine Lösung hat, wenn eine Konstante A existiert mit

$$|\phi(x, y_2) - \phi(x, y_1)| \leq A|y_2 - y_1|$$

für $(x, y_1) \in R$ und $(x, y_2) \in R$.

Hinweis: Man wende die Übungsaufgabe 26 auf die Differenz zweier Lösungen an. Man beachte, dass dieser Eindeutigkeitssatz nicht auf das Anfangswertproblem

$$y' = y^{1/2}, \quad y(0) = 0$$

anwendbar ist, das zwei Lösungen hat: $f(x) = 0$ und $f(x) = x^2/4$. Man finde alle anderen Lösungen.

28. Man formuliere und beweise einen analogen Eindeutigkeitssatz für Differential-gleichungssysteme der Form

$$y_j' = \phi_j(x, y_1, \ldots, y_k), \quad y_j(a) = c_j \quad (j = 1, \ldots, k).$$

Man beachte, dass dieses System in der Form

$$\mathbf{y}' = \boldsymbol{\phi}(x, \mathbf{y}), \quad \mathbf{y}(a) = \mathbf{c},$$

geschrieben werden kann. Dabei erstreckt sich $\mathbf{y} = (y_1, \ldots, y_k)$ über den Bereich einer k-Zelle, $\boldsymbol{\phi}$ ist die Abbildung einer $(k + 1)$-Zelle in den euklidischen k-Raum mit den Komponenten $\phi_1, \ldots, \phi_n$ und $\mathbf{c}$ ist der Vektor $(c_1, \ldots, c_k)$. Man verwende Übungsaufgabe 26 für vektorwertige Funktionen.

29. Man wende Übungsaufgabe 28 speziell auf das System

$$y_j' = y_{j+1} \quad (j = 1, \ldots, k - 1),$$

$$y_k' = f(x) - \sum_{j=1}^{k} g_j(x)\, y_j,$$

an, wobei $f, g_1, \ldots, g_k$ stetige reelle Funktionen auf $[a, b]$ sind. Man leite einen Eindeutigkeitssatz für Lösungen der Gleichung

$$y^{(k)} + g_k(x) y^{(k-1)} + \cdots + g_2(x) y' + g_1(x) y = f(x)$$

mit den Anfangsbedingungen

$$y(a) = c_1, \quad y'(a) = c_2, \quad \ldots, \quad y^{(k-1)}(a) = c_k$$

ab.

6 Das Riemann-Stieltjes-Integral

Dieses Kapitel basiert auf einer Definition des Riemann-Integrals, die sehr explizit von der Ordnungsstruktur der reellen Zahlengeraden abhängt. Wir befassen uns daher zunächst mit der Integration reellwertiger Funktionen auf Intervallen. Erweiterungen auf komplex- und vektorwertige Funktionen werden in späteren Abschnitten behandelt. Die Integration über Mengen, die keine Intervalle sind, wird in den Kapiteln 10 und 11 besprochen.

Definition und Existenz des Integrals

6.1 Definition. Sei $[a, b]$ ein vorgegebenes Intervall. Unter einer *Partition P* von $[a, b]$ verstehen wir eine endliche Menge von Punkten $x_0, x_1, \ldots, x_n$ mit

$$a = x_0 \leq x_1 \leq \cdots \leq x_n = b.$$

Wir schreiben

$$\Delta x_i = x_i - x_{i-1} \quad (i = 1, \ldots, n).$$

Sei f eine beschränkte reelle Funktion, definiert auf $[a, b]$. Entsprechend jeder Partition P von $[a, b]$ setzen wir

$$M_i = \sup f(x) \quad (x_{i-1} \leq x \leq x_i),$$
$$m_i = \inf f(x) \quad (x_{i-1} \leq x \leq x_i),$$
$$S(P, f) = \sum_{i=1}^{n} M_i \, \Delta x_i,$$
$$s(P, f) = \sum_{i=1}^{n} m_i \, \Delta x_i,$$

und schließlich

$$\overline{\int_a^b} f \, dx = \inf \, S(P, f), \tag{6.1}$$

$$\underline{\int_a^b} f \, dx = \sup \, s(P, f), \tag{6.2}$$

wobei das Infimum und das Supremum über alle Partitionen P von $[a, b]$ genommen wird. Die linken Seiten von (6.1) und (6.2) heißen das *obere* bzw. das *unter Riemann-Integral* von f über $[a, b]$.

Sind das obere und das untere Integral gleich, dann nennt man f *Riemann-integrierbar* auf $[a, b]$ und schreibt $f \in \mathcal{R}$ (d. h., $\mathcal{R}$ bezeichnet die Menge aller Riemann-integrierbaren Funktionen). Den gemeinsamen Wert von (6.1) und (6.2) bezeichnet

https://doi.org/10.1515/9783110750430-006

man dann mit

$$\int_a^b f \, \mathrm{d}x \qquad (6.3)$$

oder

$$\int_a^b f(x) \, \mathrm{d}x. \qquad (6.4)$$

Dies ist das *Riemann-Integral* von f über $[a, b]$.

Da f beschränkt ist, existieren zwei Zahlen m und M mit

$$m \leq f(x) \leq M \quad (a \leq x \leq b).$$

Für jede Partition P gilt also

$$m(b - a) \leq s(P, f) \leq S(P, f) \leq M(b - a),$$

so dass die Zahlen $s(P, f)$ und $S(P, f)$, wenn P alle Partitionen durchläuft, eine beschränkte Menge bilden. Dies zeigt, dass das obere und das untere Integral für jede beschränkte Funktion f definiert ist. Die Frage nach ihrer Gleichheit und somit die Frage nach der Integrierbarkeit von f ist sehr viel schwieriger. Anstatt sie gesondert für das Riemann-Integral zu untersuchen, betrachten wir gleich eine allgemeinere Situation.

6.2 Definition. Sei α eine monoton wachsende Funktion auf $[a, b]$. [Da $\alpha(a)$ und $\alpha(b)$ endlich sind, folgt die Beschränktheit von α auf $[a, b]$.] Wir setzen für jede Partition P von $[a, b]$

$$\Delta\alpha_i = \alpha(x_i) - \alpha(x_{i-1}).$$

Offensichtlich gilt $\Delta\alpha_i \geq 0$. Für jede reelle Funktion f, die auf $[a, b]$ beschränkt ist, setzen wir

$$S(P, f, \alpha) = \sum_{i=1}^{n} M_i \, \Delta\alpha_i,$$

$$s(P, f, \alpha) = \sum_{i=1}^{n} m_i \, \Delta\alpha_i,$$

wobei die M_i und m_i dieselbe Bedeutung wie in Definition 6.1 haben. Wir definieren

$$\overline{\int_a^b} f \, \mathrm{d}\alpha = \inf S(P, f, \alpha), \qquad (6.5)$$

$$\underline{\int_a^b} f \, d\alpha = \sup \, s(P,f,\alpha), \qquad (6.6)$$

wobei das Infimum und das Supremum wieder über alle Partitionen genommen werden. Sind die linken Seiten von (6.5) und (6.6) gleich, so bezeichnen wir ihren gemeinsamen Wert mit

$$\int_a^b f \, d\alpha \qquad (6.7)$$

oder gelegentlich mit

$$\int_a^b f(x) \, d\alpha(x). \qquad (6.8)$$

Dies ist das *Riemann-Stieltjes-Integral* (oder einfach das *Stieltjes-Integral*) von f bezüglich α über $[a,b]$.

Existiert (6.7), d. h., sind (6.5) und (6.6) gleich, so sagt man, f sei bezüglich α im Riemannschen Sinn integrierbar, und schreibt $f \in \mathcal{R}(\alpha)$.

Offensichtlich ist das Riemann-Integral der Sonderfall des Riemann-Stieltjes-Integrals für $\alpha(x) = x$. Es sei jedoch ausdrücklich erwähnt, dass α im allgemeinen Fall nicht einmal stetig sein muss.

Ein paar Worte seien zur Notation gesagt. Wir ziehen (6.7) der Schreibweise (6.8) vor, da der Buchstabe x, der in (6.8) vorkommt, dem Gehalt von (6.7) nichts hinzufügt. Es ist unwichtig, welchen Buchstaben wir zur Kennzeichnung der sogenannten „Integrationsvariablen" verwenden. Zum Beispiel ist (6.8) dasselbe wie

$$\int_a^b f(y) \, d\alpha(y).$$

Das Integral ist von f, α, a und b, nicht aber von der Integrationsvariablen abhängig, die daher ebenso gut weggelassen werden kann.

Die Rolle der Integrationsvariablen entspricht in etwa derjenigen des Summationsindexes. Die beiden Symbole

$$\sum_{i=1}^n c_i, \quad \sum_{k=1}^n c_k$$

bedeuten dasselbe, da jedes für $c_1 + c_2 + \cdots + c_n$ steht.

Natürlich kann die Integrationsvariable mitgeschrieben werden, und in vielen Fällen ist es tatsächlich nützlich, es zu tun.

Wir werden nun die Existenz des Integrals (6.7) untersuchen. Ohne jedes Mal erneut darauf hinzuweisen, setzen wir im Folgenden voraus, dass f reell und beschränkt ist, und α sei monoton wachsend auf $[a,b]$. Wenn Missverständnisse ausgeschlossen sind, schreiben wir $\int$ anstelle von $\int_a^b$.

6.3 Definition. Die Partition P^* wird eine *Verfeinerung* von P genannt, wenn $P^* \supset P$ gilt (d. h., wenn jeder Punkt von P ein Punkt von P^* ist). Gegeben seien zwei Partitionen P_1 und P_2. Man sagt, P^* sei ihre *gemeinsame Verfeinerung*, wenn $P^* = P_1 \cup P_2$.

6.4 Satz. *Ist P^* eine Verfeinerung von P, dann gilt*

$$s(P,f,\alpha) \leq s(P^*,f,\alpha), \tag{6.9}$$

$$S(P^*,f,\alpha) \leq S(P,f,\alpha). \tag{6.10}$$

Beweis. Um (6.9) zu beweisen, setzt man zunächst voraus, dass P^* genau einen Punkt mehr enthält als P. Sei dieser zusätzliche Punkt x^*, und sei etwa $x_{i-1} < x^* < x_i$, wobei x_{i-1} und x_i zwei aufeinanderfolgende Punkte von P sind. Setze

$$w_1 = \inf f(x) \quad (x_{i-1} \leq x \leq x^*),$$
$$w_2 = \inf f(x) \quad (x^* \leq x \leq x_i).$$

Offensichtlich ist $w_1 \geq m_i$ und $w_2 \geq m_i$, wobei wie oben

$$m_i = \inf f(x) \quad (x_{i-1} \leq x \leq x_i)$$

ist. Also folgt

$$\begin{aligned}
&s(P^*,f,\alpha) - s(P,f,\alpha) \\
&= w_1[\alpha(x^*) - \alpha(x_{i-1})] + w_2[\alpha(x_i) - \alpha(x^*)] - m_i[\alpha(x_i) - \alpha(x_{i-1})] \\
&= (w_1 - m_i)[\alpha(x^*) - \alpha(x_{i-1})] + (w_2 - m_i)[\alpha(x_i) - \alpha(x^*)] \\
&\geq 0.
\end{aligned}$$

Enthält P^* k Punkte mehr als P, so wiederholt man diesen Gedankengang k-mal und erhält (6.9). Der Beweis von (6.10) verläuft analog. $\qquad\square$

6.5 Satz.

$$\int_{\underline{a}}^{b} f \, d\alpha \leq \overline{\int_{a}^{b}} f \, d\alpha.$$

Beweis. Sei P^* die gemeinsame Verfeinerung zweier Partitionen P_1 und P_2. Nach Satz 6.4 gilt

$$s(P_1,f,\alpha) \leq s(P^*,f,\alpha) \leq S(P^*,f,\alpha) \leq S(P_2,f,\alpha).$$

Folglich ist

$$s(P_1,f,\alpha) \leq S(P_2,f,\alpha). \tag{6.11}$$

Lässt man P_2 in (6.11) fest und nimmt das Supremum über alle P_1, so folgt aus (6.11)

$$\underline{\int} f \, d\alpha \le S(P_2, f, \alpha). \tag{6.12}$$

Nimmt man nun das Infimum über alle P_2 in (6.12), so erhält man die Aussage des Satzes. □

6.6 Satz. *Es gilt $f \in \mathcal{R}(\alpha)$ auf $[a, b]$ genau dann, wenn für jedes $\varepsilon > 0$ eine Partition P existiert, mit*

$$S(P, f, \alpha) - s(P, f, \alpha) < \varepsilon. \tag{6.13}$$

Beweis. Für jedes P gilt

$$s(P, f, \alpha) \le \underline{\int} f \, d\alpha \le \overline{\int} f \, d\alpha \le S(P, f, \alpha).$$

Somit folgt aus (6.13) die Abschätzung

$$0 \le \overline{\int} f \, d\alpha - \underline{\int} f \, d\alpha < \varepsilon.$$

Da ε beliebig gewählt werden kann, erhalten wir also

$$\overline{\int} f \, d\alpha = \underline{\int} f \, d\alpha,$$

d. h. $f \in \mathcal{R}(\alpha)$.

Sei umgekehrt $f \in \mathcal{R}(\alpha)$ vorausgesetzt, und sei $\varepsilon > 0$ gegeben. Dann gibt es Partitionen P_1 und P_2 mit

$$S(P_2, f, \alpha) - \int f \, d\alpha < \frac{\varepsilon}{2}, \tag{6.14}$$

$$\int f \, d\alpha - s(P_1, f, \alpha) < \frac{\varepsilon}{2}. \tag{6.15}$$

Wir wählen P als die gemeinsame Verfeinerung von P_1 und P_2. Dann zeigt Satz 6.4 zusammen mit (6.14) und (6.15), dass gilt

$$S(P, f, \alpha) \le S(P_2, f, \alpha) < \int f \, d\alpha + \frac{\varepsilon}{2} < s(P_1, f, \alpha) + \varepsilon \le s(P, f, \alpha) + \varepsilon.$$

Für diese Partition P ist also (6.13) erfüllt. □

Satz 6.6 liefert ein einfaches Integrabilitätskriterium. Bevor wir es anwenden, seien einige eng zusammenhängende Fakten angeführt.

6.7 Satz.

(a) *Gilt (6.13) für ein P und ein ε > 0, dann gilt (6.13) (mit demselben ε) für jede Verfeinerung von P.*

(b) *Gilt (6.13) für P = {$x_0, \ldots, x_n$}, und sind s_i, t_i beliebige Punkte in $[x_{i-1}, x_i]$, dann gilt*

$$\sum_{i=1}^{n} |f(s_i) - f(t_i)| \Delta \alpha_i < \varepsilon.$$

(c) *Ist f ∈ $\mathcal{R}(\alpha)$ und sind die Voraussetzungen von (b) erfüllt, dann ist*

$$\left| \sum_{i=1}^{n} f(t_i) \Delta \alpha_i - \int_a^b f \, d\alpha \right| < \varepsilon.$$

Beweis. Die Aussage (a) folgt aus Satz 6.4. Unter den Voraussetzungen von (b) liegen sowohl $f(s_i)$ als auch $f(t_i)$ in $[m_i, M_i]$, so dass $|f(s_i) - f(t_i)| \leq M_i - m_i$ gilt und somit

$$\sum_{i=1}^{n} |f(s_i) - f(t_i)| \Delta \alpha_i \leq S(P, f, \alpha) - s(P, f, \alpha).$$

Damit ist (b) bewiesen. Die offensichtlichen Ungleichungen

$$s(P, f, \alpha) \leq \sum f(t_i) \Delta \alpha_i \leq S(P, f, \alpha)$$

und

$$s(P, f, \alpha) \leq \int f \, d\alpha \leq S(P, f, \alpha)$$

beweisen (c). □

6.8 Satz. *Ist f stetig auf $[a, b]$, dann ist f ∈ $\mathcal{R}(\alpha)$ auf $[a, b]$.*

Beweis. Sei $\varepsilon > 0$ vorgegeben. Wähle $\eta > 0$, so dass

$$[\alpha(b) - \alpha(a)]\eta < \varepsilon$$

gilt. Da f gleichmäßig stetig auf $[a, b]$ ist (Satz 4.19), gibt es ein $\delta > 0$ mit

$$|f(x) - f(t)| < \eta \tag{6.16}$$

für $x \in [a, b]$, $t \in [a, b]$ und $|x - t| < \delta$.

Ist P eine beliebige Partition von $[a, b]$, so dass $\Delta x_i < \delta$ für alle i ist, dann folgt aus (6.16)

$$M_i - m_i \leq \eta \quad (i = 1, \ldots, n) \tag{6.17}$$

und daher

$$S(P,f,\alpha) - s(P,f,\alpha) = \sum_{i=1}^{n}(M_i - m_i)\,\Delta\alpha_i$$

$$\leq \eta \sum_{i=1}^{n} \Delta\alpha_i$$

$$= \eta[\alpha(b) - \alpha(a)]$$

$$< \varepsilon.$$

Nach Satz 6.6 ist $f \in \mathcal{R}(\alpha)$. □

6.9 Satz. *Ist f monoton auf $[a,b]$ und ist α stetig auf $[a,b]$, dann folgt $f \in \mathcal{R}(\alpha)$. (Vorausgesetzt ist natürlich nach wie vor, dass α monoton ist.)*

Beweis. Sei $\varepsilon > 0$ vorgegeben. Für jede natürliche Zahl n wähle man eine Partition derart, dass

$$\Delta\alpha_i = \frac{\alpha(b) - \alpha(a)}{n} \quad (i = 1, \ldots, n).$$

Dies ist möglich, da α stetig ist (Satz 4.23). Wir setzen nun voraus, dass f monoton wächst. (Im anderen Fall ist der Beweis analog.) Dann ist

$$M_i = f(x_i), \quad m_i = f(x_{i-1}) \quad (i = 1, \ldots, n),$$

also

$$S(P,f,\alpha) - s(P,f,\alpha) = \frac{\alpha(b) - \alpha(a)}{n} \sum_{i=1}^{n}[f(x_i) - f(x_{i-1})]$$

$$= \frac{\alpha(b) - \alpha(a)}{n}[f(b) - f(a)]$$

$$< \varepsilon$$

für hinreichend großes n. Nach Satz 6.6 ist $f \in \mathcal{R}(\alpha)$. □

6.10 Satz. *Sei f beschränkt auf $[a,b]$, f habe nur endlich viele Unstetigkeitsstellen auf $[a,b]$ und α sei an jedem Punkt stetig, an dem f unstetig ist. Dann folgt $f \in \mathcal{R}(\alpha)$.*

Beweis. Sei $\varepsilon > 0$ gegeben. Man setze $M = \sup |f(x)|$. E sei die Menge der Stellen, an denen f unstetig ist. Da E endlich ist und α an jeder Stelle von E stetig ist, lässt sich E durch endlich viele disjunkte Intervalle $[u_j, v_j] \subset [a,b]$ überdecken, so dass die Summe der entsprechenden Differenzen $\alpha(v_j) - \alpha(u_j)$ kleiner als ε ist. Ferner lassen sich diese Intervalle so wählen, dass jeder Punkt von $E \cap (a,b)$ im Inneren eines geeigneten $[u_j, v_j]$ liegt.

Man lasse die Segmente (u_j, v_j) aus $[a,b]$ weg. Die Restmenge K ist kompakt. Also ist f gleichmäßig stetig auf K und es existiert ein $\delta > 0$ derart, dass $|f(s) - f(t)| < \varepsilon$ für

$s \in K$, $t \in K$, $|s - t| < \delta$ gilt. Man bilde nun eine Partition $P = \{x_0, x_1, \ldots, x_n\}$ von $[a, b]$ wie folgt: Jedes u_j kommt in P vor. Jedes v_j kommt in P vor. Kein Punkt eines beliebigen Abschnitts (u_j, v_j) kommt in P vor. Ist x_{i-1} keines der u_j, dann sei $\Delta x_i < \delta$.

Man beachte, dass $M_i - m_i \leq 2M$ für jedes i gilt und dass $M_i - m_i \leq \varepsilon$ gilt, sofern x_{i-1} keines der u_j ist. Also folgt wie im Beweis des Satzes 6.8

$$S(P, f, \alpha) - s(P, f, \alpha) \leq [\alpha(b) - \alpha(a)]\varepsilon + 2M\varepsilon.$$

Da ε beliebig wählbar ist, folgt aus Satz 6.6, dass $f \in \mathcal{R}(\alpha)$ ist. ☐

Beachte: Haben f und α eine gemeinsame Unstetigkeitsstelle, dann muss f nicht notwendig zu $\mathcal{R}(\alpha)$ gehören. Übungsaufgabe 3 zeigt dies.

6.11 Satz. *Sei $f \in \mathcal{R}(\alpha)$ auf $[a, b]$ und $m \leq f \leq M$. Sei ferner Φ stetig auf $[m, M]$ und sei $h(x) = \Phi(f(x))$ auf $[a, b]$. Dann folgt $h \in \mathcal{R}(\alpha)$ auf $[a, b]$.*

Beweis. Man wähle $\varepsilon > 0$. Da Φ gleichmäßig stetig auf $[m, M]$ ist, existiert ein $\delta > 0$ mit $\delta < \varepsilon$ und $|\Phi(s) - \Phi(t)| < \varepsilon$ für $|s - t| \leq \delta$ und $s, t \in [m, M]$.

Wegen $f \in \mathcal{R}(\alpha)$ gibt es eine Partition $P = \{x_0, x_1, \ldots, x_n\}$ von $[a, b]$ derart, dass

$$S(P, f, \alpha) - s(P, f, \alpha) < \delta^2 \tag{6.18}$$

gilt. Seien M_i und m_i wie in Definition 6.1 definiert, und seien M_i^* und m_i^* die analogen Zahlen für h. Man teile die Zahlen $1, \ldots, n$ in zwei Klassen ein: $i \in A$ im Fall $M_i - m_i < \delta$ und $i \in B$ im Fall $M_i - m_i \geq \delta$.

Für $i \in A$ folgt nach unserer Wahl von δ, dass $M_i^* - m_i^* \leq \varepsilon$ gilt.

Für $i \in B$ ergibt sich $M_i^* - m_i^* \leq 2K$ mit $K = \sup |\Phi(t)|$, $m \leq t \leq M$. Nach (6.18) erhalten wir

$$\delta \sum_{i \in B} \Delta\alpha_i \leq \sum_{i \in B} (M_i - m_i)\Delta\alpha_i < \delta^2, \tag{6.19}$$

also $\sum_{i \in B} \Delta\alpha_i < \delta$. Daraus folgt

$$\begin{aligned}
S(P, h, \alpha) - s(P, h, \alpha) &= \sum_{i \in A} (M_i^* - m_i^*)\Delta\alpha_i + \sum_{i \in B} (M_i^* - m_i^*)\Delta\alpha_i \\
&\leq \varepsilon[\alpha(b) - \alpha(a)] + 2K\delta \\
&< \varepsilon[\alpha(b) - \alpha(a) + 2K].
\end{aligned}$$

Da ε beliebig war, folgt nach Satz 6.6, dass $h \in \mathcal{R}(\alpha)$. ☐

Bemerkung. Dieser Satz legt die folgende Frage nahe: Wie sieht die Menge der Riemann-integrierbaren Funktionen auf $[a, b]$ genau aus? Die Antwort darauf gibt Satz 11.33 (b).

Eigenschaften des Integrals

6.12 Satz.
(a) Sind $f_1 \in \mathcal{R}(\alpha)$ und $f_2 \in \mathcal{R}(\alpha)$ auf $[a, b]$, so gilt $f_1 + f_2 \in \mathcal{R}(\alpha)$ und $cf \in \mathcal{R}(\alpha)$ für jede Konstante c und

$$\int_a^b (f_1 + f_2)\, d\alpha = \int_a^b f_1\, d\alpha + \int_a^b f_2\, d\alpha,$$

$$\int_a^b cf\, d\alpha = c \int_a^b f\, d\alpha.$$

(b) Gilt $f_1(x) \le f_2(x)$ auf $[a, b]$, so folgt

$$\int_a^b f_1\, d\alpha \le \int_a^b f_2\, d\alpha.$$

(c) Ist $f \in \mathcal{R}(\alpha)$ auf $[a, b]$ und ist $a < c < b$, so liegt $f \in \mathcal{R}(\alpha)$ auf $[a, c]$ und auf $[c, b]$, und es gilt

$$\int_a^c f\, d\alpha + \int_c^b f\, d\alpha = \int_a^b f\, d\alpha.$$

(d) Ist $f \in \mathcal{R}(\alpha)$ auf $[a, b]$ und gilt $|f(x)| \le M$ auf $[a, b]$, so folgt

$$\left| \int_a^b f\, d\alpha \right| \le M[\alpha(b) - \alpha(a)].$$

(e) Für $f \in \mathcal{R}(\alpha_1)$ und $f \in \mathcal{R}(\alpha_2)$ gilt $f \in \mathcal{R}(\alpha_1 + \alpha_2)$ und

$$\int_a^b f\, d(\alpha_1 + \alpha_2) = \int_a^b f\, d\alpha_1 + \int_a^b f\, d\alpha_2;$$

ist $f \in \mathcal{R}(\alpha)$ und ist c eine positive Konstante, dann folgt $f \in \mathcal{R}(c\alpha)$ und

$$\int_a^b f\, d(c\alpha) = c \int_a^b f\, d\alpha.$$

Beweis. Ist $f = f_1 + f_2$ und ist P eine beliebige Partition von $[a, b]$, so erhält man

$$s(P, f_1, \alpha) + s(P, f_2, \alpha) \le s(P, f, \alpha) \qquad (6.20)$$
$$\le S(P, f, \alpha)$$

$$\leq S(P, f_1, \alpha) + S(P, f_2, \alpha).$$

Seien $f_1 \in \mathcal{R}(\alpha)$ und $f_2 \in \mathcal{R}(\alpha)$, und sei $\varepsilon > 0$ vorgegeben. Es existieren Partitionen P_j ($j = 1, 2$) mit

$$S(P_j, f_j, \alpha) - s(P_j, f_j, \alpha) < \varepsilon.$$

Diese Ungleichungen bleiben bestehen, wenn P_1 und P_2 durch ihre gemeinsame Verfeinerung P ersetzt werden. Dann impliziert (6.20) die Abschätzung

$$S(P, f, \alpha) - s(P, f, \alpha) < 2\varepsilon,$$

was $f \in \mathcal{R}(\alpha)$ beweist.

Mit demselben P erhalten wir

$$S(P, f_j, \alpha) < \int f_j \, \mathrm{d}\alpha + \varepsilon \quad (j = 1, 2).$$

Also folgt aus (6.20)

$$\int f \, \mathrm{d}\alpha \leq S(P, f, \alpha) < \int f_1 \, \mathrm{d}\alpha + \int f_2 \, \mathrm{d}\alpha + 2\varepsilon.$$

Da ε beliebig war, folgt

$$\int f \, \mathrm{d}\alpha \leq \int f_1 \, \mathrm{d}\alpha + \int f_2 \, \mathrm{d}\alpha. \tag{6.21}$$

Ersetzen wir f_1 und f_2 in (6.21) durch $-f_1$ und $-f_2$, so erhalten wir die Umkehrung der Ungleichung, und die Gleichheit ist bewiesen.

Die Beweise der anderen Aussagen des Satzes 6.12 sind diesem so ähnlich, dass wir die Details auslassen. Der wesentliche Punkt in Teil (c) ist, dass wir uns (durch Übergang zu Verfeinerungen) bei der Approximation von $\int f \, \mathrm{d}\alpha$ auf solche Partitionen beschränken können, die den Punkt c enthalten. $\qquad\square$

6.13 Satz. *Für $f \in \mathcal{R}(\alpha)$ und $g \in \mathcal{R}(\alpha)$ auf $[a, b]$ folgt*
(a) *$fg \in \mathcal{R}(\alpha)$;*
(b) *$|f| \in \mathcal{R}(\alpha)$ und $\left| \int_a^b f \, \mathrm{d}\alpha \right| \leq \int_a^b |f| \, \mathrm{d}\alpha$.*

Beweis. Setzen wir $\Phi(t) = t^2$, dann folgt aus Satz 6.11, dass $f^2 \in \mathcal{R}(\alpha)$ ist für $f \in \mathcal{R}(\alpha)$. Die Identität

$$4fg = (f + g)^2 - (f - g)^2$$

liefert nun den Beweis von (a).

Setzt man $\Phi(t) = |t|$, dann folgt aus Satz 6.11 in ähnlicher Weise $|f| \in \mathcal{R}(\alpha)$. Man wähle $c = \pm 1$ so, dass gilt

$$c \int f \, \mathrm{d}\alpha \geq 0.$$

Dann folgt wegen $cf \le |f|$

$$\left| \int f \, d\alpha \right| = c \int f \, d\alpha = \int cf \, d\alpha \le \int |f| \, d\alpha. \qquad \square$$

6.14 Definition. Die *Einheitsstufenfunktion I* sei definiert durch

$$I(x) = \begin{cases} 0 & \text{falls } x \le 0, \\ 1 & \text{falls } x > 0. \end{cases}$$

6.15 Satz. *Sei $a < s < b$, f sei beschränkt auf $[a,b]$ und stetig an der Stelle s und ferner sei $\alpha(x) = I(x - s)$. Dann gilt*

$$\int_a^b f \, d\alpha = f(s).$$

Beweis. Man betrachte Partitionen $P = \{x_0, x_1, x_2, x_3\}$ mit $x_0 = a$ und

$$x_1 = s < x_2 < x_3 = b.$$

Dann folgt

$$S(P, f, \alpha) = M_2, \quad s(P, f, \alpha) = m_2.$$

Da f stetig an der Stelle s ist, konvergieren M_2 und m_2 gegen $f(s)$ für $x_2 \to s$. $\qquad \square$

6.16 Satz. *Es gelte $c_n \ge 0$ für $n = 1, 2, 3, \dots$ und $\sum c_n$ konvergiere. Ferner sei $\{s_n\}$ eine Folge verschiedener Punkte in (a, b) und*

$$\alpha(x) = \sum_{n=1}^{\infty} c_n I(x - s_n). \tag{6.22}$$

Sei f stetig auf $[a, b]$. Dann folgt

$$\int_a^b f \, d\alpha = \sum_{n=1}^{\infty} c_n f(s_n). \tag{6.23}$$

Beweis. Das Majorantenkriterium zeigt, dass die Reihe (6.22) für jedes x konvergiert. Ihre Summe $\alpha(x)$ ist offensichtlich monoton und $\alpha(a) = 0$ sowie $\alpha(b) = \sum c_n$. (Dieser Funktionstyp kam in Bemerkung 4.31 vor.)

Sei $\varepsilon > 0$ gegeben. Man wähle N so, dass

$$\sum_{N+1}^{\infty} c_n < \varepsilon$$

ist und setze

$$\alpha_1(x) = \sum_{n=1}^{N} c_n I(x - s_n),$$

$$\alpha_2(x) = \sum_{N+1}^{\infty} c_n I(x - s_n).$$

Nach den Sätzen 6.12 und 6.15 ist

$$\int_a^b f \, d\alpha_1 = \sum_{n=1}^{N} c_n f(s_n). \qquad (6.24)$$

Wegen $\alpha_2(b) - \alpha_2(a) < \varepsilon$ folgt

$$\left| \int_a^b f \, d\alpha_2 \right| \leq M\varepsilon, \qquad (6.25)$$

wobei $M = \sup |f(x)|$ ist. Da $\alpha = \alpha_1 + \alpha_2$ ist, folgt aus (6.24) und (6.25)

$$\left| \int_a^b f \, d\alpha - \sum_{n=1}^{N} c_n f(s_n) \right| \leq M\varepsilon. \qquad (6.26)$$

Lassen wir nun $N \to \infty$ streben, so erhalten wir (6.23). $\qquad \square$

6.17 Satz. *Sei α monoton wachsend und sei $\alpha' \in \mathcal{R}$ auf $[a, b]$. Sei ferner f eine beschränkte reelle Funktion auf $[a, b]$.*

Dann gilt $f \in \mathcal{R}(\alpha)$ genau dann, wenn $f\alpha' \in \mathcal{R}$ ist. In diesem Fall gilt:

$$\int_a^b f \, d\alpha = \int_a^b f(x) \, \alpha'(x) \, dx. \qquad (6.27)$$

Beweis. Sei $\varepsilon > 0$ gegeben. Man wende Satz 6.6 auf α' an: Es existiert eine Partition $P = \{x_0, \ldots, x_n\}$ von $[a, b]$ mit

$$S(P, \alpha') - s(P, \alpha') < \varepsilon. \qquad (6.28)$$

Nach dem Mittelwertsatz gibt es Punkte $t_i \in [x_{i-1}, x_i]$ mit

$$\Delta\alpha_i = \alpha'(t_i)\Delta x_i$$

für $i = 1, \ldots, n$. Für $s_i \in [x_{i-1}, x_i]$ folgt dann nach (6.28) und Satz 6.7 (b)

$$\sum_{i=1}^{n} |\alpha'(s_i) - \alpha'(t_i)| \, \Delta x_i < \varepsilon. \qquad (6.29)$$

Man setze $M = \sup |f(x)|$. Wegen

$$\sum_{i=1}^{n} f(s_i)\Delta\alpha_i = \sum_{i=1}^{n} f(s_i)\alpha'(t_i)\Delta x_i$$

folgt aus (6.29) wiederum

$$\left|\sum_{i=1}^{n} f(s_i)\Delta\alpha_i - \sum_{i=1}^{n} f(s_i)\alpha'(s_i)\Delta x_i\right| \le M\varepsilon. \tag{6.30}$$

Insbesondere gilt

$$\sum_{i=1}^{n} f(s_i)\Delta\alpha_i \le S(P, f\alpha') + M\varepsilon$$

für jede Wahl von $s_i \in [x_{i-1}, x_i]$ und daher

$$S(P, f, \alpha) \le S(P, f\alpha') + M\varepsilon.$$

Dasselbe Argument führt von (6.30) zu

$$S(P, f\alpha') \le S(P, f, \alpha) + M\varepsilon.$$

Somit gilt

$$|S(P, f, \alpha) - S(P, f\alpha')| \le M\varepsilon. \tag{6.31}$$

Beachte nun, dass (6.28) wahr bleibt, wenn P durch eine beliebige Verfeinerung ersetzt wird. Also bleibt auch (6.31) wahr. Wir folgern daraus, dass

$$\left|\overline{\int_a^b} f\, d\alpha - \overline{\int_a^b} f(x)\alpha'(x)\, dx\right| \le M\varepsilon$$

gilt. Da aber ε beliebig wählbar ist, folgt

$$\overline{\int_a^b} f\, d\alpha = \overline{\int_a^b} f(x)\alpha'(x)\, dx \tag{6.32}$$

für *beliebige* beschränkte f.

Die Gleichheit der unteren Integrale folgt ganz analog aus (6.30). □

6.18 Bemerkung. Die beiden vorangehenden Sätze verdeutlichen die Allgemeinheit und Flexibilität des Stieltjes-Integrationsprozesses. Ist α eine reine Stufenfunktion [so werden häufig Funktionen der Form (6.22) bezeichnet], so reduziert sich das Integral auf eine endliche oder unendliche Reihe. Hat α eine integrierbare Ableitung, so reduziert sich das Integral auf ein gewöhnliches Riemann-Integral. Dies ermöglicht in vielen Fällen eine einheitliche Behandlung von Reihen und Integralen.

Um dies zu veranschaulichen, betrachten wir ein physikalisches Beispiel. Das Trägheitsmoment eines gradlinigen Drahtes der Länge eins um eine Achse durch einen Endpunkt, rechtwinklig zum Draht verlaufend, ist

$$\int_0^1 x^2 \, dm, \tag{6.33}$$

wobei $m(x)$ die Masse bezeichnet, die im Intervall $[0, x]$ enthalten ist. Hat der Draht eine stetige Dichte ϱ, d. h., $m'(x) = \varrho(x)$, dann kann (6.33) in der Form

$$\int_0^1 x^2 \varrho(x) \, dx \tag{6.34}$$

geschrieben werden.

Besteht der Draht andererseits aus Massen m_i, die an Punkten x_i konzentriert sind, dann wird (6.33) zu

$$\sum_i x_i^2 m_i. \tag{6.35}$$

Somit enthält (6.33) die Sonderfälle (6.34) und (6.35). Darüber hinaus kann (6.33) auf ganz andere Situationen angewandt werden; so zum Beispiel auf den Fall, dass m zwar stetig, aber nicht überall differenzierbar ist.

6.19 Satz (Substitutionsregel). *Sei φ eine streng monoton wachsende stetige Funktion, die das Intervall $[A, B]$ auf $[a, b]$ abbildet. Sei α monoton wachsend auf $[a, b]$ und sei $f \in \mathcal{R}(\alpha)$ auf $[a, b]$. Definiere β und g auf $[A, B]$ durch*

$$\beta(y) = \alpha(\varphi(y)), \quad g(y) = f(\varphi(y)). \tag{6.36}$$

Dann ist $g \in \mathcal{R}(\beta)$ und

$$\int_A^B g \, d\beta = \int_a^b f \, d\alpha. \tag{6.37}$$

Beweis. Jeder Partition $P = \{x_0, \ldots, x_n\}$ von $[a, b]$ entspricht eine Partition $Q = \{y_0, \ldots, y_n\}$ von $[A, B]$. Da die Werte von f auf $[x_{i-1}, x_i]$ mit denen von g auf $[y_{i-1}, y_i]$ identisch sind, gilt

$$S(Q, g, \beta) = S(P, f, \alpha), \quad s(Q, g, \beta) = s(P, f, \alpha). \tag{6.38}$$

Wegen $f \in \mathcal{R}(\alpha)$ kann P so gewählt werden, dass sowohl $S(P, f, \alpha)$ als auch $s(P, f, \alpha)$ nahe an $\int f d\alpha$ liegen. Somit beweist (6.38) zusammen mit Satz 6.6, dass $g \in \mathcal{R}(\beta)$ und (6.37) erfüllt ist. $\qquad \square$

Der folgende Spezialfall sei hervorgehoben:

Für die Wahl $\alpha(x) = x$ ist $\beta = \varphi$. Sei $\varphi' \in \mathcal{R}$ auf $[A, B]$. Satz 6.17, auf die linke Seite von (6.37) angewandt, ergibt dann

$$\int_a^b f(x)\, dx = \int_A^B f(\varphi(y))\varphi'(y)\, dy. \tag{6.39}$$

Integration und Differentiation

In diesem Abschnitt beschränken wir uns weiterhin auf reelle Funktionen. Wir werden zeigen, dass Integration und Differentiation in einem gewissen Sinn inverse Operationen sind.

6.20 Satz. *Sei $f \in \mathcal{R}$ auf $[a, b]$. Für $a \le x \le b$ setze man*

$$F(x) = \int_a^x f(t)\, dt.$$

Dann ist F stetig auf $[a, b]$. Ist darüber hinaus f an einer Stelle x_0 von $[a, b]$ stetig, dann ist F dort differenzierbar, und es gilt

$$F'(x_0) = f(x_0).$$

Beweis. Wegen $f \in \mathcal{R}$ ist f beschränkt. Sei etwa $|f(t)| \le M$ für $a \le t \le b$. Für $a \le x < y \le b$ folgt dann nach Satz 6.12 (c) und (d)

$$|F(y) - F(x)| = \left| \int_x^y f(t)\, dt \right| \le M(y - x).$$

Ist $\varepsilon > 0$ gegeben, dann ist offensichtlich

$$|F(y) - F(x)| < \varepsilon,$$

vorausgesetzt, dass $|y - x| < \varepsilon/M$. Dies beweist die Stetigkeit (sogar die gleichmäßige Stetigkeit) von F.

Sei nun f stetig an der Stelle x_0. Zu gegebenem $\varepsilon > 0$ wähle man $\delta > 0$ derart, dass

$$|f(t) - f(x_0)| < \varepsilon$$

für $|t - x_0| < \delta$ und $a \le t \le b$ gilt. Also folgt aus $x_0 - \delta < s \le x_0 \le t < x_0 + \delta$ und $a \le s < t \le b$ nach Satz 6.12 (d) die Abschätzung

$$\left| \frac{F(t) - F(s)}{t - s} - f(x_0) \right| = \left| \frac{1}{t - s} \int_s^t [f(u) - f(x_0)]\, du \right| < \varepsilon.$$

Daraus folgt schließlich $F'(x_0) = f(x_0)$. $\qquad\square$

6.21 Satz (Hauptsatz der Differential- und Integralrechnung). *Ist $f \in \mathcal{R}$ auf $[a,b]$ und gibt es eine differenzierbare Funktion F auf $[a,b]$ mit $F' = f$, dann gilt*

$$\int_a^b f(x)\, dx = F(b) - F(a).$$

Beweis. Sei $\varepsilon > 0$ gegeben. Man wähle eine Partition $P = \{x_0, \ldots, x_n\}$ von $[a,b]$, für die $S(P,f) - s(P,f) < \varepsilon$ gilt. Nach dem Mittelwertsatz gibt es Punkte $t_i \in [x_{i-1}, x_i]$, $i = 1, 2, \ldots, n$, für die gilt

$$F(x_i) - F(x_{i-1}) = f(t_i)\Delta x_i \,.$$

Damit ist

$$\sum_{i=1}^{n} f(t_i)\Delta x_i = F(b) - F(a).$$

Aus Satz 6.7 (c) folgt nun

$$\left| F(b) - F(a) - \int_a^b f(x)\, dx \right| < \varepsilon.$$

Da dies für alle $\varepsilon > 0$ gilt, ist der Beweis erbracht. □

6.22 Satz (Partielle Integration). *Seien F und G differenzierbare Funktionen auf $[a,b]$ mit $F' = f \in \mathcal{R}$ und $G' = g \in \mathcal{R}$. Dann folgt*

$$\int_a^b F(x)g(x)\, dx = F(b)G(b) - F(a)G(a) - \int_a^b f(x)G(x)\, dx.$$

Beweis. Setze $H(x) = F(x)G(x)$ und wende Satz 6.21 auf die Funktion H und ihre Ableitung an. Beachte, dass nach Satz 6.13 $H' \in \mathcal{R}$ ist. □

Integration von vektorwertigen Funktionen

6.23 Definition. Seien $f_1, \ldots, f_k$ reelle Funktionen auf $[a,b]$, und sei $\mathbf{f} = (f_1, \ldots, f_k)$ die entsprechende Abbildung von $[a,b]$ in $\mathbb{R}^k$. Ist α auf $[a,b]$ monoton wachsend, so schreiben wir $\mathbf{f} \in \mathcal{R}(\alpha)$, was bedeutet, dass $f_j \in \mathcal{R}(\alpha)$ für $j = 1, \ldots, k$ gilt. In diesem Fall definieren wir

$$\int_a^b \mathbf{f}\, d\alpha = \left(\int_a^b f_1\, d\alpha, \ldots, \int_a^b f_k\, d\alpha \right).$$

Anders formuliert: $\int \mathbf{f}\, d\alpha$ ist der Punkt in $\mathbb{R}^k$, dessen j-te Koordinate $\int f_j\, d\alpha$ ist.

Es ist klar, dass die Teile (a), (c) und (e) von Satz 6.12 für diese vektorwertigen Integrale gültig bleiben; wir wenden einfach die früheren Ergebnisse auf jede Koordinate an. Dasselbe trifft für die Sätze 6.17, 6.20 und 6.21 zu. Zur Veranschaulichung führen wir das Analogon zu Satz 6.21 an.

6.24 Satz. *Bilden* **f** *und* **F** *das Intervall* $[a,b]$ *in* $\mathbb{R}^k$ *ab, ist* **f** $\in \mathcal{R}$ *auf* $[a,b]$ *und* $\mathbf{F}' = \mathbf{f}$, *dann gilt*

$$\int_a^b \mathbf{f}(x)\,\mathrm{d}x = \mathbf{F}(b) - \mathbf{F}(a).$$

Das Analogon zu Satz 6.13 (b) bietet etwas Neues, zumindest bei seinem Beweis.

6.25 Satz. *Bilde* **f** *das Intervall* $[a,b]$ *in* $\mathbb{R}^k$ *ab und sei* **f** $\in \mathcal{R}(\alpha)$ *für eine monoton wachsende Funktion* α *auf* $[a,b]$, *dann gilt* $|\mathbf{f}| \in \mathcal{R}(\alpha)$ *und*

$$\left| \int_a^b \mathbf{f}\,\mathrm{d}\alpha \right| \le \int_a^b |\mathbf{f}|\,\mathrm{d}\alpha. \tag{6.40}$$

Beweis. Sind $f_1,\dots,f_k$ die Komponenten von **f**, dann ist

$$|\mathbf{f}| = (f_1^2 + \cdots + f_k^2)^{1/2}. \tag{6.41}$$

Nach Satz 6.11 gehört jede der Funktionen f_i^2 zu $\mathcal{R}(\alpha)$, also auch ihre Summe. Da x^2 eine stetige Funktion von x ist, beweist Satz 4.17 die Stetigkeit der Quadratwurzelfunktion auf $[0,M]$ für jedes reelle M. Eine nochmalige Anwendung des Satzes 6.11 auf (6.41) zeigt, dass $|\mathbf{f}| \in \mathcal{R}(\alpha)$ ist.

Um (6.40) zu beweisen, setzt man $\mathbf{y} = (y_1,\dots,y_k)$, wobei $y_i = \int f_i\,\mathrm{d}\alpha$ ist. Dann folgt $\mathbf{y} = \int \mathbf{f}\,\mathrm{d}\alpha$ und

$$|\mathbf{y}^2| = \sum y_i^2 = \sum y_i \int f_i\,\mathrm{d}\alpha = \int \left(\sum y_i f_i \right) \mathrm{d}\alpha.$$

Nach der Schwarzschen Ungleichung ist

$$\sum y_j f_j(t) \le |\mathbf{y}||\mathbf{f}(t)| \quad (a \le t \le b). \tag{6.42}$$

Also folgt mit Satz 6.12 (b)

$$|\mathbf{y}|^2 \le |\mathbf{y}| \int |\mathbf{f}|\,\mathrm{d}\alpha. \tag{6.43}$$

Für $\mathbf{y} = 0$ ist (6.40) trivial. Für $\mathbf{y} \ne 0$ ergibt sich (6.40) nach Division von (6.43) durch $|\mathbf{y}|$. □

Rektifizierbare Kurven

Wir beenden dieses Kapitel mit einem Thema von geometrischem Interesse, das eine Anwendung der oben entwickelten Theorie darstellt. Der Fall $k = 2$ (d. h. der Fall der ebenen Kurven) ist für das Studium der analytischen Funktionen einer komplexen Veränderlichen von erheblicher Bedeutung.

6.26 Definition. Eine stetige Abbildung γ eines Intervalls $[a, b]$ in $\mathbb{R}^k$ heißt eine *Kurve* in $\mathbb{R}^k$. Um das *Parameterintervall* $[a, b]$ hervorzuheben, sagt man auch, γ sei eine Kurve auf $[a, b]$.

Ist γ injektiv, dann wird γ ein *Bogen* genannt.

Gilt $\gamma(a) = \gamma(b)$, dann heißt γ eine *geschlossene Kurve*.

Es sollte angemerkt werden, dass wir eine Kurve als eine *Abbildung*, nicht als eine Punktmenge definieren. Natürlich ist jeder Kurve γ in $\mathbb{R}^k$ eine Teilmenge von $\mathbb{R}^k$ zugeordnet, und zwar der Bildbereich von γ, jedoch können verschiedene Kurven denselben Bildbereich haben. Wir ordnen jeder Partition $P = \{x_0, \ldots, x_n\}$ von $[a, b]$ und jeder Kurve γ auf $[a, b]$ die Zahl

$$\Lambda(P, \gamma) = \sum_{i=1}^{n} |\gamma(x_i) - \gamma(x_{i-1})|$$

zu. Das i-te Glied dieser Summe ist der Abstand (in $\mathbb{R}^k$) zwischen den Punkten $\gamma(x_{i-1})$ und $\gamma(x_i)$. Also ist $\Lambda(P, \gamma)$ die *Länge des Polygonzuges* mit den Ecken $\gamma(x_0), \gamma(x_1), \ldots, \gamma(x_n)$ in dieser Reihenfolge. Wählen wir unsere Partition immer feiner, so nähert sich dieser Polygonzug dem Bildbereich von γ immer mehr. Somit ist es sinnvoll, die *Länge* von γ als

$$\Lambda(\gamma) = \sup \Lambda(P, \gamma)$$

zu definieren, wobei das Supremum über alle Partitionen von $[a, b]$ genommen wird. Ist $\Lambda(\gamma) < \infty$, so nennt man γ *rektifizierbar*. In manchen Fällen ist $\Lambda(\gamma)$ durch ein Riemann-Integral gegeben. Wir beweisen dies für *stetig differenzierbare* Kurven, d. h. für Kurven γ, deren Ableitung γ' stetig ist.

6.27 Satz. *Ist γ' stetig auf $[a, b]$, dann ist γ rektifizierbar und es gilt*

$$\Lambda(\gamma) = \int_a^b |\gamma'(t)| \, dt.$$

Beweis. Für $a \leq x_{i-1} < x_i \leq b$ gilt

$$|\gamma(x_i) - \gamma(x_{i-1})| = \left| \int_{x_{i-1}}^{x_i} \gamma'(t) \, dt \right| \leq \int_{x_{i-1}}^{x_i} |\gamma'(t)| \, dt.$$

Also ist

$$\Lambda(P, \gamma) \leq \int_a^b |\gamma'(t)| \, dt$$

für jede Partition P von $[a, b]$, und folglich ist

$$\Lambda(\gamma) \leq \int_a^b |\gamma'(t)| \, dt.$$

Um die umgekehrte Ungleichung zu beweisen, sei $\varepsilon > 0$ gegeben. Da γ' gleichmäßig stetig auf $[a, b]$ ist, existiert ein $\delta > 0$, mit dem

$$|\gamma'(s) - \gamma'(t)| < \varepsilon \quad \text{für } |s - t| < \delta$$

gilt. Sei $P = \{x_0, \ldots, x_n\}$ eine Partition von $[a, b]$ mit $\Delta x_i < \delta$ für alle i. Für $x_{i-1} \leq t \leq x_i$ folgt dann

$$|\gamma'(t)| \leq |\gamma'(x_i)| + \varepsilon.$$

Also gilt

$$\int_{x_{i-1}}^{x_i} |\gamma'(t)| \, dt \leq |\gamma'(x_i)| \Delta x_i + \varepsilon \Delta x_i$$

$$= \left| \int_{x_{i-1}}^{x_i} [\gamma'(t) + \gamma'(x_i) - \gamma'(t)] \, dt \right| + \varepsilon \Delta x_i$$

$$\leq \left| \int_{x_{i-1}}^{x_i} \gamma'(t) \, dt \right| + \left| \int_{x_{i-1}}^{x_i} [\gamma'(x_i) - \gamma'(t)] \, dt \right| + \varepsilon \Delta x_i$$

$$\leq \left| \int_{x_{i-1}}^{x_i} \gamma'(t) \, dt \right| + \left| \int_{x_{i-1}}^{x_i} \varepsilon \, dt \right| + \varepsilon \Delta x_i$$

$$\leq |\gamma(x_i) - \gamma(x_{i-1})| + 2\varepsilon \Delta x_i.$$

Wenn wir diese Ungleichungen über sämtliche Teilintervalle $[x_{i-1}, x_i]$ $(i = 1, \ldots, n)$ addieren, erhalten wir

$$\int_a^b |\gamma'(t)| \, dt \leq \Lambda(P, \gamma) + 2\varepsilon(b - a)$$

$$\leq \Lambda(\gamma) + 2\varepsilon(b - a).$$

Da ε beliebig war, folgt

$$\int\limits_a^b |\gamma'(t)|\, dt \le \Lambda(\gamma).$$

Damit ist der Beweis vollständig. □

Übungsaufgaben

1. Sei α monoton wachsend auf $[a,b]$ und stetig an der Stelle x_0 mit $a \le x_0 \le b$. Ferner sei $f(x_0) = 1$ und $f(x) = 0$ für $x \ne x_0$. Man beweise, dass $f \in \mathcal{R}(\alpha)$ ist und dass $\int f\, d\alpha = 0$ gilt.

2. Sei $f \ge 0$ und stetig auf $[a,b]$, und sei ferner $\int_a^b f(x)\, dx = 0$. Man beweise, dass $f(x) = 0$ für alle $x \in [a,b]$ gilt. (Vergleiche dies mit Übungsaufgabe 1.)

3. Man definiere drei Funktionen β_1, β_2 und β_3 wie folgt: $\beta_j(x) = 0$ für $x < 0$, $\beta_j(x) = 1$ für $x > 0$ ($j = 1, 2, 3$) und $\beta_1(0) = 0$, $\beta_2(0) = 1$ sowie $\beta_3(0) = 1/2$. Sei f eine beschränkte Funktion auf $[-1, 1]$.

    (a) Man beweise, dass $f \in \mathcal{R}(\beta_1)$ genau dann gilt, wenn $f(0+) = f(0)$ ist, und dass in diesem Fall

    $$\int f\, d\beta_1 = f(0)$$

    folgt.

    (b) Man formuliere und beweise ein ähnliches Ergebnis für β_2.

    (c) Man beweise, dass $f \in \mathcal{R}(\beta_3)$ genau dann gilt, wenn f an der Stelle 0 stetig ist.

    (d) Ist f stetig an der Stelle 0, so beweise man, dass gilt

    $$\int f\, d\beta_1 = \int f\, d\beta_2 = \int f\, d\beta_3 = f(0).$$

4. Sei $f(x) = 0$ für alle irrationalen x und $f(x) = 1$ für alle rationalen x. Man beweise, dass $f \notin \mathcal{R}$ auf $[a,b]$ für beliebige $a < b$ gilt.

5. Sei f eine beschränkte reelle Funktion auf $[a,b]$ mit $f^2 \in \mathcal{R}$ auf $[a,b]$. Folgt daraus $f \in \mathcal{R}$? Ändert sich die Antwort, wenn man annimmt, dass $f^3 \in \mathcal{R}$ ist?

6. Sei P die in Abschnitt 2.44 konstruierte Cantorsche Wischmenge. Sei f eine beschränkte reelle Funktion auf $[0,1]$, die an jeder Stelle außerhalb von P stetig ist. Man beweise, dass $f \in \mathcal{R}$ auf $[0,1]$ gilt.

    Hinweis: P kann von endlich vielen Segmenten überdeckt werden, deren Gesamtlänge beliebig klein gewählt werden kann. Man gehe wie in Satz 6.10 vor.

7. Sei f eine reelle Funktion auf $[0,1]$ und es gelte $f \in \mathcal{R}$ auf $[c, 1]$ für jedes $c > 0$. Man definiere

    $$\int\limits_0^1 f(x)\, dx = \lim_{c \to 0} \int\limits_c^1 f(x)\, dx,$$

falls dieser Grenzwert existiert (und endlich ist).

(a) Für $f \in \mathcal{R}$ auf $[0,1]$ zeige man, dass diese Definition des Integrals mit der früheren übereinstimmt.

(b) Man konstruiere eine Funktion f derart, dass der obige Grenzwert existiert, obwohl er für $|f|$ anstelle von f nicht existiert.

8. Es gelte $f \in \mathcal{R}$ auf $[a,b]$ für jedes $b > a$, wobei a fest gewählt ist. Man definiere

$$\int_a^\infty f(x)\, dx = \lim_{b\to\infty} \int_a^b f(x)\, dx,$$

falls dieser Grenzwert existiert (und endlich ist). In diesem Fall sagt man, das Integral auf der linken Seite *konvergiert*. Konvergiert es auch, wenn man f durch $|f|$ ersetzt, so sagt man, es konvergiert *absolut*.

Sei $f(x) \geq 0$ und sei f monoton fallend auf $[1,\infty]$. Man beweise, dass

$$\int_1^\infty f(x)\, dx$$

genau dann konvergiert, wenn auch

$$\sum_{n=1}^\infty f(n)$$

konvergiert. (Dies ist das sogenannte *Integralkriterium* für die Konvergenz von Reihen.)

9. Man zeige, dass die partielle Integration gelegentlich auf „uneigentliche" Integrale, wie in den Übungsaufgaben 7 und 8 definiert, angewandt werden kann. (Man bestimme geeignete Voraussetzungen, formuliere einen Satz und beweise ihn.) Man zeige zum Beispiel

$$\int_0^\infty \frac{\cos x}{1+x}\, dx = \int_0^\infty \frac{\sin x}{(1+x)^2}\, dx.$$

Man beweise, dass eines dieser Integrale *absolut* konvergiert, das andere jedoch nicht.

10. Seien p und q positive reelle Zahlen mit

$$\frac{1}{p} + \frac{1}{q} = 1.$$

Man beweise die folgenden Aussagen:

(a) Für $u \geq 0$ und $v \geq 0$ ist

$$uv \leq \frac{u^p}{p} + \frac{v^q}{q}.$$

Es gilt Gleichheit genau dann, wenn $u^p = v^q$ gilt.

(b) Ist $f \in \mathcal{R}(\alpha), g \in \mathcal{R}(\alpha), f \geq 0$ und $g \geq 0$ sowie

$$\int_a^b f^p \, d\alpha = 1 = \int_a^b g^q \, d\alpha,$$

dann folgt

$$\int_a^b fg \, d\alpha \leq 1.$$

(c) Sind f und g komplexe Funktionen in $\mathcal{R}(\alpha)$, dann gilt:

$$\left| \int_a^b fg \, d\alpha \right| \leq \left(\int_a^b |f|^p \, d\alpha \right)^{1/p} \left(\int_a^b |g|^q \, d\alpha \right)^{1/q}.$$

Dies ist die *Höldersche Ungleichung*. Im Fall $p = q = 2$ wird sie gewöhnlich die *Schwarzsche Ungleichung* genannt. (Beachte, dass Satz 1.35 ein sehr spezieller Fall hiervon ist.)

(d) Man zeige, dass die Höldersche Ungleichung auch für „uneigentliche" Integrale, wie in den Übungsaufgaben 7 und 8 beschrieben, gilt.

11. Sei α eine fest gewählte monoton wachsende Funktion auf $[a,b]$. Für $u \in \mathcal{R}(\alpha)$ definiere man

$$\|u\|_2 = \left(\int_a^b |u|^2 \, d\alpha \right)^{1/2}.$$

Seien $f,g,h \in \mathcal{R}(\alpha)$. Man beweise die Dreiecksungleichung

$$\|f - h\|_2 \leq \|f - g\|_2 + \|g - h\|_2$$

als eine Folge der Schwarzschen Ungleichung wie im Beweis des Satzes 1.37.

12. Mit den Bezeichnungen von Übungsaufgabe 11 seien $f \in \mathcal{R}(\alpha)$ und $\varepsilon > 0$. Man beweise, dass eine stetige Funktion g auf $[a,b]$ existiert, mit $\|f - g\|_2 < \varepsilon$. *Hinweis:* Sei $P = \{x_0, \ldots, x_n\}$ eine Partition von $[a,b]$. Man definiere

$$g(t) = \frac{x_i - t}{\Delta x_i} f(x_{i-1}) + \frac{t - x_{i-1}}{\Delta x_i} f(x_i)$$

für $x_{i-1} \leq t \leq x_i$.

13. Man definiere

$$f(x) = \int_x^{x+1} \sin(t^2) \, dt.$$

(a) Man beweise, dass $|f(x)| < 1/x$ für $x > 0$ gilt.

Hinweis: Man setze $t^2 = u$ und beweise durch partielle Integration, dass $f(x)$ gleich

$$\frac{\cos(x^2)}{2x} - \frac{\cos[(x+1)^2]}{2(x+1)} - \int\limits_{x^2}^{(x+1)^2} \frac{\cos u}{4u^{3/2}}\, du$$

ist. Ersetze nun $\cos u$ durch -1.

(b) Man beweise, dass

$$2xf(x) = \cos(x^2) - \cos[(x+1)^2] + r(x),$$

ist, wobei $|r(x)| < c/x$ gilt und c eine Konstante ist.

(c) Man bestimme den Limes superior und den Limes inferior von $xf(x)$ für $x \to \infty$.

(d) Konvergiert $\int_0^\infty \sin(t^2)\, dt$?

14. Man verfahre ähnlich mit

$$f(x) = \int\limits_{x}^{x+1} \sin(e^t)\, dt.$$

Man zeige, dass

$$e^x |f(x)| < 2$$

ist und

$$e^x f(x) = \cos(e^x) - e^{-1}\cos(e^{x+1}) + r(x),$$

wobei $|r(x)| < Ce^{-x}$ für eine Konstante C gilt.

15. Sei f eine reelle, stetig differenzierbare Funktion auf $[a, b]$. Sei ferner

$$f(a) = f(b) = 0$$

und

$$\int\limits_{a}^{b} f^2(x)\, dx = 1.$$

Man beweise

$$\int\limits_{a}^{b} xf(x)f'(x)\, dx = -\frac{1}{2}$$

und

$$\int\limits_{a}^{b} [f'(x)]^2\, dx \cdot \int\limits_{a}^{b} x^2 f^2(x)\, dx > \frac{1}{4}.$$

16. Für $1 < s < \infty$ definiere man

$$\zeta(s) = \sum_{n=1}^{\infty} \frac{1}{n^s}.$$

(Dies ist die *Riemannsche Zetafunktion*, die beim Studium der Primzahlenvertei-lung von großer Bedeutung ist.) Man beweise, dass

(a) $\zeta(s) = s \int_1^{\infty} \frac{[x]}{x^{s+1}}\,dx$

und

(b) $\zeta(s) = \frac{s}{s-1} - s \int_1^{\infty} \frac{x-[x]}{x^{s+1}}\,dx$

ist, wobei $[x]$ die größte ganze Zahl $\leq x$ bezeichnet. Man beweise, dass das Integral in (b) für alle $s > 0$ konvergiert.

Hinweis: Um (a) zu beweisen, berechne man die Differenz zwischen dem Integral über $[1, N]$ und der N-ten Partialsumme der Reihe, die $\zeta(s)$ definiert.

17. Sei α monoton wachsend auf $[a, b]$, sei g stetig und $g(x) = G'(x)$ für $a \leq x \leq b$. Man beweise, dass

$$\int_a^b \alpha(x)g(x)\,dx = G(b)\alpha(b) - G(a)\alpha(a) - \int_a^b G(x)\,d\alpha.$$

Hinweis: Man nehme g als reell an. Dies ist ohne Beschränkung der Allgemein-heit möglich. Ist $P = \{x_0, x_1, \ldots, x_n\}$ vorgegeben, dann wähle $t_i \in (x_{i-1}, x_i)$ so, dass $g(t_i)\Delta x_i = G(x_i) - G(x_{i-1})$ ist. Zeige, dass

$$\sum_{i=1}^n \alpha(x_i)g(t_i)\Delta x_i = G(b)\alpha(b) - G(a)\alpha(a) - \sum_{i=1}^n G(x_{i-1})\Delta\alpha_i$$

gilt.

18. Seien $\gamma_1, \gamma_2, \gamma_3$ die Kurven in der komplexen Ebene, die auf $[0, 2\pi]$ durch

$$\gamma_1(t) = e^{it}, \quad \gamma_2(t) = e^{2it}, \quad \gamma_3(t) = e^{2\pi it\,\sin(1/t)}$$

definiert sind. Man zeige, dass diese drei Kurven denselben Bildbereich haben, dass γ_1 und γ_2 rektifizierbar sind, dass die Länge von γ_1 gleich 2π ist, die Länge von γ_2 gleich 4π und dass γ_3 nicht rektifizierbar ist.

19. Sei γ_1 eine Kurve in $\mathbb{R}^k$, definiert auf $[a, b]$. Sei ϕ eine stetige injektive Abbildung von $[c, d]$ auf $[a, b]$, so dass $\phi(c) = a$ ist. Man definiere $\gamma_2(s) = \gamma_1(\phi(s))$ und bewei-se, dass γ_2 genau dann ein Bogen, eine geschlossene Kurve bzw. eine rektifizier-bare Kurve ist, wenn dies auch für γ_1 zutrifft. Man beweise, dass γ_2 und γ_1 dieselbe Länge haben.

7 Folgen und Reihen von Funktionen

In diesem Kapitel befassen wir uns mit komplexwertigen Funktionen (einschließlich der reellwertigen natürlich), obgleich viele der folgenden Sätze und Beweise sich problemlos auf vektorwertige Funktionen und selbst auf Abbildungen in allgemeine metrische Räume erweitern lassen. Wir werden uns in diesem einfachen Rahmen bewegen, um unsere Aufmerksamkeit auf die wichtigsten Aspekte der Probleme zu konzentrieren, die bei der Vertauschung von Grenzübergängen auftreten.

Erörterung des Hauptproblems

7.1 Definition. Sei $\{f_n\}$, $n = 1, 2, 3, \ldots$ eine Folge von Funktionen, die auf der Menge E definiert sind. Ferner konvergiere die Zahlenfolge $\{f_n(x)\}$ für jedes $x \in E$. Dann lässt sich eine Funktion f durch

$$f(x) = \lim_{n \to \infty} f_n(x) \quad (x \in E) \tag{7.1}$$

definieren.

Unter diesen Voraussetzungen sagt man, $\{f_n\}$ konvergiere auf E und f sei der *Grenzwert* oder die *Grenzfunktion* von $\{f_n\}$. Gelegentlich verwenden wir eine etwas genauere Ausdrucksweise und sagen „$\{f_n\}$ konvergiert auf E *punktweise* gegen f", falls (7.1) gilt.

Konvergiert die Reihe $\sum f_n(x)$ für alle $x \in E$, so definieren wir analog

$$f(x) = \sum_{n=1}^{\infty} f_n(x) \quad (x \in E) \tag{7.2}$$

und nennen die Funktion f die *Summe* der Reihe $\sum f_n$.

Das Hauptproblem, das hier auftritt, ist zu entscheiden, ob wichtige Eigenschaften von Funktionen unter den Grenzübergängen (7.1) und (7.2) erhalten bleiben. So stellt sich zum Beispiel die Frage, ob sich die Stetigkeit, Differenzierbarkeit oder Integrierbarkeit der Funktionen f_n auf die Grenzfunktion übertragen. Oder: Was sind die Beziehungen zwischen f_n' und f' oder zwischen den Integralen von f_n und f?

Die Stetigkeit von f an der Stelle x ist für einen Häufungspunkt x von E gleichbedeutend mit

$$\lim_{t \to x} f(t) = f(x).$$

Somit ist die Frage nach der Stetigkeit der Grenzfunktion einer Folge von stetigen Funktionen identisch mit der Frage nach der Gültigkeit von

$$\lim_{t \to x} \lim_{n \to \infty} f_n(t) = \lim_{n \to \infty} \lim_{t \to x} f_n(t), \tag{7.3}$$

https://doi.org/10.1515/9783110750430-007

d. h. mit der Frage, ob die Reihenfolge, in der die Grenzübergänge ausgeführt werden, egal ist. Auf der linken Seite von (7.3) strebt zunächst $n \to \infty$, dann $t \to x$; auf der rechten Seite geht zunächst $t \to x$, dann $n \to \infty$.

Anhand einiger Beispiele wollen wir nun zeigen, dass Grenzübergänge im Allgemeinen nicht ohne Auswirkung auf das Resultat vertauscht werden können. Danach werden wir beweisen, dass unter bestimmten Bedingungen die Reihenfolge von Grenzübergängen unwesentlich ist.

Unser erstes Beispiel, zugleich auch das einfachste, bezieht sich auf eine *Doppelfolge*.

7.2 Beispiel. Für $m = 1, 2, 3, \ldots$ und $n = 1, 2, 3, \ldots$ sei

$$s_{m,n} = \frac{m}{m + n}.$$

Dann folgt für jedes feste n

$$\lim_{m \to \infty} s_{m,n} = 1,$$

und daher

$$\lim_{n \to \infty} \lim_{m \to \infty} s_{m,n} = 1. \tag{7.4}$$

Andererseits folgt für jedes feste m

$$\lim_{n \to \infty} s_{m,n} = 0,$$

und daraus

$$\lim_{m \to \infty} \lim_{n \to \infty} s_{m,n} = 0. \tag{7.5}$$

7.3 Beispiel. Setze

$$f_n(x) = \frac{x^2}{(1 + x^2)^n} \quad (x \text{ reell}; n = 0, 1, 2, 3, \ldots)$$

und betrachte

$$f(x) = \sum_{n=0}^{\infty} f_n(x) = \sum_{n=0}^{\infty} \frac{x^2}{(1 + x^2)^n}. \tag{7.6}$$

Wegen $f_n(0) = 0$ ist $f(0) = 0$. Für $x \neq 0$ ist die rechte Reihe in (7.6) eine konvergente geometrische Reihe mit der Summe $1 + x^2$ (Satz 3.26). Also ist

$$f(x) = \begin{cases} 0 & \text{falls } x = 0, \\ 1 + x^2 & \text{falls } x \neq 0. \end{cases} \tag{7.7}$$

Eine konvergente Reihe von stetigen Funktionen kann also eine unstetige Summe haben.

7.4 Beispiel. Für $m = 1, 2, 3, \ldots$ setze man

$$f_m(x) = \lim_{n \to \infty} (\cos m! \pi x)^{2n}.$$

Ist $m!x$ eine ganze Zahl, dann ist $f_m(x) = 1$. Für alle anderen Werte von x gilt $f_m(x) = 0$. Sei nun

$$f(x) = \lim_{m \to \infty} f_m(x).$$

Für irrationales x ist $f_m(x) = 0$ für jedes m, also $f(x) = 0$. Für rationales x, etwa $x = p/q$, wobei p und q ganze Zahlen sind, ist offensichtlich $m!x$ eine ganze Zahl, wenn $m \geq q$ ist. Daher gilt $f(x) = 1$ für rationales x. Also folgt

$$\lim_{m \to \infty} \lim_{n \to \infty} (\cos m! \pi x)^{2n} = \begin{cases} 0 & \text{falls } x \text{ irrational,} \\ 1 & \text{falls } x \text{ rational.} \end{cases} \tag{7.8}$$

Somit haben wir eine überall unstetige Grenzfunktion erhalten, die nicht Riemann-integrierbar ist (vgl. Kapitel 6, Übungsaufgabe 4).

7.5 Beispiel. Sei

$$f_n(x) = \frac{\sin nx}{\sqrt{n}} \quad (x \text{ reell}; n = 1, 2, 3, \ldots) \tag{7.9}$$

und

$$f(x) = \lim_{n \to \infty} f_n(x) = 0.$$

Dann ist

$$f_n'(x) = \sqrt{n} \cos nx,$$

so dass $\{f_n'\}$ nicht gegen f' konvergiert. Zum Beispiel gilt

$$f_n'(0) = \sqrt{n} \to +\infty$$

für $n \to \infty$, aber $f'(0) = 0$.

7.6 Beispiel. Sei

$$f_n(x) = n^2 x (1 - x^2)^n \quad (0 \leq x \leq 1, n = 1, 2, 3, \ldots). \tag{7.10}$$

Für $0 < x \leq 1$ folgt nach Satz 3.20 (d)

$$\lim_{n \to \infty} f_n(x) = 0.$$

Wegen $f_n(0) = 0$ ist offensichtlich, dass

$$\lim_{n\to\infty} f_n(x) = 0 \quad (0 \le x \le 1). \tag{7.11}$$

Eine einfache Rechnung zeigt, dass

$$\int_0^1 x(1 - x^2)^n \, dx = \frac{1}{2n + 2}$$

ist. Somit gilt trotz (7.11):

$$\int_0^1 f_n(x) \, dx = \frac{n^2}{2n + 2} \to +\infty$$

für $n \to \infty$.

Ersetzt man in (7.10) n^2 durch n, bleibt (7.11) nach wie vor gültig, jedoch erhalten wir nun

$$\lim_{n\to\infty} \int_0^1 f_n(x) \, dx = \lim_{n\to\infty} \frac{n}{2n + 2} = \frac{1}{2},$$

wohingegen

$$\int_0^1 \left[\lim_{n\to\infty} f_n(x) \right] dx = 0$$

ist. Somit muss der Grenzwert des Integrals nicht notwendigerweise gleich dem Integral des Grenzwertes sein, selbst dann nicht, wenn beide Grenzwerte endlich sind.

Nach diesen Beispielen, die zeigen, was alles passieren kann, wenn Grenzübergänge unüberlegt vertauscht werden, definieren wir nun eine neue Art der Konvergenz, die stärker ist als die punktweise Konvergenz (Definition 7.1) und die uns zu positiven Ergebnissen führt.

Gleichmäßige Konvergenz

7.7 Definition. Wir sagen, eine Folge von Funktionen $\{f_n\}$, $n = 1, 2, 3, \ldots$ konvergiert *gleichmäßig* auf E gegen eine Funktion f, wenn für jedes $\varepsilon > 0$ eine natürliche Zahl N derart existiert, dass für $n \ge N$ und $x \in E$ gilt

$$|f_n(x) - f(x)| \le \varepsilon. \tag{7.12}$$

Es ist offensichtlich, dass jede gleichmäßig konvergente Folge auch punktweise konvergiert. Ausführlicher lässt sich der Unterschied zwischen den beiden Begriffen folgendermaßen formulieren: Konvergiert $\{f_n\}$ punktweise auf E, dann existiert eine Funktion f derart, dass für jedes $\varepsilon > 0$ und für jedes $x \in E$ eine natürliche Zahl N existiert, die von ε *und* x abhängt, so dass (7.12) für $n \geq N$ gilt. Konvergiert $\{f_n\}$ dagegen gleichmäßig auf E, so ist es möglich, für jedes $\varepsilon > 0$ *eine* natürliche Zahl N zu finden, mit der (7.12) für *alle* $x \in E$ und für alle $n \geq N$ gültig ist.

Wir sagen, die Reihe $\sum f_n(x)$ konvergiert *gleichmäßig* auf E, wenn die Folge $\{s_n\}$ der Partialsummen, definiert durch

$$\sum_{i=1}^{n} f_i(x) = s_n(x),$$

gleichmäßig auf E konvergiert.

Das *Cauchy-Kriterium* für gleichmäßige Konvergenz lautet wie folgt.

7.8 Satz. *Die Folge von Funktionen $\{f_n\}$ definiert auf E, konvergiert genau dann gleichmäßig auf E, wenn für jedes $\varepsilon > 0$ eine natürliche Zahl N existiert, mit der für $m \geq N$, $n \geq N$ und $x \in E$ stets*

$$|f_n(x) - f_m(x)| \leq \varepsilon \tag{7.13}$$

gilt.

Beweis. $\{f_n\}$ konvergiere gleichmäßig auf E, und f sei die Grenzfunktion. Dann gibt es eine natürliche Zahl N derart, dass für $n \geq N$, $x \in E$ stets

$$|f_n(x) - f(x)| \leq \frac{\varepsilon}{2}$$

gilt. Daraus folgt wiederum

$$|f_n(x) - f_m(x)| \leq |f_n(x) - f(x)| + |f(x) - f_m(x)| \leq \varepsilon,$$

falls $n \geq N$, $m \geq N$ und $x \in E$.

Sei nun umgekehrt die Cauchy-Bedingung erfüllt. Nach Satz 3.11 konvergiert dann die Folge $\{f_n(x)\}$ für jedes x gegen einen Grenzwert, den wir $f(x)$ nennen wollen. Somit konvergiert die Folge $\{f_n\}$ auf E gegen f. Zu beweisen ist die Gleichmäßigkeit der Konvergenz.

Sei $\varepsilon > 0$ gegeben. Man wähle N so, dass (7.13) erfüllt ist, lasse n fest und betrachte $m \to \infty$ in (7.13). Wegen $f_m(x) \to f(x)$ für $m \to \infty$ folgt

$$|f_n(x) - f(x)| \leq \varepsilon \tag{7.14}$$

für jedes $n \geq N$ und jedes $x \in E$. Damit ist der Satz bewiesen. □

Das folgende Kriterium ist manchmal nützlich.

7.9 Satz. *Es sei*

$$\lim_{n\to\infty} f_n(x) = f(x) \quad (x \in E).$$

Setze

$$M_n = \sup_{x\in E} |f_n(x) - f(x)|.$$

Dann ist die Konvergenz $f_n \to f$ genau dann gleichmäßig auf E, wenn $M_n \to 0$ für $n \to \infty$ gilt.

Da dies eine unmittelbare Folge der Definition 7.7 ist, lassen wir die Details des Beweises weg.

Für Reihen gibt es ein sehr einfach anwendbares Kriterium für gleichmäßige Konvergenz, das auf Weierstraß zurückgeht.

7.10 Satz. *Sei $\{f_n\}$ eine Folge von auf E definierten Funktionen und sei*

$$|f_n(x)| \le M_n \quad (x \in E, \ n = 1, 2, 3, \dots).$$

Dann konvergiert $\sum f_n$ gleichmäßig auf E, wenn $\sum M_n$ konvergiert.

Beachte, dass die Umkehrung nicht behauptet wird (und in der Tat falsch ist).

Beweis. Konvergiert $\sum M_n$, dann gilt für beliebiges $\varepsilon > 0$

$$\left| \sum_{i=n}^{m} f_i(x) \right| \le \sum_{i=n}^{m} M_i \le \varepsilon \quad (x \in E),$$

vorausgesetzt, m und n sind hinreichend groß. Die gleichmäßige Konvergenz folgt nun aus Satz 7.8. □

Gleichmäßige Konvergenz und Stetigkeit

7.11 Satz. *f_n konvergiere gleichmäßig gegen f auf einer Menge E in einem metrischen Raum. Sei x ein Häufungspunkt von E, und sei*

$$\lim_{t\to x} f_n(t) = A_n \quad (n = 1, 2, 3, \dots). \tag{7.15}$$

Dann konvergiert $\{A_n\}$ und es gilt

$$\lim_{t\to x} f(t) = \lim_{n\to\infty} A_n. \tag{7.16}$$

Anders formuliert lautet die Folgerung

$$\lim_{t\to x} \lim_{n\to\infty} f_n(t) = \lim_{n\to\infty} \lim_{t\to x} f_n(t). \tag{7.17}$$

Beweis. Sei $\varepsilon > 0$ gegeben. Wegen der gleichmäßigen Konvergenz von $\{f_n\}$ existiert N derart, dass für $n \geq N$, $m \geq N$ und $t \in E$ gilt

$$|f_n(t) - f_m(t)| \leq \varepsilon. \tag{7.18}$$

Strebt $t \to x$ in (7.18), so erhält man

$$|A_n - A_m| \leq \varepsilon$$

für $n \geq N$ und $m \geq N$, so dass $\{A_n\}$ eine Cauchy-Folge ist.

Daher konvergiert $\{A_n\}$, etwa gegen A.

Ferner gilt

$$|f(t) - A| \leq |f(t) - f_n(t)| + |f_n(t) - A_n| + |A_n - A|. \tag{7.19}$$

Zunächst wähle man n so, dass

$$|f(t) - f_n(t)| \leq \frac{\varepsilon}{3} \tag{7.20}$$

für alle $t \in E$ gilt (dies ist aufgrund der gleichmäßigen Konvergenz möglich) und außerdem

$$|A_n - A| \leq \frac{\varepsilon}{3} \tag{7.21}$$

gilt. Für dieses n wähle man eine Umgebung V von x mit

$$|f_n(t) - A_n| \leq \frac{\varepsilon}{3} \tag{7.22}$$

für $t \in V \cap E$, $t \neq x$.

Setzt man die Ungleichungen (7.20) bis (7.22) in (7.19) ein, so erhält man

$$|f(t) - A| \leq \varepsilon,$$

vorausgesetzt, dass $t \in V \cap E$, $t \neq x$. Dies ist äquivalent zu (7.16). □

7.12 Satz. *Ist $\{f_n\}$ eine Folge von stetigen Funktionen auf E und konvergiert f_n gleichmäßig gegen f auf E, dann ist f stetig auf E.*

Dieses sehr wichtige Ergebnis ist eine unmittelbare Folgerung aus Satz 7.11.

Die Umkehrung dieses Satzes ist nicht richtig; d. h., eine Folge stetiger Funktionen kann durchaus gegen eine stetige Funktion konvergieren, obwohl die Konvergenz nicht gleichmäßig ist – siehe Beispiel 7.6. (Um zu zeigen, dass die Konvergenz nicht gleichmäßig ist, wende man Satz 7.9 an.) Es gibt jedoch einen Fall, in dem die Umkehrung ebenfalls gilt.

7.13 Satz. *Sei K kompakt, und*
(a) *$\{f_n\}$ sei eine Folge stetiger Funktionen auf K,*
(b) *$\{f_n\}$ konvergiere punktweise gegen eine stetige Funktion f auf K,*
(c) *es gelte $f_n(x) \geq f_{n+1}(x)$ für alle $x \in K$, $n = 1, 2, 3, \ldots$.*

Dann konvergiert f_n gleichmäßig gegen f auf K.

Beweis. Setze $g_n = f_n - f$. Dann ist g_n stetig, g_n konvergiert punktweise gegen 0 und es gilt $g_n \geq g_{n+1}$. Es gilt zu beweisen, dass g_n auf K gleichmäßig gegen 0 konvergiert.

Sei $\varepsilon > 0$ gegeben. Ferner sei K_n die Menge aller $x \in K$ mit $g_n(x) \geq \varepsilon$. Da g_n stetig ist, ist K_n abgeschlossen (Satz 4.8), also kompakt (Satz 2.35). Wegen $g_n \geq g_{n+1}$ folgt $K_n \supset K_{n+1}$. Wähle $x \in K$ fest. Die Konvergenz $g_n(x) \to 0$ impliziert $x \notin K_n$ für hinreichend großes n und damit $x \notin \bigcap K_n$. Anders formuliert: $\bigcap K_n$ ist leer. Folglich ist K_N leer für ein geeignetes N (Satz 2.36). Daraus folgt, dass $0 \leq g_n(x) < \varepsilon$ für alle $x \in K$ und für alle $n \geq N$ gilt, womit der Satz bewiesen ist. □

Beachte, dass die Kompaktheit hier eine wirklich notwendige Bedingung ist. Ist zum Beispiel

$$f_n(x) = \frac{1}{nx+1} \qquad (0 < x < 1;\ n = 1, 2, 3, \ldots),$$

dann konvergiert $f_n(x)$ monoton gegen 0 in $(0, 1)$, jedoch ist die Konvergenz nicht gleichmäßig.

7.14 Definition. Ist X ein metrischer Raum, so bezeichnet $\mathcal{C}(X)$ die Menge aller komplexwertigen, stetigen, beschränkten Funktionen mit Definitionsbereich X.

Beachte, dass die Bedingung der Beschränktheit überflüssig ist, wenn X kompakt ist (Satz 4.15). Somit besteht $\mathcal{C}(X)$ aus allen komplexen stetigen Funktionen auf X, wenn X kompakt ist.

Wir ordnen jedem $f \in \mathcal{C}(X)$ seine *Supremumsnorm*

$$\|f\| = \sup_{x \in X} |f(x)|$$

zu. Da f als beschränkt vorausgesetzt ist, gilt $\|f\| < \infty$. Es ist offensichtlich, dass $\|f\| = 0$ nur im Fall $f(x) = 0$ für jedes $x \in X$ gilt, d. h. nur dann, wenn $f = 0$ ist. Ist $h = f + g$, dann folgt

$$|h(x)| \leq |f(x)| + |g(x)| \leq \|f\| + \|g\|$$

für alle $x \in X$, also

$$\|f + g\| \leq \|f\| + \|g\|.$$

Definieren wir den Abstand zwischen $f \in \mathcal{C}(X)$ und $g \in \mathcal{C}(X)$ als $\|f - g\|$, so sind die Axiome 2.15 für eine Metrik erfüllt.

Somit haben wir $C(X)$ zu einem metrischen Raum gemacht.

Satz 7.9 kann wie folgt neu formuliert werden:

Eine Folge $\{f_n\}$ aus $C(X)$ konvergiert bezüglich der Metrik auf $C(X)$ genau dann gegen f, wenn f_n auf X gleichmäßig gegen f konvergiert.

Entsprechend werden abgeschlossene Teilmengen von $C(X)$ gelegentlich als *gleichmäßig abgeschlossen* bezeichnet, die abgeschlossene Hülle einer Menge $\mathcal{A} \subset C(X)$ als ihre *gleichmäßig abgeschlossene Hülle* etc.

7.15 Satz. *Mit der oben eingeführten Metrik ist $C(X)$ ein vollständiger metrischer Raum.*

Beweis. Sei $\{f_n\}$ eine Cauchy-Folge in $C(X)$. Dies bedeutet, dass es zu jedem $\varepsilon > 0$ ein N gibt, mit dem $\|f_n - f_m\| < \varepsilon$ für $n \geq N$ und $m \geq N$ gilt. Es folgt (nach Satz 7.8), dass es eine Funktion f mit Definitionsbereich X gibt, gegen die $\{f_n\}$ gleichmäßig konvergiert. Nach Satz 7.12 ist f stetig. Ferner ist f beschränkt, da es ein n gibt mit $|f(x) - f_n(x)| < 1$ für alle $x \in X$ und da f_n beschränkt ist.

Somit ist $f \in C(X)$, und da f_n auf X gleichmäßig gegen f konvergiert, erhalten wir $\|f - f_n\| \to 0$ für $n \to \infty$. $\square$

Gleichmäßige Konvergenz und Integration

7.16 Satz. *Sei α monoton wachsend auf $[a,b]$. Sei ferner $f_n \in \mathcal{R}(\alpha)$ auf $[a,b]$ für $n = 1,2,3,\dots$ und f_n konvergiere gleichmäßig gegen f auf $[a,b]$. Dann ist $f \in \mathcal{R}(\alpha)$ auf $[a,b]$ und es gilt*

$$\int_a^b f \, d\alpha = \lim_{n\to\infty} \int_a^b f_n \, d\alpha. \tag{7.23}$$

(Die Existenz des Grenzwertes ist Teil der Folgerung.)

Beweis. Es genügt, die Behauptung für reelle f_n zu beweisen. Setze

$$\varepsilon_n = \sup |f_n(x) - f(x)|, \tag{7.24}$$

wobei das Supremum über $a \leq x \leq b$ genommen wird. Dann ist

$$f_n - \varepsilon_n \leq f \leq f_n + \varepsilon_n,$$

so dass das obere und das untere Integral von f (siehe Definition 6.2) die Bedingungen

$$\int_a^b (f_n - \varepsilon_n) \, d\alpha \leq \underline{\int} f \, d\alpha \leq \overline{\int} f \, d\alpha \leq \int_a^b (f_n + \varepsilon_n) \, d\alpha \tag{7.25}$$

erfüllen. Also gilt

$$0 \leq \overline{\int} f \, d\alpha - \underline{\int} f \, d\alpha \leq 2\varepsilon_n[\alpha(b) - \alpha(a)].$$

Da $\varepsilon_n \to 0$ für $n \to \infty$ gilt (Satz 7.9), sind das obere und das untere Integral von f gleich.

Somit ist $f \in \mathcal{R}(\alpha)$. Eine weitere Anwendung von (7.25) führt nun zu

$$\left| \int_a^b f \, d\alpha - \int_a^b f_n \, d\alpha \right| \leq \varepsilon_n [\alpha(b) - \alpha(a)], \tag{7.26}$$

wie (7.23) impliziert. □

Korollar. *Ist $f_n \in \mathcal{R}(\alpha)$ auf $[a, b]$ und ist*

$$f(x) = \sum_{n=1}^{\infty} f_n(x) \quad (a \leq x \leq b),$$

wobei die Reihe gleichmäßig auf $[a, b]$ konvergiert, dann gilt

$$\int_a^b f \, d\alpha = \sum_{n=1}^{\infty} \int_a^b f_n \, d\alpha.$$

Anders formuliert: Die Reihe kann gliedweise integriert werden.

Gleichmäßige Konvergenz und Differentiation

Wie wir in Beispiel 7.5 gesehen haben, sagt die gleichmäßige Konvergenz von $\{f_n\}$ nichts über die Folge $\{f_n'\}$ aus. Somit brauchen wir stärkere Voraussetzungen, wenn wir beweisen wollen, dass $f_n' \to f'$ gilt, wenn $f_n \to f$ gilt.

7.17 Satz. *Sei $\{f_n\}$ eine Folge von differenzierbaren Funktionen auf $[a, b]$ derart, dass $\{f_n(x_0)\}$ für einen Punkt $x_0 \in [a, b]$ konvergiert. Konvergiert $\{f_n'\}$ gleichmäßig auf $[a, b]$, dann konvergiert auch $\{f_n\}$ gleichmäßig auf $[a, b]$ gegen eine Funktion f, und es folgt*

$$f'(x) = \lim_{n \to \infty} f_n'(x) \quad (a \leq x \leq b). \tag{7.27}$$

Beweis. Sei $\varepsilon > 0$ gegeben. Man wähle N derart, dass für $n \geq N$ und $m \geq N$ gilt

$$|f_n(x_0) - f_m(x_0)| < \frac{\varepsilon}{2} \tag{7.28}$$

und

$$|f_n'(t) - f_m'(t)| < \frac{\varepsilon}{2(b-a)} \quad (a \leq t \leq b). \tag{7.29}$$

Die Anwendung des Mittelwertsatzes 5.19 auf die Funktion $f_n - f_m$ unter Berücksichtigung von (7.29) zeigt, dass

$$|f_n(x) - f_m(x) - f_n(t) + f_m(t)| \leq \frac{|x-t|\varepsilon}{2(b-a)} \leq \frac{\varepsilon}{2} \tag{7.30}$$

für beliebige x und t aus $[a, b]$ gilt, falls $n \geq N$ und $m \geq N$. Die Ungleichung

$$|f_n(x) - f_m(x)| \leq |f_n(x) - f_m(x) - f_n(x_0) + f_m(x_0)| + |f_n(x_0) - f_m(x_0)|$$

impliziert nach (7.28) und (7.30)

$$|f_n(x) - f_m(x)| < \varepsilon \quad (a \leq x \leq b, \; n \geq N, \; m \geq N),$$

so dass $\{f_n\}$ gleichmäßig auf $[a, b]$ konvergiert. Setze

$$f(x) = \lim_{n \to \infty} f_n(x) \quad (a \leq x \leq b).$$

Man wähle nun einen Punkt x aus $[a, b]$ und definiere

$$\phi_n(t) = \frac{f_n(t) - f_n(x)}{t - x}, \quad \phi(t) = \frac{f(t) - f(x)}{t - x} \tag{7.31}$$

für $a \leq t \leq b$, $t \neq x$. Dann folgt

$$\lim_{t \to x} \phi_n(t) = f_n'(x) \quad (n = 1, 2, 3, \dots). \tag{7.32}$$

Die erste Ungleichung in (7.30) zeigt, dass

$$|\phi_n(t) - \phi_m(t)| \leq \frac{\varepsilon}{2(b - a)} \quad (n \geq N, \; m \geq N)$$

gilt, so dass $\{\phi_n\}$ gleichmäßig konvergiert für $t \neq x$. Da $\{f_n\}$ gegen f konvergiert, folgern wir aus (7.31), dass

$$\lim_{n \to \infty} \phi_n(t) = \phi(t) \tag{7.33}$$

gleichmäßig für $a \leq t \leq b$, $t \neq x$ gilt.

Eine Anwendung des Satzes 7.11 auf $\{\phi_n\}$ liefert mit (7.32) und (7.33) die Aussage

$$\lim_{t \to x} \phi(t) = \lim_{n \to \infty} f_n'(x).$$

Nach Definition von $\phi(t)$ ist dies aber gerade die Behauptung (7.27). $\qquad \square$

Bemerkung. Wird außer den obigen Voraussetzungen noch die Stetigkeit der Funktionen f_n' vorausgesetzt, dann ist auf der Basis von Satz 7.16 und des Hauptsatzes der Differential- und Integralrechnung ein wesentlich kürzerer Beweis von (7.27) möglich.

7.18 Satz. *Es gibt eine reelle stetige Funktion auf $\mathbb{R}^1$, die an keiner Stelle differenzierbar ist.*

Beweis. Man definiere

$$\varphi(x) = |x| \quad (-1 \le x \le 1) \tag{7.34}$$

und erweitere die Definition von $\varphi(x)$ auf alle reellen x durch die Forderung

$$\varphi(x + 2) = \varphi(x). \tag{7.35}$$

Dann gilt für alle s und t:

$$|\varphi(s) - \varphi(t)| \le |s - t|. \tag{7.36}$$

Insbesondere ist φ stetig auf $\mathbb{R}^1$. Man definiere

$$f(x) = \sum_{n=0}^{\infty} \left(\frac{3}{4}\right)^n \varphi(4^n x). \tag{7.37}$$

Wegen $0 \le \varphi \le 1$ zeigt Satz 7.10, dass die Reihe (7.37) auf $\mathbb{R}^1$ gleichmäßig konvergiert. Nach Satz 7.12 ist f auf $\mathbb{R}^1$ stetig.

Man wähle nun eine reelle Zahl x und eine natürliche Zahl m und setze

$$\delta_m = \pm\frac{1}{2} \cdot 4^{-m}, \tag{7.38}$$

wobei das Vorzeichen so gewählt sei, dass keine ganze Zahl zwischen $4^m x$ und $4^m(x + \delta_m)$ liegt. Dies ist möglich, da $4^m|\delta_m| = \frac{1}{2}$ ist. Man definiere

$$\gamma_n = \frac{\varphi(4^n(x + \delta_m)) - \varphi(4^n x)}{\delta_m}. \tag{7.39}$$

Für $n > m$ ist $4^n \delta_m$ eine gerade ganze Zahl, so dass $\gamma_n = 0$ ist. Für $0 \le n \le m$ impliziert (7.36), dass $|\gamma_n| \le 4^n$ gilt.

Da $|\gamma_m| = 4^m$ ist, folgern wir

$$\left|\frac{f(x + \delta_m) - f(x)}{\delta_m}\right| = \left|\sum_{n=0}^{m} \left(\frac{3}{4}\right)^n \gamma_n\right|$$

$$\ge 3^m - \sum_{n=0}^{m-1} 3^n$$

$$= \frac{1}{2}(3^m + 1).$$

Für $m \to \infty$ gilt $\delta_m \to 0$. Es folgt, dass f an der Stelle x nicht differenzierbar ist. $\qquad \square$

Gleichgradig stetige Familien von Funktionen

Im Satz 3.6 wurde bewiesen, dass jede beschränkte Folge komplexer Zahlen eine konvergente Teilfolge enthält. Es stellt sich die Frage, ob ähnliches für Folgen von Funktionen gilt. Um die Frage präziser zu formulieren, definieren wir zwei Arten von Beschränktheit.

7.19 Definition. Sei $\{f_n\}$ eine Folge von Funktionen, definiert auf einer Menge E.

Wir sagen, $\{f_n\}$ sei *punktweise beschränkt* auf E, wenn die Folge $\{f_n(x)\}$ für jedes $x \in E$ beschränkt ist, d. h., wenn es eine endliche Funktion ϕ auf E (also eine Funktion, die an jeder Stelle von E einen endlichen Wert annimmt) gibt, für die gilt

$$|f_n(x)| < \phi(x) \quad (x \in E,\ n = 1, 2, 3, \dots).$$

Man nennt $\{f_n\}$ *gleichmäßig beschränkt* auf E, wenn es eine Zahl M gibt mit

$$|f_n(x)| < M \quad (x \in E,\ n = 1, 2, 3, \dots).$$

Ist nun $\{f_n\}$ punktweise beschränkt auf E und ist E_1 eine abzählbare Teilmenge von E, so lässt sich stets eine Teilfolge $\{f_{n_k}\}$ finden, derart, dass $\{f_{n_k}(x)\}$ für jedes $x \in E_1$ konvergiert. Dies kann mit Hilfe des Diagonalverfahrens durchgeführt werden, das wir im Beweis des Satzes 7.23 anwenden werden.

Selbst wenn $\{f_n\}$ eine gleichmäßig beschränkte Folge stetiger Funktionen auf einer kompakten Menge E ist, muss nicht notwendigerweise eine Teilfolge existieren, die auf E punktweise konvergiert. Im folgenden Beispiel ist dies mit den uns bislang zur Verfügung stehenden Mitteln nur sehr mühsam zu beweisen; der Beweis ist jedoch ziemlich einfach, wenn wir einen Satz aus Kapitel 11 anwenden.

7.20 Beispiel. Sei

$$f_n(x) = \sin nx \quad (0 \le x \le 2\pi,\ n = 1, 2, 3, \dots).$$

Wir nehmen nun an, dass es eine Folge $\{n_k\}$ gibt, mit der $\{\sin n_k x\}$ für jedes $x \in [0, 2\pi]$ konvergiert. Dann müsste

$$\lim_{k \to \infty} (\sin n_k x - \sin n_{k+1} x) = 0 \quad (0 \le x \le 2\pi)$$

gelten, also

$$\lim_{k \to \infty} (\sin n_k x - \sin n_{k+1} x)^2 = 0 \quad (0 \le x \le 2\pi). \tag{7.40}$$

Nach dem Satz von Lebesgue über die Integration von beschränkt konvergenten Folgen (Satz 11.32) folgt aus (7.40)

$$\lim_{k \to \infty} \int_0^{2\pi} (\sin n_k x - \sin n_{k+1} x)^2\, \mathrm{d}x = 0. \tag{7.41}$$

Eine einfache Rechnung zeigt aber, dass

$$\int_0^{2\pi} (\sin n_k x - \sin n_{k+1} x)^2 \, dx = 2\pi$$

gilt, was (7.41) widerspricht.

Eine andere Frage ist, ob jede konvergente Folge eine gleichmäßig konvergente Teilfolge enthält. Unser nächstes Beispiel macht deutlich, dass dies nicht notwendigerweise so sein muss, selbst dann nicht, wenn die Folge gleichmäßig beschränkt auf einer kompakten Menge ist.

(Beispiel 7.6 zeigt, dass eine Folge beschränkter Funktionen konvergieren kann, ohne gleichmäßig beschränkt zu sein; allerdings impliziert die gleichmäßige Konvergenz einer Folge beschränkter Funktionen trivialerweise ihre gleichmäßige Beschränktheit.)

7.21 Beispiel. Sei

$$f_n(x) = \frac{x^2}{x^2 + (1 - nx)^2} \quad (0 \le x \le 1, \ n = 1, 2, 3, \dots).$$

Dann ist $|f_n(x)| \le 1$, so dass $\{f_n\}$ auf $[0,1]$ gleichmäßig beschränkt ist. Ferner gilt

$$\lim_{n \to \infty} f_n(x) = 0 \quad (0 \le x \le 1),$$

aber

$$f_n\left(\frac{1}{n}\right) = 1 \quad (n = 1, 2, 3, \dots),$$

so dass keine Teilfolge gleichmäßig auf $[0,1]$ konvergieren kann.

Der Begriff, der in diesem Zusammenhang hilfreich ist, ist der Begriff der gleichgradigen Stetigkeit. Er wird wie folgt definiert:

7.22 Definition. Eine Familie $\mathcal{F}$ von komplexen Funktionen f, definiert auf einer Menge E in einem metrischen Raum X, heißt *gleichgradig stetig* auf E, wenn für jedes $\varepsilon > 0$ ein $\delta > 0$ existiert mit

$$|f(x) - f(y)| < \varepsilon,$$

falls $d(x,y) < \delta$, $x \in E$, $y \in E$ und $f \in \mathcal{F}$. Hier bezeichnet d die Metrik von X.

Es ist klar, dass jedes Element einer gleichgradig stetigen Familie gleichmäßig stetig ist.

Die Folge in Beispiel 7.21 ist nicht gleichgradig stetig.

Die Sätze 7.24 und 7.25 zeigen, dass eine sehr enge Beziehung zwischen gleichgradiger Stetigkeit einerseits und gleichmäßiger Konvergenz von Folgen stetiger Funktionen andererseits besteht. Aber zunächst werden wir ein Auswahlverfahren beschreiben, das nichts mit Stetigkeit zu tun hat.

7.23 Satz. *Ist $\{f_n\}$ eine punktweise beschränkte Folge komplexer Funktionen auf einer abzählbaren Menge E, dann hat $\{f_n\}$ eine Teilfolge $\{f_{n_k}\}$, für die $\{f_{n_k}(x)\}$ für jedes $x \in E$ konvergiert.*

Beweis. Seien $\{x_i\}$, $i = 1, 2, 3, \ldots$, die in einer Folge angeordneten Punkte von E. Da $\{f_n(x_1)\}$ beschränkt ist, existiert eine Teilfolge $\{f_{1,k}\}$ derart, dass $\{f_{1,k}(x_1)\}$ konvergiert für $k \to \infty$.

Seien nun $S_1, S_2, S_3, \ldots$ Folgen, die wir im folgenden Schema darstellen

$$S_1 : \quad f_{1,1} \quad f_{1,2} \quad f_{1,3} \quad f_{1,4} \quad \cdots$$
$$S_2 : \quad f_{2,1} \quad f_{2,2} \quad f_{2,3} \quad f_{2,4} \quad \cdots$$
$$S_3 : \quad f_{3,1} \quad f_{3,2} \quad f_{3,3} \quad f_{3,4} \quad \cdots$$
$$\vdots \quad\ \vdots \quad\ \vdots \quad\ \vdots \quad\ \vdots \quad\ \ddots$$

und die die folgenden Eigenschaften haben:
(a) S_n ist eine Teilfolge von S_{n-1} für $n = 2, 3, 4, \ldots$.
(b) $\{f_{n,k}(x_n)\}$ konvergiert für $k \to \infty$ (die Beschränktheit von $\{f_n(x_n)\}$ ermöglicht eine derartige Wahl von S_n).
(c) Die Reihenfolge, in der die Funktionen auftreten, ist in jeder Folge gleich, d. h., steht eine Funktion vor einer anderen in S_1, so stehen sie in jedem S_n in derselben Reihenfolge, bis die eine oder die andere weggelassen wird. Geht man also im obigen Schema von einer Reihe zur nächsten darunterliegenden, so sieht man, dass Funktionen sich nach links, niemals jedoch nach rechts verschieben können.

Wir betrachten nun die Diagonale des obigen Schemas, z. B. die Folge

$$S : \quad f_{1,1} \quad f_{2,2} \quad f_{3,3} \quad f_{4,4} \quad \cdots.$$

Nach (c) ist die Folge S (außer möglicherweise ihre ersten $n - 1$ Glieder) eine Teilfolge von S_n für $n = 1, 2, 3, \ldots$. Also impliziert (b), dass für jedes $x_i \in E$ die Folge $\{f_{n,n}(x_i)\}$ für $n \to \infty$ konvergiert. $\qquad\square$

7.24 Satz. *Ist K ein kompakter metrischer Raum, $f_n \in \mathcal{C}(K)$ für $n = 1, 2, 3, \ldots$ und konvergiert $\{f_n\}$ gleichmäßig auf K, dann ist $\{f_n\}$ gleichgradig stetig auf K.*

Beweis. Sei $\varepsilon > 0$ gegeben. Da $\{f_n\}$ gleichmäßig konvergiert, gibt es eine natürliche Zahl N mit

$$\|f_n - f_N\| < \varepsilon \quad (n > N) \tag{7.42}$$

(siehe Definition 7.14). Da stetige Funktionen auf kompakten Mengen gleichmäßig stetig sind, existiert ein $\delta > 0$ derart, dass für $1 \le i \le N$ und $d(x, y) < \delta$ gilt

$$|f_i(x) - f_i(y)| < \varepsilon. \tag{7.43}$$

Für $n > N$ und $d(x,y) < \delta$ folgt dann

$$|f_n(x) - f_n(y)| \le |f_n(x) - f_N(x)| + |f_N(x) - f_N(y)| + |f_N(y) - f_n(y)| < 3\varepsilon.$$

In Verbindung mit (7.43) beweist dies die Behauptung des Satzes. □

7.25 Satz. *Ist K kompakt, $f_n \in C(K)$ für $n = 1, 2, 3, \dots$ und ist $\{f_n\}$ punktweise beschränkt und gleichgradig stetig auf K, dann gilt*
(a) *$\{f_n\}$ ist gleichmäßig beschränkt auf K,*
(b) *$\{f_n\}$ enthält eine gleichmäßig konvergente Teilfolge.*

Beweis.
(a) Sei $\varepsilon > 0$ gegeben. Man wähle $\delta > 0$ gemäß Definition 7.22 so, dass

$$|f_n(x) - f_n(y)| < \varepsilon \tag{7.44}$$

für alle n gilt, falls $d(x,y) < \delta$ ist.

Da K kompakt ist, gibt es endlich viele Punkte $p_1, \dots, p_r$ in K derart, dass man zu jedem $x \in K$ wenigstens ein p_i mit $d(x,p_i) < \delta$ finden kann. Da $\{f_n\}$ punktweise beschränkt ist, existiert $M_i < \infty$, so dass $|f_n(p_i)| < M_i$ für alle n gilt. Ist $M = \max(M_1, \dots, M_r)$, dann folgt $|f_n(x)| < M + \varepsilon$ für jedes $x \in K$. Damit ist (a) bewiesen.

(b) Sei E eine abzählbare dichte Teilmenge von K. (Für die Existenz einer solchen Menge E sei auf Übungsaufgabe 25, Kapitel 2 verwiesen.) Satz 7.23 zeigt, dass $\{f_n\}$ eine Teilfolge $\{f_{n_i}\}$ enthält, für die $\{f_{n_i}(x)\}$ für jedes $x \in E$ konvergiert. Man setze $f_{n_i} = g_i$, um die Notation zu vereinfachen. Wir beweisen nun, dass $\{g_i\}$ gleichmäßig auf K konvergiert.

Sei $\varepsilon > 0$ und man wähle $\delta > 0$ wie zu Beginn dieses Beweises. Sei $V(x, \delta)$ die Menge aller $y \in K$ mit $d(x,y) < \delta$. Da E dicht in K und K kompakt ist, gibt es endlich viele Punkte $x_1, \dots, x_m$ in E mit

$$K \subset V(x_1, \delta) \cup \dots \cup V(x_m, \delta). \tag{7.45}$$

Da $\{g_i(x)\}$ für jedes $x \in E$ konvergiert, gibt es eine natürliche Zahl N mit

$$|g_i(x_s) - g_j(x_s)| < \varepsilon \tag{7.46}$$

für $i \ge N, j \ge N$ und $1 \le s \le m$.
Ist $x \in K$, so zeigt (7.45), dass $x \in V(x_s, \delta)$ für ein s gilt. Also folgt

$$|g_i(x) - g_i(x_s)| < \varepsilon$$

für jedes i. Für $i \ge N$ und $j \ge N$ folgt aus (7.46)

$$|g_i(x) - g_j(x)| \le |g_i(x) - g_i(x_s)| + |g_i(x_s) - g_j(x_s)| + |g_i(x_s) - g_j(x)| < 3\varepsilon.$$

Damit ist der Beweis vollständig. □

Der Satz von Stone-Weierstraß

7.26 Satz. *Ist f eine stetige komplexe Funktion auf [a, b], dann existiert eine Folge von Polynomen P_n mit*

$$\lim_{n \to \infty} P_n(x) = f(x),$$

wobei die Konvergenz gleichmäßig auf [a, b] ist. Ist f reell, so können die P_n reell gewählt werden.

In dieser Form wurde der Satz ursprünglich von Weierstraß aufgestellt.

Beweis. Man kann ohne Beschränkung der Allgemeinheit annehmen, dass $[a, b] = [0, 1]$ ist. Ebenso kann man $f(0) = f(1) = 0$ voraussetzen. Ist nämlich der Satz für diesen Fall bewiesen, so betrachtet man

$$g(x) = f(x) - f(0) - x[f(1) - f(0)] \quad (0 \le x \le 1).$$

Hier ist $g(0) = g(1) = 0$, und wenn g sich als der Grenzwert einer gleichmäßig konvergenten Folge von Polynomen darstellen lässt, so gilt offensichtlich dasselbe auch für f, da $f - g$ ein Polynom ist.

Wir definieren ferner, dass $f(x)$ für x außerhalb von [0, 1] null ist. Dann ist f gleichmäßig stetig auf der ganzen Zahlengeraden. Man setze

$$Q_n(x) = c_n(1 - x^2)^n \quad (n = 1, 2, 3, \dots), \tag{7.47}$$

wobei c_n so gewählt wird, dass

$$\int_{-1}^{1} Q_n(x) \, dx = 1 \quad (n = 1, 2, 3, \dots) \tag{7.48}$$

gilt. Wir benötigen einige Angaben über die Größenordnung von c_n. Wegen

$$\int_{-1}^{1} (1 - x^2)^n \, dx = 2 \int_{0}^{1} (1 - x^2)^n \, dx$$

$$\ge 2 \int_{0}^{1/\sqrt{n}} (1 - x^2)^n \, dx$$

$$\ge 2 \int_{0}^{1/\sqrt{n}} (1 - nx^2) \, dx$$

$$= \frac{4}{3\sqrt{n}}$$

$$> \frac{1}{\sqrt{n}},$$

folgt aus (7.48), dass

$$c_n < \sqrt{n} \qquad (7.49)$$

ist. Die Ungleichung $(1 - x^2)^n \geq 1 - nx^2$, die wir oben verwendet haben, kann leicht bewiesen werden durch Betrachtung der Funktion

$$(1 - x^2)^n - 1 + nx^2,$$

die eine Nullstelle bei $x = 0$ hat und deren Ableitung positiv in $(0, 1)$ ist.

Für jedes $\delta > 0$ impliziert (7.49)

$$Q_n(x) \leq \sqrt{n}(1 - \delta^2)^n \quad (\delta \leq |x| \leq 1), \qquad (7.50)$$

so dass Q_n in $\delta \leq |x| \leq 1$ gleichmäßig gegen 0 konvergiert.

Man setze nun

$$P_n(x) = \int_{-1}^{1} f(x + t)\, Q_n(t)\, dt \quad (0 \leq x \leq 1). \qquad (7.51)$$

Benutzt man die Voraussetzungen an f, so erhält man durch eine einfache Substitution

$$P_n(x) = \int_{-x}^{1-x} f(x + t)\, Q_n(t)\, dt = \int_{0}^{1} f(t)\, Q_n(t - x)\, dt,$$

und das rechte Integral ist offensichtlich ein Polynom in x. Somit ist $\{P_n\}$ eine Folge von Polynomen, die reell sind, wenn f reell ist.

Sei nun $\varepsilon > 0$ gegeben. Man wähle $\delta > 0$ so, dass für $|y - x| < \delta$ stets

$$|f(y) - f(x)| < \frac{\varepsilon}{2}$$

gilt. Sei $M = \sup |f(x)|$. Benutzt man (7.48) und (7.50) sowie die Tatsache, dass $Q_n(x) \geq 0$ ist, so erhält man für $0 \leq x \leq 1$

$$|P_n(x) - f(x)| = \left| \int_{-1}^{1} [f(x + t) - f(x)]\, Q_n(t)\, dt \right|$$

$$\leq \int_{-1}^{1} |f(x + t) - f(x)|\, Q_n(t)\, dt$$

$$\leq 2M \int_{-1}^{-\delta} Q_n(t)\, dt + \frac{\varepsilon}{2} \int_{-\delta}^{\delta} Q_n(t)\, dt + 2M \int_{\delta}^{1} Q_n(t)\, dt$$

$$\le 4M\sqrt{n}(1-\delta^2)^n + \frac{\varepsilon}{2}$$
$$< \varepsilon$$

für alle hinreichend großen n, womit der Satz bewiesen ist. $\qquad\square$

Es ist lehrreich, die Graphen von Q_n für einige Werte von n zu skizzieren. Wir bemerken ferner, dass für den Beweis der gleichmäßigen Konvergenz von $\{P_n\}$ die gleichmäßige Stetigkeit von f notwendig war.

Für den Beweis des Satzes 7.32 benötigen wir Satz 7.26 nicht in voller Allgemeinheit, sondern lediglich den folgenden Spezialfall, den wir als Korollar anführen.

7.27 Korollar. *Für jedes Intervall $[-a, a]$ gibt es eine Folge reeller Polynome P_n mit $P_n(0) = 0$ und*

$$\lim_{n\to\infty} P_n(x) = |x|,$$

wobei die Konvergenz gleichmäßig auf $[-a, a]$ ist.

Beweis. Nach Satz 7.26 existiert eine Folge $\{P_n^*\}$ reeller Polynome, die gleichmäßig auf $[-a, a]$ gegen $|x|$ konvergiert. Speziell gilt $P_n^*(0) \to 0$ für $n \to \infty$. Die Polynome

$$P_n(x) = P_n^*(x) - P_n^*(0) \quad (n = 1, 2, 3, \dots)$$

haben die gewünschten Eigenschaften. $\qquad\square$

Wir wollen nun diejenigen Eigenschaften der Polynome herausfiltern, die für den Satz von Weierstraß gebraucht werden.

7.28 Definition. Eine Familie $\mathcal{A}$ von komplexen Funktionen auf einer Menge E heißt eine *Algebra*, wenn folgende Bedingungen erfüllt sind:

$$\text{(i)}\quad f + g \in \mathcal{A}, \quad \text{(ii)}\quad fg \in \mathcal{A} \quad \text{und} \quad \text{(iii)}\quad cf \in \mathcal{A}$$

für alle $f \in \mathcal{A}$, $g \in \mathcal{A}$ sowie alle komplexen Konstanten c. Das heißt, $\mathcal{A}$ muss unter Addition, Multiplikation und Multiplikation mit Skalaren abgeschlossen sein. Wir werden auch Algebren reeller Funktionen zu betrachten haben. In diesem Fall wird die Bedingung (iii) natürlich nur für alle reellen c verlangt.

Hat $\mathcal{A}$ die Eigenschaft, dass $f \in \mathcal{A}$ ist, wann immer eine Folge $\{f_n\}$ mit $f_n \in \mathcal{A}$ ($n = 1, 2, 3, \dots$) auf E gleichmäßig gegen f konvergiert, dann sagt man, $\mathcal{A}$ sei *gleichmäßig abgeschlossen*.

Sei $\mathcal{B}$ die Menge aller Funktionen, die Grenzwerte von gleichmäßig konvergenten Folgen mit Gliedern aus $\mathcal{A}$ sind. Dann wird $\mathcal{B}$ die *gleichmäßig abgeschlossene Hülle* von $\mathcal{A}$ genannt (siehe Definition 7.14).

Zum Beispiel ist die Menge aller Polynome eine Algebra, und der Weierstraßsche Satz kann wie folgt umformuliert werden: *Die Menge der stetigen Funktionen auf $[a, b]$ ist die gleichmäßig abgeschlossene Hülle der Menge der Polynome auf $[a, b]$.*

7.29 Satz. *Sei B die gleichmäßig abgeschlossene Hülle einer Algebra A von beschränkten Funktionen. Dann ist B eine gleichmäßig abgeschlossene Algebra.*

Beweis. Für $f \in B$ und $g \in B$ existieren gleichmäßig konvergente Folgen $\{f_n\}$, $\{g_n\}$ mit $f_n \in A$, $g_n \in A$, und $f_n \to f$, $g_n \to g$. Da wir es mit beschränkten Funktionen zu tun haben, ist es leicht zu zeigen, dass

$$f_n + g_n \to f + g, \quad f_n g_n \to fg, \quad cf_n \to cf.$$

Dabei ist c eine beliebige Konstante und die Konvergenz ist in jedem Fall gleichmäßig.

Somit ist $f + g \in B$, $fg \in B$ und $cf \in B$, und damit ist B eine Algebra. Nach Satz 2.27 ist B (gleichmäßig) abgeschlossen. □

7.30 Definition. Sei A eine Familie von Funktionen auf einer Menge E. Dann sagen wir, A *separiere die Punkte* auf E, wenn es zu jedem Paar verschiedener Punkte $x_1, x_2 \in E$ eine Funktion $f \in A$ gibt mit $f(x_1) \neq f(x_2)$.

Existiert zu jedem $x \in E$ eine Funktion $g \in A$ mit $g(x) \neq 0$, so sagt man, A *verschwinde in keinem Punkt von E*.

Die Algebra aller Polynome in einer Variablen hat offensichtlich diese Eigenschaften auf $\mathbb{R}^1$. Ein Beispiel einer Algebra, die nicht Punkte separiert, ist die Menge aller geraden Polynome, etwa auf $[-1, 1]$, da $f(-x) = f(x)$ für jede gerade Funktion f gilt.

Der folgende Satz erläutert diese Begriffe weiter.

7.31 Satz. *Sei A eine Algebra von Funktionen auf einer Menge E. A separiere die Punkte auf E und A verschwinde in keinem Punkt von E. Seien ferner x_1, x_2 verschiedene Punkte von E und c_1, c_2 Konstanten (reell, falls A eine reelle Algebra ist). Dann enthält A eine Funktion f mit*

$$f(x_1) = c_1, \quad f(x_2) = c_2.$$

Beweis. Die Voraussetzungen zeigen, dass A Funktionen g, h und k enthält, für die gilt

$$g(x_1) \neq g(x_2), \quad h(x_1) \neq 0, \quad k(x_2) \neq 0.$$

Man setze

$$u = gk - g(x_1)k, \quad v = gh - g(x_2)h.$$

Dann gilt $u \in A$, $v \in A$, $u(x_1) = v(x_2) = 0$, $u(x_2) \neq 0$ und $v(x_1) \neq 0$. Daher hat

$$f = \frac{c_1 v}{v(x_1)} + \frac{c_2 u}{u(x_2)}$$

die gewünschten Eigenschaften. □

Wir haben nun alles notwendige Material für die Stonesche Verallgemeinerung des Satzes von Weierstraß zusammengetragen.

7.32 Satz. *Sei $\mathcal{A}$ eine Algebra reeller stetiger Funktionen auf einer kompakten Menge K. Wenn $\mathcal{A}$ die Punkte auf K separiert und in keinem Punkt von K verschwindet, dann besteht die gleichmäßig abgeschlossene Hülle $\mathcal{B}$ von $\mathcal{A}$ aus allen stetigen Funktionen auf K.*

Wir teilen den Beweis in vier Schritte auf.

Schritt 1. Für $f \in \mathcal{B}$ ist auch $|f| \in \mathcal{B}$.

Beweis. Sei

$$a = \sup |f(x)| \quad (x \in K), \tag{7.52}$$

und sei $\varepsilon > 0$ gegeben. Nach Korollar 7.27 gibt es reelle Zahlen $c_1, \ldots, c_n$ derart, dass

$$\left| \sum_{i=1}^{n} c_i y^i - |y| \right| < \varepsilon \quad (-a \leq y \leq a) \tag{7.53}$$

gilt. Da $\mathcal{B}$ eine Algebra ist, gehört die Funktion

$$g = \sum_{i=1}^{n} c_i f^i$$

zu $\mathcal{B}$. Nach (7.52) und (7.53) gilt

$$\big| g(x) - |f(x)| \big| < \varepsilon \quad (x \in K).$$

Da $\mathcal{B}$ gleichmäßig abgeschlossen ist, folgt hieraus $|f| \in \mathcal{B}$. $\qquad\square$

Schritt 2. Für $f \in \mathcal{B}$ und $g \in \mathcal{B}$ ist $\max(f, g) \in \mathcal{B}$ und $\min(f, g) \in \mathcal{B}$.

Mit $\max(f, g)$ meinen wir die Funktion h, die definiert ist durch

$$h(x) = \begin{cases} f(x), & \text{falls } f(x) \geq g(x), \\ g(x), & \text{falls } f(x) < g(x); \end{cases}$$

$\min(f, g)$ wird analog definiert.

Beweis. Schritt 2 folgt aus Schritt 1 und den Identitäten

$$\max(f, g) = \frac{f + g}{2} + \frac{|f - g|}{2},$$

$$\min(f, g) = \frac{f + g}{2} - \frac{|f - g|}{2}. \qquad\square$$

Durch Iteration kann das Resultat natürlich für jede beliebige endliche Menge von Funktionen erweitert werden: Für $f_1, \ldots, f_n \in \mathcal{B}$ folgt dann $\max(f_1, \ldots, f_n) \in \mathcal{B}$ und $\min(f_1, \ldots, f_n) \in \mathcal{B}$.

Schritt 3. Gegeben sei eine stetige reelle Funktion f auf K, ein Punkt $x \in K$ und $\varepsilon > 0$. Dann existiert eine Funktion $g_x \in \mathcal{B}$ mit $g_x(x) = f(x)$ und

$$g_x(t) > f(t) - \varepsilon \quad (t \in K). \tag{7.54}$$

Beweis. Da $\mathcal{A} \subset \mathcal{B}$ gilt und $\mathcal{A}$ die Annahmen von Satz 7.31 erfüllt, gilt dies auch für $\mathcal{B}$. Für jedes $y \in K$ lässt sich also eine Funktion $h_y \in \mathcal{B}$ finden, für die gilt

$$h_y(x) = f(x), \quad h_y(y) = f(y). \tag{7.55}$$

Wegen der Stetigkeit von h_y existiert eine offene Menge J_y, die y enthält und für die gilt

$$h_y(t) > f(t) - \varepsilon \quad (t \in J_y). \tag{7.56}$$

Da K kompakt ist, gibt es endlich viele Punkte $y_1, \ldots, y_n$ derart, dass

$$K \subset J_{y_1} \cup \cdots \cup J_{y_n} \tag{7.57}$$

ist. Man setze

$$g_x = \max(h_{y_1}, \ldots, h_{y_n}).$$

Nach Schritt 2 ist $g_x \in \mathcal{B}$, und die Beziehungen (7.55) bis (7.57) zeigen, dass g_x auch die anderen geforderten Eigenschaften besitzt. □

Schritt 4. Gegeben sei eine stetige reelle Funktion f auf K sowie $\varepsilon > 0$. Dann gibt es eine Funktion $h \in \mathcal{B}$ mit

$$|h(x) - f(x)| < \varepsilon \quad (x \in K). \tag{7.58}$$

Da $\mathcal{B}$ gleichmäßig abgeschlossen ist, ist diese Behauptung äquivalent zur Schlussfolgerung des Satzes.

Beweis. Für jedes $x \in K$ betrachten wir die in Schritt 3 konstruierte Funktion g_x. Wegen der Stetigkeit von g_x existiert eine offene Menge V_x, die x enthält und für die gilt

$$g_x(t) < f(t) + \varepsilon \quad (t \in V_x). \tag{7.59}$$

Da K kompakt ist, gibt es endlich viele Punkte $x_1, \ldots, x_m$ mit

$$K \subset V_{x_1} \cup \cdots \cup V_{x_m}. \tag{7.60}$$

Man setze

$$h = \min(g_{x_1}, \dots, g_{x_m}).$$

Nach Schritt 2 ist $h \in \mathcal{B}$, und (7.54) impliziert

$$h(t) > f(t) - \varepsilon \quad (t \in K), \tag{7.61}$$

wohingegen (7.59) und (7.60) zu

$$h(t) < f(t) + \varepsilon \quad (t \in K) \tag{7.62}$$

führen. Schließlich folgt (7.58) aus (7.61) und (7.62). □

Satz 7.32 ist nicht ohne Weiteres auf komplexe Algebren übertragbar. Ein Gegenbeispiel wird in Übungsaufgabe 21 gegeben. Die Schlussfolgerung des Satzes gilt jedoch für komplexe Algebren, wenn eine zusätzliche Bedingung an $\mathcal{A}$ gestellt wird, nämlich, dass $\mathcal{A}$ *selbstadjungiert* ist. Dies bedeutet, dass für jedes $f \in \mathcal{A}$ das komplexe Konjugierte $\bar{f}$ ebenfalls zu $\mathcal{A}$ gehören muss. Hierbei ist $\bar{f}$ durch $\bar{f}(x) = \overline{f(x)}$ definiert.

7.33 Satz. *Sei $\mathcal{A}$ eine selbstadjungierte Algebra komplexer stetiger Funktionen auf einer kompakten Menge K. $\mathcal{A}$ separiere die Punkte auf K und verschwinde in keinem Punkt von K. Dann besteht die gleichmäßig abgeschlossene Hülle $\mathcal{B}$ von $\mathcal{A}$ aus allen komplexen stetigen Funktionen auf K. Mit anderen Worten: $\mathcal{A}$ ist dicht in $\mathcal{C}(K)$.*

Beweis. Sei $\mathcal{A}_{\mathbb{R}}$ die Menge aller reellen Funktionen auf K, die zu $\mathcal{A}$ gehören. Ist $f \in \mathcal{A}$ und $f = u + iv$ mit reellen u und v, dann ist $2u = f + \bar{f}$. Da $\mathcal{A}$ selbstadjungiert ist, folgt $u \in \mathcal{A}_{\mathbb{R}}$. Für $x_1 \neq x_2$ existiert $f \in \mathcal{A}$ mit $f(x_1) = 1$ und $f(x_2) = 0$; also gilt $0 = u(x_2) \neq u(x_1) = 1$. Damit ist bewiesen, das $\mathcal{A}_{\mathbb{R}}$ die Punkte auf K separiert. Ist $x \in K$, dann gilt $g(x) \neq 0$ für ein $g \in \mathcal{A}$, und es gibt eine komplexe Zahl λ, mit der $\lambda g(x) > 0$ ist. Aus $f = \lambda g$ und $f = u + iv$ folgt $u(x) > 0$. Also verschwindet $\mathcal{A}_{\mathbb{R}}$ in keinem Punkt von K.

Somit erfüllt $\mathcal{A}_{\mathbb{R}}$ die Hypothese des Satzes 7.32. Es folgt, dass jede reelle stetige Funktion auf K in der gleichmäßig abgeschlossenen Hülle von $\mathcal{A}_{\mathbb{R}}$, also in $\mathcal{B}$ liegt. Ist f eine komplexe stetige Funktion auf K und ist $f = u + iv$, dann gilt $u \in \mathcal{B}$, $v \in \mathcal{B}$, also $f \in \mathcal{B}$. Damit ist der Satz bewiesen. □

Übungsaufgaben

1. Man beweise, dass jede gleichmäßig konvergente Folge beschränkter Funktionen gleichmäßig beschränkt ist.
2. Konvergieren $\{f_n\}$ und $\{g_n\}$ auf einer Menge E gleichmäßig, so beweise man, dass auch $\{f_n + g_n\}$ auf E gleichmäßig konvergiert. Sind die Funktionen $\{f_n\}$ und $\{g_n\}$ außerdem beschränkt, dann beweise man die gleichmäßige Konvergenz von $\{f_n g_n\}$ auf E.

3. Man konstruiere Folgen $\{f_n\}$, $\{g_n\}$, die auf einer Menge E gleichmäßig konvergieren, jedoch in der Weise, dass $\{f_n g_n\}$ auf E nicht gleichmäßig konvergiert. (Natürlich muss $\{f_n g_n\}$ auf E konvergieren.)

4. Betrachte

$$f(x) = \sum_{n=1}^{\infty} \frac{1}{1 + n^2 x}.$$

Für welche Werte von x konvergiert die Reihe absolut? Auf welchen Intervallen konvergiert sie gleichmäßig? Auf welchen nicht? Ist f überall stetig, wo die Reihe konvergiert? Ist f beschränkt?

5. Sei

$$f_n(x) = \begin{cases} 0 & \text{falls } x < \frac{1}{n+1}, \\ \sin^2 \frac{\pi}{x} & \text{falls } \frac{1}{n+1} \le x \le \frac{1}{n}, \\ 0 & \text{falls } \frac{1}{n} < x. \end{cases}$$

Man zeige, dass $\{f_n\}$ gegen eine stetige Funktion konvergiert, jedoch nicht gleichmäßig. Man verwende die Reihe $\sum f_n$, um zu zeigen, dass absolute Konvergenz, selbst wenn sie für alle x gilt, nicht notwendigerweise gleichmäßige Konvergenz zur Folge hat.

6. Man beweise, dass die Reihe

$$\sum_{n=1}^{\infty} (-1)^n \frac{x^2 + n}{n^2}$$

in jedem beschränkten Intervall gleichmäßig konvergiert, dass sie aber für keinen Wert von x absolut konvergiert.

7. Für $n = 1, 2, 3, \dots$ und reelles x setze man

$$f_n(x) = \frac{x}{1 + nx^2}.$$

Man zeige, dass $\{f_n\}$ gleichmäßig gegen eine Funktion f konvergiert und dass die Gleichung

$$f'(x) = \lim_{n \to \infty} f_n'(x)$$

für $x \ne 0$ richtig, für $x = 0$ jedoch falsch ist.

8. Sei

$$I(x) = \begin{cases} 0 & \text{falls } x \le 0, \\ 1 & \text{falls } x > 0. \end{cases}$$

Ist $\{x_n\}$ eine Folge verschiedener Punkte von (a, b) und konvergiert $\sum |c_n|$, dann beweise man die gleichmäßige Konvergenz der Reihe

$$f(x) = \sum_{n=1}^{\infty} c_n I(x - x_n) \quad (a \le x \le b)$$

und die Stetigkeit von f für jedes $x \ne x_n$.

9. Sei $\{f_n\}$ eine Folge stetiger Funktionen, die auf einer Menge E gleichmäßig gegen eine Funktion f konvergiert. Man beweise

$$\lim_{n \to \infty} f_n(x_n) = f(x)$$

für jede Folge von Punkten $x_n \in E$ mit $x_n \to x$ und $x \in E$. Ist die Umkehrung auch wahr?

10. Für reelles x sei $(x) = x - [x]$ (vgl. Kapitel 4, Übungsaufgabe 16). Betrachte die Funktion

$$f(x) = \sum_{n=1}^{\infty} \frac{(nx)}{n^2} \quad (x \text{ reell}).$$

Man finde alle Unstetigkeitsstellen von f und zeige, dass sie eine abzählbare dichte Menge bilden. Man beweise, dass f dennoch auf jedem beschränkten Intervall Riemann-integrierbar ist.

11. Seien $\{f_n\}$ und $\{g_n\}$ auf E definiert und sei ferner vorausgesetzt:
    (a) $\sum f_n$ habe gleichmäßig beschränkte Partialsummen;
    (b) $\{g_n\}$ konvergiere gleichmäßig gegen 0 auf E;
    (c) es gelte $g_1(x) \ge g_2(x) \ge g_3(x) \ge \cdots$ für jedes $x \in E$.
    Man beweise die gleichmäßige Konvergenz von $\sum f_n g_n$ auf E.
    Hinweis: Vergleiche die Aufgabe mit Satz 3.42.

12. Seien g und f_n ($n = 1, 2, 3, \dots$) auf $(0, \infty)$ definiert und Riemann-integrierbar auf $[t, T]$ für alle $0 < t < T < \infty$. Ferner sei $|f_n| \le g$, $\{f_n\}$ konvergiere auf jeder kompakten Teilmenge von $(0, \infty)$ gleichmäßig gegen f und es gelte

$$\int_0^{\infty} g(x)\, dx < \infty.$$

Man beweise

$$\lim_{n \to \infty} \int_0^{\infty} f_n(x)\, dx = \int_0^{\infty} f(x)\, dx.$$

(Siehe Übungsaufgaben 7 und 8 in Kapitel 6 für die entsprechenden Definitionen.) Dies ist eine recht schwache Form des Lebesgueschen Satzes von der dominierten Konvergenz (Satz 11.32). Selbst im Rahmen des Riemann-Integrals kann die gleichmäßige Konvergenz durch punktweise Konvergenz ersetzt werden, wenn $f \in \mathcal{R}$ vorausgesetzt wird. (Siehe die Artikel von F. Cunningham in *Math. Mag.*, Bd. 40, 1967, S. 179–186, und von H. Kestelman in *Amer. Math. Monthly.*, Bd. 77, 1970, S. 182–187.)

13. Sei $\{f_n\}$ eine Folge monoton wachsender Funktionen auf $\mathbb{R}^1$ mit

$$0 \le f_n(x) \le 1$$

für alle x und alle n.

(a) Man beweise die Existenz einer Funktion f und einer Folge $\{n_k\}$, für die

$$f(x) = \lim_{k \to \infty} f_{n_k}(x)$$

für jedes $x \in \mathbb{R}^1$ gilt. (Die Existenz einer solchen punktweise konvergenten Teilfolge wird gewöhnlich der *Hellysche Auswahlsatz* genannt.)

(b) Ist ferner f stetig, so beweise man, dass die Folge $\{f_{n_k}\}$ auf $\mathbb{R}^1$ gleichmäßig gegen f konvergiert.

Hinweis:

(i) Eine Teilfolge $\{f_{n_i}\}$ konvergiert in allen rationalen Punkten r gegen $f(r)$.

(ii) Für jedes $x \in \mathbb{R}^1$ definiere man $f(x)$ als $\sup f(r)$, wobei das Supremum über alle $r \le x$ genommen wird.

(iii) Man zeige, dass $f_{n_i}(x)$ in jedem x, in dem f stetig ist, gegen $f(x)$ konvergiert. (An dieser Stelle wird die Monotonie wesentlich verwendet.)

(iv) Eine Teilfolge von $\{f_{n_i}\}$ konvergiert an jeder Unstetigkeitsstelle von f, da es höchstens abzählbar viele solcher Unstetigkeitsstellen gibt. Dies beweist (a). Um (b) zu beweisen, ändere man den Beweis von (iii) entsprechend ab.

14. Sei f eine stetige reelle Funktion auf $\mathbb{R}^1$ mit den folgenden Eigenschaften: $0 \le f(t) \le 1$, $f(t + 2) = f(t)$ für alle t und

$$f(t) = \begin{cases} 0 & \text{falls } 0 \le t \le \frac{1}{3}, \\ 1 & \text{falls } \frac{2}{3} \le t \le 1. \end{cases}$$

Setze $\Phi(t) = (x(t), y(t))$, mit

$$x(t) = \sum_{n=1}^{\infty} 2^{-n} f(3^{2n-1} t), \quad y(t) = \sum_{n=1}^{\infty} 2^{-n} f(3^{2n} t).$$

Man beweise, dass Φ *stetig* ist und das Intervall $I = [0, 1]$ *auf* das Einheitsquadrat $I^2 \subset \mathbb{R}^2$ abbildet. Man zeige, dass Φ sogar die Cantorsche Wischmenge auf I^2 abbildet.

Hinweis: Jedes $(x_0, y_0) \in I^2$ hat die Form

$$x_0 = \sum_{n=1}^{\infty} 2^{-n} a_{2n-1}, \quad y_0 = \sum_{n=1}^{\infty} 2^{-n} a_{2n},$$

wobei jedes a_i gleich 0 oder 1 ist. Für

$$t_0 = \sum_{i=1}^{\infty} 3^{-i-1}(2a_i)$$

zeige man, dass $f(3^k t_0) = a_k$ gilt und folglich $x(t_0) = x_0$, $y(t_0) = y_0$.
(Dieses einfache Beispiel einer sogenannten „raumfüllenden Kurve" geht auf I. J. Schönberg zurück, *Bull. A. M. S.*, Bd. 44, 1938, S. 519.)

15. Sei f eine reelle stetige Funktion auf $\mathbb{R}^1$, sei $f_n(t) = f(nt)$ für $n = 1, 2, 3, \ldots$ und sei $\{f_n\}$ gleichgradig stetig auf $[0, 1]$. Was folgt aus diesen Annahmen für die Funktion f?

16. Sei $\{f_n\}$ eine gleichgradig stetige Folge von Funktionen auf einer kompakten Menge K, und $\{f_n\}$ konvergiere punktweise auf K. Man beweise, dass $\{f_n\}$ auf K gleichmäßig konvergiert.

17. Man definiere die Begriffe der gleichmäßigen Konvergenz und der gleichgradigen Stetigkeit für Abbildungen in einen beliebigen metrischen Raum. Man zeige, dass die Sätze 7.9 und 7.12 für Abbildungen in einen beliebigen metrischen Raum gültig bleiben, dass die Sätze 7.8 und 7.11 für Abbildungen in einen beliebigen vollständigen metrischen Raum Gültigkeit haben und dass die Sätze 7.10, 7.16, 7.17, 7.24 und 7.25 für vektorwertige Funktionen gelten, d. h. für Abbildungen in einen beliebigen $\mathbb{R}^k$.

18. Sei $\{f_n\}$ eine gleichmäßig beschränkte Folge von Riemann-integrierbaren Funktionen auf $[a, b]$, und sei

$$F_n(x) = \int_a^x f_n(t)\,\mathrm{d}t \quad (a \leq x \leq b).$$

Man beweise, dass es eine Teilfolge $\{F_{n_k}\}$ gibt, die auf $[a, b]$ gleichmäßig konvergiert.

19. Sei K ein kompakter metrischer Raum und S eine Teilmenge von $\mathcal{C}(K)$. Man beweise, dass S genau dann kompakt ist (bezüglich der in 7.14 definierten Metrik), wenn S gleichmäßig abgeschlossen, punktweise beschränkt und gleichgradig stetig ist. (Ist S nicht gleichgradig stetig, so enthält S eine Folge, die keine gleichgradig stetige Teilfolge enthält und somit keine Teilfolge, die gleichmäßig auf K konvergiert.)

20. Ist f stetig auf $[0, 1]$ und ist

$$\int_0^1 f(x)\,x^n\,\mathrm{d}x = 0 \quad (n = 0, 1, 2, \ldots),$$

so beweise man, dass $f(x) = 0$ auf $[0, 1]$ gilt.
Hinweis: Das Integral des Produkts von f mit einem beliebigen Polynom ist null. Man zeige mit Hilfe des Weierstraßschen Satzes, dass $\int_0^1 f^2(x)\,\mathrm{d}x = 0$ ist.

21. Sei K der Einheitskreis in der komplexen Ebene (d. h. die Menge aller z mit $|z| = 1$) und sei $\mathcal{A}$ die Algebra aller Funktionen der Form

$$f(e^{i\theta}) = \sum_{n=0}^{N} c_n e^{in\theta} \quad (\theta \text{ reell}).$$

Dann separiert $\mathcal{A}$ die Punkte auf K und verschwindet in keinem Punkt von K; dennoch gibt es stetige Funktionen auf K, die nicht in der gleichmäßig abgeschlossenen Hülle von $\mathcal{A}$ liegen.

Hinweis: Für jedes $f \in \mathcal{A}$ gilt

$$\int_0^{2\pi} f(e^{i\theta}) e^{i\theta} \, d\theta = 0,$$

und dies gilt auch für jedes f in der abgeschlossenen Hülle von $\mathcal{A}$.

22. Es sei $f \in \mathcal{R}(\alpha)$ auf $[a, b]$. Man beweise, dass es Polynome P_n gibt mit

$$\lim_{n\to\infty} \int_a^b |f - P_n|^2 \, d\alpha = 0.$$

(Vergleiche mit Übungsaufgabe 12, Kapitel 6.)

23. Setze $P_0 = 0$ und definiere für $n = 0, 1, 2, \ldots$

$$P_{n+1}(x) = P_n(x) + \frac{x^2 - P_n^2(x)}{2}.$$

Man beweise, dass

$$\lim_{n\to\infty} P_n(x) = |x|$$

auf $[0, 1]$ gilt, wobei die Konvergenz *gleichmäßig* ist.

(Auf diese Weise ist es möglich, den Satz von Stone-Weierstraß zu beweisen, ohne zuvor Satz 7.26 bewiesen zu haben.)

Hinweis: Man verwende die Identität

$$|x| - P_{n+1}(x) = [|x| - P_n(x)] \left[1 - \frac{|x| + P_n(x)}{2} \right],$$

um zu beweisen, dass $0 \le P_n(x) \le P_{n+1}(x) \le |x|$ für $|x| \le 1$ und

$$|x| - P_n(x) \le |x| \left(1 - \frac{|x|}{2} \right)^n < \frac{2}{n+1}$$

für $|x| \le 1$ gilt.

24. Sei X ein metrischer Raum mit Metrik d. Man wähle einen Punkt $a \in X$ und ordne jedem $p \in X$ die Funktion f_p zu, definiert durch

$$f_p(x) = d(x,p) - d(x,a) \quad (x \in X).$$

Man beweise, dass $|f_p(x)| \le d(a,p)$ für alle $x \in X$ gilt und daher $f_p \in C(X)$ ist. Man beweise ferner, dass

$$\|f_p - f_q\| = d(p,q)$$

für alle $p,q \in X$ gilt.

Die durch $\Phi(p) = f_p$ definierte Abbildung Φ ist folglich eine *Isometrie* (eine distanzerhaltende Abbildung) von X auf $\Phi(X) \subset C(X)$.

Sei Y die abgeschlossene Hülle von $\Phi(X)$ in $C(X)$. Man beweise die Vollständigkeit von Y.

Folgerung: X ist isometrisch zu einer dichten Teilmenge eines vollständigen Raumes Y. (Übungsaufgabe 24 in Kapitel 3 enthält einen anderen Beweis dieser Tatsache.)

25. Sei ϕ eine stetige beschränkte reelle Funktion auf dem durch $0 \le x \le 1$, $-\infty < y < \infty$ definierten Streifen. Man beweise, dass das Anfangswertproblem

$$y' = \phi(x,y), \quad y(0) = c$$

eine Lösung hat. (Beachte, dass die Voraussetzungen dieses Existenzsatzes schwächer sind als die des entsprechenden Eindeutigkeitssatzes; siehe Übungsaufgabe 27 in Kapitel 5.)

Hinweis: Sei n fest gewählt. Für $i = 0,\ldots,n$ setze man $x_i = i/n$. Sei f_n eine stetige Funktion auf $[0,1]$ mit $f_n(0) = c$,

$$f_n'(t) = \phi(x_i, f_n(x_i))$$

für $x_i < t < x_{i+1}$ und man setze

$$\Delta_n(t) = f_n'(t) - \phi(t, f_n(t)),$$

außer an den Punkten x_i, wo $\Delta_n(t) = 0$ sei. Dann gilt

$$f_n(x) = c + \int_0^x [\phi(t, f_n(t)) + \Delta_n(t)] \, \mathrm{d}t.$$

Wähle $M < \infty$ mit $|\phi| \le M$. Man beweise die folgenden Behauptungen:

(a) $|f_n'| \le M$, $|\Delta_n| \le 2M$, $\Delta_n \in \mathcal{R}$ und $|f_n| \le |c| + M = M_1$ etwa auf $[0,1]$ für alle n.

(b) $\{f_n\}$ ist gleichgradig stetig auf $[0,1]$, da $|f_n'| \le M$ ist.

(c) Es gibt eine Teilfolge $\{f_{n_k}\}$, die auf $[0,1]$ gleichmäßig gegen eine Funktion f konvergiert.

(d) Da ϕ auf dem Rechteck $0 \leq x \leq 1$, $|y| \leq M_1$ gleichmäßig stetig ist, gilt

$$\phi(t, f_{n_k}(t)) \to \phi(t, f(t))$$

gleichmäßig auf $[0,1]$.

(e) $\Delta_n(t)$ konvergiert auf $[0,1]$ gleichmäßig gegen 0, da

$$\Delta_n(t) = \phi(x_i, f_n(x_i)) - \phi(t, f_n(t))$$

in (x_i, x_{i+1}) gilt.

(f) Also gilt

$$f(x) = c + \int_0^x \phi(t, f(t))\, dt.$$

Dieses f ist eine Lösung des Anfangswertproblems.

26. Beweise einen analogen Existenzsatz für das Anfangswertproblem

$$\mathbf{y}' = \boldsymbol{\phi}(x, \mathbf{y}), \quad \mathbf{y}(0) = \mathbf{c},$$

wobei nun $\mathbf{c} \in \mathbb{R}^k$ und $\mathbf{y} \in \mathbb{R}^k$ sind und $\boldsymbol{\phi}$ eine stetige beschränkte Abbildung des durch $0 \leq x \leq 1$, $\mathbf{y} \in \mathbb{R}^k$ definierten Teils von $\mathbb{R}^{k+1}$ in $\mathbb{R}^k$ ist. (Vergleiche Übungsaufgabe 28, Kapitel 5.)

Hinweis: Man verwende die vektorwertige Version des Satzes 7.25.

8 Einige spezielle Funktionen

Potenzreihen

In diesem Abschnitt werden wir einige Eigenschaften von Funktionen betrachten, die durch Potenzreihen dargestellt werden können, d. h. Funktionen der Form

$$f(x) = \sum_{n=0}^{\infty} c_n x^n \tag{8.1}$$

oder allgemeiner, der Form

$$f(x) = \sum_{n=0}^{\infty} c_n (x-a)^n. \tag{8.2}$$

Solche Funktionen werden *analytische Funktionen* genannt.

Wir werden uns auf reelle Werte von x beschränken. Anstelle von Konvergenzkreisen (siehe Satz 3.39) werden wir es daher mit Konvergenzintervallen zu tun haben.

Konvergiert (8.1) für alle x in $(-R, R)$ für ein geeignetes $R > 0$ (R kann $+\infty$ sein), so sagt man, f sei um den Punkt $x = 0$ in eine Potenzreihe entwickelt. Konvergiert (8.2) für $|x - a| < R$, so sagt man analog, f sei um den Punkt $x = a$ in eine Potenzreihe entwickelt. Der Einfachheit halber setzen wir häufig $a = 0$, was ohne Beschränkung der Allgemeinheit möglich ist.

8.1 Satz. *Konvergiert die Reihe*

$$\sum_{n=0}^{\infty} c_n x^n \tag{8.3}$$

für $|x| < R$, so setzen wir

$$f(x) = \sum_{n=0}^{\infty} c_n x^n \quad (|x| < R). \tag{8.4}$$

Dann konvergiert (8.3) gleichmäßig auf $[-R + \varepsilon, R - \varepsilon]$ für jede Wahl von $\varepsilon > 0$. Die Funktion f ist in $(-R, R)$ stetig und differenzierbar, und es gilt

$$f'(x) = \sum_{n=1}^{\infty} n c_n x^{n-1} \quad (|x| < R). \tag{8.5}$$

Beweis. Sei $\varepsilon > 0$ gegeben. Für $|x| \le R - \varepsilon$ erhält man $|c_n x^n| \le |c_n (R - \varepsilon)^n|$, und da $\sum c_n (R - \varepsilon)^n$ absolut konvergiert (nach dem Wurzelkriterium konvergiert jede Potenzreihe im Innern ihres Konvergenzintervalls absolut), beweist Satz 7.10 die gleichmäßige Konvergenz von (8.3) auf $[-R + \varepsilon, R - \varepsilon]$.

https://doi.org/10.1515/9783110750430-008

Wegen $\sqrt[n]{n} \to 1$ für $n \to \infty$, folgt

$$\limsup_{n\to\infty} \sqrt[n]{n|c_n|} = \limsup_{n\to\infty} \sqrt[n]{|c_n|},$$

so dass die Reihen (8.4) und (8.5) dasselbe Konvergenzintervall haben.

Da die rechte Seite von (8.5) eine Potenzreihe ist, konvergiert sie in $[-R + \varepsilon, R - \varepsilon]$ gleichmäßig für jedes $\varepsilon > 0$, und Satz 7.17 ist anwendbar (für Reihen anstelle von Folgen). Es folgt die Gültigkeit von (8.5) für $|x| \le R - \varepsilon$.

Für jedes x mit $|x| < R$ lässt sich jedoch stets ein $\varepsilon > 0$ finden mit $|x| < R - \varepsilon$. Somit gilt (8.5) für alle x mit $|x| < R$.

Die Stetigkeit von f folgt aus der Existenz von f' (Satz 5.2). $\square$

Korollar. *Unter den Voraussetzungen des Satzes 8.1 hat f Ableitungen beliebiger Ordnung in $(-R, R)$, und diese sind durch*

$$f^{(k)}(x) = \sum_{n=k}^{\infty} n(n-1)\cdots(n-k+1)c_n x^{n-k} \tag{8.6}$$

gegeben. Speziell gilt

$$f^{(k)}(0) = k!\,c_k \quad (k = 0, 1, 2, \ldots). \tag{8.7}$$

(Hierbei steht $f^{(0)}$ für f, und $f^{(k)}$ ist die k-te Ableitung von f für $k = 1, 2, 3, \ldots$.)

Beweis. Gleichung (8.6) folgt durch sukzessive Anwendung des Satzes 8.1 auf f, f', $f'', \ldots$. Setzt man in (8.6) $x = 0$, so erhält man (8.7). $\square$

Die Formel (8.7) ist sehr interessant. Sie zeigt einerseits, dass die Koeffizienten der Potenzreihenentwicklung von f durch die Werte und die Ableitungen von f an einem einzigen Punkt bestimmt sind. Andererseits lassen sich bei gegebenen Koeffizienten die Werte der Ableitungen von f im Zentrum des Konvergenzintervalls direkt aus der Potenzreihe ablesen.

Man beachte jedoch, dass selbst im Fall einer Funktion f, die beliebig hohe Ableitungen hat, die Reihe $\sum c_n x^n$ – wobei die c_n nach (8.7) berechnet sind – für kein $x \ne 0$ notwendigerweise gegen $f(x)$ konvergieren muss. In diesem Fall kann f nicht in eine Potenzreihe um $x = 0$ entwickelt werden. Hätten wir nämlich eine solche Entwicklung $f(x) = \sum a_n x^n$, so wäre

$$n!\,a_n = f^{(n)}(0),$$

also $a_n = c_n$. Ein Beispiel für diese Situation wird in Übungsaufgabe 1 gegeben.

Konvergiert die Reihe (8.3) an einem Endpunkt, etwa an $x = R$, dann ist f nicht nur in $(-R, R)$, sondern auch an $x = R$ stetig. Dies folgt aus dem Abelschen Grenzwertsatz. (Um die Bezeichnung zu vereinfachen, nehmen wir $R = 1$ an.)

8.2 Satz. *Konvergiert die Reihe $\sum c_n$ und setzen wir*

$$f(x) = \sum_{n=0}^{\infty} c_n x^n \quad (-1 < x < 1),$$

so gilt

$$\lim_{x \to 1} f(x) = \sum_{n=0}^{\infty} c_n. \tag{8.8}$$

Beweis. Sei $s_n = c_0 + \cdots + c_n$, $s_{-1} = 0$. Dann ist

$$\sum_{n=0}^{m} c_n x^n = \sum_{n=0}^{m} (s_n - s_{n-1}) x^n = (1 - x) \sum_{n=0}^{m-1} s_n x^n + s_m x^m.$$

Für $|x| < 1$ erhält man durch Betrachtung des Grenzüberganges $m \to \infty$:

$$f(x) = (1 - x) \sum_{n=0}^{\infty} s_n x^n. \tag{8.9}$$

Wir setzen $s = \lim_{n \to \infty} s_n$. Sei $\varepsilon > 0$ gegeben. Man wähle N so, dass für $n > N$ die Abschätzung

$$|s - s_n| < \frac{\varepsilon}{2}$$

gilt. Wegen

$$(1 - x) \sum_{n=0}^{\infty} x^n = 1 \quad (|x| < 1)$$

erhalten wir dann aus (8.9)

$$|f(x) - s| = \left| (1 - x) \sum_{n=0}^{\infty} (s_n - s) x^n \right| \le (1 - x) \sum_{n=0}^{N} |s_n - s| \, |x|^n + \frac{\varepsilon}{2} \le \varepsilon,$$

falls $x > 1 - \delta$ für ein geeignet gewähltes $\delta > 0$. Hieraus folgt (8.8). $\qquad\square$

Als ein Anwendungsbeispiel wollen wir Satz 3.51 beweisen, der Folgendes behauptet:

Konvergieren $\sum a_n$, $\sum b_n$, $\sum c_n$ gegen A, B, C und gilt $c_n = a_0 b_n + \cdots + a_n b_0$, dann ist $C = AB$.

Zum Beweis setzen wir

$$f(x) = \sum_{n=0}^{\infty} a_n x^n, \quad g(x) = \sum_{n=0}^{\infty} b_n x^n, \quad h(x) = \sum_{n=0}^{\infty} c_n x^n,$$

für $0 \le x \le 1$. Für $x < 1$ konvergieren diese Reihen absolut, und wir können gemäß Definition 3.48 das Produkt bilden und erhalten

$$f(x) \cdot g(x) = h(x) \quad (0 \le x < 1). \tag{8.10}$$

Nach Satz 8.2 gilt

$$f(x) \to A, \quad g(x) \to B, \quad h(x) \to C \tag{8.11}$$

für $x \to 1$. Die Gleichungen (8.10) und (8.11) implizieren $AB = C$.

Wir benötigen nun einen Satz über Umordnungen in der Reihenfolge der Summation. (Siehe Übungsaufgaben 2 und 3.)

8.3 Satz. *Gegeben sei eine Doppelfolge* $\{a_{ij}\}$, $i = 1, 2, 3, \ldots, j = 1, 2, 3, \ldots$. *Gilt*

$$\sum_{j=1}^{\infty} |a_{ij}| = b_i \quad (i = 1, 2, 3, \ldots) \tag{8.12}$$

und konvergiert die Reihe $\sum b_i$, *so folgt*

$$\sum_{i=1}^{\infty} \sum_{j=1}^{\infty} a_{ij} = \sum_{j=1}^{\infty} \sum_{i=1}^{\infty} a_{ij}. \tag{8.13}$$

Beweis. Wir könnten (8.13) durch ein direktes Verfahren beweisen, das dem in Satz 3.55 verwendeten ähnelt (wenngleich es komplizierter ist). Jedoch erscheint die folgende Methode interessanter.

Sei E eine abzählbare Menge, bestehend aus den Punkten $x_0, x_1, x_2, \ldots$, und es gelte $x_n \to x_0$ für $n \to \infty$. Man definiere

$$f_i(x_0) = \sum_{j=1}^{\infty} a_{ij} \quad (i = 1, 2, 3, \ldots), \tag{8.14}$$

$$f_i(x_n) = \sum_{j=1}^{n} a_{ij} \quad (i, n = 1, 2, 3, \ldots), \tag{8.15}$$

$$g(x) = \sum_{i=1}^{\infty} f_i(x) \quad (x \in E). \tag{8.16}$$

Aus (8.14) und (8.15), zusammen mit (8.12), folgt, dass jedes f_i stetig an x_0 ist. Wegen $|f_i(x)| \le b_i$ für $x \in E$ folgt die gleichmäßige Konvergenz von (8.16) (Satz 7.10) und somit die Stetigkeit von g an x_0 (Satz 7.11). Also gilt

$$\sum_{i=1}^{\infty} \sum_{j=1}^{\infty} a_{ij} = \sum_{i=1}^{\infty} f_i(x_0) = g(x_0) = \lim_{n \to \infty} g(x_n)$$

$$= \lim_{n \to \infty} \sum_{i=1}^{\infty} f_i(x_n) = \lim_{n \to \infty} \sum_{i=1}^{\infty} \sum_{j=1}^{n} a_{ij}$$

$$= \lim_{n \to \infty} \sum_{j=1}^{n} \sum_{i=1}^{\infty} a_{ij} = \sum_{j=1}^{\infty} \sum_{i=1}^{\infty} a_{ij}. \qquad \square$$

8.4 Satz. *Es sei*

$$f(x) = \sum_{n=0}^{\infty} c_n x^n,$$

und die Reihe konvergiere in $|x| < R$. Ist $-R < a < R$, dann kann f in eine Potenzreihe um den Punkt $x = a$ entwickelt werden, die in $|x - a| < R - |a|$ konvergiert, und es gilt

$$f(x) = \sum_{n=0}^{\infty} \frac{f^{(n)}(a)}{n!} (x - a)^n, \quad (|x - a| < R - |a|). \qquad (8.17)$$

Dies ist eine Erweiterung von Satz 5.15 und wird ebenfalls als *Taylorscher Satz* bezeichnet.

Beweis. Formales Rechnen ergibt

$$f(x) = \sum_{n=0}^{\infty} c_n [(x - a) + a]^n$$

$$= \sum_{n=0}^{\infty} c_n \sum_{m=0}^{n} \binom{n}{m} a^{n-m} (x - a)^m$$

$$= \sum_{m=0}^{\infty} \left[\sum_{n=m}^{\infty} \binom{n}{m} c_n a^{n-m} \right] (x - a)^m.$$

Dies wäre die gewünschte Entwicklung um den Punkt $x = a$. Allerdings müssen wir die vorgenommene Vertauschung der Summationsreihenfolge rechtfertigen. Nach Satz 8.3 ist diese zulässig, wenn

$$\sum_{n=0}^{\infty} \sum_{m=0}^{n} \left| c_n \binom{n}{m} a^{n-m} (x - a)^m \right| \qquad (8.18)$$

konvergiert. Aber (8.18) ist identisch mit

$$\sum_{n=0}^{\infty} |c_n| \cdot (|x - a| + |a|)^n, \qquad (8.19)$$

und (8.19) konvergiert für $|x - a| + |a| < R$. Schließlich folgt die Form der Koeffizienten in (8.17) aus (8.7). $\qquad \square$

Es sollte angemerkt werden, dass (8.17) tatsächlich sogar in einem größeren Intervall als dem durch $|x - a| < R - |a|$ gegebenen konvergieren kann.

Konvergieren zwei Potenzreihen gegen dieselbe Funktion in $(-R, R)$, so zeigt (8.7), dass die beiden Reihen identisch sein müssen, d. h., sie müssen dieselben Koeffizienten haben. Es ist interessant, dass dieselbe Folgerung aus viel schwächeren Voraussetzungen abgeleitet werden kann:

8.5 Satz. *Angenommen, die Reihen $\sum a_n x^n$ und $\sum b_n x^n$ konvergieren in dem Segment $S = (-R, R)$. Sei E die Menge aller $x \in S$, an denen*

$$\sum_{n=0}^{\infty} a_n x^n = \sum_{n=0}^{\infty} b_n x^n \qquad (8.20)$$

gilt. Hat E einen Häufungspunkt in S, dann folgt $a_n = b_n$ für $n = 0, 1, 2, \dots$ Also gilt (8.20) für alle $x \in S$.

Beweis. Wir setzen $c_n = a_n - b_n$ und

$$f(x) = \sum_{n=0}^{\infty} c_n x^n \quad (x \in S). \qquad (8.21)$$

Dann ist $f(x) = 0$ auf E.

Sei A die Menge aller Häufungspunkte von E in S und B das Komplement von A in S. Aus der Definition des Häufungspunktes folgt sofort, dass B offen ist. Angenommen, wir könnten beweisen, dass auch A offen ist, dann sind A und B disjunkte offene Mengen und folglich getrennt (Definition 2.45). Da $S = A \cup B$ gilt und S zusammenhängend ist, muss entweder A oder B leer sein. Unserer Voraussetzung nach ist A nicht leer. Also ist B leer, und es folgt $A = S$. Aus der Stetigkeit von f in S folgt $A \subset E$ und somit $E = S$. Aus (8.7) folgt daher $c_n = 0$ für $n = 0, 1, 2, \dots$, was die gewünschte Schlussfolgerung ist.

Somit haben wir zu beweisen, dass A offen ist. Für $x_0 \in A$ zeigt Satz 8.4, dass

$$f(x) = \sum_{n=0}^{\infty} d_n (x - x_0)^n \quad (|x - x_0| < R - |x_0|) \qquad (8.22)$$

gilt. Wir behaupten, dass $d_n = 0$ für alle n gilt. Sei das Gegenteil angenommen, und sei k die kleinste nichtnegative ganze Zahl mit $d_k \neq 0$, dann folgt

$$f(x) = (x - x_0)^k g(x) \quad (|x - x_0| < R - |x_0|) \qquad (8.23)$$

mit

$$g(x) = \sum_{m=0}^{\infty} d_{k+m} (x - x_0)^m. \qquad (8.24)$$

Da g stetig an x_0 ist und $g(x_0) = d_k \neq 0$ gilt, existiert ein $\delta > 0$ mit $g(x) \neq 0$ für $|x - x_0| < \delta$. Aus (8.23) folgt $f(x) \neq 0$ für $0 < |x - x_0| < \delta$. Dies steht jedoch im Widerspruch zur Tatsache, dass x_0 ein Häufungspunkt von E ist.

Somit gilt $d_n = 0$ für alle n und folglich $f(x) = 0$ für alle x, für die (8.22) gilt, d. h. in einer Umgebung von x_0. Damit ist bewiesen, dass A offen ist, und der Beweis ist vollständig. □

Die Exponentialfunktion und die Logarithmusfunktion

Wir definieren

$$E(z) = \sum_{n=0}^{\infty} \frac{z^n}{n!}. \tag{8.25}$$

Das Quotientenkriterium zeigt, dass diese Reihe für jedes komplexe z konvergiert. Die Anwendung von Satz 3.50 auf die Multiplikation von absolut konvergenten Reihen liefert:

$$E(z)E(w) = \sum_{n=0}^{\infty} \frac{z^n}{n!} \sum_{m=0}^{\infty} \frac{w^m}{m!} = \sum_{n=0}^{\infty} \sum_{k=0}^{n} \frac{z^k w^{n-k}}{k!\,(n-k)!}$$

$$= \sum_{n=0}^{\infty} \frac{1}{n!} \sum_{k=0}^{n} \binom{n}{k} z^k w^{n-k} = \sum_{n=0}^{\infty} \frac{(z+w)^n}{n!},$$

und damit die wichtige Funktionalgleichung

$$E(z + w) = E(z)E(w) \quad (z, w \text{ komplex}). \tag{8.26}$$

Eine Folgerung daraus lautet

$$E(z)E(-z) = E(z - z) = E(0) = 1 \quad (z \text{ komplex}). \tag{8.27}$$

Dies beweist, dass $E(z) \neq 0$ für alle z. Nach (8.25) ist $E(x) > 0$ für $x > 0$; also zeigt (8.27), dass $E(x) > 0$ für alle reellen x gilt. Aus (8.25) folgt $E(x) \to +\infty$ für $x \to +\infty$; somit zeigt (8.27), dass $E(x)$ gegen 0 strebt, wenn x entlang der reellen Achse gegen $-\infty$ strebt. Nach (8.25) impliziert $0 < x < y$ die Ungleichung $E(x) < E(y)$; nach (8.27) folgt dann $E(-y) < E(-x)$. Also ist E auf der ganzen reellen Achse streng monoton wachsend.

Die Funktionalgleichung zeigt ferner, dass

$$\lim_{h \to 0} \frac{E(z+h) - E(z)}{h} = E(z) \lim_{h \to 0} \frac{E(h) - 1}{h} = E(z) \tag{8.28}$$

gilt. Das letzte Gleichheitszeichen folgt hierbei direkt aus (8.25).

Durch wiederholte Anwendung von (8.26) ergibt sich

$$E(z_1 + \cdots + z_n) = E(z_1) \cdots E(z_n). \tag{8.29}$$

Wir setzen $z_1 = \cdots = z_n = 1$. Wegen $E(1) = e$, wobei e die in Definition 3.30 definierte Zahl ist, erhalten wir

$$E(n) = e^n \quad (n = 1, 2, 3, \ldots). \tag{8.30}$$

Für $p = n/m$, wobei n, m natürliche Zahlen sind, folgt dann

$$[E(p)]^m = E(mp) = E(n) = e^n \tag{8.31}$$

und daraus

$$E(p) = e^p \quad (p > 0, p \text{ rational}). \tag{8.32}$$

Aus (8.27) folgt $E(-p) = e^{-p}$ für jede positive rationale Zahl p. Somit hat (8.32) für alle rationalen p Gültigkeit.

In Übungsaufgabe 6, Kapitel 1, haben wir für $x > 1$ und beliebige reelle y die Definition

$$x^y = \sup x^p \tag{8.33}$$

vorgeschlagen, wobei das Supremum über alle rationalen p mit $p < y$ genommen wurde. Definieren wir also für beliebige reelle x

$$e^x = \sup e^p \quad (p < x, p \text{ rational}), \tag{8.34}$$

so implizieren die Stetigkeits- und Monotonieeigenschaften von E, zusammen mit (8.32), dass

$$E(x) = e^x \tag{8.35}$$

für alle reellen x gilt. Gleichung (8.35) erklärt, warum E die *Exponentialfunktion* genannt wird.

Die Notation $\exp(x)$ wird häufig anstelle von e^x verwendet, insbesondere, wenn x ein komplizierter Ausdruck ist.

Tatsächlich kann (8.35) sehr wohl anstelle von (8.34) als Definition von e^x betrachtet werden; (8.35) ist ein sehr viel bequemerer Ausgangspunkt für die Untersuchung der Eigenschaften von e^x. Wir werden in Kürze sehen, dass (8.33) ebenfalls durch eine günstigere Definition [siehe (8.43)] ersetzt werden kann.

Wir kommen nun auf die gebräuchliche Bezeichnung e^x anstelle von $E(x)$ zurück und fassen zusammen, was bisher bewiesen wurde.

8.6 Satz. *Sei e^x auf $\mathbb{R}^1$ durch (8.35) und (8.25) definiert. Dann gilt:*
(a) *e^x ist stetig und differenzierbar für alle x;*
(b) *$(e^x)' = e^x$;*
(c) *e^x ist eine streng monoton wachsende Funktion von x, und es gilt $e^x > 0$;*
(d) *$e^{x+y} = e^x e^y$;*
(e) *$e^x \to +\infty$ für $x \to +\infty$, $e^x \to 0$ für $x \to -\infty$;*
(f) *$\lim_{x\to+\infty} x^n e^{-x} = 0$ für jedes n.*

Beweis. Die Behauptungen (a) bis (e) haben wir bereits bewiesen. Ferner folgt aus (8.25) die Abschätzung

$$e^x > \frac{x^{n+1}}{(n+1)!}$$

für $x > 0$, also

$$x^n e^{-x} < \frac{(n+1)!}{x},$$

woraus die Behauptung (f) folgt. So erklärt sich auch die Ausdrucksweise, dass e^x für $x \to +\infty$ „schneller" als jede beliebige Potenz von x gegen $+\infty$ strebt. $\qquad\square$

Da E streng monoton wachsend und differenzierbar auf $\mathbb{R}^1$ ist, hat E eine Umkehrfunktion L, die ebenfalls streng monoton wachsend und differenzierbar ist und deren Definitionsbereich $E(\mathbb{R}^1)$ ist, d. h. die Menge aller positiven reellen Zahlen. L ist definiert durch

$$E(L(y)) = y \quad (y > 0) \tag{8.36}$$

oder gleichwertig, durch

$$L(E(x)) = x \quad (x \text{ reell}). \tag{8.37}$$

Durch Differentiation von (8.37) ergibt sich (vergleiche Satz 5.5)

$$L'(E(x)) \cdot E(x) = 1.$$

Setzt man $y = E(x)$, so führt dies zu

$$L'(y) = \frac{1}{y} \quad (y > 0). \tag{8.38}$$

Für $x = 0$ führt (8.37) zu $L(1) = 0$. Also liefert (8.38) die Integraldarstellung

$$L(y) = \int_1^y \frac{dx}{x}. \tag{8.39}$$

Sehr oft wird (8.39) als Ausgangspunkt der Theorie der Logarithmus- und Exponenti-alfunktion gewählt. Setzt man $u = E(x)$ und $v = E(y)$, so folgt aus (8.26), dass

$$L(uv) = L(E(x) \cdot E(y)) = L(E(x + y)) = x + y$$

gilt, also

$$L(uv) = L(u) + L(v) \quad (u > 0, v > 0). \tag{8.40}$$

Dies ist die wohlbekannte Eigenschaft von L, die Logarithmen zu nützlichen Werkzeu-gen für Rechnungen macht. Die gebräuchliche Bezeichnung für $L(x)$ ist natürlich $\log x$ (oder gelegentlich $\ln x$).

Was das Verhalten von $\log x$ für $x \to +\infty$ und $x \to 0$ betrifft, so zeigt Satz 8.6 (e), dass

$$\log x \to +\infty \quad \text{für } x \to +\infty$$
$$\text{und} \quad \log x \to -\infty \quad \text{für } x \to 0.$$

Man sieht leicht ein, dass für jedes $x > 0$ und jede ganze Zahl n

$$x^n = E(nL(x)) \tag{8.41}$$

gilt. Ferner erhalten wir für jede natürliche Zahl m

$$x^{1/m} = E\left(\frac{1}{m}L(x)\right), \tag{8.42}$$

denn wenn man beide Seiten von (8.42) in die m-te Potenz erhebt, ergibt sich (8.36). Durch Kombination von (8.41) und (8.42) erhält man

$$x^\alpha = E(\alpha L(x)) = e^{\alpha \log x} \tag{8.43}$$

für beliebiges rationales α.

Wir definieren nun den Ausdruck x^α für beliebiges reelles α und $x > 0$ durch die Formel (8.43). Die Stetigkeit und Monotonie von E und L zeigen, dass diese Definition zu demselben Ergebnis führt wie die früher vorgeschlagene. Die in Übungsaufgabe 6, Kapitel 1, angeführten Fakten sind triviale Folgerungen aus (8.43).

Durch Differentiation von (8.43) erhält man nach Satz 5.5

$$(x^\alpha)' = E(\alpha L(x)) \cdot \frac{\alpha}{x} = \alpha x^{\alpha - 1}. \tag{8.44}$$

Man beachte, dass wir an früherer Stelle (8.44) nur für ganzzahlige Werte von α ver-wandt haben, für die sich (8.44) leicht aus Satz 5.3 (b) ableiten lässt. Dagegen ist es recht mühsam, die Formel (8.44) direkt aus der Definition der Ableitung zu beweisen, wenn x^α durch (8.33) definiert und α irrational ist.

Die bekannte Integrationsformel für x^α folgt aus (8.44), wenn $\alpha \neq -1$ ist, und aus (8.38), wenn $\alpha = -1$ ist. Wir wollen eine weitere Eigenschaft von $\log x$ zeigen, und zwar:

$$\lim_{x \to +\infty} x^{-\alpha} \log x = 0 \qquad (8.45)$$

für jedes $\alpha > 0$, d. h., $\log x$ strebt für $x \to +\infty$ „langsamer" gegen ∞ als jede beliebige positive Potenz von x.

Für $0 < \varepsilon < \alpha$ und $x > 1$ ergibt sich nämlich

$$x^{-\alpha} \log x = x^{-\alpha} \int_1^x t^{-1} \, dt < x^{-\alpha} \int_1^x t^{\varepsilon-1} \, dt$$

$$= x^{-\alpha} \cdot \frac{x^\varepsilon - 1}{\varepsilon} < \frac{x^{\varepsilon-\alpha}}{\varepsilon},$$

woraus sich (8.45) ableiten lässt. Ebenso hätten wir Satz 8.6 (f) zur Herleitung von (8.45) verwenden können.

Die trigonometrischen Funktionen

Wir definieren

$$C(x) = \frac{1}{2}[E(ix) + E(-ix)], \quad S(x) = \frac{1}{2i}[E(ix) - E(-ix)]. \qquad (8.46)$$

Wir werden zeigen, dass $C(x)$ und $S(x)$ mit den Funktionen $\cos x$ und $\sin x$ übereinstimmen, deren Definition gewöhnlich auf geometrischen Betrachtungen basiert. Nach (8.25) ist $E(\bar{z}) = \overline{E(z)}$. Also zeigt (8.46), dass $C(x)$ und $S(x)$ für reelle x reell sind. Ferner gilt

$$E(ix) = C(x) + iS(x). \qquad (8.47)$$

Somit sind $C(x)$ und $S(x)$ der Real- bzw. Imaginärteil von $E(ix)$, wenn x reell ist. Nach (8.27) gilt

$$|E(ix)|^2 = E(ix)\overline{E(ix)} = E(ix)E(-ix) = 1,$$

woraus

$$|E(ix)| = 1 \quad (x \text{ reell}) \qquad (8.48)$$

folgt.

Aus (8.46) lässt sich ablesen, dass $C(0) = 1$ und $S(0) = 0$ gilt, und aus (8.28) folgt

$$C'(x) = -S(x), \quad S'(x) = C(x). \qquad (8.49)$$

Wir behaupten, dass es positive Zahlen x gibt, für die $C(x) = 0$ gilt. Angenommen, dies wäre nicht der Fall. Dann folgt wegen $C(0) = 1$, dass $C(x) > 0$ ist für alle $x > 0$. Also gilt $S'(x) > 0$ nach (8.49), und folglich ist S streng monoton wachsend. Da $S(0) = 0$ ist, erhalten wir $S(x) > 0$ für $x > 0$. Also ergibt sich für $0 < x < y$

$$S(x)(y - x) < \int_x^y S(t)\,dt = C(x) - C(y) \leq 2. \tag{8.50}$$

Die rechte Ungleichung folgt hierbei aus (8.48) und (8.46). Da $S(x) > 0$ ist, führt (8.50) für große y zu einem Widerspruch.

Sei x_0 die kleinste positive Zahl, für die $C(x_0) = 0$ ist. Diese existiert, da die Nullstellenmenge einer stetigen Funktion abgeschlossen und $C(0) \neq 0$ ist. Wir definieren die Zahl π durch

$$\pi = 2x_0. \tag{8.51}$$

Dann ist $C(\pi/2) = 0$, und aus (8.48) folgt $S(\pi/2) = \pm 1$. Da $C(x) > 0$ in $(0, \pi/2)$ ist, wächst S in $(0, \pi/2)$ monoton. Also gilt $S(\pi/2) = 1$. Somit folgt

$$E\left(\frac{\pi i}{2}\right) = i,$$

und die Funktionalgleichung führt zu

$$E(\pi i) = -1, \quad E(2\pi i) = 1. \tag{8.52}$$

Folglich gilt

$$E(z + 2\pi i) = E(z) \quad (z \text{ komplex}). \tag{8.53}$$

8.7 Satz.
(a) *Die Funktion E ist periodisch mit der Periode $2\pi i$.*
(b) *Die Funktionen C und S sind periodisch mit der Periode 2π.*
(c) *Für $0 < t < 2\pi$ folgt $E(it) \neq 1$.*
(d) *Ist z eine komplexe Zahl mit $|z| = 1$, dann gibt es genau ein t in $[0, 2\pi)$ mit $E(it) = z$.*

Beweis. Nach (8.53) gilt (a); (b) folgt aus (a) und (8.46).

Sei $0 < t < \pi/2$ und $E(it) = x + iy$ mit reellen x und y. Unsere obigen Überlegungen ergeben $0 < x < 1$, $0 < y < 1$. Man beachte, dass gilt

$$E(4it) = (x + iy)^4 = x^4 - 6x^2y^2 + y^4 + 4ixy(x^2 - y^2).$$

Ist $E(4it)$ reell, so folgt $x^2 - y^2 = 0$. Da andererseits nach (8.48) $x^2 + y^2 = 1$ gilt, erhält man $x^2 = y^2 = \frac{1}{2}$, also $E(4it) = -1$. Damit ist (c) bewiesen.

Für $0 \leq t_1 < t_2 < 2\pi$ folgt nach (c)

$$E(it_2)[E(it_1)]^{-1} = E(it_2 - it_1) \neq 1.$$

Dies beweist die Eindeutigkeitsbehauptung in (d). Zum Beweis der Existenz von t in (d) gebe man z mit $|z| = 1$ vor und schreibe $z = x + iy$ mit reellen x und y. Sei zunächst $x \geq 0$ und $y \geq 0$. Auf $[0, \pi/2]$ fällt C von 1 nach 0. Folglich gibt es ein $t \in [0, \pi/2]$ mit $C(t) = x$. Wegen $C^2 + S^2 = 1$ und $S \geq 0$ auf $[0, \pi/2]$ folgt $z = E(it)$.

Im Fall $x < 0$ und $y \geq 0$ kann man die soeben angestellten Überlegungen auf $-iz$ anwenden. Also gilt $-iz = E(it)$ für ein geeignetes $t \in [0, \pi/2]$, und mit $i = E(\pi i/2)$ erhält man $z = E(i(t + \pi/2))$. Schließlich zeigen die beiden vorherigen Fälle, dass im Fall $y < 0$ ein geeignetes $t \in (0, \pi)$ existiert mit $-z = E(it)$. Also ist $z = -E(it) = E(i(t + \pi))$. Hiermit ist (d) und somit der Satz bewiesen. $\square$

Aus (d) und (8.48) lässt sich folgern, dass die Kurve γ, die definiert ist durch

$$\gamma(t) = E(it) \quad (0 \leq t \leq 2\pi), \tag{8.54}$$

eine einfache geschlossene Kurve ist, deren Wertebereich der Einheitskreis in der Ebene ist. Wegen $\gamma'(t) = iE(it)$ berechnet sich die Länge von γ nach Satz 6.27 wie folgt:

$$\int_0^{2\pi} |\gamma'(t)|\, dt = 2\pi.$$

Dies ist natürlich das erwartete Resultat für den Umfang eines Kreises vom Radius 1. Es zeigt, dass die durch (8.51) definierte Zahl π die übliche geometrische Bedeutung hat.

Auf dieselbe Weise können wir uns davon überzeugen, dass der Punkt $\gamma(t)$ einen Kreisbogen der Länge t_0 beschreibt, wenn t das Intervall $[0, t_0]$ durchläuft. Betrachten wir das Dreieck mit den Eckpunkten

$$z_1 = 0, \quad z_2 = \gamma(t_0), \quad z_3 = C(t_0),$$

so sehen wir, dass $C(t)$ und $S(t)$ in der Tat identisch sind mit $\cos t$ und $\sin t$, wenn letztere in der üblichen Weise als Seitenverhältnisse eines rechtwinkligen Dreiecks definiert sind.

Es sollte betont werden, dass wir die grundlegenden Eigenschaften der trigonometrischen Funktionen aus (8.46) und (8.25) abgeleitet haben, ohne uns in irgendeiner Weise auf den geometrischen Begriff des Winkels zu berufen. Es gibt andere nichtgeometrische Zugänge zu diesen Funktionen. Die Arbeiten von W. F. Eberlein (*Amer. Math. Monthly*, Bd. 74, 1967, S. 1223–1225) und von G. B. Robinson (*Math. Mag.*, Bd. 41, 1968, S. 66–70) behandeln diese Themenkreise.

Die algebraische Abgeschlossenheit des komplexen Körpers

Wir sind nun in der Lage, einen einfachen Beweis für die Tatsache zu geben, dass der Körper der komplexen Zahlen algebraisch abgeschlossen ist, d. h. dass jedes nicht-konstante Polynom mit komplexen Koeffizienten eine komplexe Nullstelle hat.

8.8 Satz. *Seien $a_0, \ldots, a_n$ komplexe Zahlen, $n \geq 1$, $a_n \neq 0$ und*

$$P(z) = \sum_{k=0}^{n} a_k z^k.$$

Dann gibt es eine komplexe Zahl z mit $P(z) = 0$.

Beweis. Ohne Beschränkung der Allgemeinheit sei $a_n = 1$. Wir setzen

$$\mu = \inf |P(z)| \quad (z \text{ komplex}). \tag{8.55}$$

Für $|z| = R$ gilt

$$|P(z)| \geq R^n (1 - |a_{n-1}|R^{-1} - \cdots - |a_0|R^{-n}). \tag{8.56}$$

Die rechte Seite von (8.56) strebt gegen ∞ für $R \to \infty$. Also existiert ein R_0 derart, dass $|P(z)| > \mu$ für $|z| > R_0$ gilt. Da $|P|$ auf der abgeschlossenen Kreisscheibe mit Mittelpunkt 0 und Radius R_0 stetig ist, beweist Satz 4.16, dass es ein z_0 gibt mit $|P(z_0)| = \mu$.

Wir behaupten, dass $\mu = 0$ gilt. Andernfalls setze man $Q(z) = P(z + z_0)/P(z_0)$. Dann ist Q ein nichtkonstantes Polynom mit $Q(0) = 1$ und $|Q(z)| \geq 1$ für alle z. Also gibt es eine kleinste ganze Zahl k ($1 \leq k \leq n$) mit

$$Q(z) = 1 + b_k z^k + \cdots + b_n z^n, \quad b_k \neq 0. \tag{8.57}$$

Nach Satz 8.7 (d) gibt es ein reelles θ derart, dass

$$e^{ik\theta} b_k = -|b_k| \tag{8.58}$$

gilt. Für $r > 0$ und $r^k |b_k| < 1$ impliziert (8.58)

$$|1 + b_k r^k e^{ik\theta}| = 1 - r^k |b_k|,$$

so dass

$$|Q(re^{i\theta})| \leq 1 - r^k(|b_k| - r|b_{k+1}| - \cdots - r^{n-k}|b_n|)$$

folgt. Für hinreichend kleines r ist der Ausdruck in Klammern positiv. Also ist $|Q(re^{i\theta})| < 1$, ein Widerspruch. Somit gilt $\mu = 0$, d. h. $P(z_0) = 0$. $\qquad \square$

Übungsaufgabe 27 enthält ein allgemeineres Ergebnis.

Fourier-Reihen

8.9 Definition. Ein *trigonometrisches Polynom* ist eine endliche Summe der Form

$$f(x) = a_0 + \sum_{n=1}^{N}(a_n \cos nx + b_n \sin nx) \quad (x \text{ reell}), \tag{8.59}$$

wobei $a_0, \dots, a_N$ und $b_1, \dots, b_N$ komplexe Zahlen sind.

Wegen der Definition (8.46) kann (8.59) auch in der Form

$$f(x) = \sum_{n=-N}^{N} c_n e^{inx} \quad (x \text{ reell}) \tag{8.60}$$

geschrieben werden, was in den meisten Fällen zweckmäßiger ist.

Es ist klar, dass jedes trigonometrische Polynom periodisch ist mit der Periode 2π. Ist n eine von null verschiedene ganze Zahl, dann ist e^{inx} die Ableitung der Funktion e^{inx}/in, die ebenfalls die Periode 2π hat. Also gilt

$$\frac{1}{2\pi}\int_{-\pi}^{\pi} e^{inx}\,dx = \begin{cases} 1 & \text{für } n = 0, \\ 0 & \text{für } n = \pm 1, \pm 2, \dots . \end{cases} \tag{8.61}$$

Wir multiplizieren nun (8.60) mit e^{-imx}, wobei m eine ganze Zahl ist. Integrieren wir das Produkt, so erhalten wir mit (8.61) die Formel

$$c_m = \frac{1}{2\pi}\int_{-\pi}^{\pi} f(x)e^{-imx}\,dx \tag{8.62}$$

für $|m| \le N$. Für $|m| > N$ ist das Integral in (8.62) gleich 0.

Die folgende Beobachtung kann aus (8.60) und (8.62) abgelesen werden: Das durch (8.60) gegebene trigonometrische Polynom f ist genau dann *reell*, wenn $c_{-n} = \overline{c_n}$ für $n = 0, \dots, N$ gilt.

In Übereinstimmung mit (8.60) definieren wir eine *trigonometrische Reihe* als eine Reihe der Form

$$\sum_{n=-\infty}^{\infty} c_n e^{inx} \quad (x \text{ reell}), \tag{8.63}$$

wobei die N-te Partialsumme von (8.63) als die rechte Seite von (8.60) definiert ist.

Ist f eine integrierbare Funktion auf $[-\pi, \pi]$, so werden die durch (8.62) für alle ganzen Zahlen m definierten Zahlen c_m die *Fourier-Koeffizienten* von f genannt, und die mit diesen Koeffizienten gebildete Reihe (8.63) wird als *Fourier-Reihe* von f bezeichnet.

Die naheliegende Frage, die sich nun stellt, ist, ob die Fourier-Reihe von f gegen f konvergiert oder allgemeiner, ob f durch seine Fourier-Reihe bestimmt ist. Anders ausgedrückt: Falls man die Fourier-Koeffizienten einer Funktion kennt, lässt sich dann die Funktion rekonstruieren, und wenn ja, wie?

Das Studium solcher Reihen, speziell das Problem der Darstellung einer vorgegebenen Funktion durch eine trigonometrische Reihe, hatte seinen Ursprung in physikalischen Problemen, wie z. B. der Schwingungstheorie und der Wärmeleitung. (Fouriers „Théorie analytique de la chaleur" wurde 1822 publiziert.) Die zahlreichen schwierigen und heiklen Probleme, die während dieser Untersuchungen auftraten, führten zu einer Revision und Neuformulierung der gesamten Theorie der Funktionen einer reellen Variablen. Unter zahlreichen prominenten Namen stehen die von Riemann, Cantor und Lebesgue in enger Verbindung mit diesem Themenkreis, der heutzutage mit all seinen Verallgemeinerungen und Verzweigungen eine zentrale Position in der Analysis einnimmt.

Begnügen wir uns damit, einige grundlegende Sätze herzuleiten, die mit Hilfe der in den vorangegangenen Kapiteln entwickelten Methoden leicht zugänglich sind. Für eine gründlichere Untersuchung ist das Lebesguesche Integral ein natürliches und unerlässliches Hilfsmittel.

Wir werden zunächst allgemeinere Funktionensysteme untersuchen, die ebenfalls eine zu (8.61) analoge Eigenschaft haben.

8.10 Definition. Sei $\{\phi_n\}$ ($n = 1, 2, 3, \ldots$) eine Folge komplexer Funktionen auf $[a, b]$, für die

$$\int_a^b \phi_n(x)\overline{\phi_m(x)}\,dx = 0 \quad (n \neq m) \tag{8.64}$$

gilt. Dann nennt man $\{\phi_n\}$ ein *orthogonales Funktionensystem* auf $[a, b]$. Gilt ferner

$$\int_a^b |\phi_n(x)|^2\,dx = 1 \tag{8.65}$$

für alle n, so wird $\{\phi_n\}$ als *orthonormal* bezeichnet.

Zum Beispiel bilden die Funktionen $(2\pi)^{-1/2}e^{inx}$ ein orthonormales System auf $[-\pi, \pi]$. Das gleiche gilt für die reellen Funktionen

$$\frac{1}{\sqrt{2\pi}}, \frac{\cos x}{\sqrt{\pi}}, \frac{\sin x}{\sqrt{\pi}}, \frac{\cos 2x}{\sqrt{\pi}}, \frac{\sin 2x}{\sqrt{\pi}}, \ldots$$

Ist $\{\phi_n\}$ ein orthonormales System auf $[a, b]$ und ist

$$c_n = \int_a^b f(t)\overline{\phi_n(t)}\,dt \quad (n = 1, 2, 3, \ldots), \tag{8.66}$$

so nennt man c_n den *n-ten Fourier-Koeffizienten* von f bezüglich $\{\phi_n\}$. Wir schreiben

$$f(x) \sim \sum_{n=1}^{\infty} c_n \phi_n(x) \tag{8.67}$$

und nennen diese Reihe die *Fourier-Reihe* von f (bezüglich $\{\phi_n\}$).

Man beachte, dass das in (8.67) verwendete Symbol $\sim$ nichts über die Konvergenz der Reihe aussagt, sondern lediglich, dass die Koeffizienten durch (8.66) gegeben sind.

Die folgenden Sätze zeigen, dass die Partialsummen der Fourier-Reihe von f eine bestimmte Minimaleigenschaft haben. Wir setzen hier und im verbleibenden Teil dieses Kapitels $f \in \mathcal{R}$ voraus, obwohl diese Voraussetzung abgeschwächt werden kann.

8.11 Satz. *Sei $\{\phi_n\}$ orthonormal auf $[a,b]$, sei ferner*

$$s_n(x) = \sum_{m=1}^{n} c_m \phi_m(x) \tag{8.68}$$

die n-te Partialsumme der Fourier-Reihe von f und sei

$$t_n(x) = \sum_{m=1}^{n} \gamma_m \phi_m(x). \tag{8.69}$$

Dann folgt

$$\int_a^b |f - s_n|^2 \, dx \le \int_a^b |f - t_n|^2 \, dx, \tag{8.70}$$

und die Gleichheit gilt genau im Fall

$$\gamma_m = c_m \quad (m = 1, \dots, n). \tag{8.71}$$

Das heißt, unter allen Funktionen t_n ermöglicht s_n die bestmögliche Approximation von f im quadratischen Mittel.

Beweis. Im Folgenden bezeichnet $\int$ das Integral über $[a,b]$, $\sum$ die Summe von 1 bis n. Dann gilt nach Definition von $\{c_m\}$

$$\int f \bar{t}_n = \int f \sum \bar{\gamma}_m \bar{\phi}_m = \sum c_m \bar{\gamma}_m$$

und

$$\int |t_n|^2 = \int t_n \bar{t}_n = \int \sum \gamma_m \phi_m \sum \bar{\gamma}_k \bar{\phi}_k = \sum |\gamma_m|^2,$$

da $\{\phi_m\}$ orthonormal ist. Somit folgt

$$\int |f - t_n|^2 = \int |f|^2 - \int f \bar{t}_n - \int \bar{f} t_n + \int |t_n|^2$$

$$= \int |f|^2 - \sum c_m \bar{y}_m - \sum \bar{c}_m y_m + \sum y_m \bar{y}_m$$

$$= \int |f|^2 - \sum |c_m|^2 + \sum |y_m - c_m|^2,$$

und dieser Ausdruck ist offensichtlich genau dann minimal, wenn $y_m = c_m$ gilt.

Setzt man $y_m = c_m$ in diese Rechnung ein, so erhält man wegen $\int |f - t_n|^2 \geq 0$

$$\int\limits_a^b |s_n(x)|^2 \, dx = \sum_{m=1}^n |c_m|^2 \leq \int\limits_a^b |f(x)|^2 \, dx. \tag{8.72}$$

Damit ist der Satz vollständig bewiesen. □

8.12 Satz. *Ist $\{\phi_n\}$ orthonormal auf $[a, b]$ und ist*

$$f(x) \sim \sum_{n=1}^\infty c_n \phi_n(x),$$

dann gilt

$$\sum_{n=1}^\infty |c_n|^2 \leq \int\limits_a^b |f(x)|^2 \, dx. \tag{8.73}$$

Insbesondere folgt

$$\lim_{n \to \infty} c_n = 0. \tag{8.74}$$

Beweis. Die Ungleichung (8.73) (die sogenannte *Besselsche Ungleichung*) folgt durch den Grenzübergang $n \to \infty$ in (8.72). □

8.13 Trigonometrische Reihen. Von nun an befassen wir uns ausschließlich mit dem trigonometrischen System. Wir betrachten Funktionen f mit der Periode 2π, die Riemann-integrierbar auf $[-\pi, \pi]$ sind (und somit auf jedem beschränkten Intervall). Die Fourier-Reihe von f ist dann die Reihe (8.63), deren Koeffizienten c_n durch die Integrale (8.62) gegeben sind, und

$$s_N(x) = s_N(f; x) = \sum_{n=-N}^N c_n e^{inx} \tag{8.75}$$

ist dann die N-te Partialsumme der Fourier-Reihe von f. Die Ungleichung (8.72) erhält nun die Form

$$\frac{1}{2\pi} \int\limits_{-\pi}^\pi |s_N(x)|^2 \, dx = \sum_{n=-N}^N |c_n|^2 \leq \frac{1}{2\pi} \int\limits_{-\pi}^\pi |f(x)|^2 \, dx. \tag{8.76}$$

Um eine Formel für s_N zu erhalten, mit der sich besser arbeiten lässt als mit (8.75), führen wir den *Dirichletschen Kern* ein:

$$D_N(x) = \sum_{n=-N}^{N} e^{inx} = \frac{\sin(N + \frac{1}{2})x}{\sin(x/2)}. \tag{8.77}$$

Die erste Gleichung ist die Definition von $D_N(x)$. Die zweite ergibt sich, wenn beide Seiten der Gleichung

$$(e^{ix} - 1)D_N(x) = e^{i(N+1)x} - e^{-iNx}$$

mit $e^{-ix/2}$ multipliziert werden.

Nach (8.62) und (8.75) gilt:

$$s_N(f;x) = \sum_{n=-N}^{N} \frac{1}{2\pi} \int_{-\pi}^{\pi} f(t)e^{-int}\,dt\, e^{inx} = \frac{1}{2\pi} \int_{-\pi}^{\pi} f(t) \sum_{n=-N}^{N} e^{in(x-t)}\,dt,$$

und folglich

$$s_N(f;x) = \frac{1}{2\pi} \int_{-\pi}^{\pi} f(t)D_N(x-t)\,dt = \frac{1}{2\pi} \int_{-\pi}^{\pi} f(x-t)D_N(t)\,dt; \tag{8.78}$$

denn wegen der Periodizität der Funktionen f und D_N ist es unwesentlich, über welches Intervall wir integrieren, solange seine Länge 2π ist. Dies zeigt, dass die beiden Integrale in (8.78) gleich sind.

Wir beweisen nun einen Satz über die punktweise Konvergenz von Fourier-Reihen.

8.14 Satz. *Existieren für ein x Konstanten $\delta > 0$ und $M < \infty$ derart, dass*

$$|f(x + t) - f(x)| \le M|t| \tag{8.79}$$

für alle $t \in (-\delta, \delta)$ gilt, dann ist

$$\lim_{N\to\infty} s_N(f;x) = f(x). \tag{8.80}$$

Beweis. Wir setzen

$$g(t) = \frac{f(x - t) - f(x)}{\sin(t/2)} \tag{8.81}$$

für $0 < |t| \le \pi$ und $g(0) = 0$. Nach Definition (8.77) gilt

$$\frac{1}{2\pi} \int_{-\pi}^{\pi} D_N(x)\,dx = 1.$$

Also folgt mit (8.78)

$$s_N(f;x) - f(x) = \frac{1}{2\pi} \int_{-\pi}^{\pi} g(t) \sin\left(N + \frac{1}{2}\right) t \, dt$$

$$= \frac{1}{2\pi} \int_{-\pi}^{\pi} \left[g(t) \cos \frac{t}{2}\right] \sin Nt \, dt + \frac{1}{2\pi} \int_{-\pi}^{\pi} \left[g(t) \sin \frac{t}{2}\right] \cos Nt \, dt.$$

Nach (8.79) und (8.81) sind $g(t) \cos(t/2)$ und $g(t) \sin(t/2)$ beschränkt. Somit streben beide Integrale nach (8.74) gegen 0 für $N \to \infty$. Das beweist (8.80). □

Korollar. *Ist $f(x) = 0$ für alle x in einem Segment J, dann gilt*

$$\lim_{N \to \infty} s_N(f;x) = 0 \quad \text{für jedes } x \in J.$$

Wir geben noch eine weitere Formulierung dieses Korollars an:
Gilt $f(t) = g(t)$ für alle t in einer Umgebung von x, dann gilt

$$s_N(f;x) - s_N(g;x) = s_N(f - g;x) \to 0 \quad \text{für } N \to \infty.$$

Dies wird gewöhnlich der *Lokalisierungssatz* genannt. Er zeigt, dass das Verhalten der Folge $\{s_N(f;x)\}$, was die Konvergenz anbelangt, nur von den Werten von f in einer (beliebig kleinen) Umgebung von x abhängt. Zwei Fourier-Reihen können sich somit in einem Intervall gleich verhalten, in einem anderen Intervall jedoch kann ihr Verhalten völlig verschieden sein. Dies ist ein sehr bemerkenswerter Unterschied zwischen Fourier-Reihen und Potenzreihen (Satz 8.5).

Wir beschließen diesen Abschnitt mit zwei weiteren Approximationssätzen.

8.15 Satz. *Zu jeder stetigen 2π-periodischen Funktion f und jedem $\varepsilon > 0$ gibt es ein trigonometrisches Polynom P derart, dass*

$$|P(x) - f(x)| < \varepsilon$$

für alle reellen x gilt.

Beweis. Identifizieren wir x und $x + 2\pi$, so können wir mit Hilfe der Abbildung $x \mapsto e^{ix}$ die 2π-periodischen Funktionen auf $\mathbb{R}^1$ als Funktionen auf dem Einheitskreis T betrachten. Die trigonometrischen Polynome, d. h. die Funktionen der Form (8.60), bilden eine selbstadjungierte Algebra $\mathcal{A}$, die die Punkte auf T separiert und die an keinem Punkt von T verschwindet. Da T kompakt ist, besagt Satz 7.33, dass $\mathcal{A}$ in $C(T)$ dicht ist. Dies ist genau die Behauptung des Satzes. □

Eine präzisere Form dieses Satzes findet sich in Übungsaufgabe 15.

8.16 Satz (Parsevalscher Satz). *Seien f und g 2π-periodische Riemann-integrierbare Funktionen, und sei*

$$f(x) \sim \sum_{n=-\infty}^{\infty} c_n e^{inx}, \quad g(x) \sim \sum_{n=-\infty}^{\infty} \gamma_n e^{inx}. \tag{8.82}$$

Dann gilt

$$\lim_{N\to\infty} \frac{1}{2\pi} \int_{-\pi}^{\pi} |f(x) - s_N(f;x)|^2 \, dx = 0, \tag{8.83}$$

$$\frac{1}{2\pi} \int_{-\pi}^{\pi} f(x)\overline{g(x)} \, dx = \sum_{n=-\infty}^{\infty} c_n \bar{\gamma}_n, \tag{8.84}$$

$$\frac{1}{2\pi} \int_{-\pi}^{\pi} |f(x)|^2 \, dx = \sum_{n=-\infty}^{\infty} |c_n|^2. \tag{8.85}$$

Beweis. Wir verwenden die Notation

$$\|h\|_2 = \left(\frac{1}{2\pi} \int_{-\pi}^{\pi} |h(x)|^2 \, dx \right)^{1/2}. \tag{8.86}$$

Sei $\varepsilon > 0$ gegeben. Wegen $f \in \mathcal{R}$ und $f(\pi) = f(-\pi)$ ergibt die in Übungsaufgabe 12 von Kapitel 6 beschriebene Konstruktion eine stetige 2π-periodische Funktion h mit

$$\|f - h\|_2 < \varepsilon. \tag{8.87}$$

Nach Satz 8.15 gibt es ein trigonometrisches Polynom P mit $|h(x) - P(x)| < \varepsilon$ für alle x, also $\|h - P\|_2 < \varepsilon$. Ist P vom Grad N_0, so zeigt Satz 8.11, dass

$$\|h - s_N(h)\|_2 \leq \|h - P\|_2 < \varepsilon \tag{8.88}$$

für alle $N \geq N_0$ gilt. Nach (8.72), mit $h - f$ anstelle von f, ergibt sich

$$\|s_N(h) - s_N(f)\|_2 = \|s_N(h-f)\|_2 \leq \|h-f\|_2 < \varepsilon. \tag{8.89}$$

Nun führt die Dreiecksungleichung (Kapitel 6, Übungsaufgabe 11) in Verbindung mit (8.87), (8.88) und (8.89) zu

$$\|f - s_N(f)\|_2 < 3\varepsilon \quad (N \geq N_0), \tag{8.90}$$

womit (8.83) bewiesen ist. Ferner gilt

$$\frac{1}{2\pi} \int_{-\pi}^{\pi} s_N(f) \bar{g} \, dx = \sum_{n=-N}^{N} c_n \frac{1}{2\pi} \int_{-\pi}^{\pi} e^{inx} \overline{g(x)} \, dx = \sum_{n=-N}^{N} c_n \bar{\gamma}_n, \tag{8.91}$$

und nach der Schwarzschen Ungleichung folgt

$$\left| \int f\bar{g} - \int s_N(f)\,\bar{g} \right| \le \int |f - s_N(f)|\,|g|$$
$$\le \left(\int |f - s_N|^2 \int |g|^2 \right)^{1/2}. \tag{8.92}$$

Nach (8.83) strebt der letztere Ausdruck für $N \to \infty$ nach 0. Ein Vergleich von (8.91) mit (8.92) führt daher zu (8.84). Schließlich ist (8.85) der Spezialfall $g = f$ von (8.84). □

Eine allgemeinere Version von Satz 8.16 wird in Kapitel 11 gegeben.

Die Gammafunktion

Diese Funktion steht in enger Beziehung zu den Fakultäten $k!$ ($k = 0, 1, 2, \ldots$) und taucht an zahlreichen unerwarteten Stellen in der Analysis auf. Ihr Ursprung, ihre Geschichte und Entwicklung werden in einem interessanten Artikel von P. J. Davis (*Amer. Math. Monthly*, Bd. 66, 1959) ausgezeichnet dargestellt. Das Buch von Artin (in der Bibliographie aufgeführt) ist eine weitere sehr gute elementare Einführung.

Unsere Darstellung wird sehr knapp sein und nur einige wenige Kommentare nach jedem Satz anbieten. Somit kann dieser Abschnitt als eine umfangreiche Übungsaufgabe und als eine gute Gelegenheit zur Anwendung des bisher dargebotenen Stoffes angesehen werden.

8.17 Definition. Für $0 < x < \infty$ sei

$$\Gamma(x) = \int_0^\infty t^{x-1} e^{-t}\,\mathrm{d}t. \tag{8.93}$$

Das Integral konvergiert für diese x. (Im Fall $x < 1$ ist es an beiden Grenzen, 0 und ∞, uneigentlich.)

8.18 Satz.
(a) *Für $0 < x < \infty$ gilt die Funktionalgleichung $\Gamma(x + 1) = x\Gamma(x)$.*
(b) $\Gamma(n + 1) = n!$ *für $n = 1, 2, 3, \ldots$.*
(c) $\log \Gamma$ *ist konvex auf $(0, \infty)$.*

Beweis. Partielle Integration liefert den Beweis für (a). Wegen $\Gamma(1) = 1$ folgt (b) aus (a) durch Induktion. Für $1 < p < \infty$ und $(1/p) + (1/q) = 1$ erhält man nach Anwendung der Hölderschen Ungleichung (Übungsaufgabe 10, Kapitel 6) auf (8.93)

$$\Gamma\left(\frac{x}{p} + \frac{y}{q} \right) \le \Gamma(x)^{1/p}\,\Gamma(y)^{1/q}.$$

Dies ist äquivalent zu (c). □

Eine ziemlich überraschende Tatsache wurde von Bohr und Mollerup entdeckt, nämlich dass diese drei Eigenschaften Γ vollständig charakterisieren.

8.19 Satz. *Ist f eine positive Funktion auf* $(0, \infty)$ *und sind folgende Bedingungen erfüllt,*
(a) $f(x + 1) = xf(x)$,
(b) $f(1) = 1$,
(c) $\log f$ *ist konvex,*

dann ist $f(x) = \Gamma(x)$.

Beweis. Da Γ die Bedingungen (a), (b) und (c) erfüllt, genügt es zu beweisen, dass $f(x)$ durch (a), (b), (c) für alle $x > 0$ eindeutig bestimmt ist. Nach (a) kann man sich auf $x \in (0, 1)$ beschränken.

Man setze $\varphi = \log f$. Dann gilt:

$$\varphi(x + 1) = \varphi(x) + \log x \quad (0 < x < \infty), \tag{8.94}$$

$\varphi(1) = 0$ und φ ist konvex. Sei $0 < x < 1$, und sei n eine natürliche Zahl. Nach (8.94) ist $\varphi(n + 1) = \log(n!)$. Man betrachte die Differenzenquotienten von φ auf den Intervallen $[n, n + 1]$, $[n + 1, n + 1 + x]$ und $[n + 1, n + 2]$. Da φ konvex ist, gilt

$$\log n \le \frac{\varphi(n + 1 + x) - \varphi(n + 1)}{x} \le \log(n + 1).$$

Die wiederholte Anwendung von (8.94) führt zu

$$\varphi(n + 1 + x) = \varphi(x) + \log[x(x + 1) \cdots (x + n)].$$

Somit ist

$$0 \le \varphi(x) - \log\left[\frac{n!\, n^x}{x(x + 1) \cdots (x + n)}\right] \le x \log\left(1 + \frac{1}{n}\right).$$

Die rechte Seite strebt für $n \to \infty$ gegen 0. Also ist $\varphi(x)$ und damit f eindeutig bestimmt und der Satz bewiesen. $\square$

Als ein Nebenprodukt erhalten wir die Relation

$$\Gamma(x) = \lim_{n \to \infty} \frac{n!\, n^x}{x(x + 1) \cdots (x + n)}, \tag{8.95}$$

zumindest für $0 < x < 1$. Hieraus können wir wegen $\Gamma(x + 1) = x\Gamma(x)$ die Gültigkeit von (8.95) für alle $x > 0$ ableiten.

8.20 Satz. *Für* $x > 0$ *und* $y > 0$ *gilt*

$$\int_0^1 t^{x-1}(1 - t)^{y-1}\, dt = \frac{\Gamma(x)\Gamma(y)}{\Gamma(x + y)}. \tag{8.96}$$

Dieses Integral ist die sogenannte *Betafunktion B(x, y)*.

Beweis. Man beachte, dass $B(1, y) = 1/y$ ist, dass $\log B(x, y)$ nach der Hölderschen Ungleichung für jedes fest gewählte y eine konvexe Funktion von x ist wie in Satz 8.18 und dass

$$B(x + 1, y) = \frac{x}{x + y} B(x, y) \tag{8.97}$$

gilt. Den Beweis von (8.97) erhält man durch partielle Integration von

$$B(x + 1, y) = \int_0^1 \left(\frac{t}{1 - t} \right)^x (1 - t)^{x+y-1} \, dt.$$

Diese drei Eigenschaften von $B(x, y)$ zeigen, dass sich Satz 8.19 für jedes y auf die durch

$$f(x) = \frac{\Gamma(x + y)}{\Gamma(y)} B(x, y)$$

definierte Funktion f anwenden lässt. Also ist $f(x) = \Gamma(x)$. $\qquad\qquad \square$

8.21 Einige Folgerungen. Die Substitution $t = \sin^2 \theta$ überführt (8.96) in

$$2 \int_0^{\pi/2} (\sin \theta)^{2x-1} (\cos \theta)^{2y-1} \, d\theta = \frac{\Gamma(x)\Gamma(y)}{\Gamma(x + y)}. \tag{8.98}$$

Der Spezialfall $x = y = \frac{1}{2}$ impliziert

$$\Gamma\left(\frac{1}{2} \right) = \sqrt{\pi}. \tag{8.99}$$

Nach der Substitution $t = s^2$ wird (8.93) zu

$$\Gamma(x) = 2 \int_0^\infty s^{2x-1} e^{-s^2} \, ds \quad (0 < x < \infty). \tag{8.100}$$

Der Spezialfall $x = \frac{1}{2}$ liefert

$$\int_{-\infty}^\infty e^{-s^2} \, ds = \sqrt{\pi}. \tag{8.101}$$

Nach (8.99) folgt die Identität

$$\Gamma(x) = \frac{2^{x-1}}{\sqrt{\pi}} \Gamma\left(\frac{x}{2} \right) \Gamma\left(\frac{x + 1}{2} \right) \tag{8.102}$$

direkt aus Satz 8.19.

8.22 Satz (Stirlingsche Formel). *Diese Formel liefert eine einfache Approximation für* $\Gamma(x + 1)$, *wenn* x *groß ist (also auch für* $n!$, *wenn* n *groß ist). Die Formel lautet*

$$\lim_{x \to \infty} \frac{\Gamma(x + 1)}{(x/e)^x \sqrt{2\pi x}} = 1. \tag{8.103}$$

Beweis. Durch Einsetzen von $t = x(1 + u)$ in (8.93) erhält man

$$\Gamma(x + 1) = x^{x+1} e^{-x} \int_{-1}^{\infty} [(1 + u)e^{-u}]^x \, du. \tag{8.104}$$

Man bestimme $h(u)$ so, dass $h(0) = 1$ und

$$(1 + u)e^{-u} = \exp\left(-\frac{u^2}{2}h(u)\right) \tag{8.105}$$

für $-1 < u < \infty$, $u \neq 0$ ist. Dann gilt

$$h(u) = \frac{2}{u^2}[u - \log(1 + u)]. \tag{8.106}$$

Daraus folgt, dass h stetig ist und dass $h(u)$ monoton von ∞ nach 0 abnimmt, wenn u von -1 nach ∞ wächst.

Die Substitution $u = s\sqrt{2/x}$ überführt (8.104) in

$$\Gamma(x + 1) = x^x e^{-x} \sqrt{2x} \int_{-\infty}^{\infty} \psi_x(s) \, ds, \tag{8.107}$$

wobei

$$\psi_x(s) = \begin{cases} \exp[-s^2 h(s\sqrt{2/x})] & \text{für } -\sqrt{x/2} < s < \infty, \\ 0 & \text{für } s \leq -\sqrt{x/2} \end{cases}$$

gesetzt wurde.

Man beachte die folgenden Eigenschaften von $\psi_x(s)$:

(a) Für jedes s strebt $\psi_x(s) \to e^{-s^2}$ für $x \to \infty$.
(b) Die Konvergenz in (a) ist gleichmäßig auf $[-A, A]$ für jedes $A < \infty$.
(c) Für $s < 0$ gilt $0 < \psi_x(s) < e^{-s^2}$.
(d) Für $s > 0$ und $x > 1$ ist $0 < \psi_x(s) < \psi_1(s)$.
(e) $\int_0^{\infty} \psi_1(s) \, ds < \infty$.

Der in Kapitel 7, Übungsaufgabe 12, angeführte Konvergenzsatz kann daher auf das Integral (8.107) angewandt werden und zeigt, dass dieses Integral nach (8.101) für $x \to \infty$ gegen $\sqrt{\pi}$ konvergiert. Hiermit ist (8.103) bewiesen. $\qquad \square$

Eine detailliertere Version dieses Beweises findet man in R. C. Buck *Advanced Calculus*, S. 216–218. Für zwei weitere, völlig verschiedene Beweise sei auf den Artikel von W. Feller in *Amer. Math. Monthly*, Bd. 74, 1967, S. 1223–1225 (mit einer Korrektur in Bd. 75, 1968, S. 518) und auf die Seiten 20–24 des Buches von Artin verwiesen.

Übungsaufgabe 20 gibt einen einfachen Beweis eines weniger präzisen Ergebnisses.

Übungsaufgaben

1. Man definiere

$$f(x) = \begin{cases} e^{-1/x^2} & \text{für } x \neq 0, \\ 0 & \text{für } x = 0. \end{cases}$$

Man beweise, dass f Ableitungen aller Ordnungen bei $x = 0$ hat und dass $f^{(n)}(0) = 0$ für $n = 1, 2, 3, \ldots$ gilt.

2. Sei a_{ij} die Zahl in der i-ten Reihe und der j-ten Spalte des Schemas

$$\begin{matrix} -1 & 0 & 0 & 0 & \cdots \\ \frac{1}{2} & -1 & 0 & 0 & \cdots \\ \frac{1}{4} & \frac{1}{2} & -1 & 0 & \cdots \\ \frac{1}{8} & \frac{1}{4} & \frac{1}{2} & -1 & \cdots \\ \vdots & \vdots & \vdots & \vdots & \ddots \end{matrix} \quad , \quad \text{d. h. } a_{ij} = \begin{cases} 0 & \text{für } i < j, \\ -1 & \text{für } i = j, \\ 2^{j-i} & \text{für } i > j. \end{cases}$$

Man beweise:

$$\sum_i \sum_j a_{ij} = -2, \quad \sum_j \sum_i a_{ij} = 0.$$

3. Im Fall $a_{ij} \geq 0$ für alle i und j beweise man die Gleichheit

$$\sum_i \sum_j a_{ij} = \sum_j \sum_i a_{ij}.$$

(Der Fall, dass beide Seiten gegen $+\infty$ streben, sei dabei einbezogen.)

4. Man beweise:
   (a) $\lim_{x \to 0} \frac{b^x - 1}{x} = \log b$ $(b > 0)$;
   (b) $\lim_{x \to 0} \frac{\log(1+x)}{x} = 1$;
   (c) $\lim_{x \to 0} (1 + x)^{1/x} = e$;
   (d) $\lim_{n \to \infty} (1 + \frac{x}{n})^n = e^x$.

5. Man bestimme die folgenden Grenzwerte:

    (a) $\lim_{x \to 0} \frac{e - (1+x)^{1/x}}{x}$;

    (b) $\lim_{n \to \infty} \frac{n}{\log n} [n^{1/n} - 1]$;

    (c) $\lim_{x \to 0} \frac{\tan x - x}{x(1 - \cos x)}$;

    (d) $\lim_{x \to 0} \frac{x - \sin x}{\tan x - x}$.

6. Sei $f(x)f(y) = f(x+y)$ für alle reellen x und y.

    (a) Unter der Voraussetzung, dass f differenzierbar und von null verschieden ist, beweise man, dass $f(x) = e^{cx}$ gilt, wobei c eine Konstante ist.

    (b) Man beweise dieselbe Gleichheit auch, wenn f nur als stetig vorausgesetzt wird.

7. Für $0 < x < \frac{\pi}{2}$ beweise man:

    $$\frac{2}{\pi} < \frac{\sin x}{x} < 1.$$

8. Für $n = 0, 1, 2, \ldots$ und x reell beweise man:

    $$|\sin nx| \le n |\sin x|.$$

    Man beachte, dass diese Ungleichung für andere Werte von n falsch sein kann. Zum Beispiel gilt $|\sin \frac{1}{2}\pi| > \frac{1}{2}|\sin \pi|$.

9.

    (a) Man setze $s_N = 1 + \frac{1}{2} + \cdots + \frac{1}{N}$ und beweise die Existenz des Grenzwertes

    $$\lim_{N \to \infty} (s_N - \log N).$$

    (Der Grenzwert wird häufig mit γ bezeichnet und *Eulersche Konstante* genannt. Ihr Wert ist 0.5772... Es ist nicht bekannt, ob γ rational ist oder nicht.)

    (b) Wie groß muss m etwa sein, damit für $N = 10^m$ die Abschätzung $s_N > 100$ gilt?

10. Man beweise die Divergenz der Reihe $\sum 1/p$; hierbei läuft die Summe über alle Primzahlen.

    (Dies zeigt, dass die Primzahlen eine ziemlich beträchtliche Teilmenge der natürlichen Zahlen bilden.)

    Hinweis: Sei N gegeben, und seien $p_1, \ldots, p_k$ diejenigen Primzahlen, die wenigstens eine ganze Zahl $\le N$ teilen, dann gilt:

    $$\sum_{n=1}^{N} \frac{1}{n} \le \prod_{j=1}^{k} \left(1 + \frac{1}{p_j} + \frac{1}{p_j^2} + \cdots \right)$$

    $$= \prod_{j=1}^{k} \left(1 - \frac{1}{p_j} \right)^{-1} \le \exp \sum_{j=1}^{k} \frac{2}{p_j}.$$

    Die letzte Ungleichung gilt wegen $(1-x)^{-1} \le e^{2x}$ für $0 \le x \le \frac{1}{2}$.

(Es gibt viele Beweise dieses Resultats. Siehe zum Beispiel die Arbeiten von I. Niven in *Amer. Math. Monthly*, Bd. 78, 1971, S. 272–273 und von R. Bellman in *Amer. Math. Monthly*, Bd. 50, 1943, S. 318–319.)

11. Es sei $f \in \mathcal{R}$ auf $[0, A]$ für alle $A < \infty$, und es gelte $f(x) \to 1$ für $x \to +\infty$. Man beweise:

$$\lim_{t \to 0} t \int_0^\infty e^{-tx} f(x)\, dx = 1 \quad (t > 0).$$

12. Sei $0 < \delta < \pi$, $f(x) = 1$ für $|x| \le \delta$, $f(x) = 0$ für $\delta < |x| \le \pi$ und $f(x + 2\pi) = f(x)$ für alle x.
    (a) Berechne die Fourier-Koeffizienten von f.
    (b) Man folgere, dass

$$\sum_{n=1}^\infty \frac{\sin(n\delta)}{n} = \frac{\pi - \delta}{2} \quad (0 < \delta < \pi)$$

gilt.

    (c) Mittels des Parsevalschen Satzes zeige man:

$$\sum_{n=1}^\infty \frac{\sin^2(n\delta)}{n^2 \delta} = \frac{\pi - \delta}{2}.$$

    (d) Man lasse δ gegen 0 streben und beweise:

$$\int_0^\infty \left(\frac{\sin x}{x} \right)^2 dx = \frac{\pi}{2}.$$

    (e) Man setze $\delta = \pi/2$ in (c). Was erhält man?

13. Man setze $f(x) = x$ für $0 \le x < 2\pi$ und wende den Parsevalschen Satz an, um

$$\sum_{n=1}^\infty \frac{1}{n^2} = \frac{\pi^2}{6}$$

zu erhalten.

14. Sei $f(x) = (\pi - |x|)^2$ auf $[-\pi, \pi]$. Man beweise die Identität

$$f(x) = \frac{\pi^2}{3} + \sum_{n=1}^\infty \frac{4}{n^2} \cos nx$$

und leite die Formeln

$$\sum_{n=1}^\infty \frac{1}{n^2} = \frac{\pi^2}{6}, \quad \sum_{n=1}^\infty \frac{1}{n^4} = \frac{\pi^4}{90}$$

ab.

(Eine Arbeit von E. L. Stark enthält zahlreiche Referenzen auf Reihen der Form $\sum n^{-s}$, wobei s eine natürliche Zahl ist. Siehe *Math. Mag.*, Bd. 47, 1974, S. 197–202.)

15. Sei D_n wie in (8.77) definiert. Man setze

$$K_N(x) = \frac{1}{N+1} \sum_{n=0}^{N} D_n(x)$$

und beweise, dass

$$K_N(x) = \frac{1}{N+1} \cdot \frac{1 - \cos(N+1)x}{1 - \cos x}$$

ist, und ferner:

(a) $K_N \geq 0$,

(b) $\frac{1}{2\pi} \int_{-\pi}^{\pi} K_N(x)\,dx = 1$,

(c) $K_N(x) \leq \frac{1}{N+1} \cdot \frac{2}{1-\cos\delta}$ für $0 < \delta \leq |x| \leq \pi$.

Ist $s_N = s_N(f; x)$ die N-te Partialsumme der Fourier-Reihe von f, so betrachte man das arithmetische Mittel

$$\sigma_N = \frac{s_0 + s_1 + \cdots + s_N}{N+1}$$

und beweise die Identität

$$\sigma_N(f; x) = \frac{1}{2\pi} \int_{-\pi}^{\pi} f(x-t) K_N(t)\,dt.$$

Damit beweise man den Fejérschen Satz:
Ist f stetig mit Periode 2π, dann konvergiert $\sigma_N(f; x) \to f(x)$ gleichmäßig auf $[-\pi, \pi]$.
Hinweis: Man verwende die Eigenschaften (a), (b) und (c) und verfahre wie in Satz 7.26.

16. Man beweise die folgende punktweise Version des Fejérschen Satzes:
Existieren für $f \in \mathcal{R}$ die einseitigen Grenzwerte $f(x+), f(x-)$ für ein x, dann gilt

$$\lim_{N\to\infty} \sigma_N(f; x) = \frac{1}{2}[f(x+) + f(x-)].$$

17. Sei f beschränkt und monoton auf $[-\pi, \pi)$ mit Fourier-Koeffizienten c_n, wie durch (8.62) gegeben.

(a) Man beweise unter Verwendung der Übungsaufgabe 17 in Kapitel 6, dass $\{nc_n\}$ eine beschränkte Folge ist.

(b) Aus (a) in Verbindung mit Übungsaufgabe 16 und Übungsaufgabe 14 (e) in Kapitel 3 leite man die Beziehung

$$\lim_{N\to\infty} s_N(f; x) = \frac{1}{2}[f(x+) + f(x-)]$$

für jedes x her.

(c) Fordert man nur, dass $f \in \mathcal{R}$ auf $[-\pi, \pi]$ und monoton in einem Segment $(\alpha, \beta) \subset [-\pi, \pi]$ ist, so beweise man (b) für jedes $x \in (\alpha, \beta)$.

(Dies ist eine Anwendung des Lokalisierungssatzes.)

18. Man definiere

$$f(x) = x^3 - \sin^2 x \tan x, \quad g(x) = 2x^2 - \sin^2 x - x \tan x.$$

Für jede dieser beiden Funktionen entscheide man, ob sie positiv oder negativ für alle $x \in (0, \pi/2)$ ist oder ob sich ihr Vorzeichen ändert. Man beweise die Antwort.

19. Sei f eine stetige Funktion auf $\mathbb{R}^1$ mit $f(x + 2\pi) = f(x)$, und sei α/π irrational. Beweise, dass

$$\lim_{N \to \infty} \frac{1}{N} \sum_{n=1}^{N} f(x + n\alpha) = \frac{1}{2\pi} \int_{-\pi}^{\pi} f(t)\,dt$$

für jedes x gilt.

Hinweis: Man führe den Beweis zunächst für $f(x) = e^{ikx}$ durch.

20. Die folgende einfache Rechnung ermöglicht eine gute Approximation der Stirlingschen Formel:

Für $m = 1, 2, 3, \dots$ definiere man

$$f(x) = (m + 1 - x) \log m + (x - m) \log(m + 1),$$

falls $m \le x \le m + 1$ ist; ferner definiere man

$$g(x) = \frac{x}{m} - 1 + \log m,$$

falls $m - \frac{1}{2} \le x < m + \frac{1}{2}$ ist. Man stelle f und g graphisch dar. Beachte, dass $f(x) \le \log x \le g(x)$ für $x \ge 1$ gilt und dass

$$\int_{1}^{n} f(x)\,dx = \log(n!) - \frac{1}{2} \log n > -\frac{1}{8} + \int_{1}^{n} g(x)\,dx$$

gilt. Man integriere $\log x$ über $[1, n]$ und leite die Abschätzung

$$\frac{7}{8} < \log(n!) - (n + \frac{1}{2}) \log n + n < 1$$

für $n = 2, 3, 4, \dots$ ab. (*Beachte:* $\log \sqrt{2\pi} \approx 0.918 \dots$.) Somit ist

$$e^{7/8} < \frac{n!}{(n/e)^n \sqrt{n}} < e.$$

21. Sei

$$L_n = \frac{1}{2\pi} \int_{-\pi}^{\pi} |D_n(t)| \, dt \quad (n = 1, 2, 3, \ldots).$$

Man beweise, dass es eine Konstante $C > 0$ gibt mit

$$L_n > C \log n \quad (n = 1, 2, 3, \ldots)$$

oder präziser, dass die Folge

$$\left\{ L_n - \frac{4}{\pi^2} \log n \right\}$$

beschränkt ist.

22. Man beweise für α reell und $-1 < x < 1$ den Newtonschen Binomialsatz

$$(1 + x)^{\alpha} = 1 + \sum_{n=1}^{\infty} \frac{\alpha(\alpha - 1) \cdots (\alpha - n + 1)}{n!} x^n.$$

Hinweis: Die rechte Seite sei mit $f(x)$ bezeichnet. Man beweise die Konvergenz der Reihe. Man beweise ferner die Beziehung

$$(1 + x)f'(x) = \alpha f(x)$$

und löse diese Differentialgleichung.

Man zeige auch, dass

$$(1 - x)^{-\alpha} = \sum_{n=0}^{\infty} \frac{\Gamma(n + \alpha)}{n! \, \Gamma(\alpha)} x^n$$

für $-1 < x < 1$ und $\alpha > 0$ gilt.

23. Sei γ eine stetig differenzierbare, *geschlossene* Kurve in der komplexen Ebene mit Parameterintervall $[a, b]$, und sei $\gamma(t) \neq 0$ für jedes $t \in [a, b]$. Der *Index* von γ wird durch

$$\mathrm{Ind}\,(\gamma) = \frac{1}{2\pi i} \int_{a}^{b} \frac{\gamma'(t)}{\gamma(t)} \, dt$$

definiert. Man beweise, dass $\mathrm{Ind}\,(\gamma)$ stets eine ganze Zahl ist.

Hinweis: Es gibt ein φ auf $[a, b]$ mit $\varphi' = \gamma'/\gamma$ und $\varphi(a) = 0$. Also ist $\gamma \exp(-\varphi)$ konstant. Wegen $\gamma(a) = \gamma(b)$ folgt $\exp \varphi(b) = \exp \varphi(a) = 1$. Beachte, dass $\varphi(b) = 2\pi i \, \mathrm{Ind}\,(\gamma)$ ist.

Man berechne $\mathrm{Ind}\,(\gamma)$ für $\gamma(t) = e^{int}$, $a = 0$, $b = 2\pi$ und erkläre, warum $\mathrm{Ind}\,(\gamma)$ häufig die *Windungszahl* von γ um 0 genannt wird.

24. Sei γ wie in Übungsaufgabe 23, und sei zusätzlich angenommen, dass das Bild von γ die negative reelle Achse nicht schneidet. Man beweise, dass $\mathrm{Ind}\,(\gamma) = 0$ gilt.
Hinweis: Für $0 \leq c < \infty$ ist $\mathrm{Ind}\,(\gamma + c)$ eine stetige Funktion von c mit ganzzahligen Werten. Ferner gilt $\mathrm{Ind}\,(\gamma + c) \to 0$ für $c \to \infty$.

25. Seien γ_1 und γ_2 Kurven wie in Übungsaufgabe 23, und sei

$$|\gamma_1(t) - \gamma_2(t)| < |\gamma_1(t)| \quad (a \leq t \leq b).$$

Man beweise, dass $\mathrm{Ind}\,(\gamma_1) = \mathrm{Ind}\,(\gamma_2)$ gilt.
Hinweis: Setze $\gamma = \gamma_2/\gamma_1$. Dann ist $|1 - \gamma| < 1$, also $\mathrm{Ind}\,(\gamma) = 0$ nach Übungsaufgabe 24. Ferner gilt

$$\frac{\gamma'}{\gamma} = \frac{\gamma_2'}{\gamma_2} - \frac{\gamma_1'}{\gamma_1}.$$

26. Sei γ eine *geschlossene* Kurve in der komplexen Ebene (nicht notwendigerweise differenzierbar) mit Parameterintervall $[0, 2\pi]$ und es gelte $\gamma(t) \neq 0$ für jedes $t \in [0, 2\pi]$.
Man wähle $\delta > 0$ so, dass $|\gamma(t)| > \delta$ für alle $t \in [0, 2\pi]$ gilt. Sind P_1 und P_2 trigonometrische Polynome mit $|P_j(t) - \gamma(t)| < \delta/4$ für alle $t \in [0, 2\pi]$ (die Existenz von P_1 und P_2 wird durch Satz 8.15 gewährleistet), so beweise man unter Verwendung von Übungsaufgabe 25, dass

$$\mathrm{Ind}\,(P_1) = \mathrm{Ind}\,(P_2).$$

Dieser gemeinsame Wert sei als $\mathrm{Ind}\,(\gamma)$ definiert. Man beweise, dass die Aussagen der Übungsaufgaben 24 und 25 ohne die Voraussetzung der Differenzierbarkeit wahr sind.

27. Sei f eine stetige komplexe Funktion, definiert in der komplexen Ebene. Angenommen, es gäbe eine natürliche Zahl n und eine komplexe Zahl $c \neq 0$ mit

$$\lim_{|z| \to \infty} z^{-n} f(z) = c.$$

Man beweise, dass $f(z) = 0$ für wenigstens eine komplexe Zahl z gilt.
Man beachte, dass dies eine Verallgemeinerung des Satzes 8.8 ist.
Hinweis: Angenommen, es gelte $f(z) \neq 0$ für alle z. Man definiere

$$\gamma_r(t) = f(re^{it}) \quad \text{für } 0 \leq r < \infty,\ 0 \leq t \leq 2\pi$$

und beweise die folgenden Aussagen über die Kurven γ_r:
(a) $\mathrm{Ind}\,(\gamma_0) = 0$,
(b) $\mathrm{Ind}\,(\gamma_r) = n$ für alle hinreichend großen r,
(c) $\mathrm{Ind}\,(\gamma_r)$ ist eine stetige Funktion von r auf $[0, \infty)$.

[In (b) und (c) verwende man den letzten Teil der Übungsaufgabe 26.]

Man zeige, dass (a), (b) und (c) zu einem Widerspruch führen, da $n > 0$ ist.

28. Sei $\overline{D}$ die abgeschlossene Einheitskreisscheibe in der komplexen Ebene (d. h., $z \in \overline{D}$ gilt genau dann, wenn $|z| \leq 1$). Sei g eine stetige Abbildung von $\overline{D}$ in den Einheitskreis T (d. h. $|g(z)| = 1$ für jedes $z \in \overline{D}$).

Man beweise, dass $g(z) = -z$ für wenigstens ein $z \in T$ gilt.

Hinweis: Für $0 \leq r \leq 1$, $0 \leq t \leq 2\pi$ setze man

$$\gamma_r(t) = g(re^{it}) \quad \text{und} \quad \psi(t) = e^{-it}\gamma_1(t).$$

Ist $g(z) \neq -z$ für jedes $z \in T$, dann ist $\psi(t) \neq -1$ für jedes $t \in [0, 2\pi]$. Nach den Übungsaufgaben 24 und 26 folgt Ind $(\psi) = 0$ und daraus Ind $(\gamma_1) = 1$. Es gilt aber Ind $(\gamma_0) = 0$. Man führe wie in Übungsaufgabe 27 einen Widerspruch herbei.

29. Man beweise, dass jede stetige Abbildung f von $\overline{D}$ in $\overline{D}$ einen Fixpunkt in $\overline{D}$ hat. (Dies ist der zweidimensionale Fall des Brouwerschen Fixpunktsatzes.)

Hinweis: Man nehme $f(z) \neq z$ für jedes $z \in \overline{D}$ an und ordne jedem $z \in \overline{D}$ den Punkt $g(z) \in T$ zu, der auf dem Strahl liegt, der bei $f(z)$ beginnt und durch z läuft. Dann ist g eine Abbildung von $\overline{D}$ in T mit $g(z) = z$ für $z \in T$, und g ist stetig. Denn es gilt

$$g(z) = z - s(z)[f(z) - z],$$

wobei $s(z)$ die einzige nichtnegative Wurzel einer bestimmten quadratischen Gleichung ist, deren Koeffizienten stetige Funktionen von f und z sind. Man wende Übungsaufgabe 28 an.

30. Man beweise mit Hilfe der Stirlingschen Formel, dass

$$\lim_{x \to \infty} \frac{\Gamma(x + c)}{x^c \Gamma(x)} = 1$$

für jede reelle Konstante c gilt.

31. Im Beweis von Satz 7.26 wurde gezeigt, dass

$$\int_{-1}^{1} (1 - x^2)^n \, dx \geq \frac{4}{3\sqrt{n}}$$

für $n = 1, 2, 3 \ldots$ gilt. Man verwende Satz 8.20 und Übungsaufgabe 30, um das präzisere Ergebnis

$$\lim_{n \to \infty} \sqrt{n} \int_{-1}^{1} (1 - x^2)^n \, dx = \sqrt{\pi}$$

zu beweisen.

9 Funktionen mehrerer Variablen

Lineare Abbildungen

Wir beginnen dieses Kapitel mit einer Erörterung von Vektoren im euklidischen Raum $\mathbb{R}^n$. Die hier dargestellten algebraischen Tatsachen lassen sich ohne Änderung auch auf endlich-dimensionale Vektorräume über einem beliebigen Skalarkörper übertragen. Für unsere Zwecke ist es allerdings nicht erforderlich, über die uns vertrauten euklidischen Räume hinauszugehen.

9.1 Definitionen.

(a) Eine nichtleere Menge $X \subset \mathbb{R}^n$ ist ein *Vektorraum*, wenn $\mathbf{x} + \mathbf{y} \in X$ und $c\mathbf{x} \in X$ für alle $\mathbf{x} \in X$, $\mathbf{y} \in X$ und für alle Skalare c gilt.

(b) Sind $\mathbf{x}_1, \ldots, \mathbf{x}_k \in \mathbb{R}^n$ und $c_1, \ldots, c_k$ Skalare, so wird der Vektor

$$c_1 \mathbf{x}_1 + \cdots + c_k \mathbf{x}_k$$

eine *Linearkombination* von $\mathbf{x}_1, \ldots, \mathbf{x}_k$ genannt. Sei $S \subset \mathbb{R}^n$, und sei E die Menge aller Linearkombinationen von Elementen von S. Dann sagt man, *S spanne E auf* oder *E sei der von S erzeugte Vektorraum*.

Man mache sich klar, dass E tatsächlich ein Vektorraum ist.

(c) Man nennt eine Menge von Vektoren $\mathbf{x}_1, \ldots, \mathbf{x}_k$ (wir verwenden die Notation $\{\mathbf{x}_1, \ldots, \mathbf{x}_k\}$ für eine solche Menge) *linear unabhängig*, wenn die Relation $c_1 \mathbf{x}_1 + \cdots + c_k \mathbf{x}_k = \mathbf{0}$ impliziert, dass $c_1 = \cdots = c_k = 0$ gilt. Andernfalls nennt man $\{\mathbf{x}_1, \ldots, \mathbf{x}_k\}$ *linear abhängig*.

Man beachte, dass keine linear unabhängige Menge den Nullvektor enthält.

(d) Existiert in einem Vektorraum X eine linear unabhängige Menge von r Vektoren, jedoch keine linear unabhängige Menge von $r + 1$ Vektoren, so sagt man, X habe die *Dimension r* und schreibt: $\dim X = r$.

Die Menge, die nur aus $\mathbf{0}$ besteht, ist ein Vektorraum; seine Dimension ist 0.

(e) Eine linear unabhängige Teilmenge eines Vektorraums X, die X aufspannt, heißt eine *Basis* von X.

Ist $B = \{\mathbf{x}_1, \ldots, \mathbf{x}_r\}$ eine Basis von X, so ist jedes $\mathbf{x} \in X$ auf genau eine Weise in der Form $\mathbf{x} = \sum c_j \mathbf{x}_j$ darstellbar. Die Existenz einer solchen Darstellung ist eine Folge der Tatsache, dass X von B aufgespannt wird, und die Eindeutigkeit wird durch die lineare Unabhängigkeit von B garantiert. Die Zahlen $c_1, \ldots, c_r$ heißen die *Koordinaten* von $\mathbf{x}$ bezüglich der Basis B.

Das wohl bekannteste Beispiel einer Basis ist die Menge $\{\mathbf{e}_1, \ldots, \mathbf{e}_n\}$, wobei $\mathbf{e}_j$ der Vektor in $\mathbb{R}^n$ ist, dessen j-te Koordinate 1 ist und dessen übrige Koordinaten alle 0 sind. Für $\mathbf{x} = (x_1, \ldots, x_n) \in \mathbb{R}^n$ gilt $\mathbf{x} = \sum x_j \mathbf{e}_j$. Wir nennen $\{\mathbf{e}_1, \ldots, \mathbf{e}_n\}$ die *Standardbasis* von $\mathbb{R}^n$.

https://doi.org/10.1515/9783110750430-009

9.2 Satz. *Sei r eine natürliche Zahl. Wird ein Vektorraum X durch eine Menge von r Vektoren aufgespannt, dann gilt* dim $X \le r$.

Beweis. Ist diese Behauptung falsch, so gibt es einen Vektorraum X, der eine linear unabhängige Menge $Q = \{\mathbf{y}_1, \dots, \mathbf{y}_{r+1}\}$ enthält und der durch eine Menge S_0, bestehend aus r Vektoren, aufgespannt wird.

Sei $0 \le i < r$, und sei eine Menge S_i konstruiert, die X aufspannt und die aus allen $\mathbf{y}_j$ mit $1 \le j \le i$ und aus $r - i$ Vektoren aus S_0, etwa $\mathbf{x}_1, \dots, \mathbf{x}_{r-i}$ besteht. (Anders formuliert: Man erhält S_i aus S_0, indem man i Vektoren aus S_0 durch solche aus Q ersetzt, ohne den erzeugten Vektorraum zu verändern.) Da X von S_i aufgespannt wird, liegt $\mathbf{y}_{i+1}$ in dem von S_i aufgespannten Raum. Also gibt es Skalare $a_1, \dots, a_{i+1}$ und $b_1, \dots, b_{r-i}$ mit $a_{i+1} = 1$ derart, dass

$$\sum_{j=1}^{i+1} a_j \mathbf{y}_j + \sum_{k=1}^{r-i} b_k \mathbf{x}_k = \mathbf{0}$$

gilt. Wären hier alle $b_k = 0$, so würde die Unabhängigkeit von Q zwangsläufig dazu führen, dass alle a_j null sind – ein Widerspruch. Daraus folgt, dass ein $\mathbf{x}_k \in S_i$ eine Linearkombination der übrigen Vektoren von $T_i = S_i \cup \{\mathbf{y}_{i+1}\}$ ist. Man lasse dieses $\mathbf{x}_k$ aus T_i weg und nenne die Restmenge S_{i+1}. Dann spannt S_{i+1} dieselbe Menge wie T_i auf, nämlich X, so dass S_{i+1} die für S_i geforderten Eigenschaften mit $i+1$ anstelle von i hat.

Wir beginnen mit S_0 und konstruieren, wie oben, Mengen $S_1, \dots, S_r$. Die letzte dieser Mengen besteht aus $\mathbf{y}_1, \dots, \mathbf{y}_r$, und unsere Konstruktion zeigt, dass sie X aufspannt. Aber Q ist linear unabhängig; also liegt $\mathbf{y}_{r+1}$ nicht in dem von S_r aufgespannten Raum. Dieser Widerspruch beweist den Satz. □

Korollar. dim $\mathbb{R}^n = n$.

Beweis. Da $\mathbb{R}^n$ von $\{\mathbf{e}_1, \dots, \mathbf{e}_n\}$ aufgespannt wird, zeigt der Satz, dass dim $\mathbb{R}^n \le n$ gilt. Da $\{\mathbf{e}_1, \dots, \mathbf{e}_n\}$ linear unabhängig ist, gilt andererseits dim $\mathbb{R}^n \ge n$. □

9.3 Satz. *Sei X ein Vektorraum, und sei* dim $X = m$.
(a) *Eine Menge E von m Vektoren in X spannt X genau dann auf, wenn E linear unabhängig ist.*
(b) *X hat eine Basis, und jede Basis besteht aus m Vektoren.*
(c) *Ist $1 \le r \le m$ und ist $\{\mathbf{y}_1, \dots, \mathbf{y}_r\}$ eine linear unabhängige Menge in X, dann hat X eine Basis, die $\{\mathbf{y}_1, \dots, \mathbf{y}_r\}$ enthält.*

Beweis. Sei $E = \{\mathbf{x}_1, \dots, \mathbf{x}_m\}$. Wegen dim $X = m$ ist die Menge $\{\mathbf{x}_1, \dots, \mathbf{x}_m, \mathbf{y}\}$ linear abhängig für jedes $\mathbf{y} \in X$. Ist E linear unabhängig, so folgt, dass $\mathbf{y}$ in dem von E aufgespannten Raum liegt. Also wird X von E aufgespannt. Ist umgekehrt E abhängig, so kann eines der Elemente von E weggelassen werden, ohne den aufgespannten Vektorraum zu ändern. Also kann nach Satz 9.2 X nicht durch E aufgespannt werden, womit (a) bewiesen ist.

Wegen $\dim X = m$ enthält X eine linear unabhängige Menge von m Vektoren, und (a) zeigt, dass eine jede solche Menge eine Basis von X ist. Die Behauptung (b) folgt nun aus 9.1 (d) und 9.2.

Um (c) zu beweisen, sei $\{\mathbf{x}_1, \dots, \mathbf{x}_m\}$ eine Basis von X. Die Menge

$$S = \{\mathbf{y}_1, \dots, \mathbf{y}_r, \mathbf{x}_1, \dots, \mathbf{x}_m\}$$

spannt X auf und ist linear abhängig, da sie mehr als m Vektoren enthält. Das im Beweis von Satz 9.2 verwendete Argument zeigt, dass eines der $\mathbf{x}_i$ eine Linearkombination der übrigen Elemente von S ist. Lässt man dieses $\mathbf{x}_i$ aus S weg, so wird X noch durch die Restmenge aufgespannt. Dieser Prozess kann r-mal wiederholt werden und führt nach (a) zu einer Basis von X, die $\{\mathbf{y}_1, \dots, \mathbf{y}_r\}$ enthält. □

9.4 Definitionen. Eine Abbildung A eines Vektorraums X in einen Vektorraum Y wird *lineare Abbildung* genannt, wenn

$$A(\mathbf{x}_1 + \mathbf{x}_2) = A\mathbf{x}_1 + A\mathbf{x}_2, \quad A(c\mathbf{x}) = cA\mathbf{x}$$

für alle $\mathbf{x}, \mathbf{x}_1, \mathbf{x}_2 \in X$ und alle Skalare c gilt. Man beachte, dass man häufig $A\mathbf{x}$ anstelle von $A(\mathbf{x})$ schreibt, wenn A linear ist.

Für jede lineare Abbildung A gilt $A\mathbf{0} = \mathbf{0}$. Man beobachte ferner, dass eine lineare Abbildung A von X in Y vollständig durch ihre Wirkung auf eine beliebige Basis bestimmt ist: Ist $\{\mathbf{x}_1, \dots, \mathbf{x}_m\}$ eine Basis von X, dann hat jedes $\mathbf{x} \in X$ genau eine Darstellung in der Form

$$\mathbf{x} = \sum_{i=1}^{m} c_i \mathbf{x}_i,$$

und die Linearität von A ermöglicht die Berechnung von $A\mathbf{x}$ aus den Vektoren $A\mathbf{x}_1, \dots, A\mathbf{x}_m$ und den Koordinaten $c_1, \dots, c_m$ nach der Formel

$$A\mathbf{x} = \sum_{i=1}^{m} c_i A\mathbf{x}_i.$$

Lineare Abbildungen von X nach X werden oft *lineare Operatoren* auf X genannt. Ist A ein linearer Operator auf X, der (i) injektiv ist und (ii) X auf X abbildet, so sagt man, A sei *invertierbar*. In diesem Fall lässt sich ein Operator A^{-1} auf X definieren durch die Forderung $A^{-1}(A\mathbf{x}) = \mathbf{x}$ für alle $\mathbf{x} \in X$. Es ist trivial zu überprüfen, dass dann auch $A(A^{-1}\mathbf{x}) = \mathbf{x}$ für alle $\mathbf{x} \in X$ gilt und dass A^{-1} linear ist.

Eine wichtige Tatsache über lineare Operatoren auf endlich-dimensionalen Vektorräumen ist, dass jede der oben genannten Bedingungen (i) und (ii) jeweils die andere impliziert. (Beachte, dass die hier betrachteten Vektorräume X stets endlich-dimensional sind wegen $X \subset \mathbb{R}^n$ und $\dim \mathbb{R}^n = n$.)

9.5 Satz. *Ein linearer Operator A auf einem endlich-dimensionalen Vektorraum X ist genau dann injektiv, wenn der Bildbereich von A ganz X ist.*

Beweis. Sei $\{\mathbf{x}_1,\ldots,\mathbf{x}_m\}$ eine Basis von X. Die Linearität von A zeigt, dass der Bildbereich $\mathcal{B}(A)$ von A von der Menge $Q = \{A\mathbf{x}_1,\ldots,A\mathbf{x}_m\}$ aufgespannt wird. Wir folgern daher aus Satz 9.3 (a), dass $\mathcal{B}(A) = X$ genau dann gilt, wenn Q linear unabhängig ist. Es bleibt zu beweisen, dass dies genau dann der Fall ist, wenn A injektiv ist.

Sei A injektiv, und sei $\sum c_i A\mathbf{x}_i = \mathbf{0}$. Dann ist $A(\sum c_i\mathbf{x}_i) = \mathbf{0}$, also $\sum c_i\mathbf{x}_i = \mathbf{0}$ und somit $c_1 = \cdots = c_n = 0$, und wir folgern, dass Q unabhängig ist.

Sei umgekehrt Q unabhängig, und sei $A(\sum c_i\mathbf{x}_i) = \mathbf{0}$. Dann ist $\sum c_i A\mathbf{x}_i = \mathbf{0}$, also $c_1 = \cdots = c_n = 0$, und wir folgern, dass $A\mathbf{x} = \mathbf{0}$ nur für $\mathbf{x} = \mathbf{0}$ gilt. Ist nun $A\mathbf{x} = A\mathbf{y}$, dann ist $A(\mathbf{x} - \mathbf{y}) = A\mathbf{x} - A\mathbf{y} = \mathbf{0}$. Also gilt $\mathbf{x} - \mathbf{y} = \mathbf{0}$, und hieraus folgt die Injektivität von A. $\square$

9.6 Definitionen.

(a) Sei $L(X, Y)$ die Menge aller linearen Abbildungen des Vektorraumes X in den Vektorraum Y. Anstelle von $L(X,X)$ schreiben wir einfach $L(X)$. Sind $A_1, A_2 \in L(X, Y)$ und sind c_1, c_2 Skalare, so definiert man $c_1A_1 + c_2A_2$ durch

$$(c_1A_1 + c_2A_2)\mathbf{x} = c_1A_1\mathbf{x} + c_2A_2\mathbf{x} \quad (\mathbf{x} \in X).$$

Dann ist klar, dass $c_1A_1 + c_2A_2 \in L(X, Y)$ gilt.

(b) Sind X, Y, Z Vektorräume und gilt $A \in L(X, Y)$ und $B \in L(Y, Z)$, dann definieren wir das Produkt BA als die Komposition von A und B:

$$(BA)\mathbf{x} = B(A\mathbf{x}) \quad (\mathbf{x} \in X).$$

Dann ist $BA \in L(X, Z)$.

Man beachte, dass BA nicht identisch mit AB sein muss, selbst dann nicht, wenn $X = Y = Z$ gilt.

(c) Für $A \in L(\mathbb{R}^n, \mathbb{R}^m)$ definiert man die *Norm* $\|A\|$ von A als das Supremum aller Zahlen $|A\mathbf{x}|$, wobei $\mathbf{x}$ über alle Vektoren in $\mathbb{R}^n$ mit $|x| \le 1$ läuft.

Man beachte, dass die Ungleichung

$$|A\mathbf{x}| \le \|A\|\,|\mathbf{x}|$$

für alle $\mathbf{x} \in \mathbb{R}^n$ gilt. Ferner folgt $\|A\| \le \lambda$, wenn λ die Ungleichung $|A\mathbf{x}| \le \lambda|x|$ für alle $\mathbf{x} \in \mathbb{R}^n$ erfüllt.

9.7 Satz.

(a) *Ist $A \in L(\mathbb{R}^n, \mathbb{R}^m)$, dann gilt $\|A\| < \infty$, und A ist eine gleichmäßig stetige Abbildung von $\mathbb{R}^n$ in $\mathbb{R}^m$.*

(b) *Sind $A, B \in L(\mathbb{R}^n, \mathbb{R}^m)$ und ist c ein Skalar, dann gilt*

$$\|A + B\| \le \|A\| + \|B\|, \quad \|cA\| = |c|\,\|A\|.$$

$L(\mathbb{R}^n, \mathbb{R}^m)$ *ist ein metrischer Raum, wobei der Abstand zwischen A und B als* $\|A - B\|$ *definiert ist.*

(c) *Für* $A \in L(\mathbb{R}^n, \mathbb{R}^m)$ *und* $B \in L(\mathbb{R}^m, \mathbb{R}^k)$ *gilt*

$$\|BA\| \le \|B\| \, \|A\|.$$

Beweis.

(a) Sei $\{\mathbf{e}_1, \ldots, \mathbf{e}_n\}$ die Standardbasis in $\mathbb{R}^n$, und sei $\mathbf{x} = \sum c_i \mathbf{e}_i$, $|\mathbf{x}| \le 1$. Dann gilt $|c_i| \le 1$ für $i = 1, \ldots, n$ und daher

$$|A\mathbf{x}| = \left| \sum c_i A\mathbf{e}_i \right| \le \sum |c_i| \, |A\mathbf{e}_i| \le \sum |A\mathbf{e}_i|$$

und

$$\|A\| \le \sum_{i=1}^{n} |A\mathbf{e}_i| < \infty.$$

Aus $|A\mathbf{x} - A\mathbf{y}| \le \|A\| \, |\mathbf{x} - \mathbf{y}|$ für $\mathbf{x}, \mathbf{y} \in \mathbb{R}^n$ schließt man, dass A gleichmäßig stetig ist.

(b) Die Ungleichung in (b) folgt aus

$$|(A + B)\mathbf{x}| = |A\mathbf{x} + B\mathbf{x}| \le |A\mathbf{x}| + |B\mathbf{x}| \le (\|A\| + \|B\|) \, |\mathbf{x}|.$$

Der zweite Teil von (b) wird auf dieselbe Weise bewiesen. Sind

$$A, B, C \in L(\mathbb{R}^n, \mathbb{R}^m),$$

so gilt die Dreiecksungleichung

$$\|A - C\| = \|(A - B) + (B - C)\| \le \|A - B\| + \|B - C\|,$$

und es lässt sich leicht nachprüfen, dass $\|A - B\|$ auch die übrigen Eigenschaften einer Metrik besitzt (Definition 2.15).

(c) Schließlich folgt (c) aus

$$|(BA)\mathbf{x}| = |B(A\mathbf{x})| \le \|B\| \, |A\mathbf{x}| \le \|B\| \, \|A\| \, |\mathbf{x}|. \qquad \square$$

Da wir nun Metriken in den Räumen $L(\mathbb{R}^n, \mathbb{R}^m)$ definiert haben, haben die Begriffe der offenen Menge, Stetigkeit etc. in diesen Räumen einen Sinn. Unser nächster Satz verwendet diese Begriffe.

9.8 Satz. *Sei* Ω *die Menge aller invertierbaren linearen Operatoren auf* $\mathbb{R}^n$.

(a) *Gilt für* $A \in \Omega$, $B \in L(\mathbb{R}^n)$ *die Abschätzung*

$$\|B - A\| \cdot \|A^{-1}\| < 1,$$

so ist $B \in \Omega$.

(b) Ω *ist eine offene Teilmenge von* $L(\mathbb{R}^n)$, *und die Abbildung* $A \mapsto A^{-1}$ *ist stetig auf* Ω. *(Diese Abbildung ist außerdem offensichtlich eine injektive Abbildung von* Ω *auf* Ω, *die zu sich selbst invers ist.)*

Beweis.

(a) Setze $\|A^{-1}\| = 1/\alpha$ und $\|B - A\| = \beta$. Dann ist $\beta < \alpha$. Für jedes $\mathbf{x} \in \mathbb{R}^n$ gilt

$$\alpha|\mathbf{x}| = \alpha|A^{-1}A\mathbf{x}| \le \alpha\|A^{-1}\| \cdot |A\mathbf{x}|$$
$$= |A\mathbf{x}| \le |(A - B)\mathbf{x}| + |B\mathbf{x}| \le \beta|\mathbf{x}| + |B\mathbf{x}|,$$

und daher

$$(\alpha - \beta)|\mathbf{x}| \le |B\mathbf{x}| \quad (\mathbf{x} \in \mathbb{R}^n). \tag{9.1}$$

Wegen $\alpha - \beta > 0$ folgt aus (9.1), dass für $\mathbf{x} \ne \mathbf{0}$ stets $B\mathbf{x} \ne \mathbf{0}$ gilt. Also ist B injektiv. Nach Satz 9.5 ist $B \in \Omega$. Dies gilt für alle B mit $\|B - A\| < \alpha$. Somit erhalten wir (a) und die Tatsache, dass Ω offen ist.

(b) Man ersetze nun in (9.1) $\mathbf{x}$ durch $B^{-1}\mathbf{y}$. Die sich ergebende Ungleichung

$$(\alpha - \beta)|B^{-1}\mathbf{y}| \le |BB^{-1}\mathbf{y}| = |\mathbf{y}| \quad (\mathbf{y} \in \mathbb{R}^n) \tag{9.2}$$

zeigt, dass $\|B^{-1}\| \le (\alpha - \beta)^{-1}$ gilt. Die Gleichheit

$$B^{-1} - A^{-1} = B^{-1}(A - B)A^{-1},$$

verknüpft mit Satz 9.7 (c), liefert daher die Abschätzungen

$$\|B^{-1} - A^{-1}\| \le \|B^{-1}\| \, \|A - B\| \, \|A^{-1}\| \le \frac{\beta}{\alpha(\alpha - \beta)}.$$

Dies beweist die Stetigkeitsaussage in (b), da $\beta \to 0$ für $B \to A$. $\qquad \square$

9.9 Definition (Matrizen). Seien $\{\mathbf{x}_1, \dots, \mathbf{x}_n\}$ und $\{\mathbf{y}_1, \dots, \mathbf{y}_m\}$ Basen von Vektorräumen X bzw. Y. Dann bestimmt jedes $A \in L(X, Y)$ eine Menge von Zahlen a_{ij}, mit denen

$$A\mathbf{x}_j = \sum_{i=1}^{m} a_{ij}\mathbf{y}_i \quad (1 \le j \le n) \tag{9.3}$$

gilt. Es ist zweckmäßig, sich diese Zahlen in einem rechteckigen Schema von m Zeilen und n Spalten, eine *m×n-Matrix* genannt, vorzustellen:

$$[A] = \begin{bmatrix} a_{11} & a_{12} & \cdots & a_{1n} \\ a_{21} & a_{22} & \cdots & a_{2n} \\ \vdots & \vdots & \ddots & \vdots \\ a_{m1} & a_{m2} & \cdots & a_{mn} \end{bmatrix}.$$

Man beachte, dass in der j-ten Spalte von $[A]$ die Koordinaten a_{ij} des Vektors $A\mathbf{x}_j$ (bezüglich der Basis $\{\mathbf{y}_1, \ldots, \mathbf{y}_m\}$) stehen. Die Vektoren $A\mathbf{x}_j$ werden daher manchmal auch die *Spaltenvektoren* von $[A]$ genannt. Mit dieser Terminologie wird *der Bildbereich von A durch die Spaltenvektoren von $[A]$ aufgespannt.*

Ist $\mathbf{x} = \sum c_j \mathbf{x}_j$, dann folgt aus der Linearität von A zusammen mit (9.3), dass

$$A\mathbf{x} = \sum_{i=1}^{m} \left(\sum_{j=1}^{n} a_{ij} c_j \right) \mathbf{y}_i \qquad (9.4)$$

gilt. Somit sind die Koordinaten von $A\mathbf{x}$ durch $\sum_j a_{ij} c_j$ gegeben. Man beachte, dass in (9.3) die Summation über den ersten Index von a_{ij} erfolgt, dass wir aber bei der Berechnung von Koordinaten über den zweiten Index summieren.

Sei nun eine $m{\times}n$-Matrix mit reellen Elementen a_{ij} gegeben. Ist A dann durch (9.4) definiert, so gilt offenbar $A \in L(X, Y)$ und $[A]$ ist die gegebene Matrix. Somit gibt es eine natürliche eineindeutige Korrespondenz zwischen $L(X, Y)$ und der Menge aller reellen $m \times n$-Matrizen. Wir betonen jedoch, dass $[A]$ nicht nur von A, sondern auch von der Wahl der Basen in X und Y abhängt. Dasselbe A kann zu einer Vielzahl verschiedener Matrizen führen, wenn wir die Basen ändern, und umgekehrt. Wir werden dieser Beobachtung nicht weiter nachgehen, da wir gewöhnlich mit fest gewählten Basen arbeiten. (Einige Anmerkungen hierzu finden sich in der Bemerkung 9.37.)

Ist Z ein dritter Vektorraum mit Basis $\{\mathbf{z}_1, \ldots, \mathbf{z}_p\}$, ist A durch (9.3) gegeben und gilt

$$B\mathbf{y}_i = \sum_k b_{ki} \mathbf{z}_k, \quad (BA)\mathbf{x}_j = \sum_k c_{kj} \mathbf{z}_k,$$

dann folgt $A \in L(X, Y)$, $B \in L(Y, Z)$, $BA \in L(X, Z)$ und ferner

$$B(A\mathbf{x}_j) = B \sum_i a_{ij} \mathbf{y}_i = \sum_i a_{ij} B \mathbf{y}_i$$

$$= \sum_i a_{ij} \sum_k b_{ki} \mathbf{z}_k = \sum_k \left(\sum_i b_{ki} a_{ij} \right) \mathbf{z}_k.$$

Wegen der Unabhängigkeit von $\{\mathbf{z}_1, \ldots, \mathbf{z}_p\}$ erhält man daraus die Beziehungen

$$c_{kj} = \sum_i b_{ki} a_{ij} \quad (1 \le k \le p,\ 1 \le j \le n). \qquad (9.5)$$

Dies zeigt, wie die $p{\times}n$-Matrix $[BA]$ aus $[B]$ und $[A]$ berechnet werden kann. Definieren wir das Produkt $[B][A]$ als $[BA]$, dann beschreibt (9.5) die übliche Regel für die Multiplikation von Matrizen.

Seien schließlich $\{\mathbf{x}_1, \ldots, \mathbf{x}_n\}$ und $\{\mathbf{y}_1, \ldots, \mathbf{y}_m\}$ die Standardbasen von $\mathbb{R}^n$ und $\mathbb{R}^m$, und sei A durch (9.4) gegeben. Aus der Schwarzschen Ungleichung folgt

$$|A\mathbf{x}|^2 = \sum_i \left(\sum_j a_{ij} c_j \right)^2 \le \sum_i \left(\sum_j a_{ij}^2 \cdot \sum_j c_j^2 \right) = \sum_{i,j} a_{ij}^2 |\mathbf{x}|^2,$$

und somit

$$\|A\| \le \left(\sum_{i,j} a_{ij}^2\right)^{1/2}. \tag{9.6}$$

Indem wir (9.6) auf $B-A$ anstatt auf A anwenden, wobei A und B in $L(\mathbb{R}^n, \mathbb{R}^m)$ sind, beweisen wir die folgende Aussage:

Sind die Matrixelemente a_{ij} stetige Funktionen eines Parameters, so gilt das gleiche für A.

Präziser formuliert:

Sei S ein metrischer Raum. Sind $a_{11}, \dots, a_{mn}$ stetige reelle Funktionen auf S und ist A_p für jedes $p \in S$ diejenige lineare Abbildung von $\mathbb{R}^n$ in $\mathbb{R}^m$, deren Matrix die Elemente $a_{ij}(p)$ hat, dann ist die Abbildung $p \mapsto A_p$ eine stetige Abbildung von S in $L(\mathbb{R}^n, \mathbb{R}^m)$.

Differentiation

9.10 Vorbemerkungen. Um einen Ableitungsbegriff für Funktionen zu erhalten, deren Definitionsbereich $\mathbb{R}^n$ (oder eine offene Teilmenge von $\mathbb{R}^n$) ist, betrachten wir noch einmal den Fall $n = 1$. Wir wollen die Ableitung in diesem Fall auf eine Weise interpretieren, die sich mühelos auf $n > 1$ ausdehnen lässt.

Ist f eine reelle Funktion mit Definitionsbereich $(a, b) \subset \mathbb{R}^1$ und ist $x \in (a, b)$, dann wird $f'(x)$ gewöhnlich als die reelle Zahl

$$\lim_{h \to 0} \frac{f(x + h) - f(x)}{h} \tag{9.7}$$

definiert, vorausgesetzt natürlich, dass dieser Grenzwert existiert. Somit ist

$$f(x + h) - f(x) = f'(x)\,h + r(h), \tag{9.8}$$

wobei das „Restglied" $r(h)$ klein ist in dem Sinn, dass

$$\lim_{h \to 0} \frac{r(h)}{h} = 0. \tag{9.9}$$

Man beachte, dass (9.8) die Differenz $f(x + h) - f(x)$ darstellt als Summe der *linearen Funktion*, die h nach $f'(x)\,h$ abbildet, und einem kleinen Restglied.

Wir können daher die Ableitung von f an der Stelle x anstatt als reelle Zahl auch als den linearen Operator auf $\mathbb{R}^1$ ansehen, der h nach $f'(x)\,h$ abbildet.

(Man beachte, dass jede reelle Zahl α einen linearen Operator auf $\mathbb{R}^1$ definiert – der betreffende Operator ist einfach die Multiplikation mit α. Umgekehrt ist jede lineare Funktion von $\mathbb{R}^1$ nach $\mathbb{R}^1$ eine Multiplikation mit einer reellen Zahl. Diese natürliche eineindeutige Beziehung zwischen $\mathbb{R}^1$ und $L(\mathbb{R}^1)$ begründet die vorherigen Überlegungen.)

Betrachten wir als nächstes eine Funktion **f**, die $(a, b) \subset \mathbb{R}^1$ in $\mathbb{R}^m$ abbildet. In diesem Fall war **f**′(x) als derjenige Vektor **y** ∈ $\mathbb{R}^m$ (falls existent) definiert, für den

$$\lim_{h \to 0} \left(\frac{\mathbf{f}(x + h) - \mathbf{f}(x)}{h} - \mathbf{y} \right) = \mathbf{0} \tag{9.10}$$

gilt. Dies lässt sich auch hier in die Form

$$\mathbf{f}(x + h) - \mathbf{f}(x) = h\mathbf{y} + \mathbf{r}(h) \tag{9.11}$$

umschreiben, wobei $\mathbf{r}(h)/h \to \mathbf{0}$ für $h \to 0$. Der Hauptterm auf der rechten Seite von (9.11) ist wieder eine *lineare* Funktion von h. Jedes **y** ∈ $\mathbb{R}^m$ induziert eine lineare Abbildung von $\mathbb{R}^1$ nach $\mathbb{R}^m$, die jedem $h \in \mathbb{R}^1$ den Vektor $h\mathbf{y} \in \mathbb{R}^m$ zuordnet. Diese Identifizierung von $\mathbb{R}^m$ mit $L(\mathbb{R}^1, \mathbb{R}^m)$ gestattet es uns, **f**′(x) als ein Element von $L(\mathbb{R}^1, \mathbb{R}^m)$ zu betrachten.

Somit ist für eine differenzierbare Abbildung **f** von $(a, b) \subset \mathbb{R}^1$ nach $\mathbb{R}^m$ die Ableitung **f**′(x) an der Stelle $x \in (a, b)$ diejenige lineare Abbildung von $\mathbb{R}^1$ nach $\mathbb{R}^m$, die

$$\lim_{h \to 0} \frac{\mathbf{f}(x + h) - \mathbf{f}(x) - \mathbf{f}'(x)\,h}{h} = \mathbf{0} \tag{9.12}$$

erfüllt oder, äquivalent dazu

$$\lim_{h \to 0} \frac{|\mathbf{f}(x + h) - \mathbf{f}(x) - \mathbf{f}'(x)\,h|}{|h|} = 0. \tag{9.13}$$

Wir wenden uns nun dem Fall $n > 1$ zu.

9.11 Definition. Sei E eine offene Menge in $\mathbb{R}^n$, **f** bilde E nach $\mathbb{R}^m$ ab, und sei **x** ∈ E. Existiert eine lineare Abbildung A von $\mathbb{R}^n$ in $\mathbb{R}^m$ derart, dass

$$\lim_{\mathbf{h} \to \mathbf{0}} \frac{|\mathbf{f}(\mathbf{x} + \mathbf{h}) - \mathbf{f}(\mathbf{x}) - A\mathbf{h}|}{|\mathbf{h}|} = 0 \tag{9.14}$$

gilt, so sagt man, **f** sei an der Stelle **x** *differenzierbar* und schreibt

$$\mathbf{f}'(\mathbf{x}) = A. \tag{9.15}$$

Ist **f** an jeder Stelle **x** ∈ E differenzierbar, so sagt man, **f** sei *differenzierbar in E*.

In (9.14) ist natürlich **h** ∈ $\mathbb{R}^n$. Ist |**h**| hinreichend klein, dann ist **x** + **h** ∈ E, da E offen ist. Somit ist **f**(**x** + **h**) definiert und **f**(**x** + **h**) ∈ $\mathbb{R}^m$. Ferner ist $A\mathbf{h} \in \mathbb{R}^m$ wegen $A \in L(\mathbb{R}^n, \mathbb{R}^m)$. Also folgt

$$\mathbf{f}(\mathbf{x} + \mathbf{h}) - \mathbf{f}(\mathbf{x}) - A\mathbf{h} \in \mathbb{R}^m.$$

Die Norm im Zähler von (9.14) ist die von $\mathbb{R}^m$. Im Nenner haben wir die $\mathbb{R}^n$-Norm von **h**. Bevor wir fortfahren, müssen wir uns mit der naheliegenden Eindeutigkeitsfrage befassen.

9.12 Satz. *E und f seien wie in Definition 9.11 gegeben. Ferner sei* $\mathbf{x} \in E$*, und (9.14) gelte für* $A = A_1$ *und* $A = A_2$*. Dann ist* $A_1 = A_2$*.*

Beweis. Setze $B = A_1 - A_2$. Die Ungleichung

$$|B\mathbf{h}| \le |\mathbf{f}(\mathbf{x} + \mathbf{h}) - \mathbf{f}(\mathbf{x}) - A_1\mathbf{h}| + |\mathbf{f}(\mathbf{x} + \mathbf{h}) - \mathbf{f}(\mathbf{x}) - A_2\mathbf{h}|$$

zeigt, dass $|B\mathbf{h}|/|\mathbf{h}| \to 0$ für $\mathbf{h} \to \mathbf{0}$. Für ein fest gewähltes $\mathbf{h} \ne \mathbf{0}$ folgt

$$\frac{|B(t\mathbf{h})|}{|t\mathbf{h}|} \to 0 \quad \text{für } t \to 0. \tag{9.16}$$

Wegen der Linearität von B ist die linke Seite von (9.16) von t unabhängig. Somit gilt $B\mathbf{h} = \mathbf{0}$ für jedes $\mathbf{h} \in \mathbb{R}^n$ und damit $B = \mathbf{0}$. □

9.13 Bemerkungen.

(a) Die Relation (9.14) kann in die Form

$$\mathbf{f}(\mathbf{x} + \mathbf{h}) - \mathbf{f}(\mathbf{x}) = \mathbf{f}'(\mathbf{x})\,\mathbf{h} + \mathbf{r}(\mathbf{h}) \tag{9.17}$$

umgeschrieben werden, wobei für das Restglied $\mathbf{r}(\mathbf{h})$

$$\lim_{\mathbf{h} \to \mathbf{0}} \frac{|\mathbf{r}(\mathbf{h})|}{|\mathbf{h}|} = 0 \tag{9.18}$$

gilt. Wie in Abschnitt 9.10 lässt sich (9.17) dahingehend interpretieren, dass für fest gewähltes $\mathbf{x}$ und kleines $\mathbf{h}$ die linke Seite von (9.17) annähernd gleich $\mathbf{f}'(\mathbf{x})\,\mathbf{h}$ ist, d. h. gleich dem Wert einer linearen Abbildung, angewandt auf $\mathbf{h}$.

(b) Seien $\mathbf{f}$ und E wie in Definition 9.11, und sei $\mathbf{f}$ in E differenzierbar. Für jedes $\mathbf{x} \in E$ ist dann $\mathbf{f}'(\mathbf{x})$ eine Funktion, nämlich eine lineare Abbildung von $\mathbb{R}^n$ in $\mathbb{R}^m$. Aber $\mathbf{f}'$ ist ebenfalls eine Funktion: $\mathbf{f}'$ bildet E in $L(\mathbb{R}^n, \mathbb{R}^m)$ ab.

(c) Ein kurzer Blick auf (9.17) zeigt, dass $\mathbf{f}$ an jeder Stelle stetig ist, an der $\mathbf{f}$ differenzierbar ist.

(d) Die durch (9.14) oder (9.17) definierte Ableitung wird häufig das *Differential* von $\mathbf{f}$ an der Stelle $\mathbf{x}$ oder die *totale Ableitung* von $\mathbf{f}$ an der Stelle $\mathbf{x}$ genannt, um sie von den partiellen Ableitungen, die später auftreten werden, zu unterscheiden.

9.14 Beispiel. Wir haben Ableitungen von Funktionen, die $\mathbb{R}^n$ nach $\mathbb{R}^m$ abbilden, als lineare Abbildungen von $\mathbb{R}^n$ in $\mathbb{R}^m$ definiert. Wie lautet die Ableitung einer solchen linearen Abbildung? Die Antwort ist sehr einfach.

Für $A \in L(\mathbb{R}^n, \mathbb{R}^m)$ und $\mathbf{x} \in \mathbb{R}^n$ ist

$$A'(\mathbf{x}) = A. \tag{9.19}$$

Man beachte, dass $\mathbf{x}$ auf der linken Seite von (9.19) auftritt, nicht aber auf der rechten. Beide Seiten von (9.19) sind Elemente von $L(\mathbb{R}^n, \mathbb{R}^m)$, wohingegen $A\mathbf{x} \in \mathbb{R}^m$ gilt.

Der Beweis von (9.19) ist trivial, da wegen der Linearität von A

$$A(\mathbf{x} + \mathbf{h}) - A\mathbf{x} = A\mathbf{h} \tag{9.20}$$

gilt. Mit $\mathbf{f}(\mathbf{x}) = A\mathbf{x}$ ist der Zähler in (9.14) somit 0 für jedes $\mathbf{h} \in \mathbb{R}^n$. In (9.17) ist $\mathbf{r}(\mathbf{h}) = \mathbf{0}$.

Wir erweitern nun die Kettenregel (Satz 5.5) auf die vorliegende Situation.

9.15 Satz. *Sei E eine offene Menge in $\mathbb{R}^n$, $\mathbf{f}$ bilde E nach $\mathbb{R}^m$ ab, $\mathbf{f}$ sei differenzierbar an der Stelle $\mathbf{x}_0 \in E$, $\mathbf{g}$ bilde eine offene Menge, die $\mathbf{f}(E)$ enthält, nach $\mathbb{R}^k$ ab, und $\mathbf{g}$ sei an der Stelle $\mathbf{f}(\mathbf{x}_0)$ differenzierbar. Dann ist die Abbildung $\mathbf{F}$ von E in $\mathbb{R}^k$, definiert durch*

$$\mathbf{F}(\mathbf{x}) = \mathbf{g}(\mathbf{f}(\mathbf{x})),$$

an der Stelle $\mathbf{x}_0$ differenzierbar, und es gilt

$$\mathbf{F}'(\mathbf{x}_0) = \mathbf{g}'(\mathbf{f}(\mathbf{x}_0))\,\mathbf{f}'(\mathbf{x}_0). \tag{9.21}$$

Hierbei steht auf der rechten Seite von (9.21) das Produkt zweier linearer Abbildungen, wie in Definition 9.6 erklärt.

Beweis. Man setze $\mathbf{y}_0 = \mathbf{f}(\mathbf{x}_0)$, $A = \mathbf{f}'(\mathbf{x}_0)$, $B = \mathbf{g}'(\mathbf{y}_0)$ und definiere

$$\mathbf{u}(\mathbf{h}) = \mathbf{f}(\mathbf{x}_0 + \mathbf{h}) - \mathbf{f}(\mathbf{x}_0) - A\mathbf{h}, \quad \mathbf{v}(\mathbf{k}) = \mathbf{g}(\mathbf{y}_0 + \mathbf{k}) - \mathbf{g}(\mathbf{y}_0) - B\mathbf{k}$$

für alle $\mathbf{h} \in \mathbb{R}^n$ und $\mathbf{k} \in \mathbb{R}^m$, für die $\mathbf{f}(\mathbf{x}_0 + \mathbf{h})$ und $\mathbf{g}(\mathbf{y}_0 + \mathbf{k})$ definiert sind. Dann gilt

$$|\mathbf{u}(\mathbf{h})| = \varepsilon(\mathbf{h})\,|\mathbf{h}|, \quad |\mathbf{v}(\mathbf{k})| = \eta(\mathbf{k})\,|\mathbf{k}|, \tag{9.22}$$

wobei $\varepsilon(\mathbf{h}) \to 0$ für $\mathbf{h} \to \mathbf{0}$ und $\eta(\mathbf{k}) \to 0$ für $\mathbf{k} \to \mathbf{0}$.

Zu vorgegebenem $\mathbf{h}$ setze man $\mathbf{k} = \mathbf{f}(\mathbf{x}_0 + \mathbf{h}) - \mathbf{f}(\mathbf{x}_0)$. Dann folgt

$$|\mathbf{k}| = |A\mathbf{h} + \mathbf{u}(\mathbf{h})| \le [\|A\| + \varepsilon(\mathbf{h})]\,|\mathbf{h}| \tag{9.23}$$

und

$$\begin{aligned}
\mathbf{F}(\mathbf{x}_0 + \mathbf{h}) - \mathbf{F}(\mathbf{x}_0) - BA\mathbf{h} &= \mathbf{g}(\mathbf{y}_0 + \mathbf{k}) - \mathbf{g}(\mathbf{y}_0) - BA\mathbf{h} \\
&= B(\mathbf{k} - A\mathbf{h}) + \mathbf{v}(\mathbf{k}) \\
&= B\mathbf{u}(\mathbf{h}) + \mathbf{v}(\mathbf{k}).
\end{aligned}$$

Für $\mathbf{h} \ne \mathbf{0}$ folgt also aus (9.22) und (9.23)

$$\frac{|\mathbf{F}(\mathbf{x}_0 + \mathbf{h}) - \mathbf{F}(\mathbf{x}_0) - BA\mathbf{h}|}{|\mathbf{h}|} \le \|B\|\,\varepsilon(\mathbf{h}) + [\|A\| + \varepsilon(\mathbf{h})]\,\eta(\mathbf{k}).$$

Lässt man nun $\mathbf{h}$ gegen $\mathbf{0}$ streben, so geht $\varepsilon(\mathbf{h})$ gegen 0 und nach (9.23) strebt auch $\mathbf{k}$ gegen $\mathbf{0}$. Folglich strebt $\eta(\mathbf{k})$ gegen 0, und es folgt $\mathbf{F}'(\mathbf{x}_0) = BA$, d. h., es gilt die Behauptung (9.21). $\qquad\square$

9.16 Definition (Partielle Ableitungen). Wir betrachten wieder eine Funktion **f**, die eine offene Teilmenge $E \subset \mathbb{R}^n$ in $\mathbb{R}^m$ abbildet. Seien $\{\mathbf{e}_1, \dots, \mathbf{e}_n\}$ und $\{\mathbf{u}_1, \dots, \mathbf{u}_m\}$ die Standardbasen von $\mathbb{R}^n$ und $\mathbb{R}^m$. Die *Komponenten* von **f** sind die reellen Funktionen $f_1, \dots, f_m$, die definiert sind durch

$$\mathbf{f}(\mathbf{x}) = \sum_{i=1}^{m} f_i(\mathbf{x}) \, \mathbf{u}_i \quad (\mathbf{x} \in E), \tag{9.24}$$

oder, was äquivalent dazu ist, durch $f_i(\mathbf{x}) = \mathbf{f}(\mathbf{x}) \cdot \mathbf{u}_i$, $1 \leq i \leq m$.

Für $\mathbf{x} \in E$, $1 \leq i \leq m$ und $1 \leq j \leq n$ definieren wir

$$(D_j f_i)(\mathbf{x}) = \lim_{t \to 0} \frac{f_i(\mathbf{x} + t\mathbf{e}_j) - f_i(\mathbf{x})}{t}, \tag{9.25}$$

vorausgesetzt, dieser Grenzwert existiert. Schreiben wir $f_i(x_1, \dots, x_n)$ anstelle von $f_i(\mathbf{x})$, so sehen wir, dass $D_j f_i$ die Ableitung von f_i bezüglich x_j ist, wobei die anderen Variablen fest bleiben.

Die Notation

$$\frac{\partial f_i}{\partial x_j} \tag{9.26}$$

wird daher oft anstatt $D_j f_i$ verwendet, und $D_j f_i$ wird *partielle Ableitung* genannt.

In vielen Fällen, in denen bei der Behandlung von Funktionen einer Variablen die Existenz der Ableitung ausreichend ist, wird für Funktionen mehrerer Variabler die Stetigkeit oder zumindest die Beschränktheit der partiellen Ableitungen benötigt. Zum Beispiel sind die in Übungsaufgabe 7, Kapitel 4, beschriebenen Funktionen f und g nicht stetig, obwohl ihre partiellen Ableitungen an jedem Punkt von $\mathbb{R}^2$ existieren. Selbst für stetige Funktionen impliziert die Existenz aller partiellen Ableitungen nicht die Differenzierbarkeit im Sinne von Definition 9.11; siehe dazu die Übungsaufgaben 6 und 14 sowie Satz 9.21.

Ist jedoch bekannt, dass **f** an einem Punkt **x** differenzierbar ist, dann existieren alle partiellen Ableitungen an der Stelle **x**, und sie bestimmen die lineare Abbildung $\mathbf{f}'(\mathbf{x})$ vollständig.

9.17 Satz. *Die Funktion* **f** *bilde eine offene Menge* $E \subset \mathbb{R}^n$ *in* $\mathbb{R}^m$ *ab und sei am Punkt* $\mathbf{x} \in E$ *differenzierbar. Dann existieren die partiellen Ableitungen* $(D_j f_i)(\mathbf{x})$, *und es gilt*

$$\mathbf{f}'(\mathbf{x}) \, \mathbf{e}_j = \sum_{i=1}^{m} (D_j f_i)(\mathbf{x}) \, \mathbf{u}_i \quad (1 \leq j \leq n). \tag{9.27}$$

Hierbei sind, wie in 9.16, $\{\mathbf{e}_1, \dots, \mathbf{e}_n\}$ und $\{\mathbf{u}_1, \dots, \mathbf{u}_m\}$ die Standardbasen von $\mathbb{R}^n$ und $\mathbb{R}^m$.

Beweis. Sei j fest vorgegeben. Da **f** an dem Punkt **x** differenzierbar ist, gilt

$$\mathbf{f}(\mathbf{x} + t\mathbf{e}_j) - \mathbf{f}(\mathbf{x}) = \mathbf{f}'(\mathbf{x})(t\mathbf{e}_j) + \mathbf{r}(t\mathbf{e}_j),$$

wobei $|\mathbf{r}(t\mathbf{e}_j)|/t \to 0$ für $t \to 0$. Aus der Linearität von $\mathbf{f}'(\mathbf{x})$ folgt daher

$$\lim_{t \to 0} \frac{\mathbf{f}(\mathbf{x} + t\mathbf{e}_j) - \mathbf{f}(\mathbf{x})}{t} = \mathbf{f}'(\mathbf{x})\,\mathbf{e}_j. \tag{9.28}$$

Stellen wir die Funktion $\mathbf{f}$ nun wie in (9.24) durch ihre Komponenten dar, dann wird aus (9.28)

$$\lim_{t \to 0} \sum_{i=1}^{m} \frac{f_i(\mathbf{x} + t\mathbf{e}_j) - f_i(\mathbf{x})}{t}\,\mathbf{u}_i = \mathbf{f}'(\mathbf{x})\,\mathbf{e}_j. \tag{9.29}$$

Es folgt, dass jeder Quotient aus dieser Summe für $t \to 0$ einen Grenzwert hat (siehe Satz 4.10), so dass jedes $(D_j f_i)(\mathbf{x})$ existiert. Nun folgt (9.27) aus (9.29). □

Hier einige Folgerungen aus Satz 9.17:

Sei $[\mathbf{f}'(\mathbf{x})]$ die Matrix von $\mathbf{f}'(\mathbf{x})$ bezüglich der Standardbasen wie in Abschnitt 9.9.

Dann ist $\mathbf{f}'(\mathbf{x})\,\mathbf{e}_j$ der j-te Spaltenvektor von $[\mathbf{f}'(\mathbf{x})]$, und (9.27) zeigt daher, dass die Zahl $(D_j f_i)(\mathbf{x})$ in der i-ten Zeile und der j-ten Spalte von $[\mathbf{f}'(\mathbf{x})]$ steht. Somit ist

$$[\mathbf{f}'(\mathbf{x})] = \begin{bmatrix} (D_1 f_1)(\mathbf{x}) & \cdots & (D_n f_1)(\mathbf{x}) \\ \vdots & & \vdots \\ (D_1 f_m)(\mathbf{x}) & \cdots & (D_n f_m)(\mathbf{x}) \end{bmatrix}.$$

Ist $\mathbf{h} = \sum h_j \mathbf{e}_j$ ein beliebiger Vektor in $\mathbb{R}^n$, dann folgt aus (9.27) die Beziehung

$$\mathbf{f}'(\mathbf{x})\,\mathbf{h} = \sum_{i=1}^{m} \left(\sum_{j=1}^{n} (D_j f_i)(\mathbf{x})\, h_j \right) \mathbf{u}_i. \tag{9.30}$$

9.18 Beispiel. Sei γ eine differenzierbare Abbildung des Segments $(a, b) \subset \mathbb{R}^1$ in eine offene Menge $E \subset \mathbb{R}^n$ oder anders formuliert: Sei γ eine differenzierbare Kurve in E. Ferner sei f eine reellwertige differenzierbare Funktion mit Definitionsbereich E. Somit ist f eine differenzierbare Abbildung von E nach $\mathbb{R}^1$. Man definiere

$$g(t) = f(\gamma(t)) \quad (a < t < b). \tag{9.31}$$

Nach der Kettenregel gilt dann

$$g'(t) = f'(\gamma(t))\,\gamma'(t) \quad (a < t < b). \tag{9.32}$$

Da $\gamma'(t) \in L(\mathbb{R}^1, \mathbb{R}^n)$ und $f'(\gamma(t)) \in L(\mathbb{R}^n, \mathbb{R}^1)$, definiert (9.32) $g'(t)$ als einen linearen Operator auf $\mathbb{R}^1$. Dies stimmt mit der Tatsache überein, dass g das Segment (a, b) in $\mathbb{R}^1$ abbildet. Jedoch kann $g'(t)$ auch als eine reelle Zahl angesehen werden. (Dies wurde im Abschnitt 9.10 erörtert.) Diese Zahl kann unter Verwendung der partiellen Ableitungen von f und der Ableitungen der Komponenten von γ berechnet werden, wie wir nun zeigen werden.

Bezogen auf die Standardbasis $\{\mathbf{e}_1, \ldots, \mathbf{e}_n\}$ von $\mathbb{R}^n$ ist $[\gamma'(t)]$ die $n \times 1$-Matrix (eine *Spaltenmatrix*), in deren i-ter Zeile $\gamma_i'(t)$ steht, wobei $\gamma_1, \ldots, \gamma_n$ die Komponenten von γ sind. Für jedes $\mathbf{x} \in E$ ist $[f'(\mathbf{x})]$ die $1 \times n$-Matrix (eine *Zeilenmatrix*), in deren j-ter Spalte $(D_j f)(\mathbf{x})$ steht. Also ist $[g'(t)]$ die 1×1-Matrix, deren einziges Element die folgende reelle Zahl ist:

$$g'(t) = \sum_{i=1}^{n} (D_i f)(\gamma(t)) \, \gamma_i'(t). \tag{9.33}$$

Dies ist ein häufig anzutreffender Spezialfall der Kettenregel. Er kann wie folgt neu formuliert werden:

Man ordne jedem $\mathbf{x} \in E$ einen Vektor, den sogenannten *Gradienten* von f an der Stelle $\mathbf{x}$, zu, der definiert ist durch

$$(\nabla f)(\mathbf{x}) = \sum_{i=1}^{n} (D_i f)(\mathbf{x}) \, \mathbf{e}_i. \tag{9.34}$$

Wegen

$$\gamma'(t) = \sum_{i=1}^{n} \gamma_i'(t) \, \mathbf{e}_i \tag{9.35}$$

kann (9.33) in der Form

$$g'(t) = (\nabla f)(\gamma(t)) \cdot \gamma'(t) \tag{9.36}$$

geschrieben werden, wobei auf der rechten Seite das Skalarprodukt der Vektoren $(\nabla f)(\gamma(t))$ und $\gamma'(t)$ steht.

Sei nun $\mathbf{x} \in E$ fest gewählt, und sei $\mathbf{u} \in \mathbb{R}^n$ ein Einheitsvektor (d. h. $|\mathbf{u}| = 1$). Wir betrachten nun eine spezielle Kurve γ von der Form

$$\gamma(t) = \mathbf{x} + t\mathbf{u} \quad (-\infty < t < \infty). \tag{9.37}$$

Dann folgt $\gamma'(t) = \mathbf{u}$ für jedes t. Also zeigt (9.36), dass

$$g'(0) = (\nabla f)(\mathbf{x}) \cdot \mathbf{u} \tag{9.38}$$

gilt. Andererseits zeigt (9.37), dass

$$g(t) - g(0) = f(\mathbf{x} + t\mathbf{u}) - f(\mathbf{x})$$

gilt. Daher führt (9.38) zu

$$\lim_{t \to 0} \frac{f(\mathbf{x} + t\mathbf{u}) - f(\mathbf{x})}{t} = (\nabla f)(\mathbf{x}) \cdot \mathbf{u}. \tag{9.39}$$

Der Grenzwert in (9.39) wird gewöhnlich die *Richtungsableitung* von f an der Stelle $\mathbf{x}$ in Richtung des Einheitsvektors $\mathbf{u}$ genannt und mit $(D_{\mathbf{u}}f)(\mathbf{x})$ bezeichnet.

Sind f und $\mathbf{x}$ fest gewählt, während $\mathbf{u}$ variabel ist, dann zeigt (9.39), dass $(D_{\mathbf{u}}f)(\mathbf{x})$ maximal ist, wenn $\mathbf{u}$ ein positives skalares Vielfaches von $(\nabla f)(\mathbf{x})$ ist.

[Der Fall $(\nabla f)(\mathbf{x}) = \mathbf{0}$ sollte hier ausgeschlossen werden.]

Für $\mathbf{u} = \sum u_i \mathbf{e}_i$ zeigt (9.39), dass $(D_{\mathbf{u}}f)(\mathbf{x})$ unter Verwendung der partiellen Ableitungen von f an der Stelle $\mathbf{x}$ durch die Formel

$$(D_{\mathbf{u}}f)(\mathbf{x}) = \sum_{i=1}^{n}(D_if)(\mathbf{x})\, u_i \tag{9.40}$$

ausgedrückt werden kann.

Einige dieser Begriffe spielen im folgenden Satz eine Rolle.

9.19 Satz. *Die Funktion $\mathbf{f}$ bilde eine konvexe offene Menge $E \subset \mathbb{R}^n$ in $\mathbb{R}^m$ ab, $\mathbf{f}$ sei in E differenzierbar und es existiere eine reelle Zahl M derart, dass*

$$\|\mathbf{f}'(\mathbf{x})\| \le M$$

für jedes $\mathbf{x} \in E$ gilt. Dann folgt

$$|\mathbf{f}(\mathbf{b}) - \mathbf{f}(\mathbf{a})| \le M|\mathbf{b} - \mathbf{a}|$$

für alle $\mathbf{a} \in E$, $\mathbf{b} \in E$.

Beweis. Zu fest gewählten $\mathbf{a} \in E$, $\mathbf{b} \in E$ definiere man

$$\gamma(t) = (1-t)\mathbf{a} + t\mathbf{b}$$

für alle $t \in \mathbb{R}^1$, für die $\gamma(t) \in E$ gilt. Die Konvexität von E impliziert $\gamma(t) \in E$ für $0 \le t \le 1$. Man setze $\mathbf{g}(t) = \mathbf{f}(\gamma(t))$. Dann folgt

$$\mathbf{g}'(t) = \mathbf{f}'(\gamma(t))\,\gamma'(t) = \mathbf{f}'(\gamma(t))\,(\mathbf{b} - \mathbf{a}),$$

und daher

$$|\mathbf{g}'(t)| \le \|\mathbf{f}'(\gamma(t))\|\,|\mathbf{b} - \mathbf{a}| \le M\,|\mathbf{b} - \mathbf{a}|$$

für alle $t \in [0,1]$. Nach Satz 5.19 folgt nun

$$|\mathbf{g}(1) - \mathbf{g}(0)| \le M\,|\mathbf{b} - \mathbf{a}|.$$

Es gilt aber $\mathbf{g}(0) = \mathbf{f}(\mathbf{a})$ und $\mathbf{g}(1) = \mathbf{f}(\mathbf{b})$. Damit ist der Beweis vollständig. □

Korollar. *Gilt zusätzlich zu den Voraussetzungen des obigen Satzes $\mathbf{f}'(\mathbf{x}) = \mathbf{0}$ für alle $\mathbf{x} \in E$, dann ist $\mathbf{f}$ konstant.*

Beweis. Um dies zu beweisen, beachte man, dass die Voraussetzungen des Satzes nun für $M = 0$ erfüllt sind. $\qquad\qquad\qquad\qquad\qquad\qquad\qquad\qquad\qquad\qquad\qquad\qquad\quad$ □

9.20 Definition. Man sagt, eine differenzierbare Abbildung $\mathbf{f}$ einer offenen Menge $E \subset \mathbb{R}^n$ nach $\mathbb{R}^m$ sei *stetig differenzierbar* in E, wenn $\mathbf{f}'$ eine stetige Abbildung von E in $L(\mathbb{R}^n, \mathbb{R}^m)$ ist.

Ausführlicher heißt dies: Zu jedem $\mathbf{x} \in E$ und jedem $\varepsilon > 0$ muss ein $\delta > 0$ existieren mit

$$\|\mathbf{f}'(\mathbf{y}) - \mathbf{f}'(\mathbf{x})\| < \varepsilon,$$

falls $\mathbf{y} \in E$ und $|\mathbf{x} - \mathbf{y}| < \delta$ ist.

Ist dies der Fall, so sagt man auch, $\mathbf{f}$ sei eine $\mathcal{C}'$-Abbildung oder $\mathbf{f} \in \mathcal{C}'(E)$.

9.21 Satz. *Die Funktion $\mathbf{f}$ bilde eine offene Menge $E \subset \mathbb{R}^n$ in $\mathbb{R}^m$ ab. Dann gilt $\mathbf{f} \in \mathcal{C}'(E)$ genau dann, wenn für $1 \le i \le m$, $1 \le j \le n$ die partiellen Ableitungen $D_j f_i$ existieren und auf E stetig sind.*

Beweis. Man nehme zunächst $\mathbf{f} \in \mathcal{C}'(E)$ an. Nach (9.27) gilt

$$(D_j f_i)(\mathbf{x}) = (\mathbf{f}'(\mathbf{x})\,\mathbf{e}_j) \cdot \mathbf{u}_i$$

für alle i, j und alle $\mathbf{x} \in E$. Also folgt

$$(D_j f_i)(\mathbf{y}) - (D_j f_i)(\mathbf{x}) = \left[(\mathbf{f}'(\mathbf{y}) - \mathbf{f}'(\mathbf{x}))\,\mathbf{e}_j\right] \cdot \mathbf{u}_i,$$

und wegen $|\mathbf{u}_i| = |\mathbf{e}_j| = 1$ erhält man

$$|(D_j f_i)(\mathbf{y}) - (D_j f_i)(\mathbf{x})| \le \left|(\mathbf{f}'(\mathbf{y}) - \mathbf{f}'(\mathbf{x}))\,\mathbf{e}_j\right| \le \|\mathbf{f}'(\mathbf{y}) - \mathbf{f}'(\mathbf{x})\|.$$

Also ist $D_j f_i$ stetig.

Um die Umkehrung zu beweisen, genügt es, den Fall $m = 1$ zu betrachten. (Warum?) Man wähle $\mathbf{x} \in E$ und $\varepsilon > 0$. Da E offen ist, gibt es eine offene Kugel $S \subset E$ mit Mittelpunkt $\mathbf{x}$ und Radius r, und wegen der Stetigkeit der Funktionen $D_j f$ kann r so gewählt werden, dass

$$|(D_j f)(\mathbf{y}) - (D_j f)(\mathbf{x})| < \frac{\varepsilon}{n} \quad (\mathbf{y} \in S, 1 \le j \le n) \tag{9.41}$$

erfüllt ist. Setze $\mathbf{h} = \sum h_j \mathbf{e}_j$, $|\mathbf{h}| < r$, $\mathbf{v}_0 = \mathbf{0}$ und $\mathbf{v}_k = h_1 \mathbf{e}_1 + \cdots + h_k \mathbf{e}_k$ für $1 \le k \le n$. Dann folgt

$$f(\mathbf{x} + \mathbf{h}) - f(\mathbf{x}) = \sum_{j=1}^{n} \left[f(\mathbf{x} + \mathbf{v}_j) - f(\mathbf{x} + \mathbf{v}_{j-1}) \right]. \tag{9.42}$$

Wegen $|\mathbf{v}_k| < r$ für $1 \le k \le n$ und wegen der Konvexität von S folgt, dass die Segmente mit den Endpunkten $\mathbf{x} + \mathbf{v}_{j-1}$ und $\mathbf{x} + \mathbf{v}_j$ in S liegen. Da $\mathbf{v}_j = \mathbf{v}_{j-1} + h_j \mathbf{e}_j$ ist, ergibt der Mittelwertsatz (5.10), dass der j-te Summand in (9.42) gleich

$$h_j\,(D_j f)(\mathbf{x} + \mathbf{v}_{j-1} + \theta_j h_j \mathbf{e}_j)$$

für geeignetes $\theta_j \in (0,1)$ ist, und dies unterscheidet sich nach (9.41) von $h_j(D_jf)(\mathbf{x})$ um weniger als $|h_j|\,\varepsilon/n$. Nach (9.42) folgt daraus

$$\left| f(\mathbf{x}+\mathbf{h}) - f(\mathbf{x}) - \sum_{j=1}^{n} h_j\,(D_jf)(\mathbf{x}) \right| \leq \frac{1}{n}\sum_{j=1}^{n} |h_j|\,\varepsilon \leq |\mathbf{h}|\,\varepsilon$$

für alle $\mathbf{h}$ mit $|\mathbf{h}| < r$.

Dies bedeutet wiederum, dass f am Punkt $\mathbf{x}$ differenzierbar ist und dass $f'(\mathbf{x})$ die lineare Funktion ist, die dem Vektor $\mathbf{h} = \sum h_j\mathbf{e}_j$ die Zahl $\sum h_j\,(D_jf)(\mathbf{x})$ zuordnet. Die Matrix $[f'(x)]$ besteht aus der Zeile $(D_1f)(\mathbf{x}),\ldots,(D_nf)(\mathbf{x})$. Da $D_1f,\ldots,D_nf$ stetige Funktionen auf E sind, beweisen die Schlussbemerkungen des Abschnitts 9.9, dass $f \in \mathcal{C}'(E)$ ist. $\qquad\square$

Das Kontraktionsprinzip

Wir unterbrechen nun unsere Behandlung der Differentiation, um einen Fixpunktsatz einzufügen, der in beliebigen vollständigen metrischen Räumen Gültigkeit hat. Er wird im Beweis des Satzes über Umkehrabbildungen verwendet.

9.22 Definition. Sei X ein metrischer Raum mit der Metrik d. Ist φ eine Abbildung von X in X und gibt es eine Zahl $c < 1$, mit der

$$d(\varphi(x),\varphi(y)) \leq cd(x,y) \tag{9.43}$$

für alle $x,y \in X$ erfüllt ist, dann nennt man φ eine *Kontraktion* von X in X.

9.23 Satz. *Ist X ein vollständiger metrischer Raum und ist φ ein Kontraktion von X in X, dann existiert genau ein $x \in X$ mit $\varphi(x) = x$.*

Anders formuliert: φ hat genau einen Fixpunkt. Die Eindeutigkeit dieses Fixpunktes ist trivial; denn für $\varphi(x) = x$ und $\varphi(y) = y$ folgt aus (9.43), dass $d(x,y) \leq cd(x,y)$ ist, was nur für $d(x,y) = 0$ wahr ist.

Die *Existenz* eines Fixpunktes von φ ist die wesentliche Behauptung des Satzes. Der Beweis liefert in der Tat ein konstruktives Verfahren zur Lokalisierung des Fixpunktes.

Beweis. Man wähle $x_0 \in X$ beliebig und definiere $\{x_n\}$ rekursiv durch

$$x_{n+1} = \varphi(x_n) \quad (n = 0,1,2,\ldots). \tag{9.44}$$

Man wähle $c < 1$ wie in (9.43). Für $n \geq 1$ erhalten wir dann

$$d(x_{n+1},x_n) = d(\varphi(x_n),\varphi(x_{n-1})) \leq cd(x_n,x_{n-1}),$$

und durch Induktion folgt

$$d(x_{n+1},x_n) \leq c^n d(x_1,x_0) \quad (n = 0,1,2,\ldots). \tag{9.45}$$

Für $n < m$ folgt daraus

$$d(x_n, x_m) \leq \sum_{i=n+1}^{m} d(x_i, x_{i-1})$$
$$\leq (c^n + c^{n+1} + \cdots + c^{m-1}) \, d(x_1, x_0)$$
$$\leq [(1-c)^{-1} d(x_1, x_0)] \, c^n.$$

Somit ist $\{x_n\}$ eine Cauchy-Folge, und wegen der Vollständigkeit von X gibt es ein $x \in X$ mit $\lim_{n \to \infty} x_n = x$.

Da φ eine Kontraktion ist, ist φ stetig (sogar gleichmäßig stetig) auf X. Also gilt $\varphi(x) = \lim_{n \to \infty} \varphi(x_n) = \lim_{n \to \infty} x_{n+1} = x$. □

Der Satz über Umkehrabbildungen

Dieser Satz besagt in groben Zügen, dass eine stetig differenzierbare Abbildung $\mathbf{f}$ in einer Umgebung eines jeden Punktes $\mathbf{x}$ invertierbar ist, in dem die lineare Abbildung $\mathbf{f}'(\mathbf{x})$ invertierbar ist.

9.24 Satz. *$\mathbf{f}$ sei eine C'-Abbildung einer offenen Menge $E \subset \mathbb{R}^n$ in $\mathbb{R}^n$, $\mathbf{f}'(\mathbf{a})$ sei invertierbar für ein $\mathbf{a} \in E$ und es sei $\mathbf{b} = \mathbf{f}(\mathbf{a})$. Dann gilt:*
(a) *Es existieren offene Mengen U und V in $\mathbb{R}^n$ mit $\mathbf{a} \in U$, $\mathbf{b} \in V$ derart, dass $\mathbf{f}$ injektiv auf U und $\mathbf{f}(U) = V$ ist.*
(b) *Ist $\mathbf{g}$ die Inverse von $\mathbf{f}$ [die nach (a) existiert], die in V definiert ist durch*

$$\mathbf{g}(\mathbf{f}(\mathbf{x})) = \mathbf{x} \quad (\mathbf{x} \in U).$$

Dann ist $\mathbf{g} \in C'(V)$.

Schreibt man die Gleichung $\mathbf{y} = \mathbf{f}(\mathbf{x})$ komponentenweise, so ergibt sich die folgende Interpretation des Satzes: Das System von n Gleichungen

$$y_i = f_i(x_1, \ldots, x_n) \quad (1 \leq i \leq n)$$

ist nach $x_1, \ldots, x_n$ auflösbar, wenn man $\mathbf{x}$ und $\mathbf{y}$ auf hinreichend kleine Umgebungen von $\mathbf{a}$ und $\mathbf{b}$ beschränkt. Die Lösungen sind eindeutig und stetig differenzierbar.

Beweis.
(a) Man setze $\mathbf{f}'(\mathbf{a}) = A$ und wähle λ so, dass

$$2\lambda \, \|A^{-1}\| = 1 \tag{9.46}$$

ist. Da $\mathbf{f}'$ an der Stelle $\mathbf{a}$ stetig ist, gibt es eine offene Kugel $U \subset E$ mit Mittelpunkt $\mathbf{a}$ derart, dass

$$\|\mathbf{f}'(\mathbf{x}) - A\| < \lambda \tag{9.47}$$

für $\mathbf{x} \in U$ gilt. Wir ordnen jedem $\mathbf{y} \in \mathbb{R}^n$ eine Funktion φ zu, definiert durch

$$\varphi(\mathbf{x}) = \mathbf{x} + A^{-1}(\mathbf{y} - \mathbf{f}(\mathbf{x})) \quad (\mathbf{x} \in E). \tag{9.48}$$

Man beachte, dass $\mathbf{f}(\mathbf{x}) = \mathbf{y}$ genau dann gilt, wenn $\mathbf{x}$ ein Fixpunkt von φ ist.
Wegen $\varphi'(\mathbf{x}) = I - A^{-1}\mathbf{f}'(\mathbf{x}) = A^{-1}(A - \mathbf{f}'(\mathbf{x}))$ folgt aus (9.46) und (9.47)

$$\|\varphi'(\mathbf{x})\| < \frac{1}{2} \quad (\mathbf{x} \in U). \tag{9.49}$$

Somit gilt

$$|\varphi(\mathbf{x}_1) - \varphi(\mathbf{x}_2)| \leq \frac{1}{2}|\mathbf{x}_1 - \mathbf{x}_2| \quad (\mathbf{x}_1, \mathbf{x}_2 \in U) \tag{9.50}$$

nach Satz 9.19. Daraus folgt, dass φ höchstens einen Fixpunkt in U hat, so dass $\mathbf{f}(\mathbf{x}) = \mathbf{y}$ für höchstens ein $\mathbf{x} \in U$ ist. *Somit ist $\mathbf{f}$ injektiv in U.*
Nun setze man $V = \mathbf{f}(U)$ und wähle $\mathbf{y}_0 \in V$ beliebig. Dann gibt es ein $\mathbf{x}_0 \in U$ mit $\mathbf{y}_0 = \mathbf{f}(\mathbf{x}_0)$. Sei B eine offene Kugel mit Mittelpunkt $\mathbf{x}_0$ und Radius $r > 0$ so klein, dass die abgeschlossene Hülle $\overline{B}$ in U liegt. Wir wollen zeigen, dass für $\mathbf{y}$ mit $|\mathbf{y} - \mathbf{y}_0| < \lambda r$ stets $\mathbf{y} \in V$ gilt. Dies beweist natürlich, dass V offen ist.
Man wähle $\mathbf{y}$ mit $|\mathbf{y} - \mathbf{y}_0| < \lambda r$. Mit φ wie in (9.48) erhält man

$$|\varphi(\mathbf{x}_0) - \mathbf{x}_0| = |A^{-1}(\mathbf{y} - \mathbf{y}_0)| < \|A^{-1}\|\lambda r = \frac{r}{2}.$$

Für $\mathbf{x} \in \overline{B}$ folgt aus (9.50)

$$|\varphi(\mathbf{x}) - \mathbf{x}_0| \leq |\varphi(\mathbf{x}) - \varphi(\mathbf{x}_0)| + |\varphi(\mathbf{x}_0) - \mathbf{x}_0| < \frac{1}{2}|\mathbf{x} - \mathbf{x}_0| + \frac{r}{2} \leq r;$$

also ist $\varphi(\mathbf{x}) \in B$. Man beachte, dass (9.50) für $\mathbf{x}_1 \in \overline{B}$, $\mathbf{x}_2 \in \overline{B}$ gültig ist.
Somit ist φ eine Kontraktion von $\overline{B}$ in $\overline{B}$. Da $\overline{B}$ eine abgeschlossene und beschränkte Teilmenge von $\mathbb{R}^n$ ist, ist $\overline{B}$ vollständig. Satz 9.23 impliziert daher, dass φ einen Fixpunkt $\mathbf{x} \in \overline{B}$ hat. Für dieses $\mathbf{x}$ gilt $\mathbf{f}(\mathbf{x}) = \mathbf{y}$ und somit $\mathbf{y} \in \mathbf{f}(\overline{B}) \subset \mathbf{f}(U) = V$. Damit ist Teil (a) des Satzes bewiesen.

(b) Man wähle $\mathbf{y} \in V$, $\mathbf{y}+\mathbf{k} \in V$ beliebig. Dann existieren $\mathbf{x} \in U$, $\mathbf{x}+\mathbf{h} \in U$ mit $\mathbf{y} = \mathbf{f}(\mathbf{x})$, $\mathbf{y} + \mathbf{k} = \mathbf{f}(\mathbf{x} + \mathbf{h})$. Mit φ wie in (9.48) erhält man

$$\varphi(\mathbf{x} + \mathbf{h}) - \varphi(\mathbf{x}) = \mathbf{h} + A^{-1}[\mathbf{f}(\mathbf{x}) - \mathbf{f}(\mathbf{x} + \mathbf{h})] = \mathbf{h} - A^{-1}\mathbf{k}.$$

Nach (9.50) folgt $|\mathbf{h} - A^{-1}\mathbf{k}| \leq \frac{1}{2}|\mathbf{h}|$. Also gilt $|A^{-1}\mathbf{k}| \geq \frac{1}{2}|\mathbf{h}|$ und

$$|\mathbf{h}| \leq 2\|A^{-1}\| \, |\mathbf{k}| = \lambda^{-1}|\mathbf{k}|. \tag{9.51}$$

Nach (9.46), (9.47) und Satz 9.8 hat $\mathbf{f}'(\mathbf{x})$ eine Inverse, etwa T. Wegen

$$\mathbf{g}(\mathbf{y} + \mathbf{k}) - \mathbf{g}(\mathbf{y}) - T\mathbf{k} = \mathbf{h} - T\mathbf{k} = -T\left[\mathbf{f}(\mathbf{x} + \mathbf{h}) - \mathbf{f}(\mathbf{x}) - \mathbf{f}'(\mathbf{x})\mathbf{h}\right]$$

folgt aus (9.51)

$$\frac{|\mathbf{g}(\mathbf{y}+\mathbf{k}) - \mathbf{g}(\mathbf{y}) - T\mathbf{k}|}{|\mathbf{k}|} \leq \frac{\|T\|}{\lambda} \cdot \frac{|\mathbf{f}(\mathbf{x}+\mathbf{h}) - \mathbf{f}(\mathbf{x}) - \mathbf{f}'(\mathbf{x})\,\mathbf{h}|}{|\mathbf{h}|}.$$

Aus (9.51) folgt $\mathbf{h} \to \mathbf{0}$ für $\mathbf{k} \to \mathbf{0}$. Die rechte Seite der letzten Ungleichung strebt somit gegen 0. Also gilt dasselbe für die linke Seite. Somit haben wir $\mathbf{g}'(\mathbf{y}) = T$ bewiesen. Da T die Inverse von $\mathbf{f}'(\mathbf{x}) = \mathbf{f}'(\mathbf{g}(\mathbf{y}))$ ist, folgt

$$\mathbf{g}'(\mathbf{y}) = \left[\mathbf{f}'(\mathbf{g}(\mathbf{y}))\right]^{-1} \quad (\mathbf{y} \in V). \tag{9.52}$$

Schließlich beachte man, dass $\mathbf{g}$ eine stetige Abbildung von V auf U ist (da $\mathbf{g}$ differenzierbar ist), dass $\mathbf{f}'$ eine stetige Abbildung von U in die Menge Ω aller invertierbaren Elemente von $L(\mathbb{R}^n)$ ist und dass die Inversion nach Satz 9.8 eine stetige Abbildung von Ω auf Ω ist. Wendet man diese Fakten auf (9.52) an, so wird ersichtlich, dass $\mathbf{g} \in C'(V)$ ist. Hiermit ist der Beweis vollständig. $\qquad\square$

Anmerkung: Die volle Stärke der Voraussetzung $\mathbf{f} \in C'(E)$ wurde nur im letzten Teil des Beweises verwendet. Bis zu Gleichung (9.52) wurde alles aus der Existenz von $\mathbf{f}'(\mathbf{x})$ für $\mathbf{x} \in E$, der Invertierbarkeit von $\mathbf{f}'(\mathbf{a})$ und der Stetigkeit von $\mathbf{f}'$ am Punkt $\mathbf{a}$ abgeleitet. In diesem Zusammenhang sei auf die Arbeit von A. Nijenhuis in *Amer. Math. Monthly*, Bd. 81, 1974, S. 969–980 hingewiesen.

Die folgende Ausführung ergibt sich unmittelbar aus Teil (a) des Satzes über Umkehrabbildungen.

9.25 Satz. *Ist* $\mathbf{f}$ *eine* C'-*Abbildung einer offenen Menge* $E \subset \mathbb{R}^n$ *in* $\mathbb{R}^n$ *und ist* $\mathbf{f}'(\mathbf{x})$ *invertierbar für jedes* $\mathbf{x} \in E$, *dann ist* $\mathbf{f}(W)$ *eine offene Teilmenge von* $\mathbb{R}^n$ *für jede offene Menge* $W \subset E$.

Anders formuliert, $\mathbf{f}$ *ist eine* offene *Abbildung von* E *nach* $\mathbb{R}^n$.

Die Voraussetzungen dieses Satzes gewährleisten, dass jeder Punkt $\mathbf{x} \in E$ eine Umgebung hat, in der $\mathbf{f}$ injektiv ist. Dies lässt sich ausdrücken, indem man sagt, $\mathbf{f}$ sei *lokal injektiv* in E. Jedoch muss $\mathbf{f}$ unter diesen Bedingungen nicht (global) injektiv in E sein. Siehe zum Beispiel Übungsaufgabe 17.

Der Satz über implizite Funktionen

Ist f eine stetig differenzierbare reelle Funktion in der Ebene, dann lässt sich die Gleichung $f(x, y) = 0$ in einer Umgebung eines beliebigen Punktes (a, b), an dem $f(a, b) = 0$ und $\partial f/\partial y \neq 0$ ist, nach y auflösen. Ebenso lässt sie sich in einer Umgebung von (a, b) nach x auflösen, wenn $\partial f/\partial x \neq 0$ an der Stelle (a, b) ist. Ein einfaches Beispiel, welches die Notwendigkeit der Voraussetzung $\partial f/\partial y \neq 0$ illustriert, liefert die Funktion $f(x, y) = x^2 + y^2 - 1$.

Die obige, etwas vage formulierte Aussage ist der einfachste Fall (der Fall $m = n = 1$ von Satz 9.28) des sogenannten *Satzes über implizite Funktionen*. Der Beweis dieses Satzes macht starken Gebrauch von der Tatsache, dass sich stetig differenzierbare Abbildungen lokal sehr ähnlich wie ihre Ableitungen verhalten. Dementsprechend beweisen wir zunächst in Satz 9.27 die lineare Version von Satz 9.28.

9.26 Notation. Ist $\mathbf{x} = (x_1, \ldots, x_n) \in \mathbb{R}^n$ und $\mathbf{y} = (y_1, \ldots, y_m) \in \mathbb{R}^m$, so schreiben wir $(\mathbf{x}, \mathbf{y})$ für den Punkt (oder Vektor)

$$(x_1, \ldots, x_n, y_1, \ldots, y_m) \in \mathbb{R}^{n+m}.$$

Im Folgenden bezeichnet die erste Komponente in $(\mathbf{x}, \mathbf{y})$ oder in einem ähnlichen Symbol stets einen Vektor in $\mathbb{R}^n$, die zweite einen Vektor in $\mathbb{R}^m$.

Jedes $A \in L(\mathbb{R}^{n+m}, \mathbb{R}^n)$ lässt sich in zwei lineare Abbildungen A_x und A_y zerlegen, die definiert sind durch

$$A_x \mathbf{h} = A(\mathbf{h}, \mathbf{0}), \quad A_y \mathbf{k} = A(\mathbf{0}, \mathbf{k}) \tag{9.53}$$

für beliebige $\mathbf{h} \in \mathbb{R}^n$, $\mathbf{k} \in \mathbb{R}^m$. Dann ist $A_x \in L(\mathbb{R}^n)$, $A_y \in L(\mathbb{R}^m, \mathbb{R}^n)$ und

$$A(\mathbf{h}, \mathbf{k}) = A_x \mathbf{h} + A_y \mathbf{k}. \tag{9.54}$$

Die lineare Version des Satzes über implizite Funktionen ist nun fast offensichtlich.

9.27 Satz. *Ist $A \in L(\mathbb{R}^{n+m}, \mathbb{R}^n)$ und ist A_x invertierbar, dann gibt es zu jedem $\mathbf{k} \in \mathbb{R}^m$ genau ein $\mathbf{h} \in \mathbb{R}^n$ mit $A(\mathbf{h}, \mathbf{k}) = \mathbf{0}$.*

Dieses $\mathbf{h}$ kann aus $\mathbf{k}$ mit Hilfe der folgenden Formel berechnet werden:

$$\mathbf{h} = -(A_x)^{-1} A_y \mathbf{k}. \tag{9.55}$$

Beweis. Nach (9.54) ist $A(\mathbf{h}, \mathbf{k}) = \mathbf{0}$ äquivalent zu $A_x \mathbf{h} + A_y \mathbf{k} = \mathbf{0}$, was für invertierbares A_x wiederum identisch ist mit (9.55). $\square$

Die Konklusion von Satz 9.27 lautet in anderen Worten: Die Gleichung $A(\mathbf{h}, \mathbf{k}) = \mathbf{0}$ kann bei gegebenem $\mathbf{k}$ auf genau eine Weise nach $\mathbf{h}$ aufgelöst werden, und die Lösung $\mathbf{h}$ ist eine lineare Funktion von $\mathbf{k}$. Diejenigen Leser, die einige Kenntnisse in linearer Algebra haben, werden hierin eine wohlbekannte Aussage über lineare Gleichungssysteme wiedererkennen.

9.28 Satz (Implizite Funktionen). *Sei $\mathbf{f}$ eine C'-Abbildung einer offenen Menge $E \subset \mathbb{R}^{n+m}$ in $\mathbb{R}^n$ derart, dass für $(\mathbf{a}, \mathbf{b}) \in E$ gilt: $\mathbf{f}(\mathbf{a}, \mathbf{b}) = \mathbf{0}$.*

Sei $A = \mathbf{f}'(\mathbf{a}, \mathbf{b})$ und A_x invertierbar.

Dann gibt es offene Mengen $U \subset \mathbb{R}^{n+m}$ und $W \subset \mathbb{R}^m$ mit $(\mathbf{a}, \mathbf{b}) \in U$ und $\mathbf{b} \in W$, die die folgende Eigenschaft haben:

Jedem $\mathbf{y} \in W$ entspricht genau ein $\mathbf{x}$ mit

$$(\mathbf{x}, \mathbf{y}) \in U \quad und \quad \mathbf{f}(\mathbf{x}, \mathbf{y}) = \mathbf{0}. \tag{9.56}$$

*Wird dieses **x** als **g**(y) definiert, dann ist **g** eine $\mathcal{C}'$-Abbildung von W in $\mathbb{R}^n$ mit **g**(**b**) = **a** und*

$$\mathbf{f}(\mathbf{g}(\mathbf{y}), \mathbf{y}) = \mathbf{0} \quad (\mathbf{y} \in W), \tag{9.57}$$

und es gilt

$$\mathbf{g}'(\mathbf{b}) = -(A_x)^{-1} A_y. \tag{9.58}$$

Die Funktion **g** ist durch (9.57) *implizit* definiert, daher der Name des Satzes.

Die Gleichung $\mathbf{f}(\mathbf{x}, \mathbf{y}) = \mathbf{0}$ kann als ein System von n Gleichungen in $n+m$ Variablen geschrieben werden:

$$f_1(x_1, \ldots, x_n, y_1, \ldots, y_m) = 0$$
$$\vdots \tag{9.59}$$
$$f_n(x_1, \ldots, x_n, y_1, \ldots, y_m) = 0.$$

Die Voraussetzung, dass A_x invertierbar ist, bedeutet, dass die $n \times n$-Matrix

$$\begin{bmatrix} D_1 f_1 & \cdots & D_n f_1 \\ \vdots & & \vdots \\ D_1 f_n & \cdots & D_n f_n \end{bmatrix},$$

ausgewertet an der Stelle (**a**, **b**), einen invertierbaren linearen Operator in $\mathbb{R}^n$ definiert. Anders formuliert: Ihre Spaltenvektoren sollten linear unabhängig sein oder, äquivalent dazu, ihre Determinante sollte $\neq 0$ sein (siehe Satz 9.36). Gilt ferner (9.59) für $\mathbf{x} = \mathbf{a}$ und $\mathbf{y} = \mathbf{b}$, dann lautet die Schlussfolgerung des Satzes, dass in (9.59) die $x_1, \ldots, x_n$ für jedes **y** nahe genug bei **b** durch $y_1, \ldots, y_m$ ausgedrückt werden können und dass diese Lösungen stetig differenzierbare Funktionen von **y** sind.

Beweis. Man definiere **F** durch

$$\mathbf{F}(\mathbf{x}, \mathbf{y}) = (\mathbf{f}(\mathbf{x}, \mathbf{y}), \mathbf{y}) \quad ((\mathbf{x}, \mathbf{y}) \in E). \tag{9.60}$$

Dann ist **F** eine $\mathcal{C}'$-Abbildung von E in $\mathbb{R}^{n+m}$. Wir behaupten, dass $\mathbf{F}'(\mathbf{a}, \mathbf{b})$ ein invertierbares Element von $L(\mathbb{R}^{n+m})$ ist:

Wegen $\mathbf{f}(\mathbf{a}, \mathbf{b}) = \mathbf{0}$ gilt

$$\mathbf{f}(\mathbf{a} + \mathbf{h}, \mathbf{b} + \mathbf{k}) = A(\mathbf{h}, \mathbf{k}) + \mathbf{r}(\mathbf{h}, \mathbf{k}),$$

wobei **r** das Restglied ist, das in der Definition von $\mathbf{f}'(\mathbf{a}, \mathbf{b})$ vorkommt. Aus

$$\mathbf{F}(\mathbf{a} + \mathbf{h}, \mathbf{b} + \mathbf{k}) - \mathbf{F}(\mathbf{a}, \mathbf{b}) = (\mathbf{f}(\mathbf{a} + \mathbf{h}, \mathbf{b} + \mathbf{k}), \mathbf{k})$$
$$= (A(\mathbf{h}, \mathbf{k}), \mathbf{k}) + (\mathbf{r}(\mathbf{h}, \mathbf{k}), \mathbf{0})$$

folgt, dass $\mathbf{F}'(\mathbf{a}, \mathbf{b})$ der lineare Operator auf $\mathbb{R}^{n+m}$ ist, der $(\mathbf{h}, \mathbf{k})$ nach $(A(\mathbf{h}, \mathbf{k}), \mathbf{k})$ abbildet. Ist dieser Bildvektor $\mathbf{0}$, dann ist $A(\mathbf{h}, \mathbf{k}) = \mathbf{0}$ und $\mathbf{k} = \mathbf{0}$, also $A(\mathbf{h}, \mathbf{0}) = \mathbf{0}$, und Satz 9.27 impliziert $\mathbf{h} = \mathbf{0}$. Es folgt, dass $\mathbf{F}'(\mathbf{a}, \mathbf{b})$ eineindeutig, also invertierbar ist (Satz 9.5).

Der Satz über Umkehrabbildungen ist daher auf $\mathbf{F}$ anwendbar. Er liefert die Existenz offener Mengen U und V in $\mathbb{R}^{n+m}$ mit $(\mathbf{a}, \mathbf{b}) \in U$, $(\mathbf{0}, \mathbf{b}) \in V$ derart, dass $\mathbf{F}$ eine injektive Abbildung von U auf V ist.

Sei W die Menge aller $\mathbf{y} \in \mathbb{R}^m$ mit $(\mathbf{0}, \mathbf{y}) \in V$. Man beachte, dass $\mathbf{b} \in W$ gilt. Da V offen ist, ist natürlich auch W offen.

Ist $\mathbf{y} \in W$, dann gibt es ein $(\mathbf{x}, \mathbf{y}) \in U$ mit $(\mathbf{0}, \mathbf{y}) = \mathbf{F}(\mathbf{x}, \mathbf{y})$. Nach (9.60) ist $\mathbf{f}(\mathbf{x}, \mathbf{y}) = \mathbf{0}$ für dieses $\mathbf{x}$. Angenommen, für das gleiche $\mathbf{y}$ gelte $(\mathbf{x}', \mathbf{y}) \in U$ und $\mathbf{f}(\mathbf{x}', \mathbf{y}) = \mathbf{0}$, dann folgt

$$\mathbf{F}(\mathbf{x}', \mathbf{y}) = (\mathbf{f}(\mathbf{x}', \mathbf{y}), \mathbf{y}) = (\mathbf{f}(\mathbf{x}, \mathbf{y}), \mathbf{y}) = \mathbf{F}(\mathbf{x}, \mathbf{y}).$$

Da $\mathbf{F}$ in U injektiv ist, folgt $\mathbf{x}' = \mathbf{x}$. Hiermit ist der erste Teil des Satzes bewiesen.

Zum Beweis des zweiten Teils definiere man $\mathbf{g}(\mathbf{y})$ für $\mathbf{y} \in W$ so, dass $(\mathbf{g}(\mathbf{y}), \mathbf{y}) \in U$ und (9.57) gilt. Dann ist

$$\mathbf{F}(\mathbf{g}(\mathbf{y}), \mathbf{y}) = (\mathbf{0}, \mathbf{y}) \quad (\mathbf{y} \in W). \tag{9.61}$$

Ist $\mathbf{G}$ die zu $\mathbf{F}$ inverse Abbildung von V auf U, dann gilt $\mathbf{G} \in \mathcal{C}'$ nach dem Satz über Umkehrabbildungen. Ferner führt (9.61) zu

$$(\mathbf{g}(\mathbf{y}), \mathbf{y}) = \mathbf{G}(\mathbf{0}, \mathbf{y}) \quad (\mathbf{y} \in W). \tag{9.62}$$

Wegen $\mathbf{G} \in \mathcal{C}'$ zeigt (9.62), dass $\mathbf{g} \in \mathcal{C}'$ ist.

Um $\mathbf{g}'(\mathbf{b})$ zu berechnen, setze man schließlich $(\mathbf{g}(\mathbf{y}), \mathbf{y}) = \Phi(\mathbf{y})$. Dann folgt

$$\Phi'(\mathbf{y})\mathbf{k} = (\mathbf{g}'(\mathbf{y})\mathbf{k}, \mathbf{k}) \quad (\mathbf{y} \in W, \mathbf{k} \in \mathbb{R}^m). \tag{9.63}$$

Nach (9.57) gilt $\mathbf{f}(\Phi(\mathbf{y})) = \mathbf{0}$ in W. Die Kettenregel liefert daher

$$\mathbf{f}'(\Phi(\mathbf{y}))\Phi'(\mathbf{y}) = 0.$$

Für $\mathbf{y} = \mathbf{b}$ ist $\Phi(\mathbf{y}) = (\mathbf{a}, \mathbf{b})$ und $\mathbf{f}'(\Phi(\mathbf{y})) = A$. Somit ist

$$A\Phi'(\mathbf{b}) = \mathbf{0}. \tag{9.64}$$

Aus (9.64), (9.63) und (9.54) folgt nun

$$A_x \mathbf{g}'(\mathbf{b})\mathbf{k} + A_y \mathbf{k} = A(\mathbf{g}'(\mathbf{b})\mathbf{k}, \mathbf{k}) = A\Phi'(\mathbf{b})\mathbf{k} = 0$$

für jedes $\mathbf{k} \in \mathbb{R}^m$. Somit ist

$$A_x \mathbf{g}'(\mathbf{b}) + A_y = 0. \tag{9.65}$$

Dies ist äquivalent zu (9.58), und der Beweis ist damit vollständig. $\qquad\square$

Beachte: Unter Verwendung der Komponenten von **f** und **g** kann (9.65) als

$$\sum_{j=1}^{n} (D_j f_i)(\mathbf{a}, \mathbf{b}) \, (D_k g_j)(\mathbf{b}) = -(D_{n+k} f_i)(\mathbf{a}, \mathbf{b})$$

geschrieben werden oder

$$\sum_{j=1}^{n} \left(\frac{\partial f_i}{\partial x_j} \right) \left(\frac{\partial g_j}{\partial y_k} \right) = -\left(\frac{\partial f_i}{\partial y_k} \right),$$

wobei $1 \le i \le n$ und $1 \le k \le m$ ist.

Für jedes k ist dies ein System von n linearen Gleichungen in den Unbekannten $\partial g_j / \partial y_k$ ($1 \le j \le n$).

9.29 Beispiel. Man wähle $n = 2$, $m = 3$ und betrachte die Abbildung $\mathbf{f} = (f_1, f_2)$ von $\mathbb{R}^5$ nach $\mathbb{R}^2$, gegeben durch

$$f_1(x_1, x_2, y_1, y_2, y_3) = 2e^{x_1} + x_2 y_1 - 4 y_2 + 3,$$
$$f_2(x_1, x_2, y_1, y_2, y_3) = x_2 \cos x_1 - 6 x_1 + 2 y_1 - y_3.$$

Für $\mathbf{a} = (0, 1)$ und $\mathbf{b} = (3, 2, 7)$ ist dann $\mathbf{f}(\mathbf{a}, \mathbf{b}) = \mathbf{0}$.

Bezüglich der Standardbasen ist die Matrix der linearen Abbildung $A = \mathbf{f}'(\mathbf{a}, \mathbf{b})$ gegeben durch

$$[A] = \begin{bmatrix} 2 & 3 & 1 & -4 & 0 \\ -6 & 1 & 2 & 0 & -1 \end{bmatrix}.$$

Also gilt

$$[A_x] = \begin{bmatrix} 2 & 3 \\ -6 & 1 \end{bmatrix}, \quad [A_y] = \begin{bmatrix} 1 & -4 & 0 \\ 2 & 0 & -1 \end{bmatrix}.$$

Man sieht, dass die Spaltenvektoren von $[A_x]$ linear unabhängig sind. Also ist A_x invertierbar, und der Satz über implizite Funktionen liefert die Existenz einer $\mathcal{C}'$-Abbildung **g**, definiert in einer Umgebung von $(3, 2, 7)$, mit $\mathbf{g}(3, 2, 7) = (0, 1)$ und $\mathbf{f}(\mathbf{g}(\mathbf{y}), \mathbf{y}) = \mathbf{0}$.

Zur Berechnung von $\mathbf{g}'(3, 2, 7)$ kann man (9.58) verwenden. Wegen

$$[(A_x)^{-1}] = [A_x]^{-1} = \frac{1}{20} \begin{bmatrix} 1 & -3 \\ 6 & 2 \end{bmatrix}$$

ergibt (9.58)

$$[\mathbf{g}'(3, 2, 7)] = -\frac{1}{20} \begin{bmatrix} 1 & -3 \\ 6 & 2 \end{bmatrix} \begin{bmatrix} 1 & -4 & 0 \\ 2 & 0 & -1 \end{bmatrix} = \begin{bmatrix} \frac{1}{4} & \frac{1}{5} & -\frac{3}{20} \\ -\frac{1}{2} & \frac{6}{5} & \frac{1}{10} \end{bmatrix}.$$

Für die partiellen Ableitungen ergibt sich an der Stelle $(3,2,7)$

$$D_1g_1 = \frac{1}{4}, \quad D_2g_1 = \frac{1}{5}, \quad D_3g_1 = -\frac{3}{20},$$
$$D_1g_2 = -\frac{1}{2}, \quad D_2g_2 = \frac{6}{5}, \quad D_3g_2 = \frac{1}{10}.$$

Der Rangsatz

Obwohl dieser Satz nicht so wichtig ist wie der Satz über Umkehrabbildungen oder der Satz über implizite Funktionen, diskutieren wir ihn als eine weitere interessante Illustration des allgemeinen Prinzips, dass das lokale Verhalten einer stetig differenzierbaren Abbildung $\mathbf{F}$ in der Nähe eines Punktes $\mathbf{x}$ dem der linearen Abbildung $\mathbf{F}'(\mathbf{x})$ sehr ähnlich ist.

Bevor wir den Satz formulieren, benötigen wir einige weitere Fakten über lineare Abbildungen.

9.30 Definitionen. Seien X und Y Vektorräume, und sei $A \in L(X,Y)$. Der *Kern* $\mathcal{K}(A)$ von A sei die Menge aller $\mathbf{x} \in X$ mit $A\mathbf{x} = \mathbf{0}$.

Offenbar ist $\mathcal{K}(A)$ ein Vektorraum in X. Ebenso ist der *Bildbereich* $\mathcal{B}(A)$ von A (vgl. Definition 2.1) ein Vektorraum in Y.

Der *Rang* von A sei definiert als die Dimension von $\mathcal{B}(A)$.

Zum Beispiel sind die invertierbaren Elemente von $L(\mathbb{R}^n)$ genau diejenigen, deren Rang gleich n ist. Dies folgt aus Satz 9.5.

Ist $A \in L(X,Y)$ und hat A den Rang 0, dann gilt $A\mathbf{x} = \mathbf{0}$ für alle $\mathbf{x} \in X$, also $\mathcal{K}(A) = X$. In diesem Zusammenhang siehe Übungsaufgabe 25.

9.31 Definition (Projektionen). Sei X ein Vektorraum. Ein Operator $P \in L(X)$ heißt eine *Projektion* in X, wenn $P^2 = P$ ist.

Wir verlangen also, dass $P(P\mathbf{x}) = P\mathbf{x}$ ist für jedes $\mathbf{x} \in X$. Anders ausgedrückt: P lässt jeden Vektor in seinem Bildbereich $\mathcal{B}(P)$ fest.

Hier einige elementare Eigenschaften von Projektionen:
(a) Ist P eine Projektion in X, dann hat jedes $\mathbf{x} \in X$ genau eine Darstellung der Form

$$\mathbf{x} = \mathbf{x}_1 + \mathbf{x}_2$$

mit $\mathbf{x}_1 \in \mathcal{B}(P)$ und $\mathbf{x}_2 \in \mathcal{K}(P)$.

Um diese Darstellung zu erhalten, setze man $\mathbf{x}_1 = P\mathbf{x}$ und $\mathbf{x}_2 = \mathbf{x} - \mathbf{x}_1$. Dann ist $P\mathbf{x}_2 = P\mathbf{x} - P\mathbf{x}_1 = P\mathbf{x} - P^2\mathbf{x} = \mathbf{0}$. Zum Beweis der Eindeutigkeit wende man P auf die Gleichung $\mathbf{x} = \mathbf{x}_1 + \mathbf{x}_2$ an. Wegen $\mathbf{x}_1 \in \mathcal{B}(P)$ ist $P\mathbf{x}_1 = \mathbf{x}_1$, und wegen $P\mathbf{x}_2 = \mathbf{0}$ folgt $\mathbf{x}_1 = P\mathbf{x}$.
(b) Ist X ein endlich-dimensionaler Vektorraum und ist X_1 ein Vektorraum in X, dann gibt es eine Projektion P in X mit $\mathcal{B}(P) = X_1$.

Enthält X_1 nur den Nullvektor **0**, so ist dies trivial: Man setze $P\mathbf{x} = \mathbf{0}$ für alle $\mathbf{x} \in X$. Sei daher dim $X_1 = k > 0$. Nach Satz 9.3 hat X dann eine Basis $\{\mathbf{u}_1, \ldots, \mathbf{u}_n\}$ derart, dass $\{\mathbf{u}_1, \ldots, \mathbf{u}_k\}$ eine Basis von X_1 ist. Man definiere

$$P(c_1\mathbf{u}_1 + \cdots + c_n\mathbf{u}_n) = c_1\mathbf{u}_1 + \cdots + c_k\mathbf{u}_k$$

für beliebige Skalare $c_1, \ldots, c_n$. Dann gilt $P\mathbf{x} = \mathbf{x}$ für jedes $\mathbf{x} \in X_1$ und $X_1 = \mathcal{B}(P)$. Man beachte, dass $\{\mathbf{u}_{k+1}, \ldots, \mathbf{u}_n\}$ eine Basis von $\mathcal{K}(P)$ ist. Man beachte ferner, dass es im Fall $0 < \dim X_1 < \dim X$ unendlich viele Projektionen in X mit Bildbereich X_1 gibt.

9.32 Satz. *Seien m, n, r nichtnegative ganze Zahlen mit $m \geq r$, $n \geq r$, $\mathbf{F}$ sei eine C'-Abbildung einer offenen Menge $E \subset \mathbb{R}^n$ in $\mathbb{R}^m$ und $\mathbf{F}'(\mathbf{x})$ habe für jedes $\mathbf{x} \in E$ stets den Rang r.*

Sei $\mathbf{a} \in E$ gegeben, und sei $A = \mathbf{F}'(\mathbf{a})$. Sei Y_1 der Bildbereich von A, und sei P eine Projektion in $\mathbb{R}^m$ mit Bildbereich Y_1. Sei Y_2 der Kern von P.

Dann gibt es offene Mengen U und V in $\mathbb{R}^n$ mit $\mathbf{a} \in U$, $U \subset E$, und es existiert eine injektive C'-Abbildung $\mathbf{H}$ von V auf U (deren Inverse ebenfalls eine C'-Abbildung ist) derart, dass

$$\mathbf{F}(\mathbf{H}(\mathbf{x})) = A\mathbf{x} + \varphi(A\mathbf{x}) \quad (\mathbf{x} \in V) \tag{9.66}$$

gilt, wobei φ eine C'-Abbildung der offenen Menge $A(V) \subset Y_1$ in Y_2 ist.

Im Anschluss an den Beweis werden wir eine eher geometrische Beschreibung der in (9.66) enthaltenen Informationen geben.

Beweis. Im Fall $r = 0$ zeigt Satz 9.19, dass $\mathbf{F}(\mathbf{x})$ in einer Umgebung U von $\mathbf{a}$ konstant ist, und (9.66) gilt trivialerweise mit $V = U$, $\mathbf{H}(\mathbf{x}) = \mathbf{x}$ und $\varphi(\mathbf{0}) = \mathbf{F}(\mathbf{a})$.

Von nun an nehmen wir daher $r > 0$ an. Wegen $\dim Y_1 = r$ hat Y_1 eine Basis $\{\mathbf{y}_1, \ldots, \mathbf{y}_r\}$. Man wähle $\mathbf{z}_i \in \mathbb{R}^n$ so, dass $A\mathbf{z}_i = \mathbf{y}_i$ ($1 \leq i \leq r$) ist und definiere eine lineare Abbildung S von Y_1 in $\mathbb{R}^n$ durch

$$S(c_1\mathbf{y}_1 + \cdots + c_r\mathbf{y}_r) = c_1\mathbf{z}_1 + \cdots + c_r\mathbf{z}_r \tag{9.67}$$

für alle Skalare $c_1, \ldots, c_r$.

Dann folgt $AS\mathbf{y}_i = A\mathbf{z}_i = \mathbf{y}_i$ für $1 \leq i \leq r$ und somit

$$AS\mathbf{y} = \mathbf{y} \quad (\mathbf{y} \in Y_1). \tag{9.68}$$

Man definiere nun eine Abbildung $\mathbf{G}$ von E in $\mathbb{R}^n$ durch

$$\mathbf{G}(\mathbf{x}) = \mathbf{x} + SP[\mathbf{F}(\mathbf{x}) - A\mathbf{x}] \quad (\mathbf{x} \in E). \tag{9.69}$$

Wegen $\mathbf{F}'(\mathbf{a}) = A$ erhält man durch Differenzieren von (9.69), dass $\mathbf{G}'(\mathbf{a}) = I$ der Identitätsoperator auf $\mathbb{R}^n$ ist. Nach dem Satz über Umkehrabbildungen gibt es offene Mengen U und V in $\mathbb{R}^n$ mit $\mathbf{a} \in U$ derart, dass $\mathbf{G}$ eine injektive Abbildung von U auf V ist, deren Inverse $\mathbf{H}$ ebenfalls eine $\mathcal{C}'$-Abbildung ist. Indem man, falls notwendig, U und V verkleinert, lässt sich ferner erreichen, dass V konvex ist und dass $\mathbf{H}'(\mathbf{x})$ für jedes $\mathbf{x} \in V$ invertierbar ist.

Man beachte, dass $ASPA = A$ gilt wegen $PA = A$ und (9.68). Daher führt (9.69) zu

$$AG(\mathbf{x}) = P\mathbf{F}(\mathbf{x}) \quad (\mathbf{x} \in E). \tag{9.70}$$

Speziell gilt (9.70) für $\mathbf{x} \in U$. Ersetzt man $\mathbf{x}$ durch $\mathbf{H}(\mathbf{x})$, so erhält man

$$P\mathbf{F}(\mathbf{H}(\mathbf{x})) = A\mathbf{x} \quad (\mathbf{x} \in V). \tag{9.71}$$

Man definiere

$$\psi(\mathbf{x}) = \mathbf{F}(\mathbf{H}(\mathbf{x})) - A\mathbf{x} \quad (\mathbf{x} \in V). \tag{9.72}$$

Wegen $PA = A$ impliziert (9.71), dass $P\psi(\mathbf{x}) = \mathbf{0}$ für alle $\mathbf{x} \in V$ gilt. Somit ist ψ eine $\mathcal{C}'$-Abbildung von V in Y_2.

Da V offen ist, ist $A(V)$ eine offene Teilmenge des Bildbereichs $\mathcal{B}(A) = Y_1$. Um den Beweis zu vervollständigen, d. h., um von (9.72) zu (9.66) zu gelangen, gilt es zu zeigen, dass es eine $\mathcal{C}'$-Abbildung φ von $A(V)$ in Y_2 gibt mit

$$\varphi(A\mathbf{x}) = \psi(\mathbf{x}) \quad (\mathbf{x} \in V). \tag{9.73}$$

Als einen ersten Schritt in Richtung auf (9.73) zeigen wir zunächst, dass für $\mathbf{x}_1 \in V$, $\mathbf{x}_2 \in V$ mit $A\mathbf{x}_1 = A\mathbf{x}_2$ stets

$$\psi(\mathbf{x}_1) = \psi(\mathbf{x}_2) \tag{9.74}$$

gilt.

Man setze $\Phi(\mathbf{x}) = \mathbf{F}(\mathbf{H}(\mathbf{x}))$ für $\mathbf{x} \in V$. Da $\mathbf{H}'(\mathbf{x})$ für jedes $\mathbf{x} \in V$ den Rang n und $\mathbf{F}'(\mathbf{x})$ für jedes $\mathbf{x} \in U$ den Rang r hat, folgt

$$\text{Rang } \Phi'(\mathbf{x}) = \text{Rang } \mathbf{F}'(\mathbf{H}(\mathbf{x})) \, \mathbf{H}'(\mathbf{x}) = r \quad (\mathbf{x} \in V). \tag{9.75}$$

Sei $\mathbf{x} \in V$ fest gewählt, und sei M der Bildbereich von $\Phi'(\mathbf{x})$. Dann gilt $M \subset \mathbb{R}^m$ und $\dim M = r$. Nach (9.71) folgt

$$P\Phi'(\mathbf{x}) = A. \tag{9.76}$$

Somit wird M durch P auf $\mathcal{B}(A) = Y_1$ abgebildet. Da M und Y_1 dieselbe Dimension haben, folgt, dass P (eingeschränkt auf M) injektiv ist.

Nehmen wir nun an, dass $A\mathbf{h} = \mathbf{0}$ gilt. Dann ist nach (9.76) $P\Phi'(\mathbf{x})\,\mathbf{h} = \mathbf{0}$. Es gilt aber $\Phi'(\mathbf{x})\,\mathbf{h} \in M$, und P ist injektiv auf M. Also ist $\Phi'(\mathbf{x})\,\mathbf{h} = \mathbf{0}$. Ein Blick auf (9.72) zeigt nun, dass die folgende Aussage bewiesen ist:

Für $\mathbf{x} \in V$ und $A\mathbf{h} = \mathbf{0}$ ist $\psi'(\mathbf{x})\,\mathbf{h} = \mathbf{0}$.

Damit können wir nun (9.74) beweisen. Seien $\mathbf{x}_1 \in V$, $\mathbf{x}_2 \in V$ mit $A\mathbf{x}_1 = A\mathbf{x}_2$. Man setze $\mathbf{h} = \mathbf{x}_2 - \mathbf{x}_1$ und definiere

$$\mathbf{g}(t) = \psi(\mathbf{x}_1 + t\mathbf{h}) \quad (0 \le t \le 1). \tag{9.77}$$

Aus der Konvexität von V folgt, dass für diese t stets $\mathbf{x}_1 + t\mathbf{h} \in V$ gilt. Also folgt

$$\mathbf{g}'(t) = \psi'(\mathbf{x}_1 + t\mathbf{h})\,\mathbf{h} = \mathbf{0} \quad (0 \le t \le 1), \tag{9.78}$$

und daher gilt $\mathbf{g}(1) = \mathbf{g}(0)$. Wegen $\mathbf{g}(1) = \psi(\mathbf{x}_2)$ und $\mathbf{g}(0) = \psi(\mathbf{x}_1)$ ist damit (9.74) bewiesen.

Nach (9.74) hängt $\psi(\mathbf{x})$ für $\mathbf{x} \in V$ nur von $A\mathbf{x}$ ab. Also ist φ durch (9.73) eindeutig in $A(V)$ definiert. Zu beweisen bleibt nur, dass $\varphi \in C'$ gilt.

Man wähle $\mathbf{y}_0 \in A(V)$ und $\mathbf{x}_0 \in V$ so, dass $A\mathbf{x}_0 = \mathbf{y}_0$ ist. Da V offen ist, hat $\mathbf{y}_0$ eine Umgebung W in Y_1 derart, dass der Vektor

$$\mathbf{x} = \mathbf{x}_0 + S(\mathbf{y} - \mathbf{y}_0) \tag{9.79}$$

für alle $\mathbf{y} \in W$ in V liegt. Nach (9.68) gilt

$$A\mathbf{x} = A\mathbf{x}_0 + \mathbf{y} - \mathbf{y}_0 = \mathbf{y}.$$

Somit ergeben (9.73) und (9.79)

$$\varphi(\mathbf{y}) = \psi(\mathbf{x}_0 - S\mathbf{y}_0 + S\mathbf{y}) \quad (\mathbf{y} \in W). \tag{9.80}$$

Diese Formel zeigt, dass $\varphi \in C'$ in W und folglich in $A(V)$ ist, da $\mathbf{y}_0$ beliebig in $A(V)$ gewählt war. Der Beweis ist damit vollständig. $\qquad\square$

Wir diskutieren nun kurz, was der Satz über die Geometrie der Abbildung $\mathbf{F}$ aussagt. Ist $\mathbf{y} \in \mathbf{F}(U)$, dann gilt $\mathbf{y} \in \mathbf{F}(\mathbf{H}(\mathbf{x}))$ für geeignetes $\mathbf{x} \in V$, und (9.66) zeigt, dass $P\mathbf{y} = A\mathbf{x}$ gilt. Daher folgt

$$\mathbf{y} = P\mathbf{y} + \varphi(P\mathbf{y}) \quad (\mathbf{y} \in \mathbf{F}(U)). \tag{9.81}$$

Hierdurch wird deutlich, dass $\mathbf{y}$ durch die Projektion $P\mathbf{y}$ bestimmt wird und dass P, eingeschränkt auf $\mathbf{F}(U)$, eine injektive Abbildung von $\mathbf{F}(U)$ auf $A(V)$ ist. Somit ist $\mathbf{F}(U)$ eine „r-dimensionale Fläche" mit genau einem Punkt „über" jedem Punkt von $A(V)$. Man kann $\mathbf{F}(U)$ auch als den Graphen von φ ansehen.

Ist $\Phi(\mathbf{x}) = \mathbf{F}(\mathbf{H}(\mathbf{x}))$ wie im Beweis, so zeigt (9.66), dass die *Niveaumengen* von Φ (dies sind die Mengen, auf denen Φ einen konstanten Wert annimmt) genau die

Niveaumengen von A in V sind. Diese sind „eben", da sie Durchschnitte von V mit Parallelverschiebungen des Vektorraums $\mathcal{K}(A)$ sind. Man beachte, dass dim $\mathcal{K}(A) = n - r$ ist (Übungsaufgabe 25).

Die Niveaumengen von $\mathbf{F}$ in U sind die Bilder der ebenen Niveaumengen von Φ in V unter $\mathbf{H}$. Sie sind somit „$(n - r)$-dimensionale Flächen" in U.

Determinanten

Determinanten sind Zahlen, die quadratischen Matrizen zugeordnet sind und somit den Operatoren, die durch solche Matrizen dargestellt werden. Eine Determinante ist genau dann 0, wenn der entsprechende Operator nicht invertierbar ist. Wegen dieser Eigenschaft sind Determinanten hilfreich bei der Entscheidung, ob die Voraussetzungen einiger der vorangehenden Sätze erfüllt sind. In Kapitel 10 werden sie eine noch wichtigere Rolle spielen.

9.33 Definition. Ist $(j_1, \ldots, j_n)$ ein geordnetes n-Tupel ganzer Zahlen, so definiere man

$$s(j_1, \ldots, j_n) = \prod_{p<q} \operatorname{sgn} (j_q - j_p) \tag{9.82}$$

mit sgn $x = 1$ für $x > 0$, sgn $x = -1$ für $x < 0$ und sgn $x = 0$ für $x = 0$.

Dann ist $s(j_1, \ldots, j_n) = 1, -1$ oder 0, und das Vorzeichen ändert sich, wenn zwei der j's vertauscht werden.

Sei $[A]$ die Matrix eines linearen Operators A auf $\mathbb{R}^n$ bezüglich der Standardbasis $\{\mathbf{e}_1, \ldots, \mathbf{e}_n\}$. Bezeichnet $a(i, j)$ das Element in der i-ten Zeile und der j-ten Spalte von $[A]$, so ist die *Determinante* von $[A]$ definiert als die Zahl

$$\det[A] = \sum s(j_1, \ldots, j_n) \, a(1, j_1) \, a(2, j_2) \cdots a(n, j_n). \tag{9.83}$$

Die Summe in (9.83) läuft über alle geordneten n-Tupel ganzer Zahlen $(j_1, \ldots, j_n)$ mit $1 \leq j_r \leq n$.

Die Spaltenvektoren $\mathbf{x}_j$ von $[A]$ sind

$$\mathbf{x}_j = \sum_{i=1}^n a(i, j) \, \mathbf{e}_i \quad (1 \leq j \leq n). \tag{9.84}$$

Es wird sich als vorteilhaft erweisen, det$[A]$ als eine Funktion der Spaltenvektoren von $[A]$ zu betrachten. Schreibt man

$$\det(\mathbf{x}_1, \ldots, \mathbf{x}_n) = \det[A],$$

so ist det nunmehr eine reelle Funktion auf der Menge aller geordneten n-Tupel von Vektoren in $\mathbb{R}^n$.

9.34 Satz.

(a) *Ist I der Identitätsoperator auf* $\mathbb{R}^n$, *dann gilt*

$$\det[I] = \det(\mathbf{e}_1, \ldots, \mathbf{e}_n) = 1.$$

(b) det *ist eine lineare Funktion jedes Spaltenvektors* $\mathbf{x}_j$, *wenn die übrigen festgehalten werden.*

(c) $[A]_1$ *gehe aus* $[A]$ *durch das Vertauschen zweier Spalten hervor. Dann ist*

$$\det[A]_1 = -\det[A].$$

(d) *Hat* $[A]$ *zwei gleiche Spalten, dann ist* $\det[A] = 0$.

Beweis. Für $A = I$ ist $a(i,i) = 1$ und $a(i,j) = 0$ für $i \neq j$. Also folgt

$$\det[I] = s(1, 2, \ldots, n) = 1,$$

womit (a) bewiesen ist. Nach (9.82) ist $s(j_1, \ldots, j_n) = 0$, wenn zwei der j's gleich sind. Jedes der restlichen $n!$ Produkte in (9.83) enthält genau einen Faktor aus jeder Spalte. Dies beweist (b). Teil (c) ist eine direkte Folge der Tatsache, dass $s(j_1, \ldots, j_n)$ das Vorzeichen ändert, wenn zwei der j's vertauscht werden, und (d) ist ein Korollar von (c). □

9.35 Satz. *Sind* $[A]$ *und* $[B]$ $n \times n$-*Matrizen, dann gilt* $\det([B][A]) = \det[B]\,\det[A]$.

Beweis. Sind $\mathbf{x}_1, \ldots, \mathbf{x}_n$ die Spalten von $[A]$, so definiere man

$$\Delta_B(\mathbf{x}_1, \ldots, \mathbf{x}_n) = \Delta_B[A] = \det([B][A]). \tag{9.85}$$

Die Spalten von $[B][A]$ sind die Vektoren $B\mathbf{x}_1, \ldots, B\mathbf{x}_n$. Somit gilt

$$\Delta_B(\mathbf{x}_1, \ldots, \mathbf{x}_n) = \det(B\mathbf{x}_1, \ldots, B\mathbf{x}_n). \tag{9.86}$$

Nach (9.86) und Satz 9.34 hat Δ_B auch die Eigenschaften 9.34 (b) bis (d). Nach (b) und (9.84) gilt

$$\Delta_B[A] = \Delta_B\left(\sum_i a(i,1)\,\mathbf{e}_i, \mathbf{x}_2, \ldots, \mathbf{x}_n\right) = \sum_i a(i,1)\,\Delta_B(\mathbf{e}_i, \mathbf{x}_2, \ldots, \mathbf{x}_n).$$

Durch Wiederholung dieses Verfahrens mit $\mathbf{x}_2, \ldots, \mathbf{x}_n$ erhält man

$$\Delta_B[A] = \sum a(i_1, 1)\,a(i_2, 2) \cdots a(i_n, n)\,\Delta_B(\mathbf{e}_{i_1}, \ldots, \mathbf{e}_{i_n}), \tag{9.87}$$

wobei über alle geordneten n-Tupel $(i_1, \ldots, i_n)$ mit $1 \leq i_r \leq n$ summiert wird. Nach (c) und (d) gilt

$$\Delta_B(\mathbf{e}_{i_1}, \ldots, \mathbf{e}_{i_n}) = t(i_1, \ldots, i_n)\,\Delta_B(\mathbf{e}_1, \ldots, \mathbf{e}_n), \tag{9.88}$$

wobei $t(i_1, \ldots, i_n) = 1$, 0 oder -1 ist, und wegen $[B][I] = [B]$ zeigt (9.85), dass

$$\Delta_B(\mathbf{e}_1, \ldots, \mathbf{e}_n) = \det[B] \qquad (9.89)$$

gilt. Durch Einsetzen von (9.89) und (9.88) in (9.87) ergibt sich

$$\det([B][A]) = \left\{ \sum a(i_1, 1) \cdots a(i_n, n) \, t(i_1, \ldots, i_n) \right\} \det[B]$$

für alle $n \times n$-Matrizen $[A]$ und $[B]$. Setzt man $B = I$ ein, so sieht man, dass die Summe in den geschweiften Klammern gleich $\det[A]$ ist. Damit ist der Satz bewiesen. $\qquad \square$

9.36 Satz. *Ein linearer Operator A auf $\mathbb{R}^n$ ist genau dann invertierbar, wenn $\det[A] \neq 0$ gilt.*

Beweis. Für invertierbares A zeigt Satz 9.35, dass

$$\det[A] \det[A^{-1}] = \det[AA^{-1}] = \det[I] = 1$$

gilt, so dass $\det[A] \neq 0$ folgt.

Ist A nicht invertierbar, dann sind die Spalten $\mathbf{x}_1, \ldots, \mathbf{x}_n$ von $[A]$ linear abhängig (Satz 9.5). Also gibt es ein $\mathbf{x}_k$ und Skalare c_j mit

$$\mathbf{x}_k + \sum_{j \neq k} c_j \mathbf{x}_j = \mathbf{0}. \qquad (9.90)$$

Nach (9.34) (b) und (d) kann $\mathbf{x}_k$ für $j \neq k$ durch $\mathbf{x}_k + c_j \mathbf{x}_j$ ersetzt werden, ohne dass dadurch der Wert der Determinante geändert würde. Eine Wiederholung dieses Arguments zeigt, dass $\mathbf{x}_k$ durch die linke Seite von (9.90) ersetzt werden kann, d. h. durch $\mathbf{0}$, ohne dass sich der Wert der Determinante ändert. Eine Matrix jedoch, die eine Spalte gleich $\mathbf{0}$ hat, hat die Determinante 0. Also ist $\det[A] = 0$. $\qquad \square$

9.37 Bemerkung. Seien $\{\mathbf{e}_1, \ldots, \mathbf{e}_n\}$ und $\{\mathbf{u}_1, \ldots, \mathbf{u}_n\}$ Basen von $\mathbb{R}^n$. Jeder lineare Operator A auf $\mathbb{R}^n$ bestimmt Matrizen $[A]$ und $[A]_U$ mit Elementen a_{ij} und α_{ij}, die gegeben sind durch

$$A\mathbf{e}_j = \sum_i a_{ij} \mathbf{e}_i, \quad A\mathbf{u}_j = \sum_i \alpha_{ij} \mathbf{u}_i.$$

Ist $\mathbf{u}_j = B\mathbf{e}_j = \sum b_{ij} \mathbf{e}_i$, dann ist $A\mathbf{u}_j$ gleich

$$\sum_k \alpha_{kj} B\mathbf{e}_k = \sum_k \alpha_{kj} \sum_i b_{ik} \mathbf{e}_i = \sum_i \left(\sum_k b_{ik} \alpha_{kj} \right) \mathbf{e}_i$$

und andererseits gleich

$$AB\mathbf{e}_j = A \sum_k b_{kj} \mathbf{e}_k = \sum_i \left(\sum_k a_{ik} b_{kj} \right) \mathbf{e}_i.$$

Somit gilt $\sum b_{ik}\alpha_{kj} = \sum a_{ik}b_{kj}$ oder

$$[B][A]_U = [A][B]. \tag{9.91}$$

Da B invertierbar ist, folgt $\det[B] \neq 0$. Also zeigt (9.91) zusammen mit Satz 9.35, dass

$$\det[A]_U = \det[A]. \tag{9.92}$$

Die Determinante der Matrix eines linearen Operators ist daher nicht von der Basis abhängig, die zum Aufstellen der Matrix verwendet wird. *Daher ist es sinnvoll, von der Determinante eines linearen Operators zu sprechen, unabhängig von der Basiswahl.*

9.38 Definition (Jacobi-Determinanten)**.** Bildet $\mathbf{f}$ eine offene Menge $E \subset \mathbb{R}^n$ in $\mathbb{R}^n$ ab und ist $\mathbf{f}$ an einem Punkt $\mathbf{x} \in E$ differenzierbar, dann wird die Determinante des linearen Operators $\mathbf{f}'(\mathbf{x})$ die *Jacobi-Determinante* von $\mathbf{f}$ an der Stelle $\mathbf{x}$ genannt, in Zeichen:

$$J_{\mathbf{f}}(\mathbf{x}) = \det \mathbf{f}'(\mathbf{x}). \tag{9.93}$$

Wir verwenden auch die Notation

$$\frac{\partial(y_1,\ldots,y_n)}{\partial(x_1,\ldots,x_n)} \tag{9.94}$$

für $J_{\mathbf{f}}(\mathbf{x})$, wenn $(y_1,\ldots,y_n) = \mathbf{f}(x_1,\ldots,x_n)$ ist.

Mit Hilfe der Jacobi-Determinante lautet die entscheidende Voraussetzung im Satz über Umkehrabbildungen $J_{\mathbf{f}}(\mathbf{a}) \neq 0$ (vgl. Satz 9.36). Wird der Satz über implizite Funktionen unter Verwendung der Funktionen (9.59) formuliert, so kann die darin an A gestellte Voraussetzung als

$$\frac{\partial(f_1,\ldots,f_n)}{\partial(x_1,\ldots,x_n)} \neq 0$$

geschrieben werden.

Ableitungen höherer Ordnung

9.39 Definition. Sei f eine reelle Funktion, definiert in einer offenen Menge $E \subset \mathbb{R}^n$ mit partiellen Ableitungen $D_1f,\ldots,D_nf$. Sind die Funktionen D_jf selbst differenzierbar, dann sind die *partiellen Ableitungen zweiter Ordnung* von f definiert durch

$$D_{ij}f = D_iD_jf \quad (i,j = 1,\ldots,n).$$

Sind alle diese Funktionen $D_{ij}f$ stetig in E, so sagt man, f sei von der Klasse C'' in E oder kurz $f \in C''(E)$.

Eine Abbildung **f** von E in $\mathbb{R}^m$ heißt von der Klasse $\mathcal{C}''$, wenn jede Komponente von **f** von der Klasse $\mathcal{C}''$ ist.

Es kann vorkommen, dass $D_{ij}f \neq D_{ji}f$ an einem Punkt gilt, obwohl beide Ableitungen existieren (siehe Übungsaufgabe 27). Wir werden jedoch im Folgenden sehen, dass stets $D_{ij}f = D_{ji}f$ gilt, wenn diese Ableitungen stetig sind.

Der Einfachheit halber (und ohne Beschränkung der Allgemeinheit) formulieren die unsere nächsten beiden Sätze für reelle Funktionen zweier Variablen. Der erste ist ein Mittelwertsatz.

9.40 Satz. *f sei in einer offenen Menge $E \subset \mathbb{R}^2$ definiert, und $D_1 f$ und $D_{21} f$ mögen an jedem Punkt von E existieren. Sei $Q \subset E$ ein abgeschlossenes Rechteck, dessen Seiten parallel zu den Koordinatenachsen verlaufen und das (a, b) und $(a + h, b + k)$ als gegenüberliegende Ecken hat $(h \neq 0, k \neq 0)$. Man setze*

$$\Delta(f, Q) = f(a + h, b + k) - f(a + h, b) - f(a, b + k) + f(a, b).$$

Dann existiert ein Punkt (x, y) im Innern von Q mit

$$\Delta(f, Q) = hk \, (D_{21} f)(x, y). \tag{9.95}$$

Man beachte die Analogie zwischen (9.95) und Satz 5.10; der Flächeninhalt von Q ist hk.

Beweis. Setze $u(t) = f(t, b + k) - f(t, b)$. Zwei Anwendungen von Satz 5.10 zeigen, dass es ein x zwischen a und $a + h$ und ein y zwischen b und $b + k$ gibt derart, dass

$$\begin{aligned}
\Delta(f, Q) &= u(a + h) - u(a) \\
&= h \, u'(x) \\
&= h \, [(D_1 f)(x, b + k) - (D_1 f)(x, b)] \\
&= hk \, (D_{21} f)(x, y)
\end{aligned}$$

gilt. $\qquad\square$

9.41 Satz. *f sei in einer offenen Menge $E \subset \mathbb{R}^2$ definiert, $D_1 f$, $D_{21} f$ und $D_2 f$ mögen an jedem Punkt von E existieren, und $D_{21} f$ sei stetig an einem Punkt $(a, b) \in E$.*

Dann existiert $D_{12} f$ am Punkt (a, b), und es gilt

$$(D_{12} f)(a, b) = (D_{21} f)(a, b). \tag{9.96}$$

Korollar. *Ist $f \in \mathcal{C}''(E)$, so gilt*

$$D_{21} f = D_{12} f.$$

Beweis. Man setze $A = (D_{21} f)(a, b)$ und wähle $\varepsilon > 0$. Ist Q ein Rechteck wie in Satz 9.40 und sind h und k hinreichend klein, dann gilt

$$|A - (D_{21} f)(x, y)| < \varepsilon$$

für alle $(x, y) \in Q$. Somit folgt nach (9.95)

$$\left| \frac{\Delta(f, Q)}{hk} - A \right| < \varepsilon.$$

Man halte h fest und lasse k gegen 0 streben. Da $D_2 f$ in E existiert, folgt aus dieser Ungleichung

$$\left| \frac{(D_2 f)(a + h, b) - (D_2 f)(a, b)}{h} - A \right| \leq \varepsilon. \tag{9.97}$$

Da ε beliebig gewählt war und da (9.97) für alle hinreichend kleinen $h \neq 0$ gilt, folgt $(D_{21} f)(a, b) = A$, also (9.96). □

Differentiation von Integralen

Sei φ eine Funktion von zwei Variablen, die bezüglich der einen Variablen integriert und bezüglich der anderen differenziert werden kann. Unter welchen Bedingungen ist das Ergebnis dasselbe, wenn die beiden Grenzübergänge in der umgekehrten Reihenfolge durchgeführt werden? Um die Frage präziser zu formulieren: Unter welchen Bedingungen ist die Gleichung

$$\frac{\mathrm{d}}{\mathrm{d}t} \int_a^b \varphi(x, t) \, \mathrm{d}x = \int_a^b \frac{\partial \varphi}{\partial t}(x, t) \, \mathrm{d}x \tag{9.98}$$

gültig? (Ein Gegenbeispiel wird in Übungsaufgabe 28 gegeben.)

Es ist bequem, die Notation

$$\varphi^t(x) = \varphi(x, t) \tag{9.99}$$

zu verwenden. Somit ist φ^t für jedes t eine Funktion einer Variablen.

9.42 Satz. *Angenommen*

(a) *$\varphi(x, t)$ sei definiert für $a \leq x \leq b$, $c \leq t \leq d$;*

(b) *α sei eine monoton wachsende Funktion auf $[a, b]$;*

(c) *$\varphi^t \in \mathcal{R}(\alpha)$ gelte für jedes $t \in [c, d]$;*

(d) *zu s mit $c < s < d$ und zu jedem $\varepsilon > 0$ existiere ein $\delta > 0$ derart, dass*

$$|(D_2 \varphi)(x, t) - (D_2 \varphi)(x, s)| < \varepsilon$$

für alle $x \in [a, b]$ und für alle $t \in (s - \delta, s + \delta)$ gilt.

Man definiere

$$f(t) = \int_a^b \varphi(x, t) \, \mathrm{d}\alpha(x) \quad (c \leq t \leq d). \tag{9.100}$$

Dann ist $(D_2\varphi)^s \in \mathcal{R}(\alpha), f'(s)$ existiert, und es gilt

$$f'(s) = \int_a^b (D_2\varphi)(x, s)\, d\alpha(x). \tag{9.101}$$

Man beachte, dass (c) für jedes $t \in [c, d]$ die Existenz des Integrals (9.100) garantiert. Man beachte ferner, dass (d) sicher stets dann gilt, wenn $D_2\varphi$ stetig auf dem Rechteck ist, auf dem φ definiert ist.

Beweis. Man betrachte die Differenzenquotienten

$$\psi(x, t) = \frac{\varphi(x, t) - \varphi(x, s)}{t - s}$$

für $0 < |t - s| < \delta$. Nach Satz 5.10 gibt es zu jedem (x, t) eine Zahl u zwischen s und t derart, dass

$$\psi(x, t) = (D_2\varphi)(x, u)$$

gilt. Also folgt aus (d) die Abschätzung

$$|\psi(x, t) - (D_2\varphi)(x, s)| < \varepsilon \quad (a \le x \le b, \quad 0 < |t - s| < \delta). \tag{9.102}$$

Man beachte, dass gilt

$$\frac{f(t) - f(s)}{t - s} = \int_a^b \psi(x, t)\, d\alpha(x). \tag{9.103}$$

Nach (9.102) konvergiert ψ^t für $t \to s$ auf $[a, b]$ gleichmäßig gegen $(D_2\varphi)^s$. Da jedes $\psi^t \in \mathcal{R}(\alpha)$ ist, folgt die gewünschte Konklusion (9.101) aus (9.103) und Satz 7.16. ☐

9.43 Beispiel. Man kann natürlich Analoga von Satz 9.42 mit $(-\infty, \infty)$ anstelle von $[a, b]$ beweisen. Stattdessen wollen wir einfach ein Beispiel behandeln. Man definiere

$$f(t) = \int_{-\infty}^{\infty} e^{-x^2} \cos(xt)\, dx \tag{9.104}$$

und

$$g(t) = -\int_{-\infty}^{\infty} x e^{-x^2} \sin(xt)\, dx \tag{9.105}$$

für $-\infty < t < \infty$. Beide Integrale existieren (sie konvergieren absolut), da die Absolutbeträge der Integranden höchstens $\exp(-x^2)$ bzw. $|x| \exp(-x^2)$ sind.

Man beachte, dass man g aus f erhält, indem man den Integranden nach t differenziert. Wir behaupten, dass f differenzierbar ist und dass

$$f'(t) = g(t) \quad (-\infty < t < \infty) \tag{9.106}$$

gilt. Um dies zu beweisen, betrachten wir zunächst die Differenzenquotienten des Kosinus.

Für $\beta > 0$ ist

$$\frac{\cos(\alpha + \beta) - \cos\alpha}{\beta} + \sin\alpha = \frac{1}{\beta} \int\limits_{\alpha}^{\alpha+\beta} (\sin\alpha - \sin t)\, dt. \tag{9.107}$$

Wegen $|\sin\alpha - \sin t| \leq |t - \alpha|$ ist der Absolutbetrag der rechten Seite von (9.107) höchstens $\beta/2$. Der Fall $\beta < 0$ wird ähnlich gehandhabt. Somit gilt

$$\left| \frac{\cos(\alpha + \beta) - \cos(\alpha)}{\beta} + \sin\alpha \right| \leq |\beta| \tag{9.108}$$

für alle β (wenn die linke Seite für $\beta = 0$ als 0 interpretiert wird).

Man lege nun t fest und wähle $h \neq 0$. Wendet man (9.108) mit $\alpha = xt$, $\beta = xh$ an, so folgt aus (9.104) und (9.105)

$$\left| \frac{f(t + h) - f(t)}{h} - g(t) \right| \leq |h| \int\limits_{-\infty}^{\infty} x^2 e^{-x^2}\, dx. $$

Für $h \to 0$ erhalten wir somit (9.106).

Gehen wir einen Schritt weiter: Eine partielle Integration, auf (9.104) angewandt, liefert

$$f(t) = 2 \int\limits_{-\infty}^{\infty} x e^{-x^2} \frac{\sin(xt)}{t}\, dx. \tag{9.109}$$

Somit ist $tf(t) = -2g(t)$, und (9.106) impliziert nun, dass f der Differentialgleichung

$$2f'(t) + tf(t) = 0 \tag{9.110}$$

genügt. Lösen wir diese Differentialgleichung unter Berücksichtigung der Tatsache, dass $f(0) = \sqrt{\pi}$ ist (siehe Abschnitt 8.21), so erhalten wir

$$f(t) = \sqrt{\pi} \exp\left(-\frac{t^2}{4} \right). \tag{9.111}$$

Das Integral (9.104) ist somit explizit bestimmt.

Übungsaufgaben

1. Ist S eine nichtleere Teilmenge eines Vektorraumes X, so beweise man, dass (wie in Abschnitt 9.1 behauptet) der von S aufgespannte Raum ein Vektorraum ist.

2. Man beweise, dass (wie in Abschnitt 9.6 behauptet) BA linear ist, wenn A und B lineare Abbildungen sind.
   Man beweise auch, dass A^{-1} linear und invertierbar ist.

3. Sei $A \in L(X, Y)$, und $A\mathbf{x} = \mathbf{0}$ gelte nur für $\mathbf{x} = \mathbf{0}$. Man beweise, dass A dann injektiv ist.

4. Man beweise, dass (wie in Abschnitt 9.30 behauptet) Kerne und Bildbereiche linearer Abbildungen Vektorräume sind.

5. Man beweise, dass jedem $A \in L(\mathbb{R}^n, \mathbb{R}^1)$ genau ein $\mathbf{y} \in \mathbb{R}^n$ entspricht, für das $A\mathbf{x} = \mathbf{x} \cdot \mathbf{y}$ gilt. Man beweise auch, dass $\|A\| = |\mathbf{y}|$ gilt.
   Hinweis: Unter bestimmten Bedingungen gilt die Gleichheit in der Schwarzschen Ungleichung.

6. Für $f(0,0) = 0$ und

$$f(x,y) = \frac{xy}{x^2 + y^2} \quad \text{für } (x,y) \neq (0,0)$$

   beweise man, dass $(D_1 f)(x,y)$ und $(D_2 f)(x,y)$ an jedem Punkt von $\mathbb{R}^2$ existieren, obwohl f am Punkt $(0,0)$ nicht stetig ist.

7. f sei eine reellwertige Funktion, definiert in einer offenen Menge $E \subset \mathbb{R}^n$, und die partiellen Ableitungen $D_1 f, \ldots, D_n f$ seien in E beschränkt. Man beweise, dass f in E stetig ist.
   Hinweis: Man gehe wie im Beweis von Satz 9.21 vor.

8. f sei eine differenzierbare reelle Funktion in einer offenen Menge $E \subset \mathbb{R}^n$ und habe ein lokales Maximum an einem Punkt $\mathbf{x} \in E$. Man beweise $f'(\mathbf{x}) = 0$.

9. Ist $\mathbf{f}$ eine differenzierbare Abbildung einer *zusammenhängenden* offenen Menge $E \subset \mathbb{R}^n$ in $\mathbb{R}^m$ und ist $\mathbf{f}'(\mathbf{x}) = \mathbf{0}$ für jedes $\mathbf{x} \in E$, so beweise man, dass $\mathbf{f}$ in E konstant ist.

10. Ist f eine reelle Funktion, definiert in einer konvexen offenen Menge $E \subset \mathbb{R}^n$, mit $(D_1 f)(\mathbf{x}) = 0$ für jedes $\mathbf{x} \in E$, so beweise man, dass $f(\mathbf{x})$ nur von $x_2, \ldots, x_n$ abhängt. Man zeige, dass die Konvexität von E durch eine schwächere Bedingung ersetzt werden kann, dass aber eine geeignete Bedingung notwendig ist. Zum Beispiel könnte im Fall $n = 2$, wenn E wie ein Hufeisen geformt ist, die Behauptung falsch sein.

11. Sind f und g differenzierbare reelle Funktionen in $\mathbb{R}^n$, so beweise man, dass

$$\nabla(fg) = f\,\nabla g + g\,\nabla f$$

   gilt und dass $\nabla(1/f) = -f^{-2}\nabla f$ an allen Stellen gilt, an denen $f \neq 0$ ist.

12. Seien a und b fest gewählte reelle Zahlen mit $0 < a < b$. Man definiere $\mathbf{f} = (f_1, f_2, f_3)$ von $\mathbb{R}^2$ in $\mathbb{R}^3$ durch

$$f_1(s,t) = (b + a \cos s) \cos t,$$
$$f_2(s,t) = (b + a \cos s) \sin t,$$
$$f_3(s,t) = a \sin s.$$

Man beschreibe den Bildbereich K von $\mathbf{f}$. (Es ist eine bestimmte kompakte Teilmenge von $\mathbb{R}^3$.)

(a) Man zeige, dass es genau vier Punkte $\mathbf{p} \in K$ gibt mit

$$(\nabla f_1)(\mathbf{f}^{-1}(\mathbf{p})) = \mathbf{0},$$

und bestimme diese Punkte.

(b) Man bestimme die Menge aller $\mathbf{q} \in K$, für die gilt

$$(\nabla f_3)(\mathbf{f}^{-1}(\mathbf{q})) = \mathbf{0}.$$

(c) Man zeige, dass an einem der in (a) gefundenen Punkte $\mathbf{p}$ ein lokales Maximum von f_1 liegt und an einem anderen ein lokales Minimum von f_1, während die übrigen beiden keine Extremalpunkte sind. (Sie sind sogenannte *Sattelpunkte*.)

Welche der in (b) gefundenen Punkte $\mathbf{q}$ entsprechen Maxima oder Minima?

(d) Sei λ eine irrationale reelle Zahl. Man definiere $\mathbf{g}(t) = \mathbf{f}(t, \lambda t)$ und beweise, dass $\mathbf{g}$ eine injektive Abbildung von $\mathbb{R}^1$ auf eine dichte Teilmenge von K ist. Man zeige: $|\mathbf{g}'(t)|^2 = a^2 + \lambda^2 (b + a \cos t)^2$.

13. Sei $\mathbf{f}$ eine differenzierbare Abbildung von $\mathbb{R}^1$ in $\mathbb{R}^3$ derart, dass $|\mathbf{f}(t)| = 1$ für jedes t gilt.

Man beweise $\mathbf{f}'(t) \cdot \mathbf{f}(t) = 0$ und gebe eine geometrische Interpretation dieses Ergebnisses.

14. Man definiere $f(0,0) = 0$ und

$$f(x,y) = \frac{x^3}{x^2 + y^2} \quad \text{für } (x,y) \neq (0,0).$$

(a) Man beweise, dass $D_1 f$ und $D_2 f$ beschränkte Funktionen in $\mathbb{R}^2$ sind. (Also ist f stetig.)

(b) Sei $\mathbf{u}$ ein beliebiger Einheitsvektor in $\mathbb{R}^2$. Man zeige, dass die Richtungsableitung $(D_\mathbf{u} f)(0,0)$ existiert und dass ihr Absolutbetrag höchstens 1 ist.

(c) Sei y eine differenzierbare Abbildung von $\mathbb{R}^1$ in $\mathbb{R}^2$ (anders formuliert: y sei eine differenzierbare Kurve in $\mathbb{R}^2$) mit

$$y(0) = (0,0) \quad \text{und} \quad |y'(0)| > 0.$$

Man setze $g(t) = f(y(t))$ und beweise, dass g für jedes $t \in \mathbb{R}^1$ differenzierbar ist.

Ist $y \in \mathcal{C}'$, so beweise man $g \in \mathcal{C}'$.

(d) Man beweise, dass f trotzdem an der Stelle $(0, 0)$ nicht differenzierbar ist.

Hinweis: Formel (9.40) gilt hier nicht.

15. Man definiere $f(0, 0) = 0$ und

$$f(x, y) = x^2 + y^2 - 2x^2 y - \frac{4x^6 y^2}{(x^4 + y^2)^2} \quad \text{für } (x, y) \neq (0, 0).$$

(a) Man beweise für alle $(x, y) \in \mathbb{R}^2$ die Abschätzung

$$4x^4 y^2 \leq (x^4 + y^2)^2$$

und folgere, dass f stetig ist.

(b) Für $0 \leq \theta \leq 2\pi$, $-\infty < t < \infty$ definiere man

$$g_\theta(t) = f(t \cos\theta, t \sin\theta).$$

Man zeige, dass $g_\theta(0) = 0$, $g'_\theta(0) = 0$ und $g''_\theta(0) = 2$ gilt. Jedes g_θ hat daher ein striktes lokales Minimum an der Stelle $t = 0$.

Anders formuliert: Die Einschränkung von f auf jede Gerade durch $(0, 0)$ hat ein striktes lokales Minimum an der Stelle $(0, 0)$.

(c) Man zeige, dass $(0, 0)$ dennoch kein lokales Minimum für f ist, da $f(x, x^2) = -x^4$ ist.

16. Man zeige, dass die Stetigkeit von $\mathbf{f}'$ an dem Punkt $\mathbf{a}$ im Satz über Umkehrabbildungen notwendig ist, selbst im Fall $n = 1$. Ist

$$f(t) = t + 2t^2 \sin\frac{1}{t}$$

für $t \neq 0$ und $f(0) = 0$, dann ist $f'(0) = 1$ und f' ist in $(-1, 1)$ beschränkt, aber f ist in keiner Umgebung von 0 injektiv.

17. Sei $\mathbf{f} = (f_1, f_2)$ die Abbildung von $\mathbb{R}^2$ in $\mathbb{R}^2$, die gegeben ist durch

$$f_1(x, y) = e^x \cos y, \quad f_2(x, y) = e^x \sin y.$$

(a) Was ist der Bildbereich von f?

(b) Man zeige, dass die Jacobi-Determinante von f an keinem Punkt von $\mathbb{R}^2$ null ist. Somit hat jeder Punkt von $\mathbb{R}^2$ eine Umgebung, in der f injektiv ist. Dennoch ist f nicht injektiv auf $\mathbb{R}^2$.

(c) Man setze $\mathbf{a} = (0, \pi/3)$, $\mathbf{b} = f(\mathbf{a})$ und definiere $\mathbf{g}$ als die stetige Inverse von $\mathbf{f}$, definiert in einer Umgebung von $\mathbf{b}$, so dass $\mathbf{g}(\mathbf{b}) = \mathbf{a}$ gilt. Man finde eine explizite Formel für $\mathbf{g}$, berechne $\mathbf{f}'(\mathbf{a})$ und $\mathbf{g}'(\mathbf{b})$ und verifiziere die Formel (9.52).

(d) Welches sind die Bilder unter **f** von Geraden, die parallel zu den Koordinatenachsen verlaufen?

18. Man beantworte analoge Fragen für die Abbildung, die durch

$$u = x^2 - y^2, \quad v = 2xy$$

definiert ist.

19. Man zeige, dass das Gleichungssystem

$$3x + y - z + u^2 = 0,$$
$$x - y + 2z + u = 0,$$
$$2x + 2y - 3z + 2u = 0$$

nach x, y, u abhängig von z aufgelöst werden kann, ebenso nach x, z, u abhängig von y und nach y, z, u abhängig von x, jedoch nicht nach x, y, z abhängig von u.

20. Man betrachte den Fall $n = m = 1$ des Satzes über implizite Funktionen und interpretiere den Satz (sowie seinen Beweis) graphisch.

21. Man definiere f in $\mathbb{R}^2$ durch

$$f(x, y) = 2x^3 - 3x^2 + 2y^3 + 3y^2.$$

(a) Man finde die vier Punkte in $\mathbb{R}^2$, an denen der Gradient von f null ist und zeige, dass f genau ein lokales Maximum und ein lokales Minimum in $\mathbb{R}^2$ hat.

(b) Sei S die Menge aller $(x, y) \in \mathbb{R}^2$, an denen $f(x, y) = 0$ ist. Man finde diejenigen Punkte von S, die keine Umgebung haben, in der die Gleichung $f(x, y) = 0$ nach y (bzw. nach x) aufgelöst werden kann. Man beschreibe S so präzise wie möglich.

22. Man diskutiere auf ähnliche Weise die Funktion

$$f(x, y) = 2x^3 + 6xy^2 - 3x^2 + 3y^2.$$

23. Sei f in $\mathbb{R}^3$ durch

$$f(x, y_1, y_2) = x^2 y_1 + e^x + y_2$$

definiert. Man zeige, dass $f(0, 1, -1) = 0$, $(D_1 f)(0, 1, -1) \neq 0$ gilt und dass daher eine differenzierbare Funktion g in einer geeignet gewählten Umgebung von $(1, -1)$ in $\mathbb{R}^2$ existiert, für die $g(1, -1) = 0$ gilt und

$$f(g(y_1, y_2), y_1, y_2) = 0.$$

Man bestimme $(D_1 g)(1, -1)$ und $(D_2 g)(1, -1)$.

24. Für $(x, y) \neq (0, 0)$ definiere man $\mathbf{f} = (f_1, f_2)$ durch

$$f_1(x, y) = \frac{x^2 - y^2}{x^2 + y^2}, \quad f_2(x, y) = \frac{xy}{x^2 + y^2}.$$

Man berechne den Rang von $\mathbf{f}'(x, y)$ und bestimme den Bildbereich von $\mathbf{f}$.

25. Sei $A \in L(\mathbb{R}^n, \mathbb{R}^m)$, und sei r der Rang von A.

    (a) Man definiere S wie im Beweis des Satzes 9.32 und zeige, dass SA eine Projektion in $\mathbb{R}^n$ ist, deren Kern gleich $\mathcal{K}(A)$ und deren Bildbereich gleich $\mathcal{B}(S)$ ist.

    Hinweis: Nach (9.68) ist $SASA = SA$.

    (b) Unter Benutzung von (a) zeige man:

$$\dim \mathcal{K}(A) + \dim \mathcal{B}(A) = n.$$

26. Man zeige, dass die Existenz (und selbst die Stetigkeit) von $D_{12}f$ nicht die Existenz von $D_1 f$ impliziert. Betrachte zum Beispiel $f(x, y) = g(x)$, wobei g an keiner Stelle differenzierbar ist.

27. Man setze $f(0, 0) = 0$ und

$$f(x, y) = \frac{xy(x^2 - y^2)}{x^2 + y^2} \quad \text{für } (x, y) \neq (0, 0).$$

Man beweise:

    (a) $f, D_1 f, D_2 f$ sind stetig in $\mathbb{R}^2$.

    (b) $D_{12}f$ und $D_{21}f$ existieren an jedem Punkt von $\mathbb{R}^2$ und sind stetig außer am Punkt $(0, 0)$.

    (c) $(D_{12}f)(0, 0) = 1$ und $(D_{21}f)(0, 0) = -1$.

28. Für $t \geq 0$ setze man

$$\varphi(x, t) = \begin{cases} x & \text{für } 0 \leq x \leq \sqrt{t}, \\ -x + 2\sqrt{t} & \text{für } \sqrt{t} \leq x \leq 2\sqrt{t}, \\ 0 & \text{sonst} \end{cases}$$

und $\varphi(x, t) = -\varphi(x, |t|)$ für $t < 0$.
Man zeige, dass φ auf $\mathbb{R}^2$ stetig ist und dass

$$(D_2 \varphi)(x, 0) = 0$$

für alle x gilt. Man definiere

$$f(t) = \int_{-1}^{1} \varphi(x, t) \, dx.$$

und zeige, dass $f(t) = t$ für $|t| < \frac{1}{4}$ gilt. Also ist

$$f'(0) \neq \int_{-1}^{1} (D_2\varphi)(x,0)\,dx.$$

29. Sei E eine offene Menge in $\mathbb{R}^n$. Die Klassen $C'(E)$ und $C''(E)$ sind im Text definiert. Induktiv kann $C^{(k)}(E)$ wie folgt für alle natürlichen Zahlen k definiert werden: $f \in C^{(k)}(E)$ bedeutet, dass die partiellen Ableitungen $D_1 f, \ldots, D_n f$ zu $C^{(k-1)}(E)$ gehören.
Für $f \in C^{(k)}$ zeige man (durch wiederholte Anwendung des Satzes 9.41), dass die Ableitung k-ter Ordnung

$$D_{i_1 i_2 \cdots i_k} f = D_{i_1} D_{i_2} \cdots D_{i_k} f$$

unverändert bleibt, wenn die Reihenfolge der Indizes $i_1, \ldots, i_k$ vertauscht wird. Zum Beispiel folgt im Fall $n \geq 3$

$$D_{1213} f = D_{3112} f \quad \text{für jedes } f \in C^{(4)}.$$

30. Sei $f \in C^{(m)}(E)$, wobei E eine offene Teilmenge von $\mathbb{R}^n$ ist. Man wähle ein festes $\mathbf{a} \in E$ und nehme an, dass $\mathbf{x} \in \mathbb{R}^n$ so nahe an $\mathbf{0}$ liegt, dass die Punkte

$$\mathbf{p}(t) = \mathbf{a} + t\mathbf{x}$$

stets in E liegen für $0 \leq t \leq 1$. Man definiere

$$h(t) = f(\mathbf{p}(t))$$

für alle $t \in \mathbb{R}^1$, für die $\mathbf{p}(t) \in E$ gilt.
(a) Für $1 \leq k \leq m$ zeige man (durch wiederholte Anwendung der Kettenregel), dass

$$h^{(k)}(t) = \sum (D_{i_1 \cdots i_k} f)(\mathbf{p}(t))\, x_{i_1} \cdots x_{i_k}$$

gilt. Die Summe läuft über alle geordneten k-Tupel $(i_1, \ldots, i_k)$, in denen jedes i_j eine der natürlichen Zahlen $1, \ldots, n$ ist.
(b) Nach dem Taylorschen Satz (5.15) gilt

$$h(1) = \sum_{k=0}^{m-1} \frac{h^{(k)}(0)}{k!} + \frac{h^{(m)}(t)}{m!}$$

für geeignetes $t \in (0,1)$. Man verwende dies, um den Taylorschen Satz in n Variablen zu beweisen. Dazu zeige man, dass die Formel

$$f(\mathbf{a} + \mathbf{x}) = \sum_{k=0}^{m-1} \frac{1}{k!} \sum (D_{i_1 \cdots i_k} f)(\mathbf{a})\, x_{i_1} \cdots x_{i_k} + r(\mathbf{x})$$

$f(\mathbf{a}+\mathbf{x})$ als die Summe des sogenannten Taylorschen Polynoms vom Grad $m-1$ darstellt, plus einem Restglied $r(\mathbf{x})$, das der Bedingung

$$\lim_{\mathbf{x}\to\mathbf{0}} \frac{r(\mathbf{x})}{|\mathbf{x}|^{m-1}} = \mathbf{0}$$

genügt.

Jede der inneren Summen läuft über alle geordneten k-Tupel $(i_1,\dots,i_k)$ wie in (a). Wie üblich ist die Ableitung der Ordnung null von f einfach f, so dass $f(\mathbf{a})$ das konstante Glied des Taylorschen Polynoms von f an der Stelle $\mathbf{a}$ ist.

(c) Übungsaufgabe 29 zeigt, dass im Taylorschen Polynom, wie in (b) geschrieben, einige Terme wiederholt vorkommen. Zum Beispiel kommt D_{113} dreimal vor, als D_{113}, D_{131} und D_{311}. Die Summe der entsprechenden drei Glieder kann in der Form $3(D_1^2 D_3 f)(\mathbf{a})\, x_1^2 x_3$ geschrieben werden.

Man beweise (indem man abzählt, wie oft jede Ableitung vorkommt), dass das Taylorsche Polynom von (b) in der Form

$$\sum \frac{(D_1^{s_1}\cdots D_n^{s_n} f)(\mathbf{a})}{s_1!\cdots s_n!}\, x_1^{s_1}\cdots x_n^{s_n}$$

geschrieben werden kann.

Hier wird über alle geordneten n-Tupel $(s_1,\dots,s_n)$ aus nichtnegativen ganzen Zahlen s_i summiert, für die $s_1+\cdots+s_n \le m-1$ ist.

31. Sei $f \in \mathcal{C}^{(3)}$ in einer Umgebung eines Punktes $\mathbf{a} \in \mathbb{R}^2$. Ferner verschwinde der Gradient von f an dem Punkt $\mathbf{a}$, aber nicht alle Ableitungen zweiter Ordnung von f an dem Punkt $\mathbf{a}$ seien 0. Man zeige, wie man dann aus dem Taylorschen Polynom von f an dem Punkt $\mathbf{a}$ (vom Grad 2) bestimmen kann, ob f ein lokales Maximum oder ein lokales Minimum an dem Punkt $\mathbf{a}$ hat oder keines von beiden. Man erweitere dies auf $\mathbb{R}^n$ anstelle von $\mathbb{R}^2$.

10 Integration von Differentialformen

Die Integration kann auf unterschiedlichem Niveau studiert werden. Im Kapitel 6 wurde die Theorie für Funktionen entwickelt, die sich auf Teilintervallen der reellen Zahlengeraden einigermaßen gutartig verhalten. Im Kapitel 11 werden wir eine sehr hoch entwickelte Integrationstheorie behandeln, die auf sehr viel größere Klassen von Funktionen angewandt werden kann, deren Definitionsbereiche mehr oder weniger beliebige Mengen, nicht notwendigerweise Teilmengen von $\mathbb{R}^n$ sind. Dieses Kapitel ist solchen Aspekten der Integrationstheorie gewidmet, die eng mit der Geometrie euklidischer Räume zusammenhängen. Erwähnt seien beispielsweise die Substitutionsregel, Kurvenintegrale und das Konzept der Differentialformen, das bei der Formulierung und beim Beweis des n-dimensionalen Analogons des Hauptsatzes der Differential- und Integralrechnung, nämlich des Satzes von Stokes, verwendet wird.

Integration

10.1 Definition. Sei I^k eine k-Zelle in $\mathbb{R}^k$, bestehend aus allen $\mathbf{x} = (x_1, \ldots, x_k)$ mit

$$a_i \le x_i \le b_i \quad (i = 1, \ldots, k), \tag{10.1}$$

I^j sei die j-Zelle in $\mathbb{R}^j$, definiert durch die ersten j Ungleichungen in (10.1), und f sei eine stetige reelle Funktion auf I^k.

Man setze $f_k = f$ und definiere f_{k-1} auf I^{k-1} durch

$$f_{k-1}(x_1, \ldots, x_{k-1}) = \int_{a_k}^{b_k} f_k(x_1, \ldots, x_{k-1}, x_k) \, dx_k.$$

Aus der gleichmäßigen Stetigkeit von f_k auf I^k folgt, dass f_{k-1} stetig auf I^{k-1} ist. Also können wir diesen Prozess wiederholen und erhalten Funktionen f_j, die stetig auf I^j sind und die die Eigenschaft haben, dass f_{j-1} das Integral von f_j bezüglich x_j über $[a_j, b_j]$ ist. Nach k Schritten erhalten wir eine Zahl f_0, die wir das *Integral von f über I^k* nennen und in der folgenden Form schreiben:

$$\int_{I^k} f(\mathbf{x}) \, d\mathbf{x} \quad \text{oder} \quad \int_{I^k} f. \tag{10.2}$$

Auf den ersten Blick scheint diese Definition des Integrals von der Reihenfolge der k Integrationen abhängig zu sein. Jedoch ist diese Abhängigkeit nur scheinbar. Um dies zu beweisen, führen wir vorübergehend die Notation $L(f)$ für das Integral (10.2) und $L'(f)$ für das Ergebnis ein, das sich nach Durchführung der k Integrationen in irgendeiner anderen Reihenfolge ergibt.

https://doi.org/10.1515/9783110750430-010

10.2 Satz. *Für jedes $f \in \mathcal{C}(I^k)$ gilt $L(f) = L'(f)$.*

Beweis. Ist $h(\mathbf{x}) = h_1(x_1) \cdots h_k(x_k)$ mit $h_j \in \mathcal{C}([a_j, b_j])$, dann gilt

$$L(h) = \prod_{i=1}^{k} \int_{a_i}^{b_i} h_i(x_i)\, dx_i = L'(h).$$

Ist $\mathcal{A}$ die Menge aller endlichen Summen solcher Funktionen h, dann folgt

$$L(g) = L'(g) \quad \text{für alle } g \in \mathcal{A}.$$

Ferner ist $\mathcal{A}$ eine Algebra von Funktionen auf I^k, auf die der Satz von Stone-Weierstraß anwendbar ist.

Man setze $V = \prod_{i=1}^{k}(b_i - a_i)$. Für $f \in \mathcal{C}(I^k)$ und $\varepsilon > 0$ existiert ein $g \in \mathcal{A}$ derart, dass $\|f - g\| < \varepsilon/V$ gilt, wobei $\|f\|$ als $\max |f(\mathbf{x})|$ $(\mathbf{x} \in I^k)$ definiert ist. Dann gilt $|L(f - g)| < \varepsilon$, $|L'(f - g)| < \varepsilon$, und wegen

$$L(f) - L'(f) = L(f - g) + L'(g - f)$$

folgt schließlich $|L(f) - L'(f)| < 2\varepsilon$. $\qquad\qquad\square$

In diesem Zusammenhang ist Übungsaufgabe 2 relevant.

10.3 Definition. Der *Träger* einer (reellen oder komplexen) Funktion f auf $\mathbb{R}^k$ ist die abgeschlossene Hülle der Menge aller Punkte $\mathbf{x} \in \mathbb{R}^k$, in denen $f(\mathbf{x}) \neq 0$ gilt.

Ist f eine stetige Funktion mit kompaktem Träger, dann sei I^k eine beliebige k-Zelle, die den Träger von f enthält. Wir definieren

$$\int_{\mathbb{R}^k} f = \int_{I^k} f. \tag{10.3}$$

Das so definierte Integral ist offensichtlich unabhängig von der Wahl von I^k, vorausgesetzt lediglich, dass I^k den Träger von f enthält.

Es ist nun verlockend, die Definition des Integrals über $\mathbb{R}^k$ auf solche Funktionen auszudehnen, die (in geeignetem Sinn) Grenzwerte stetiger Funktionen mit kompaktem Träger sind. Wir wollen die Bedingungen, unter denen dies realisiert werden kann, hier nicht erörtern; der angemessene Rahmen für diese Frage ist das Lebesgue-Integral. Wir werden nur ein sehr einfaches Beispiel beschreiben, das wir im Beweis des Satzes von Stokes verwenden werden.

10.4 Beispiel. Sei Q^k das k-Simplex, bestehend aus allen Punkten $\mathbf{x} = (x_1, \ldots, x_k)$ in $\mathbb{R}^k$, für die $x_1 + \cdots + x_k \leq 1$ und $x_i \geq 0$ $(i = 1, \ldots, k)$ gilt. Im Fall $k = 3$ zum Beispiel ist Q^k ein Tetraeder mit den Ecken $\mathbf{0}$, $\mathbf{e}_1$, $\mathbf{e}_2$, $\mathbf{e}_3$. Ist $f \in \mathcal{C}(Q^k)$, so erweitere man f zu einer Funktion auf I^k, indem man $f(\mathbf{x}) = 0$ außerhalb Q^k setzt, und definiere

$$\int_{Q^k} f = \int_{I^k} f. \tag{10.4}$$

Hier ist I^k der *Einheitskubus*, der definiert ist durch

$$0 \leq x_i \leq 1 \quad (1 \leq i \leq k).$$

Da f unstetig auf I^k sein kann, muss die Existenz des Integrals auf der rechten Seite von (10.4) bewiesen werden. Weiterhin möchten wir zeigen, dass dieses Integral unabhängig von der Reihenfolge ist, in der die k Einzelintegrationen ausgeführt werden.

Hierzu wähle man δ mit $0 < \delta < 1$, setze

$$\varphi(t) = \begin{cases} 1 & \text{für } t \leq 1 - \delta, \\ \frac{1-t}{\delta} & \text{für } 1 - \delta < t \leq 1, \\ 0 & \text{für } 1 < t, \end{cases} \tag{10.5}$$

und definiere

$$F(\mathbf{x}) = \varphi(x_1 + \cdots + x_k) f(\mathbf{x}) \quad (\mathbf{x} \in I^k). \tag{10.6}$$

Dann gilt $F \in \mathcal{C}(I^k)$.

Man setze $\mathbf{y} = (x_1, \ldots, x_{k-1})$ und $\mathbf{x} = (\mathbf{y}, x_k)$. Für jedes $\mathbf{y} \in I^{k-1}$ ist die Menge aller x_k mit $F(\mathbf{y}, x_k) \neq f(\mathbf{y}, x_k)$ entweder leer oder ein Segment mit der maximalen Länge δ. Wegen $0 \leq \varphi \leq 1$ folgt nun

$$|F_{k-1}(\mathbf{y}) - f_{k-1}(\mathbf{y})| \leq \delta \|f\| \quad (\mathbf{y} \in I^{k-1}), \tag{10.7}$$

wobei $\|f\|$ dieselbe Bedeutung wie beim Beweis von Satz 10.2 hat; die F_{k-1}, f_{k-1} sind wie in Definition 10.1.

Für $\delta \to 0$ folgt aus (10.7), dass f_{k-1} der gleichmäßige Grenzwert einer Folge stetiger Funktionen ist. Somit ist $f_{k-1} \in \mathcal{C}(I^{k-1})$, und die weiteren Integrationen können problemlos durchgeführt werden.

Dies beweist die Existenz des Integrals (10.4). Ferner zeigt (10.7), dass

$$\left| \int_{I^k} F(\mathbf{x}) \, d\mathbf{x} - \int_{I^k} f(\mathbf{x}) \, d\mathbf{x} \right| \leq \delta \|f\| \tag{10.8}$$

gilt. Man beachte, dass (10.8) ungeachtet der Reihenfolge gilt, in der die k einzelnen Integrationen durchgeführt werden. Wegen $F \in \mathcal{C}(I^k)$ bleibt $\int F$ bei einer Änderung dieser Reihenfolge unbeeinflusst. Also beweist (10.8), dass dies auch für $\int f$ gilt. $\quad \square$

Unser nächstes Ziel ist die Substitutionsregel, die im Satz 10.9 formuliert wird. Um die Beweisführung einfach zu halten, diskutieren wir zunächst die sogenannten primitiven Abbildungen und Partitionen der Eins. Primitive Abbildungen ermöglichen es uns, ein klareres Bild von der lokalen Wirkung einer $\mathcal{C}'$-Abbildung mit invertierbarer Ableitung zu bekommen, und Partitionen der Eins sind ein hilfreiches Mittel zur Verwendung lokaler Information in einem globalen Rahmen.

Primitive Abbildungen

10.5 Definition. Bildet $\mathbf{G}$ eine offene Menge $E \subset \mathbb{R}^n$ in $\mathbb{R}^n$ ab und gibt es eine natürliche Zahl m und eine reelle Funktion g mit Definitionsbereich E derart, dass

$$\mathbf{G}(\mathbf{x}) = \sum_{i \neq m} x_i \mathbf{e}_i + g(\mathbf{x})\, \mathbf{e}_m \quad (\mathbf{x} \in E) \tag{10.9}$$

gilt, dann nennen wir $\mathbf{G}$ *primitiv*.

Eine primitive Abbildung ist somit eine Abbildung, die höchstens eine Koordinate verändert. Man beachte, dass (10.9) auch in der Form

$$\mathbf{G}(\mathbf{x}) = \mathbf{x} + [g(\mathbf{x}) - x_m]\, \mathbf{e}_m \tag{10.10}$$

geschrieben werden kann. Ist g differenzierbar in einem Punkt $\mathbf{a} \in E$, so gilt dies auch für $\mathbf{G}$. Die Matrix $[\alpha_{ij}]$ des Operators $\mathbf{G}'(\mathbf{a})$ hat

$$(D_1 g)(\mathbf{a}), \ldots, (D_m g)(\mathbf{a}), \ldots, (D_n g)(\mathbf{a}) \tag{10.11}$$

als ihre m-te Zeile. Für $i \neq m$ erhalten wir $\alpha_{ii} = 1$ und $\alpha_{ij} = 0$, falls $i \neq j$. Die Jacobi-Determinante von $\mathbf{G}$ an der Stelle $\mathbf{a}$ ist somit gegeben durch

$$J_{\mathbf{G}}(\mathbf{a}) = \det[\mathbf{G}'(\mathbf{a})] = (D_m g)(\mathbf{a}), \tag{10.12}$$

und *nach Satz 9.36 ist $\mathbf{G}'(\mathbf{a})$ genau dann invertierbar, wenn $(D_m g)(\mathbf{a}) \neq 0$ ist.*

10.6 Definition. Ein linearer Operator B auf $\mathbb{R}^n$, der zwei Vektoren der Standardbasis vertauscht und die übrigen fest lässt, heißt eine *Transposition*.

Zum Beispiel hat die Transposition B auf $\mathbb{R}^4$, die $\mathbf{e}_2$ und $\mathbf{e}_4$ vertauscht, die Form

$$B(x_1\mathbf{e}_1 + x_2\mathbf{e}_2 + x_3\mathbf{e}_3 + x_4\mathbf{e}_4) = x_1\mathbf{e}_1 + x_2\mathbf{e}_4 + x_3\mathbf{e}_3 + x_4\mathbf{e}_2 \tag{10.13}$$

oder, äquivalent dazu,

$$B(x_1\mathbf{e}_1 + x_2\mathbf{e}_2 + x_3\mathbf{e}_3 + x_4\mathbf{e}_4) = x_1\mathbf{e}_1 + x_4\mathbf{e}_2 + x_3\mathbf{e}_3 + x_2\mathbf{e}_4. \tag{10.14}$$

Also kann man sich die Wirkung von B auch so vorstellen, dass zwei Koordinaten anstatt zwei Basisvektoren vertauscht werden.

Im folgenden Beweis verwenden wir die Projektionen $P_0, \ldots, P_n$ in $\mathbb{R}^n$, die definiert sind durch $P_0\mathbf{x} = \mathbf{0}$ und

$$P_m\mathbf{x} = x_1\mathbf{e}_1 + \cdots + x_m\mathbf{e}_m \tag{10.15}$$

für $1 \leq m \leq n$. Somit ist P_m die Projektion, deren Bildbereich durch $\{\mathbf{e}_1, \ldots, \mathbf{e}_m\}$ und deren Kern durch $\{\mathbf{e}_{m+1}, \ldots, \mathbf{e}_n\}$ aufgespannt werden.

10.7 Satz. *Sei* **F** *eine* C'-*Abbildung einer offenen Menge* $E \subset \mathbb{R}^n$ *in* $\mathbb{R}^n$. *Ferner sei* $\mathbf{0} \in E$, $\mathbf{F}(\mathbf{0}) = \mathbf{0}$, *und* $\mathbf{F}'(\mathbf{0})$ *sei invertierbar.*

Dann gibt es eine Umgebung von $\mathbf{0}$ *in* $\mathbb{R}^n$, *in welcher* **F** *in der Form*

$$\mathbf{F}(\mathbf{x}) = B_1 \cdots B_{n-1} \mathbf{G}_n \circ \cdots \circ \mathbf{G}_1(\mathbf{x}) \tag{10.16}$$

dargestellt werden kann.

In (10.16) *ist jedes* $\mathbf{G}_i$ *eine primitive* C'-*Abbildung in einer geeigneten Umgebung von* $\mathbf{0}$ *mit* $\mathbf{G}_i(\mathbf{0}) = \mathbf{0}$, $\mathbf{G}_i'(\mathbf{0})$ *ist invertierbar, und jedes* B_i *ist entweder eine Transposition oder der Identitätsoperator.*

Kurz gesagt: (10.16) stellt **F** lokal als Verkettung von primitiven Abbildungen und Transpositionen dar.

Beweis. Man setze $\mathbf{F}_1 = \mathbf{F}$. Für $1 \leq m \leq n-1$ stelle man die folgende Induktionsannahme (die offensichtlich für $m = 1$ gilt) auf:

V_m *ist eine Umgebung von* $\mathbf{0}$, $\mathbf{F}_m \in C'(V_m)$, $\mathbf{F}_m(\mathbf{0}) = \mathbf{0}$, $\mathbf{F}_m'(\mathbf{0})$ *ist invertierbar und*

$$P_{m-1} \mathbf{F}_m(\mathbf{x}) = P_{m-1} \mathbf{x} \quad (\mathbf{x} \in V_m). \tag{10.17}$$

Nach (10.17) ergibt sich

$$\mathbf{F}_m(\mathbf{x}) = P_{m-1} \mathbf{x} + \sum_{i=m}^{n} \alpha_i(\mathbf{x}) \, \mathbf{e}_i, \tag{10.18}$$

wobei $\alpha_m, \ldots, \alpha_n$ reelle C'-Funktionen in V_m sind. Also gilt

$$\mathbf{F}_m'(\mathbf{0}) \, \mathbf{e}_m = \sum_{i=m}^{n} (D_m \alpha_i)(\mathbf{0}) \, \mathbf{e}_i. \tag{10.19}$$

Da $\mathbf{F}_m'(\mathbf{0})$ invertierbar ist, ist die linke Seite von (10.19) nicht $\mathbf{0}$. Daher gibt es ein k mit $m \leq k \leq n$ und $(D_m \alpha_k)(\mathbf{0}) \neq 0$.

Sei B_m die Transposition, die m und dieses k vertauscht (im Fall $k = m$ ist B_m die Identität). Man definiere

$$\mathbf{G}_m(\mathbf{x}) = \mathbf{x} + [\alpha_k(\mathbf{x}) - x_m] \, \mathbf{e}_m \quad (\mathbf{x} \in V_m). \tag{10.20}$$

Dann ist $\mathbf{G}_m \in C'(V_m)$, $\mathbf{G}_m$ ist primitiv und $\mathbf{G}_m'(\mathbf{0})$ ist invertierbar, denn es gilt $(D_m \alpha_k)(\mathbf{0}) \neq 0$.

Der Satz über Umkehrabbildungen zeigt daher, dass es eine offene Menge U_m mit $\mathbf{0} \in U_m \subset V_m$ gibt derart, dass $\mathbf{G}_m$ eine injektive Abbildung von U_m auf eine Umgebung V_{m+1} von $\mathbf{0}$ ist, in der $\mathbf{G}_m^{-1}$ stetig differenzierbar ist. Man definiere $\mathbf{F}_{m+1}$ durch

$$\mathbf{F}_{m+1}(\mathbf{y}) = B_m \mathbf{F}_m \circ \mathbf{G}_m^{-1}(\mathbf{y}) \quad (\mathbf{y} \in V_{m+1}). \tag{10.21}$$

Dann ist $\mathbf{F}_{m+1} \in C'(V_{m+1})$, $\mathbf{F}_{m+1}(\mathbf{0}) = \mathbf{0}$, und $\mathbf{F}'_{m+1}(\mathbf{0})$ ist invertierbar (nach der Kettenregel). Ferner gilt für $\mathbf{x} \in U_m$

$$
\begin{aligned}
P_m \mathbf{F}_{m+1}(\mathbf{G}_m(\mathbf{x})) &= P_m B_m \mathbf{F}_m(\mathbf{x}) \\
&= P_m [P_{m-1}\mathbf{x} + \alpha_k(\mathbf{x})\,\mathbf{e}_m + \cdots] \\
&= P_{m-1}\mathbf{x} + \alpha_k(\mathbf{x})\,\mathbf{e}_m \\
&= P_m \mathbf{G}_m(\mathbf{x}),
\end{aligned}
\tag{10.22}
$$

also

$$
P_m \mathbf{F}_{m+1}(\mathbf{y}) = P_m \mathbf{y} \quad (\mathbf{y} \in V_{m+1}).
\tag{10.23}
$$

Unsere Induktionsannahme trifft daher mit $m + 1$ anstelle von m zu.

[In (10.22) haben wir zunächst (10.21), dann (10.18) und die Definition von B_m, dann die Definition von P_m und schließlich (10.20) verwendet.]

Wegen $B_m B_m = I$ ist (10.21) mit $\mathbf{y} = \mathbf{G}_m(\mathbf{x})$ äquivalent zu

$$
\mathbf{F}_m(\mathbf{x}) = B_m \mathbf{F}_{m+1}(\mathbf{G}_m(\mathbf{x})) \quad (\mathbf{x} \in U_m).
\tag{10.24}
$$

Wendet man dies mit $m = 1, \ldots, n - 1$ an, so erhält man sukzessiv

$$
\begin{aligned}
\mathbf{F} = \mathbf{F}_1 &= B_1 \mathbf{F}_2 \circ \mathbf{G}_1 \\
&= B_1 B_2 \mathbf{F}_3 \circ \mathbf{G}_2 \circ \mathbf{G}_1 = \cdots \\
&= B_1 \cdots B_{n-1} \mathbf{F}_n \circ \mathbf{G}_{n-1} \circ \cdots \circ \mathbf{G}_1
\end{aligned}
$$

in einer geeigneten Umgebung von $\mathbf{0}$. Nach (10.17) ist $\mathbf{F}_n$ primitiv und damit ist der Satz bewiesen. $\qquad\square$

Partitionen der Eins

10.8 Satz. *Sei K eine kompakte Teilmenge von $\mathbb{R}^n$ und sei $\{V_\alpha\}$ eine offene Überdeckung von K. Dann existieren Funktionen $\psi_1, \ldots, \psi_s \in C(\mathbb{R}^n)$ mit den folgenden Eigenschaften:*
(a) $0 \le \psi_i \le 1$ *für* $1 \le i \le s$.
(b) *Jedes ψ_i hat seinen Träger in einem V_α.*
(c) *Für jedes $\mathbf{x} \in K$ gilt $\psi_1(\mathbf{x}) + \cdots + \psi_s(\mathbf{x}) = 1$.*

Wegen (c) heißt $\{\psi_i\}$ eine *Partition der Eins*, und (b) wird manchmal so ausgedrückt, dass $\{\psi_i\}$ der Überdeckung $\{V_\alpha\}$ *zugeordnet* sei.

Korollar. *Ist $f \in C(\mathbb{R}^n)$ und liegt der Träger von f in K, dann gilt*

$$
f = \sum_{i=1}^{s} \psi_i f.
\tag{10.25}
$$

Jedes $\psi_i f$ hat seinen Träger in einem V_α.

Das Wesentliche an der Formel (10.25) ist, dass sie eine Darstellung von f als die Summe von stetigen Funktionen $\psi_i f$ mit „kleinen" Trägern liefert.

Beweis. Man ordne jedem $\mathbf{x} \in K$ einen Index $\alpha(\mathbf{x})$ zu, mit dem $\mathbf{x} \in V_{\alpha(\mathbf{x})}$ gilt. Dann gibt es offene Kugeln $B(\mathbf{x})$ und $W(\mathbf{x})$ mit Mittelpunkt $\mathbf{x}$, für die

$$\overline{B(\mathbf{x})} \subset W(\mathbf{x}) \subset \overline{W(\mathbf{x})} \subset V_{\alpha(\mathbf{x})} \tag{10.26}$$

gilt. Da K kompakt ist, gibt es Punkte $\mathbf{x}_1, \ldots, \mathbf{x}_s$ in K mit

$$K \subset B(\mathbf{x}_1) \cup \cdots \cup B(\mathbf{x}_s). \tag{10.27}$$

Nach (10.26) existieren Funktionen $\varphi_1, \ldots, \varphi_s \in \mathcal{C}(\mathbb{R}^n)$ derart, dass $\varphi_i(\mathbf{x}) = 1$ in $B(\mathbf{x}_i)$, $\varphi_i(\mathbf{x}) = 0$ außerhalb von $W(\mathbf{x}_i)$ und $0 \leq \varphi_i(\mathbf{x}) \leq 1$ auf $\mathbb{R}^n$ ist (vgl. Kapitel 4, Übungsaufgabe 22). Man definiere $\psi_1 = \varphi_1$ und

$$\psi_{i+1} = (1 - \varphi_1) \cdots (1 - \varphi_i)\, \varphi_{i+1} \tag{10.28}$$

für $i = 1, \ldots, s - 1$.

Die Eigenschaften (a) und (b) sind dann klar. Ferner gilt die Beziehung

$$\psi_1 + \cdots + \psi_i = 1 - (1 - \varphi_1) \cdots (1 - \varphi_i) \tag{10.29}$$

trivialerweise für $i = 1$. Gilt (10.29) für ein $i < s$, so ergibt sich durch Addition von (10.28) und (10.29) die Gleichung (10.29) mit $i + 1$ anstelle von i. Es folgt

$$\sum_{i=1}^{s} \psi_i(\mathbf{x}) = 1 - \prod_{i=1}^{s} [1 - \varphi_i(\mathbf{x})] \quad (\mathbf{x} \in \mathbb{R}^n). \tag{10.30}$$

Ist $\mathbf{x} \in K$, dann gilt $\mathbf{x} \in B(\mathbf{x}_i)$ für ein i, also $\varphi_i(\mathbf{x}) = 1$, und das Produkt in (10.30) ist 0. Damit ist (c) bewiesen. $\qquad\square$

Die Substitutionsregel

Wir können nun beschreiben, wie ein Wechsel der Variablen ein mehrfaches Integral beeinflusst. Der Einfachheit halber beschränken wir uns hier auf stetige Funktionen mit kompaktem Träger, obwohl dies für viele Anwendungen zu speziell ist, wie durch die Übungsaufgaben 9 bis 13 illustriert wird.

10.9 Satz. *Sei T eine injektive $\mathcal{C}'$-Abbildung einer offenen Menge $E \subset \mathbb{R}^k$ in $\mathbb{R}^k$ derart, dass $J_T(\mathbf{x}) \neq 0$ für alle $\mathbf{x} \in E$ gilt. Ist f eine stetige Funktion auf $\mathbb{R}^k$, deren Träger kompakt ist und in $T(E)$ liegt, dann gilt*

$$\int_{\mathbb{R}^k} f(\mathbf{y})\, d\mathbf{y} = \int_{\mathbb{R}^k} f(T(\mathbf{x}))\, |J_T(\mathbf{x})|\, d\mathbf{x}. \tag{10.31}$$

Hierbei bezeichnet, wie gewohnt, J_T die Jacobi-Determinante von T. Nach dem Satz über Umkehrabbildungen impliziert die Annahme $J_T(\mathbf{x}) \neq 0$, dass T^{-1} stetig auf $T(E)$ ist; hierdurch ist gewährleistet, dass der Integrand auf der rechten Seite von (10.31) einen kompakten Träger in E hat (Satz 4.14).

Der *Absolutbetrag* von $J_T(\mathbf{x})$ in (10.31) bedarf wohl einer kurzen Erläuterung. Man betrachte den Fall $k = 1$. Sei T eine injektive C'-Abbildung von $\mathbb{R}^1$ auf $\mathbb{R}^1$. Dann ist $J_T(x) = T'(x)$, und für *monoton wachsendes* T erhalten wir nach den Sätzen 6.19 und 6.17

$$\int_{\mathbb{R}^1} f(y)\,\mathrm{d}y = \int_{\mathbb{R}^1} f(T(x))\,T'(x)\,\mathrm{d}x \qquad (10.32)$$

für alle stetigen f mit kompaktem Träger. Ist T jedoch *monoton fallend*, dann gilt $T'(x) < 0$. Ist nun f positiv im Innern des Trägers, so ist die linke Seite von (10.32) positiv, die rechte negativ. Die Gleichung wird also richtig, wenn T' in (10.32) durch $|T'|$ ersetzt wird.

Der wesentliche Punkt ist, dass die Integrale, die wir nun betrachten, Integrale von Funktionen über Teilmengen von $\mathbb{R}^k$ sind und wir diesen Teilmengen keine Richtung oder Orientierung zuordnen. Wir werden einen anderen Standpunkt annehmen, wenn wir uns mit der Integration von Differentialformen über Flächen befassen werden.

Beweis. Aus den obigen Anmerkungen folgt, dass (10.31) wahr ist, wenn T eine primitive C'-Abbildung (siehe Definition 10.5) ist, und Satz 10.2 zeigt, dass (10.31) auch gilt, wenn T eine lineare Abbildung ist, die lediglich zwei Koordinaten vertauscht.

Ist der Satz wahr für Transformationen P, Q und ist $S(\mathbf{x}) = P(Q(\mathbf{x}))$, dann gilt

$$\int f(\mathbf{z})\,\mathrm{d}\mathbf{z} = \int f(P(\mathbf{y}))\,|J_P(\mathbf{y})|\,\mathrm{d}\mathbf{y}$$

$$= \int f(P(Q(\mathbf{x})))\,|J_P(Q(\mathbf{x}))|\,|J_Q(\mathbf{x})|\,\mathrm{d}\mathbf{x}$$

$$= \int f(S(\mathbf{x}))\,|J_S(\mathbf{x})|\,\mathrm{d}\mathbf{x}.$$

Hierbei haben wir benutzt, dass

$$J_P(Q(\mathbf{x}))\,J_Q(\mathbf{x}) = \det P'(Q(\mathbf{x}))\,\det Q'(\mathbf{x})$$

$$= \det P'(Q(\mathbf{x}))\,Q'(\mathbf{x}) = \det S'(\mathbf{x}) = J_S(\mathbf{x})$$

nach dem Multiplikationssatz für Determinanten und der Kettenregel gilt. Somit gilt der Satz auch für S.

Jeder Punkt $\mathbf{a} \in E$ hat eine Umgebung $U \subset E$, in der

$$T(\mathbf{x}) = T(\mathbf{a}) + B_1 \cdots B_{k-1}\mathbf{G}_k \circ \mathbf{G}_{k-1} \circ \cdots \circ \mathbf{G}_1(\mathbf{x} - \mathbf{a}) \qquad (10.33)$$

gilt, wobei G_i und B_i wie in Satz 10.7 erklärt sind. Setzt man $V = T(U)$, so folgt (10.31), wenn der Träger von f in V liegt. Somit gilt:

Jeder Punkt $\mathbf{y} \in T(E)$ *liegt in einer offenen Menge* $V_{\mathbf{y}} \subset T(E)$ *derart, dass* (10.31) *für alle stetigen Funktionen Gültigkeit hat, deren Träger in* $V_{\mathbf{y}}$ *liegt.*

Sei nun f eine stetige Funktion mit kompaktem Träger $K \subset T(E)$. Da K von $\{V_{\mathbf{y}}\}$ überdeckt wird, zeigt das Korollar zu Satz 10.8, dass $f = \sum \psi_i f$ gilt, wobei jedes ψ_i stetig ist und seinen Träger in einem geeigneten $V_{\mathbf{y}}$ hat. Somit gilt (10.31) für jedes $\psi_i f$, also auch für ihre Summe f. $\qquad\qquad\qquad\qquad\qquad\qquad\qquad\qquad\qquad\qquad\qquad\qquad\qquad\square$

Differentialformen

Wir werden nun die Theorie soweit entwickeln, wie sie für die n-dimensionale Version des Hauptsatzes der Differential- und Integralrechnung benötigt wird, die gewöhnlich der *Satz von Stokes* genannt wird. Die Originalform des Satzes von Stokes entstand aus dem Versuch, die Vektoranalysis auf das Studium des Elektromagnetismus anzuwenden, und wurde unter Verwendung der Rotation eines Vektorfeldes formuliert. Der Satz von Green und der Divergenzsatz von Gauß sind andere Spezialfälle. Diese Themenkreise werden am Ende des Kapitels kurz besprochen.

Es ist ein kurioses Merkmal des Satzes von Stokes, dass seine einzige Schwierigkeit in der komplizierten Struktur der Definitionen besteht, die für seine Formulierung notwendig sind. Diese Definitionen betreffen Differentialformen, ihre Ableitungen, Ränder und die Orientierung. Sind diese Begriffe erst einmal verstanden, dann ist die Formulierung des Satzes kurz und bündig und sein Beweis bereitet wenig Schwierigkeiten.

Bis jetzt haben wir Ableitungen von Funktionen mehrerer Variablen nur für solche Funktionen betrachtet, die in *offenen* Mengen definiert sind. Dies geschah, um Schwierigkeiten, die an Randpunkten auftreten können, zu vermeiden. Im Folgenden wird es jedoch zweckmässig sein, differenzierbare Funktionen auf *kompakten* Mengen zu diskutieren. Wir treffen daher folgende Verabredung:

Die Aussage, dass $\mathbf{f}$ eine C'-Abbildung (oder eine C''-Abbildung) von einer kompakten Menge $D \subset \mathbb{R}^k$ in $\mathbb{R}^n$ sei, bedeutet, dass es eine C'-Abbildung (oder eine C''-Abbildung) $\mathbf{g}$ einer offenen Menge $W \subset \mathbb{R}^k$ in $\mathbb{R}^n$ gibt derart, dass $D \subset W$ und $\mathbf{g}(\mathbf{x}) = \mathbf{f}(\mathbf{x})$ für alle $\mathbf{x} \in D$ gilt.

10.10 Definition. Sei E eine offene Menge in $\mathbb{R}^n$. Eine *k-Fläche* in E ist eine C'-Abbildung Φ von einer kompakten Menge $D \subset \mathbb{R}^k$ in E.

D heißt der *Parameterbereich* von Φ. Die Punkte von D werden mit $\mathbf{u} = (u_1, \dots, u_k)$ bezeichnet.

Wir werden uns auf die einfache Situation beschränken, in der D entweder eine k-Zelle oder das k-Simplex Q^k ist, wie in Beispiel 10.4 beschrieben. Der Grund hierfür ist, dass wir über D integrieren müssen und wir bisher noch nicht die Integration über kompliziertere Teilmengen von $\mathbb{R}^k$ besprochen haben. Es wird sich zeigen, dass diese Einschränkung von D (die von nun an stillschweigend gemacht wird) keine wesentliche Beschränkung der Allgemeingültigkeit für die daraus resultierende Theorie der Differentialformen bedeutet.

Wir betonen, dass k-Flächen in E als *Abbildungen* in E definiert sind, nicht als Teilmengen von E. Dies stimmt mit unserer früheren Definition von Kurven (Definition 6.26) überein. In der Tat sind 1-Flächen genau dasselbe wie stetig differenzierbare Kurven.

10.11 Definition. Sei E eine offene Menge in $\mathbb{R}^n$. Eine *Differentialform der Ordnung* $k \geq 1$ *in* E (kurz, eine *k-Form in E*) ist eine Funktion ω, die durch die Summe

$$\omega = \sum a_{i_1 \cdots i_k}(\mathbf{x})\, dx_{i_1} \wedge \cdots \wedge dx_{i_k} \tag{10.34}$$

dargestellt wird (die Indizes $i_1, \ldots, i_k$ laufen unabhängig von 1 bis n). Jeder k-Fläche Φ in E wird dabei eine Zahl $\omega(\Phi) = \int_\Phi \omega$ gemäß der Regel

$$\int_\Phi \omega = \int_D \sum a_{i_1 \cdots i_k}(\Phi(\mathbf{u})) \frac{\partial(x_{i_1}, \ldots, x_{i_k})}{\partial(u_1, \ldots, u_k)}\, d\mathbf{u} \tag{10.35}$$

zugeordnet, wobei D der Parameterbereich von Φ ist.

Die Funktionen $a_{i_1 \cdots i_k}$ seien hierbei reell und stetig in E.

Sind $\phi_1, \ldots, \phi_n$ die Komponenten von Φ, so gehört die in (10.35) auftretende Jacobi-Determinante zu der Abbildung

$$(u_1, \ldots, u_k) \mapsto (\phi_{i_1}(\mathbf{u}), \ldots, \phi_{i_k}(\mathbf{u})).$$

Man beachte, dass die rechte Seite von (10.35) ein Integral über D ist, wie in Definition 10.1 (oder Beispiel 10.4) angegeben, und dass (10.35) die *Definition* des Symbols $\int_\Phi \omega$ ist.

Man sagt, eine k-Form ω sei *von der Klasse C' oder C''*, wenn die Funktionen $a_{i_1 \cdots i_k}$ in (10.34) alle von der Klasse C' oder C'' sind.

Unter einer 0-Form in E verstehen wir eine stetige Funktion in E.

10.12 Beispiele.
(a) Sei γ eine 1-Fläche (d. h. eine Kurve der Klasse C') in $\mathbb{R}^3$ mit dem Parameterbereich $[0,1]$.
Man schreibe (x, y, z) anstelle von (x_1, x_2, x_3) und setze

$$\omega = x\, dy + y\, dx.$$

Dann ist

$$\int_\gamma \omega = \int_0^1 [\gamma_1(t)\, \gamma_2'(t) + \gamma_2(t)\, \gamma_1'(t)]\, dt = \gamma_1(1)\, \gamma_2(1) - \gamma_1(0)\, \gamma_2(0).$$

Man beachte, dass in diesem Beispiel $\int_\gamma \omega$ nur von dem Anfangspunkt $\gamma(0)$ und dem Endpunkt $\gamma(1)$ von γ abhängig ist. Speziell gilt $\int_\gamma \omega = 0$ für jede geschlossene Kurve γ.

(Wie wir später sehen werden, gilt dies für jede 1-Form ω, die *exakt* ist.)

Integrale von 1-Formen werden oft *Kurvenintegrale* genannt.

(b) Seien $a > 0$, $b > 0$ vorgegeben, und sei

$$\gamma(t) = (a\cos t, b\sin t) \quad (0 \le t \le 2\pi),$$

so dass γ eine geschlossene Kurve in $\mathbb{R}^2$ ist. (Ihr Bildbereich ist eine Ellipse.) Dann gilt

$$\int_\gamma x\,dy = \int_0^{2\pi} ab\cos^2 t\,dt = \pi ab,$$

wohingegen

$$\int_\gamma y\,dx = -\int_0^{2\pi} ab\sin^2 t\,dt = -\pi ab$$

gilt. Man beachte, dass $\int_\gamma x\,dy$ die Fläche des von γ begrenzten Gebietes ist. Dies ist ein Spezialfall des Satzes von Green.

(c) Sei D die 3-Zelle, definiert durch

$$0 \le r \le 1, \quad 0 \le \theta \le \pi, \quad 0 \le \varphi \le 2\pi.$$

Man definiere $\Phi(r, \theta, \varphi) = (x, y, z)$, wobei

$$x = r\sin\theta\cos\varphi,$$
$$y = r\sin\theta\sin\varphi,$$
$$z = r\cos\theta.$$

Dann ist

$$J_\Phi(r, \theta, \varphi) = \frac{\partial(x, y, z)}{\partial(r, \theta, \varphi)} = r^2\sin\theta.$$

Also ergibt sich

$$\int_\Phi dx \wedge dy \wedge dz = \int_D J_\Phi = \frac{4\pi}{3}. \tag{10.36}$$

Man beachte, dass D durch Φ auf die abgeschlossene Einheitskugel in $\mathbb{R}^3$ abgebildet wird, dass die Abbildung im Innern von D injektiv ist (bestimmte Randpunkte werden jedoch unter Φ identifiziert) und dass das Integral (10.36) gleich dem Volumen von $\Phi(D)$ ist.

10.13 Elementare Eigenschaften. Seien ω, ω_1 und ω_2 k-Formen in E. Man schreibt $\omega_1 = \omega_2$ genau dann, wenn $\omega_1(\Phi) = \omega_2(\Phi)$ für jede k-Fläche Φ in E gilt. Speziell bedeutet $\omega = 0$, dass $\omega(\Phi) = 0$ für jede k-Fläche Φ in E gilt.

Ist c eine reelle Zahl, dann sei die k-Form $c\,\omega$ definiert durch

$$\int_\Phi c\,\omega = c\int_\Phi \omega, \qquad (10.37)$$

und $\omega = \omega_1 + \omega_2$ bedeute, dass

$$\int_\Phi \omega = \int_\Phi \omega_1 + \int_\Phi \omega_2 \qquad (10.38)$$

für jede k-Fläche Φ in E gilt. Als einen Spezialfall von (10.37) beachte man, dass $-\omega$ durch

$$\int_\Phi (-\omega) = -\int_\Phi \omega \qquad (10.39)$$

definiert ist.

Man betrachte eine k-Form

$$\omega = a(\mathbf{x})\,dx_{i_1} \wedge \cdots \wedge dx_{i_k} \qquad (10.40)$$

und bezeichne mit $\overline{\omega}$ die k-Form, die sich durch Vertauschen eines geeigneten Indexpaares in (10.40) ergibt. Aus (10.35) und (10.39) zusammen mit der Tatsache, dass eine Determinante ihr Vorzeichen ändert, wenn zwei ihrer Zeilen vertauscht werden, wird ersichtlich, dass

$$\overline{\omega} = -\omega \qquad (10.41)$$

gilt. Als einen Spezialfall hierzu beachte man, dass die *antikommutative Relation*

$$dx_i \wedge dx_j = -dx_j \wedge dx_i \qquad (10.42)$$

für alle i und j gilt. Speziell gilt

$$dx_i \wedge dx_i = 0 \quad (i = 1, \ldots, n). \qquad (10.43)$$

Etwas allgemeiner: Gilt in (10.40) $i_r = i_s$ für $r \neq s$ und werden diese zwei Indizes vertauscht, dann ist $\overline{\omega} = \omega$, also $\omega = 0$ nach (10.41).

Anders ausgedrückt: *Ist ω durch (10.40) gegeben, dann ist $\omega = 0$, sofern nicht die Indizes $i_1, \ldots, i_k$ alle verschieden sind.*

In der k-Form ω von (10.34) können die Summanden mit wiederholten Indizes weggelassen werden, ohne dass dadurch eine Änderung von ω eintritt.

Es folgt, dass 0 die einzige k-Form für $k > n$ in einer beliebigen offenen Teilmenge von $\mathbb{R}^n$ ist.

Die Antikommutativität (10.42) ist der Grund dafür, dass den Minuszeichen beim Studium von Differentialformen eine außerordentlich hohe Aufmerksamkeit zu schenken ist.

10.14 Definition (k-Grundformen). Sind $i_1, \ldots, i_k$ natürliche Zahlen mit $1 \le i_1 < i_2 < \cdots < i_k \le n$ und ist I das geordnete k-Tupel $(i_1, \ldots, i_k)$, dann heißt I ein *wachsender k-Index*, und wir verwenden die kurze Bezeichnung

$$\mathrm{d}x_I = \mathrm{d}x_{i_1} \wedge \cdots \wedge \mathrm{d}x_{i_k}. \tag{10.44}$$

Diese Formen $\mathrm{d}x_I$ heißen die *k-Grundformen* in $\mathbb{R}^n$.

Man kann sich leicht davon überzeugen, dass es genau $\frac{n!}{k!\,(n-k)!}$ k-Grundformen in $\mathbb{R}^n$ gibt. Wir werden jedoch hiervon keinen Gebrauch machen.

Viel wichtiger ist die Tatsache, dass jede k-Form unter Verwendung von k-Grundformen dargestellt werden kann. Hierzu beachte man, dass jedes k-Tupel $(j_1, \ldots, j_k)$ verschiedener natürlicher Zahlen durch eine endliche Anzahl von Vertauschungen in einen wachsenden k-Index J umgewandelt werden kann. Jede dieser Vertauschungen läuft nach Abschnitt 10.13 auf eine Multiplikation mit -1 hinaus. Also gilt

$$\mathrm{d}x_{j_1} \wedge \cdots \wedge \mathrm{d}x_{j_k} = \varepsilon(j_1, \ldots, j_k)\, \mathrm{d}x_J, \tag{10.45}$$

wobei $\varepsilon(j_1, \ldots, j_k)$ gleich 1 oder -1 ist, je nach Anzahl der notwendigen Vertauschungen. In der Tat lässt sich leicht zeigen, dass

$$\varepsilon(j_1, \ldots, j_k) = s(j_1, \ldots, j_k) \tag{10.46}$$

gilt, wobei s wie in Definition 9.33 erklärt ist.

Zum Beispiel ist

$$\mathrm{d}x_1 \wedge \mathrm{d}x_5 \wedge \mathrm{d}x_3 \wedge \mathrm{d}x_2 = -\mathrm{d}x_1 \wedge \mathrm{d}x_2 \wedge \mathrm{d}x_3 \wedge \mathrm{d}x_5$$

und

$$\mathrm{d}x_4 \wedge \mathrm{d}x_2 \wedge \mathrm{d}x_3 = \mathrm{d}x_2 \wedge \mathrm{d}x_3 \wedge \mathrm{d}x_4.$$

Wird jedes k-Tupel in (10.34) in einen wachsenden k-Index überführt, dann erhalten wir die sogenannte *Normaldarstellung* von ω:

$$\omega = \sum_I b_I(\mathbf{x})\, \mathrm{d}x_I. \tag{10.47}$$

In (10.47) wird über alle wachsenden k-Indizes I summiert. [Natürlich leitet sich jeder wachsende k-Index aus vielen (um genau zu sein, aus $k!$) k-Tupeln ab. Jedes b_I in (10.47) kann somit eine Summe von mehreren Koeffizienten aus (10.34) sein.]

Zum Beispiel ist

$$x_1 \, dx_2 \wedge dx_1 - x_2 \, dx_3 \wedge dx_2 + x_3 \, dx_2 \wedge dx_3 + dx_1 \wedge dx_2$$

eine 2-Form in $\mathbb{R}^3$, deren Normaldarstellung

$$(1 - x_1) \, dx_1 \wedge dx_2 + (x_2 + x_3) \, dx_2 \wedge dx_3$$

ist. Der folgende Eindeutigkeitssatz ist einer der Hauptgründe für die Einführung der Normaldarstellung einer k-Form.

10.15 Satz. *Sei*

$$\omega = \sum_I b_I(\mathbf{x}) \, dx_I \tag{10.48}$$

die Normaldarstellung einer k-Form ω in einer offenen Menge $E \subset \mathbb{R}^n$. Ist $\omega = 0$ in E, dann gilt $b_I(\mathbf{x}) = 0$ für jeden wachsenden k-Index I und für jedes $\mathbf{x} \in E$.

Man beachte, dass die analoge Behauptung für Summen wie (10.34) falsch wäre, da zum Beispiel

$$dx_1 \wedge dx_2 + dx_2 \wedge dx_1 = 0$$

ist.

Beweis. Wir nehmen an, es gelte $b_J(\mathbf{v}) > 0$ für ein $\mathbf{v} \in E$ und für einen wachsenden k-Index $J = (j_1, \dots, j_k)$, und leiten daraus einen Widerspruch ab. Da b_J stetig ist, gibt es ein $h > 0$ derart, dass $b_J(\mathbf{x}) > 0$ für alle $\mathbf{x} \in \mathbb{R}^n$ gilt, deren Koordinaten $|x_i - v_i| \leq h$ erfüllen. Sei D die k-Zelle in $\mathbb{R}^k$ bestehend aus allen $\mathbf{u} \in \mathbb{R}^k$ mit $|u_r| \leq h$ für $r = 1, \dots, k$. Man definiere

$$\Phi(\mathbf{u}) = \mathbf{v} + \sum_{r=1}^{k} u_r \mathbf{e}_{j_r} \quad (\mathbf{u} \in D). \tag{10.49}$$

Dann ist Φ eine k-Fläche in E mit Parameterbereich D, und es gilt $b_J(\Phi(\mathbf{u})) > 0$ für jedes $\mathbf{u} \in D$.

Wir behaupten, dass

$$\int_{\Phi} \omega = \int_D b_J(\Phi(\mathbf{u})) \, d\mathbf{u} \tag{10.50}$$

gilt. Da die rechte Seite von (10.50) positiv ist, folgt $\omega(\Phi) \neq 0$. Also liefert (10.50) unseren Widerspruch.

Um (10.50) zu beweisen, wende man (10.35) auf die Darstellung (10.48) an. Dazu muss man die Jacobi-Determinanten berechnen, die in (10.35) vorkommen. Nach (10.49) ist

$$\frac{\partial(x_{j_1}, \dots, x_{j_k})}{\partial(u_1, \dots, u_k)} = 1.$$

Für jeden anderen wachsenden k-Index $I \neq J$ ist die Jacobi-Determinante 0, da die zugehörige Matrix wenigstens eine Nullzeile hat. Die Behauptung folgt nun aus (10.35). □

10.16 Produkte von k-Grundformen. Es sei

$$I = (i_1, \ldots, i_p), \quad J = (j_1, \ldots, j_q), \tag{10.51}$$

wobei $1 \le i_1 < \cdots < i_p \le n$ und $1 \le j_1 < \cdots < j_q \le n$ ist. Unter dem Produkt der entsprechenden Grundformen dx_I und dx_J in $\mathbb{R}^n$ verstehen wir eine $(p + q)$-Form in $\mathbb{R}^n$, die durch das Formelzeichen $dx_I \wedge dx_J$ dargestellt wird und definiert ist durch

$$dx_I \wedge dx_J = dx_{i_1} \wedge \cdots \wedge dx_{i_p} \wedge dx_{j_1} \wedge \cdots \wedge dx_{j_q}. \tag{10.52}$$

Haben I und J ein gemeinsames Element, dann zeigt die Erörterung in Abschnitt 10.13, dass $dx_I \wedge dx_J = 0$ ist.

Haben I und J kein gemeinsames Element, dann schreibe man $[I, J]$ für den wachsenden $(p + q)$-Index, den man durch Anordnung der Glieder von $I \cup J$ in ansteigender Reihenfolge erhält. Dann ist $dx_{[I,J]}$ eine $(p + q)$-Grundform. Wir behaupten, dass

$$dx_I \wedge dx_J = (-1)^\alpha dx_{[I,J]} \tag{10.53}$$

gilt, wobei α die Zahl der *negativen* Differenzen $j_t - i_s$ ist.

(Die Zahl der positiven Differenzen ist somit $pq - \alpha$.)

Um (10.53) zu beweisen, verfahre man mit den Zahlen

$$i_1, \ldots, i_p; \quad j_1, \ldots, j_q \tag{10.54}$$

wie folgt. Man bewege i_p schrittweise nach rechts, bis sein rechter Nachbar größer als i_p ist (oder bis ganz an das rechte Ende der Zeile). Die Zahl der Schritte ist gleich der Zahl der Indizes t mit $i_p > j_t$. (Man beachte, dass 0 Schritte durchaus möglich sind.) Dann verfahre man ebenso für $i_{p-1}, \ldots, i_1$. Die Gesamtzahl der durchgeführten Schritte ist α. Die erreichte Schlussanordnung ist $[I, J]$. Jeder Schritt, auf die rechte Seite von (10.52) angewandt, multipliziert $dx_I \wedge dx_J$ mit -1. Also gilt (10.53).

Man beachte, dass die rechte Seite von (10.53) die Normaldarstellung von $dx_I \wedge dx_J$ ist.

Als nächstes sei $K = (k_1, \ldots, k_r)$ ein wachsender r-Index in $\{1, \ldots, n\}$. Wir verwenden (10.53) zum Beweis von

$$(dx_I \wedge dx_J) \wedge dx_K = dx_I \wedge (dx_J \wedge dx_K). \tag{10.55}$$

Haben mindestens zwei der Mengen I, J, K ein gemeinsames Element, dann ist jede Seite von (10.55) gleich 0, also gilt die Gleichheit.

Seien daher I, J, K paarweise disjunkt. Mit $[I, J, K]$ bezeichne man den wachsenden $(p+q+r)$-Index, den man aus ihrer Vereinigung erhält. In derselben Weise, in der α

in (10.53) dem geordneten Paar (I, J) zugeordnet wurde, bilde man nun β zu (J, K) und γ zu (I, K). Die linke Seite von (10.55) wird dann nach zwei Anwendungen von (10.53) zu

$$(-1)^{\alpha} \mathrm{d}x_{[I,J]} \wedge \mathrm{d}x_K = (-1)^{\alpha}(-1)^{\beta+\gamma} \mathrm{d}x_{[I,J,K]}$$

und die rechte Seite von (10.55) zu

$$(-1)^{\beta} \mathrm{d}x_I \wedge \mathrm{d}x_{[J,K]} = (-1)^{\beta}(-1)^{\alpha+\gamma} \mathrm{d}x_{[I,J,K]}.$$

Also ist (10.55) korrekt.

10.17 Multiplikation. Seien ω und λ p- bzw. q-Formen in einer offenen Menge $E \subset \mathbb{R}^n$ mit den Normaldarstellungen

$$\omega = \sum_I b_I(\mathbf{x}) \, \mathrm{d}x_I, \quad \lambda = \sum_J c_J(\mathbf{x}) \, \mathrm{d}x_J, \tag{10.56}$$

wobei I und J über alle wachsenden p-Indizes bzw. über alle wachsenden q-Indizes aus der Menge $\{1, \dots, n\}$ laufen.

Das Produkt von ω und λ, gekennzeichnet durch das Formelzeichen $\omega \wedge \lambda$, ist durch

$$\omega \wedge \lambda = \sum_{I,J} b_I(\mathbf{x}) \, c_J(\mathbf{x}) \, \mathrm{d}x_I \wedge \mathrm{d}x_J \tag{10.57}$$

definiert. In dieser Summe laufen I und J unabhängig voneinander über alle ihre möglichen Werte, und $\mathrm{d}x_I \wedge \mathrm{d}x_J$ ist wie im Abschnitt 10.16 definiert. Somit ist $\omega \wedge \lambda$ eine $(p + q)$-Form in E.

Man verifiziert sehr leicht (wir überlassen die Einzelheiten einer Übungsaufgabe), dass die Distributivgesetze

$$(\omega_1 + \omega_2) \wedge \lambda = (\omega_1 \wedge \lambda) + (\omega_2 \wedge \lambda)$$

und

$$\omega \wedge (\lambda_1 + \lambda_2) = (\omega \wedge \lambda_1) + (\omega \wedge \lambda_2)$$

gelten. Hierbei ist die Addition natürlich die in Abschnitt 10.13 definierte. Kombiniert man diese Distributivgesetze mit (10.55), so erhält man das Assoziativgesetz

$$(\omega \wedge \lambda) \wedge \sigma = \omega \wedge (\lambda \wedge \sigma) \tag{10.58}$$

für beliebige Formen ω, λ, σ in E.

Hier wurde stillschweigend vorausgesetzt, dass $p \geq 1$ und $q \geq 1$ gilt. Das Produkt einer 0-Form f mit der durch (10.56) gegebenen p-Form ω ist einfach als die p-Form

$$f\omega = \omega f = \sum_I f(\mathbf{x}) \, b_I(\mathbf{x}) \, \mathrm{d}x_I$$

definiert. Die Schreibweise $f\omega$ ist gebräuchlicher als $f \wedge \omega$, wenn f eine 0-Form ist.

10.18 Differentiation. Wir definieren nun einen Differentiationsoperator d, der jeder k-Form ω der Klasse C' in einer offenen Menge $E \subset \mathbb{R}^n$ eine $(k + 1)$-Form $d\omega$ zuordnet.

Eine 0-Form der Klasse C' in E ist einfach eine reelle Funktion $f \in C'(E)$, und wir definieren

$$df = \sum_{i=1}^{n} (D_i f)(\mathbf{x}) \, dx_i. \tag{10.59}$$

Ist $\omega = \sum b_I(\mathbf{x}) \, dx_I$ die Normaldarstellung einer k-Form ω und gilt $b_I \in C'(E)$ für jeden wachsenden k-Index I, dann definieren wir

$$d\omega = \sum_I (db_I) \wedge dx_I. \tag{10.60}$$

10.19 Beispiel. Sei E offen in $\mathbb{R}^n$, $f \in C'(E)$, und sei γ eine stetig differenzierbare Kurve in E mit Definitionsbereich $[0,1]$. Nach (10.59) und (10.35) ist

$$\int_\gamma df = \int_0^1 \sum_{i=1}^n (D_i f)(\gamma(t)) \, \gamma_i'(t) \, dt. \tag{10.61}$$

Nach der Kettenregel ist der Integrand auf der rechten Seite gleich $(f \circ \gamma)'(t)$. Also gilt

$$\int_\gamma df = f(\gamma(1)) - f(\gamma(0)), \tag{10.62}$$

und man sieht, dass $\int_\gamma df$ für alle γ mit demselben Anfangspunkt und Endpunkt denselben Wert hat, vgl. Beispiel 10.12 (a).

Ein Vergleich mit Beispiel (10.12) (b) zeigt daher, dass die 1-Form $x \, dy$ nicht die Ableitung einer 0-Form f ist. Dies könnte auch aus Teil (b) des folgenden Satzes abgeleitet werden, da

$$d(x \, dy) = dx \wedge dy \neq 0$$

ist.

10.20 Satz.

(a) *Sind ω und λ k- bzw. m-Formen der Klasse C' in E, dann ist*

$$d(\omega \wedge \lambda) = (d\omega) \wedge \lambda + (-1)^k \omega \wedge d\lambda. \tag{10.63}$$

(b) *Ist ω Element der Klasse C'' in E, dann ist $d^2\omega = 0$.*
   Hier bedeutet $d^2\omega$ natürlich $d(d\omega)$.

Beweis. (a) Wegen (10.57) und (10.60) genügt es, die Formel (10.63) für den Spezialfall

$$\omega = f\,dx_I, \quad \lambda = g\,dx_J \qquad\qquad (10.64)$$

zu beweisen, wobei $f, g \in C'(E)$ sind und dx_I und dx_J eine k- bzw. eine m-Grundform sind. [Ist $k = 0$ oder $m = 0$ oder sind beide gleich 0, so lässt man einfach dx_I oder dx_J in (10.64) weg. Der folgende Beweis bleibt davon unbeeinflusst.]

Dann ist

$$\omega \wedge \lambda = fg\,dx_I \wedge dx_J.$$

Wir können davon ausgehen, dass I und J kein gemeinsames Element haben. [Andernfalls sind alle drei Glieder in (10.63) gleich 0.] Nach (10.53) gilt dann

$$d(\omega \wedge \lambda) = d(fg\,dx_I \wedge dx_J) = (-1)^{\alpha} d(fg\,dx_{[I,J]}).$$

Nach (10.59) ist $d(fg) = f\,dg + g\,df$. Also ergibt sich mit (10.60)

$$d(\omega \wedge \lambda) = (-1)^{\alpha}(f\,dg + g\,df) \wedge dx_{[I,J]} = (g\,df + f\,dg) \wedge dx_I \wedge dx_J.$$

Da dg eine 1-Form und dx_I eine k-Form ist, gilt nach (10.42)

$$dg \wedge dx_I = (-1)^k dx_I \wedge dg.$$

Also folgt

$$\begin{aligned} d(\omega \wedge \lambda) &= (df \wedge dx_I) \wedge (g\,dx_J) + (-1)^k (f\,dx_I) \wedge (dg \wedge dx_J)\\ &= (d\omega) \wedge \lambda + (-1)^k \omega \wedge d\lambda, \end{aligned}$$

womit (a) bewiesen ist.

Man beachte, dass das Assoziativgesetz (10.58) frei verwendet wurde.

(b) Wir beweisen (b) zunächst für eine 0-Form $f \in C''$:

$$\begin{aligned} d^2 f &= d\left(\sum_{j=1}^{n} (D_j f)(\mathbf{x})\,dx_j \right) = \sum_{j=1}^{n} d(D_j f) \wedge dx_j\\ &= \sum_{i,j=1}^{n} (D_{ij} f)(\mathbf{x})\,dx_i \wedge dx_j. \end{aligned}$$

Wegen $D_{ij} f = D_{ji} f$ (Satz 9.41) und $dx_i \wedge dx_j = -dx_j \wedge dx_i$ folgt $d^2 f = 0$.

Ist $\omega = f\,dx_I$ wie in (10.64), dann gilt $d\omega = (df) \wedge dx_I$. Nach (10.60) ist $d(dx_I) = 0$. Also zeigt (10.63), dass

$$d^2 \omega = (d^2 f) \wedge dx_I = 0$$

gilt. $\qquad\qquad\qquad\qquad\qquad\qquad\qquad\qquad\qquad\qquad\qquad\qquad\qquad\square$

10.21 Substitutionen. Sei E eine offene Menge in $\mathbb{R}^n$, T eine $\mathcal{C}'$-Abbildung von E in eine offene Menge $V \subset \mathbb{R}^m$, und sei ω eine k-Form in V mit der Normaldarstellung

$$\omega = \sum_I b_I(\mathbf{y}) \, dy_I. \tag{10.65}$$

(Wir verwenden $\mathbf{y}$ für Punkte von V, $\mathbf{x}$ für Punkte von E.)

Seien $t_1, \ldots, t_m$ die Komponenten von T. Für

$$\mathbf{y} = (y_1, \ldots, y_m) = T(\mathbf{x})$$

ist also $y_i = t_i(\mathbf{x})$. Wie in (10.59) gilt

$$dt_i = \sum_{j=1}^{n} (D_j t_i)(\mathbf{x}) \, dx_j \quad (1 \le i \le m). \tag{10.66}$$

Somit ist jedes dt_i eine 1-Form in E.

Die Abbildung T überführt ω in eine k-Form ω_T in E, die wie folgt definiert ist:

$$\omega_T = \sum_I b_I(T(\mathbf{x})) \, dt_{i_1} \wedge \cdots \wedge dt_{i_k}. \tag{10.67}$$

In jedem Summanden von (10.67) ist $I = (i_1, \ldots, i_k)$ ein wachsender k-Index.

Unser nächster Satz zeigt, dass Addition, Multiplikation und Differentiation von Formen so definiert sind, dass sie mit Substitutionen vertauschbar sind.

10.22 Satz. *Seien E und T wie in Abschnitt 10.21, und seien ω und λ k- bzw. m-Formen in V. Dann folgt*

(a) $(\omega + \lambda)_T = \omega_T + \lambda_T$ für $k = m$;

(b) $(\omega \wedge \lambda)_T = \omega_T \wedge \lambda_T$;

(c) $d(\omega_T) = (d\omega)_T$, wenn ω von der Klasse $\mathcal{C}'$ und T von der Klasse $\mathcal{C}''$ ist.

Beweis. Teil (a) folgt unmittelbar aus den Definitionen. Teil (b) ist fast ebenso offensichtlich, wenn man eingesehen hat, dass

$$(dy_{i_1} \wedge \cdots \wedge dy_{i_r})_T = dt_{i_1} \wedge \cdots \wedge dt_{i_r}, \tag{10.68}$$

ungeachtet, ob $(i_1, \ldots, i_r)$ wächst oder nicht. Denn auf jeder Seite von (10.68) ist dieselbe Anzahl von Minuszeichen notwendig, um eine wachsende Anordnung zu erzeugen.

Wir wenden uns dem Beweis von (c) zu. Ist f eine 0-Form der Klasse $\mathcal{C}'$ in V, dann gilt

$$f_T(\mathbf{x}) = f(T(\mathbf{x})), \quad df = \sum_i (D_i f)(\mathbf{y}) \, dy_i.$$

Nach der Kettenregel folgt

$$\mathrm{d}(f_T) = \sum_j (D_j f_T)(\mathbf{x})\, \mathrm{d}x_j$$

$$= \sum_j \sum_i (D_i f)(T(\mathbf{x}))\, (D_j t_i)(\mathbf{x})\, \mathrm{d}x_j \qquad (10.69)$$

$$= \sum_i (D_i f)(T(\mathbf{x}))\, \mathrm{d}t_i$$

$$= (\mathrm{d}f)_T.$$

Ist $\mathrm{d}y_I = \mathrm{d}y_{i_1} \wedge \cdots \wedge \mathrm{d}y_{i_k}$, dann ist $(\mathrm{d}y_I)_T = \mathrm{d}t_{i_1} \wedge \cdots \wedge \mathrm{d}t_{i_k}$, und Satz 10.20 ergibt

$$\mathrm{d}((\mathrm{d}y_I)_T) = 0. \qquad (10.70)$$

(Hier wird die Voraussetzung $T \in C''$ verwendet.)

Sei nun $\omega = f\, \mathrm{d}y_I$. Dann ist

$$\omega_T = f_T(\mathbf{x})\, (\mathrm{d}y_I)_T,$$

und die vorangegangenen Berechnungen führen zu

$$\mathrm{d}(\omega_T) = \mathrm{d}(f_T) \wedge (\mathrm{d}y_I)_T = (\mathrm{d}f)_T \wedge (\mathrm{d}y_I)_T = ((\mathrm{d}f) \wedge \mathrm{d}y_I)_T = (\mathrm{d}\omega)_T.$$

Das erste Gleichheitszeichen gilt nach (10.63) und (10.70), das zweite nach (10.69), das dritte nach Teil (b) und das letzte schließlich nach der Definition von $\mathrm{d}\omega$.

Der allgemeine Fall von (c) folgt aus dem soeben bewiesenen Spezialfall durch Anwendung von (a). $\qquad \square$

Unser nächstes Ziel ist Satz 10.25. Dieser folgt direkt aus zwei weiteren wichtigen Transformationseigenschaften von Differentialformen, die wir zunächst anführen.

10.23 Satz. *Sei T eine C'-Abbildung einer offenen Menge $E \subset \mathbb{R}^n$ in eine offene Menge $V \subset \mathbb{R}^m$, sei S eine C'-Abbildung von V in eine offene Menge $W \subset \mathbb{R}^p$, und sei ω eine k-Form in W derart, dass ω_S eine k-Form in V ist und sowohl $(\omega_S)_T$ als auch ω_{ST} k-Formen in E sind, wobei ST als $(ST)(\mathbf{x}) = S(T(\mathbf{x}))$ definiert ist. Dann gilt*

$$(\omega_S)_T = \omega_{ST}. \qquad (10.71)$$

Beweis. Sind ω und λ Formen in W, so zeigt Satz 10.22, dass

$$((\omega \wedge \lambda)_S)_T = (\omega_S \wedge \lambda_S)_T = (\omega_S)_T \wedge (\lambda_S)_T$$

und

$$(\omega \wedge \lambda)_{ST} = \omega_{ST} \wedge \lambda_{ST}$$

gilt. Somit folgt die Behauptung (10.71) für $\omega \wedge \lambda$, wenn sie für ω und λ Gültigkeit hat. Da jede Form aus 0-Formen und 1-Formen durch Addition und Multiplikation aufgebaut werden kann und da (10.71) für 0-Formen trivial ist, ist es hinreichend, (10.71) im Fall $\omega = dz_q$, $q = 1, \ldots, p$ zu beweisen.

(Wir bezeichnen die Punkte in E, V, W mit $\mathbf{x}$, $\mathbf{y}$ bzw. $\mathbf{z}$.)

Seien $t_1, \ldots, t_m$ die Komponenten von T, $s_1, \ldots, s_p$ die Komponenten von S und $r_1, \ldots, r_p$ die Komponenten von ST. Für $\omega = dz_q$ gilt dann

$$\omega_S = ds_q = \sum_j (D_j s_q)(\mathbf{y})\, dy_j,$$

und die Kettenregel impliziert

$$\begin{aligned}
(\omega_S)_T &= \sum_j (D_j s_q)(T(\mathbf{x}))\, dt_j \\
&= \sum_j (D_j s_q)(T(\mathbf{x})) \sum_i (D_i t_j)(\mathbf{x})\, dx_i \\
&= \sum_i (D_i r_q)(\mathbf{x})\, dx_i = dr_q = \omega_{ST}. \qquad \square
\end{aligned}$$

10.24 Satz. *Sei ω eine k-Form in einer offenen Menge $E \subset \mathbb{R}^n$, Φ eine k-Fläche in E mit Parameterbereich $D \subset \mathbb{R}^k$, und sei Δ die k-Fläche in $\mathbb{R}^k$ mit Parameterbereich D, definiert durch $\Delta(\mathbf{u}) = \mathbf{u}$ ($\mathbf{u} \in D$). Dann gilt*

$$\int_\Phi \omega = \int_\Delta \omega_\Phi.$$

Beweis. Es genügt, den Fall

$$\omega = a(\mathbf{x})\, dx_{i_1} \wedge \cdots \wedge dx_{i_k}$$

zu betrachten. Sind $\phi_1, \ldots, \phi_n$ die Komponenten von Φ, dann gilt

$$\omega_\Phi = a(\Phi(\mathbf{u}))\, d\phi_{i_1} \wedge \cdots \wedge d\phi_{i_k}.$$

Der Satz ist bestätigt, wenn wir zeigen können, dass gilt

$$d\phi_{i_1} \wedge \cdots \wedge d\phi_{i_k} = J(\mathbf{u})\, du_1 \wedge \cdots \wedge du_k \qquad (10.72)$$

mit

$$J(\mathbf{u}) = \frac{\partial(x_{i_1}, \ldots, x_{i_k})}{\partial(u_1, \ldots, u_k)},$$

denn (10.72) impliziert

$$\int_\Phi \omega = \int_D a(\Phi(\mathbf{u})) J(\mathbf{u})\, d\mathbf{u} = \int_\Delta a(\Phi(\mathbf{u})) J(\mathbf{u})\, du_1 \wedge \cdots \wedge du_k = \int_\Delta \omega_\Phi.$$

Sei $[A]$ die $k \times k$-Matrix mit den Elementen

$$\alpha(p,q) = (D_q \phi_{i_p})(\mathbf{u}) \quad (p, q = 1, \dots, k).$$

Dann ist

$$d\phi_{i_p} = \sum_q \alpha(p,q)\, du_q,$$

also

$$d\phi_{i_1} \wedge \cdots \wedge d\phi_{i_k} = \sum \alpha(1,q_1) \cdots \alpha(k,q_k)\, du_{q_1} \wedge \cdots \wedge du_{q_k}.$$

In dieser letzten Summe laufen $q_1, \dots, q_k$ unabhängig über $1, \dots, k$. Die antikommutative Relation (10.42) impliziert

$$du_{q_1} \wedge \cdots \wedge du_{q_k} = s(q_1, \dots, q_k)\, du_1 \wedge \cdots \wedge du_k,$$

wobei s wie in Definition 9.33 ist. Wendet man diese Definition an, so wird ersichtlich, dass

$$d\phi_{i_1} \wedge \cdots \wedge d\phi_{i_k} = \det[A]\, du_1 \wedge \cdots \wedge du_k$$

gilt, und da $J(\mathbf{u}) = \det[A]$ ist, folgt (10.72). $\qquad\square$

Das letzte Resultat dieses Abschnitts kombiniert die beiden vorangehenden Sätze.

10.25 Satz. *Sei T eine C'-Abbildung einer offenen Menge $E \subset \mathbb{R}^n$ in eine offene Menge $V \subset \mathbb{R}^m$, sei Φ eine k-Fläche in E und ω eine k-Form in V. Dann gilt*

$$\int_{T\Phi} \omega = \int_\Phi \omega_T.$$

Beweis. Sei D der Parameterbereich von Φ (und daher auch von $T\Phi$), und sei Δ wie in Satz 10.24 definiert. Dann folgt

$$\int_{T\Phi} \omega = \int_\Delta \omega_{T\Phi} = \int_\Delta (\omega_T)_\Phi = \int_\Phi \omega_T.$$

Das erste Gleichheitszeichen entspricht Satz 10.24, angewandt auf $T\Phi$ anstelle von Φ, das zweite folgt aus Satz 10.23 und das dritte ist Satz 10.24, mit ω_T anstelle von ω. $\square$

Simplexe und Ketten

10.26 Definition (Affine Simplexe)**.** Eine Abbildung $\mathbf{f}$, die einen Vektorraum X in einen Vektorraum Y überführt, heißt *affin*, wenn $\mathbf{f} - \mathbf{f}(\mathbf{0})$ linear ist. Anders formuliert heißt das, $\mathbf{f}$ lässt sich darstellen als

$$\mathbf{f}(\mathbf{x}) = \mathbf{f}(\mathbf{0}) + A\mathbf{x} \tag{10.73}$$

mit $A \in L(X,Y)$.

Eine affine Abbildung von $\mathbb{R}^k$ in $\mathbb{R}^n$ ist somit bestimmt, wenn $\mathbf{f}(\mathbf{0})$ und $\mathbf{f}(\mathbf{e}_i)$ für $1 \le i \le k$ bekannt sind. Wie üblich ist $\{\mathbf{e}_1, \ldots, \mathbf{e}_k\}$ die Standardbasis von $\mathbb{R}^k$.

Wir definieren das *Standardsimplex* Q^k als die Menge aller $\mathbf{u} \in \mathbb{R}^k$ der Form

$$\mathbf{u} = \sum_{i=1}^{k} \alpha_i \mathbf{e}_i \tag{10.74}$$

derart, dass $\alpha_i \ge 0$ für $i = 1, \ldots, k$ und $\sum \alpha_i \le 1$ gilt.

Seien $\mathbf{p}_0, \mathbf{p}_1, \ldots, \mathbf{p}_k$ Punkte von $\mathbb{R}^n$. Das *orientierte affine k-Simplex*

$$\sigma = [\mathbf{p}_0, \mathbf{p}_1, \ldots, \mathbf{p}_k] \tag{10.75}$$

sei definiert als die k-Fläche in $\mathbb{R}^n$ mit Parameterbereich Q^k, die durch die affine Abbildung

$$\sigma(\alpha_1 \mathbf{e}_1 + \cdots + \alpha_k \mathbf{e}_k) = \mathbf{p}_0 + \sum_{i=1}^{k} \alpha_i (\mathbf{p}_i - \mathbf{p}_0) \tag{10.76}$$

gegeben ist.

Man beachte, dass σ durch

$$\sigma(\mathbf{0}) = \mathbf{p}_0, \quad \sigma(\mathbf{e}_i) = \mathbf{p}_i \quad \text{(für } 1 \le i \le k) \tag{10.77}$$

charakterisiert wird und dass

$$\sigma(\mathbf{u}) = \mathbf{p}_0 + A\mathbf{u} \quad (\mathbf{u} \in Q^k) \tag{10.78}$$

ist, wobei $A \in L(\mathbb{R}^k, \mathbb{R}^n)$ und $A\mathbf{e}_i = \mathbf{p}_i - \mathbf{p}_0$ für $1 \le i \le k$ gilt. Wir nennen σ orientiert, um hervorzuheben, dass die Reihenfolge der Ecken $\mathbf{p}_0, \ldots, \mathbf{p}_k$ berücksichtigt wird. Ist

$$\overline{\sigma} = [\mathbf{p}_{i_0}, \mathbf{p}_{i_1}, \ldots, \mathbf{p}_{i_k}], \tag{10.79}$$

wobei $\{i_0, i_1, \ldots, i_k\}$ eine Permutation der geordneten Menge $\{0, 1, \ldots, k\}$ ist, so schreiben wir

$$\overline{\sigma} = s(i_0, i_1, \ldots, i_k)\, \sigma, \tag{10.80}$$

wobei s die in Definition 9.33 definierte Funktion ist. Somit ist $\overline{\sigma} = \pm\sigma$, je nachdem ob $s = 1$ oder $s = -1$ gilt. Da wir (10.75) und (10.76) als Definition von σ genommen haben, sollten wir eigentlich nur dann $\overline{\sigma} = \sigma$ schreiben, wenn $i_0 = 0, \ldots, i_k = k$ gilt und nicht, wenn lediglich $s(i_0, \ldots, i_k) = 1$ ist. Was hier vorliegt, ist eine Äquivalenzrelation, keine Gleichheit. Für unsere Zwecke ist diese Notation jedoch durch Satz 10.27 gerechtfertigt.

Ist $\overline{\sigma} = \varepsilon\sigma$ (nach der obigen Konvention) und ist $\varepsilon = 1$, so sagt man, $\overline{\sigma}$ und σ haben *dieselbe Orientierung*. Ist $\varepsilon = -1$, so sagt man, $\overline{\sigma}$ und σ haben *entgegengesetzte Orientierung*. Man beachte, dass wir den Begriff „Orientierung eines Simplexes" selbst nicht definiert haben. Was wir vielmehr definiert haben, ist eine Relation zwischen Simplex-paaren mit denselben Ecken. Diese Relation lautet: „hat dieselbe Orientierung".

Es gibt allerdings eine Situation, wo die Orientierung eines Simplexes auf natür-liche Weise definiert werden kann. Dies ist der Fall, wenn $n = k$ gilt und wenn die Vektoren $\mathbf{p}_i - \mathbf{p}_0$ $(1 \leq i \leq k)$ *linear unabhängig* sind. Die lineare Abbildung A in (10.78) ist in diesem Fall invertierbar und ihre Determinante (die mit der Jacobi-Determinante von σ identisch ist) ist nicht 0. Dann spricht man von σ als *positiv* (oder *negativ*) ori-entiert, wenn $\det A$ positiv (oder negativ) ist. Speziell hat das Simplex $[\mathbf{0}, \mathbf{e}_1, \ldots, \mathbf{e}_k]$ in $\mathbb{R}^k$, das durch die Identitätsabbildung gegeben ist, positive Orientierung.

Bisher war $k \geq 1$. Zusätzlich definieren wir nun ein *orientiertes 0-Simplex* als Punkt zusammen mit einem Vorzeichen. Wir schreiben $\sigma = +\mathbf{p}_0$ oder $\sigma = -\mathbf{p}_0$. Ist $\sigma = \varepsilon\mathbf{p}_0$ $(\varepsilon = \pm 1)$ und ist f eine 0-Form (d. h. eine stetige reelle Funktion), so definieren wir

$$\int_\sigma f = \varepsilon f(\mathbf{p}_0).$$

10.27 Satz. *Ist σ ein orientiertes affines k-Simplex in einer offenen Menge $E \subset \mathbb{R}^n$ und ist $\overline{\sigma} = \varepsilon\sigma$, dann gilt*

$$\int_{\overline{\sigma}} \omega = \varepsilon \int_\sigma \omega \qquad (10.81)$$

für jede k-Form ω in E.

Beweis. Für $k = 0$ folgt (10.81) aus der vorherigen Definition. Wir nehmen daher $k \geq 1$ an und wählen σ wie in (10.75).

Sei $1 \leq j \leq k$, und $\overline{\sigma}$ entstehe aus σ durch Vertauschen von $\mathbf{p}_0$ und $\mathbf{p}_j$. Dann ist $\varepsilon = -1$ und

$$\overline{\sigma}(\mathbf{u}) = \mathbf{p}_j + B\mathbf{u} \quad (\mathbf{u} \in Q^k),$$

wobei B die lineare Abbildung von $\mathbb{R}^k$ in $\mathbb{R}^n$ ist, definiert durch $B\mathbf{e}_j = \mathbf{p}_0 - \mathbf{p}_j$ und $B\mathbf{e}_i = \mathbf{p}_i - \mathbf{p}_j$ für $i \neq j$. Schreibt man $A\mathbf{e}_i = \mathbf{x}_i$ $(1 \leq i \leq k)$, wobei A durch (10.78) gegeben ist, so sind die Spaltenvektoren von B (d. h. die Vektoren $B\mathbf{e}_i$) die Vektoren

$$\mathbf{x}_1 - \mathbf{x}_j, \ldots, \mathbf{x}_{j-1} - \mathbf{x}_j, -\mathbf{x}_j, \mathbf{x}_{j+1} - \mathbf{x}_j, \ldots, \mathbf{x}_k - \mathbf{x}_j.$$

Subtrahiert man die j-te Spalte von jeder anderen Spalte, so wird keine der Determi-nanten in (10.35) geändert, und wir erhalten als neue Spalten

$$\mathbf{x}_1, \ldots, \mathbf{x}_{j-1}, -\mathbf{x}_j, \mathbf{x}_{j+1}, \ldots, \mathbf{x}_k.$$

Diese unterscheiden sich lediglich durch das Vorzeichen der j-ten Spalte von denen von A. Also hat (10.81) in diesem Fall Gültigkeit.

Sei nun $0 < i < j \leq k$, und $\overline{\sigma}$ entstehe aus σ durch Vertauschen von $\mathbf{p}_i$ und $\mathbf{p}_j$. Dann ist $\overline{\sigma}(\mathbf{u}) = \mathbf{p}_0 + C\mathbf{u}$, wobei C dieselben Spalten wie A hat, außer dass die i-te und j-te Spalte vertauscht sind. Daraus folgt abermals die Gültigkeit von (10.81), da wiederum $\varepsilon = -1$ ist.

Der allgemeine Fall folgt, da sich jede Permutation von $\{0, 1, \ldots, k\}$ aus den soeben behandelten Spezialfällen zusammensetzen lässt. □

10.28 Definition (Affine Ketten). Eine *affine k-Kette* Γ in einer offenen Menge $E \subset \mathbb{R}^n$ ist eine Familie endlich vieler orientierter affiner k-Simplexe $\sigma_1, \ldots, \sigma_r$ in E. Diese müssen nicht notwendig verschieden sein; ein Simplex kann somit in Γ mehrfach vorkommen.

Ist nun Γ eine solche affine k-Kette und ist ω eine k-Form in E, so definieren wir

$$\int_{\Gamma} \omega = \sum_{i=1}^{r} \int_{\sigma_i} \omega. \tag{10.82}$$

Man kann eine k-Fläche Φ in E als eine Funktion ansehen, deren Definitionsbereich die Familie aller k-Formen in E ist und die der Form ω die Zahl $\int_{\Phi} \omega$ zuordnet. Da reellwertige Funktionen addiert werden können (wie in Definition 4.3), liegt es nahe, die Notation

$$\Gamma = \sigma_1 + \cdots + \sigma_r \tag{10.83}$$

oder kürzer

$$\Gamma = \sum_{i=1}^{r} \sigma_i \tag{10.84}$$

zu verwenden, um die Tatsache auszudrücken, dass (10.82) für jede k-Form ω in E gilt.

Um Missverständnisse zu vermeiden, sei ausdrücklich darauf hingewiesen, dass die in (10.83) und (10.80) eingeführten Notationen mit Sorgfalt behandelt werden müssen. Der wesentliche Punkt ist, dass jedes orientierte affine k-Simplex σ in $\mathbb{R}^n$ auf zwei verschiedene Weisen als eine Funktion betrachtet werden kann, wobei die Definitions- und Wertebereiche verschieden sind, und dass daher zwei völlig verschiedene Additionsoperationen möglich sind. Ursprünglich war σ als eine $\mathbb{R}^n$-wertige Funktion mit Definitionsbereich Q^k definiert. Dementsprechend *könnte* $\sigma_1 + \sigma_2$ als die Funktion σ interpretiert werden, die jedem $\mathbf{u} \in Q^k$ den Vektor $\sigma_1(\mathbf{u}) + \sigma_2(\mathbf{u})$ zuordnet. Man beachte, dass σ dann wiederum ein orientiertes affines k-Simplex in $\mathbb{R}^n$ ist. Dies ist *nicht* mit (10.83) gemeint.

Ist zum Beispiel $\sigma_2 = -\sigma_1$ wie in (10.80) (d. h. σ_1 und σ_2 haben dieselbe Menge von Ecken, sind aber entgegengesetzt orientiert) und ist $\Gamma = \sigma_1 + \sigma_2$, dann ist $\int_{\Gamma} \omega = 0$ für alle ω, und dies lässt sich durch die Schreibweise $\Gamma = 0$ oder $\sigma_1 + \sigma_2 = 0$ ausdrücken. Dies heißt aber nicht, dass jedes $\sigma_1(\mathbf{u}) + \sigma_2(\mathbf{u})$ der Nullvektor von $\mathbb{R}^n$ ist.

10.29 Ränder. Für $k \geq 1$ sei der *Rand* des orientierten affinen k-Simplexes $\sigma = [\mathbf{p}_0, \mathbf{p}_1, \ldots, \mathbf{p}_k]$ als die affine $(k-1)$-Kette

$$\partial\sigma = \sum_{j=0}^{k} (-1)^j [\mathbf{p}_0, \ldots, \mathbf{p}_{j-1}, \mathbf{p}_{j+1}, \ldots, \mathbf{p}_k] \tag{10.85}$$

definiert.

Ist zum Beispiel $\sigma = [\mathbf{p}_0, \mathbf{p}_1, \mathbf{p}_2]$, dann ist

$$\partial\sigma = [\mathbf{p}_1, \mathbf{p}_2] - [\mathbf{p}_0, \mathbf{p}_2] + [\mathbf{p}_0, \mathbf{p}_1] = [\mathbf{p}_0, \mathbf{p}_1] + [\mathbf{p}_1, \mathbf{p}_2] + [\mathbf{p}_2, \mathbf{p}_0],$$

was sich mit dem üblichen Begriff des orientierten Randes eines Dreiecks deckt.

Man beachte, dass für $1 \leq j \leq k$ das Simplex $\sigma_j = [\mathbf{p}_0, \ldots, \mathbf{p}_{j-1}, \mathbf{p}_{j+1}, \ldots, \mathbf{p}_k]$, das in (10.85) vorkommt, Q^{k-1} als Parameterbereich hat und definiert ist durch

$$\sigma_j(\mathbf{u}) = \mathbf{p}_0 + B\mathbf{u} \quad (\mathbf{u} \in Q^{k-1}), \tag{10.86}$$

wobei B die lineare Abbildung von $\mathbb{R}^{k-1}$ nach $\mathbb{R}^n$ ist, die durch

$$B\mathbf{e}_i = \mathbf{p}_i - \mathbf{p}_0 \quad (i = 1, \ldots, j-1),$$
$$B\mathbf{e}_i = \mathbf{p}_{i+1} - \mathbf{p}_0 \quad (i = j, \ldots, k-1)$$

bestimmt ist. Das Simplex

$$\sigma_0 = [\mathbf{p}_1, \mathbf{p}_2, \ldots, \mathbf{p}_k],$$

das auch in (10.85) auftritt, ist durch die Abbildung

$$\sigma_0(\mathbf{u}) = \mathbf{p}_1 + B\mathbf{u}$$

gegeben, wobei $B\mathbf{e}_i = \mathbf{p}_{i+1} - \mathbf{p}_1$ für $1 \leq i \leq k-1$ ist.

10.30 Differenzierbare Simplexe und Ketten. Sei T eine $\mathcal{C}''$-Abbildung einer offenen Menge $E \subset \mathbb{R}^n$ in eine offene Menge $V \subset \mathbb{R}^m$; T muss nicht injektiv sein. Ist σ ein orientiertes affines k-Simplex in E, dann ist die zusammengesetzte Abbildung $\Phi = T \circ \sigma$ (die wir gelegentlich in der einfacheren Form $T\sigma$ schreiben) eine k-Fläche in V mit Parameterbereich Q^k. Man nennt Φ ein *orientiertes k-Simplex der Klasse $\mathcal{C}''$*.

Eine endliche Familie Ψ von orientierten k-Simplexen $\Phi_1, \ldots, \Phi_r$ der Klasse $\mathcal{C}''$ in V heißt eine *k-Kette der Klasse $\mathcal{C}''$* in V. Ist ω eine k-Form in V, so definieren wir

$$\int_\Psi \omega = \sum_{i=1}^{r} \int_{\Phi_i} \omega \tag{10.87}$$

und verwenden die entsprechende Schreibweise $\Psi = \sum \Phi_i$.

Ist $\Gamma = \sum \sigma_i$ eine affine Kette und ist $\Phi_i = T \circ \sigma_i$, so schreibt man auch $\Psi = T \circ \Gamma$ oder

$$T\left(\sum \sigma_i\right) = \sum T\sigma_i. \tag{10.88}$$

Der Rand $\partial\Phi$ des orientierten k-Simplexes $\Phi = T \circ \sigma$ sei als die $(k-1)$-Kette

$$\partial\Phi = T(\partial\sigma) \tag{10.89}$$

definiert.

Zur Rechtfertigung von (10.89) beachte man, dass, wenn T affin ist, $\Phi = T \circ \sigma$ ein orientiertes affines k-Simplex ist. In diesem Fall ist (10.89) keine Definition, sondern eine *Folge* von (10.85). Somit verallgemeinert (10.89) diesen Spezialfall.

Es ist offensichtlich, dass $\partial\Phi$ die Klasse $\mathcal{C}''$ hat, wenn dies für Φ gilt.

Schließlich definieren wir den Rand $\partial\Psi$ der k-Kette $\Psi = \sum \Phi_i$ als die $(k-1)$-Kette

$$\partial\Psi = \sum \partial\Phi_i. \tag{10.90}$$

10.31 Positiv orientierte Ränder. Bisher haben wir Ränder zu Ketten gebildet, nicht zu Teilmengen von $\mathbb{R}^n$. Dieser Begriff des Randes ist genau zugeschnitten für die Formulierung und den Beweis des Satzes von Stokes. In einigen Anwendungen, speziell in $\mathbb{R}^2$ oder $\mathbb{R}^3$, ist es jedoch ebenfalls gebräuchlich und auch zweckmäßig, über „orientierte Ränder" bestimmter Mengen zu sprechen. Wir werden dies nun kurz beschreiben.

Sei Q^n das Standardsimplex in $\mathbb{R}^n$ und sei σ_0 die Identitätsabbildung auf Q^n. Wie in Abschnitt 10.26 kann σ_0 als ein positiv orientiertes n-Simplex in $\mathbb{R}^n$ angesehen werden. Sein Rand $\partial\sigma_0$ ist eine affine $(n-1)$-Kette. Diese Kette heißt der *positiv orientierte Rand der Menge Q^n*.

Zum Beispiel ist der positiv orientierte Rand von Q^3

$$[\mathbf{e}_1, \mathbf{e}_2, \mathbf{e}_3] - [\mathbf{0}, \mathbf{e}_2, \mathbf{e}_3] + [\mathbf{0}, \mathbf{e}_1, \mathbf{e}_3] - [\mathbf{0}, \mathbf{e}_1, \mathbf{e}_2].$$

Sei nun T eine injektive Abbildung von Q^n in $\mathbb{R}^n$ der Klasse $\mathcal{C}''$, deren Jacobi-Determinante positiv ist (zumindest im Innern von Q^n). Sei $E = T(Q^n)$. Nach dem Satz über Umkehrabbildungen ist E die abgeschlossene Hülle einer offenen Teilmenge von $\mathbb{R}^n$. Wir definieren den positiv orientierten Rand der Menge E als die $(n-1)$-Kette

$$\partial T = T(\partial\sigma_0)$$

und werden diese $(n-1)$-Kette mit ∂E bezeichnen.

Eine naheliegende Frage drängt sich hier auf: Wenn gilt $E = T_1(Q^n) = T_2(Q^n)$ und wenn sowohl T_1 als auch T_2 positive Jacobi-Determinanten haben, ist dann $\partial T_1 = \partial T_2$? Anders ausgedrückt, gilt die Gleichheit

$$\int_{\partial T_1} \omega = \int_{\partial T_2} \omega$$

für jede $(n-1)$-Form ω? Die Antwort ist ja, den Beweis werden wir jedoch weglassen. (Um ein Beispiel zu haben, vergleiche man das Ende dieses Abschnitts mit Übungsaufgabe 17.)

Man kann noch weiter gehen. Sei

$$\Omega = E_1 \cup \cdots \cup E_r,$$

wobei $E_i = T_i(Q^n)$ ist, jedes T_i dieselben Eigenschaften wie obiges T hat und das Innere der Mengen E_i paarweise disjunkt ist. Dann heißt die $(n-1)$-Kette

$$\partial T_1 + \cdots + \partial T_r = \partial\Omega$$

der *positiv orientierte Rand* von Ω.

Zum Beispiel ist das Einheitsquadrat I^2 in $\mathbb{R}^2$ die Vereinigung von $\sigma_1(Q^2)$ und $\sigma_2(Q^2)$, wobei

$$\sigma_1(\mathbf{u}) = \mathbf{u}, \quad \sigma_2(\mathbf{u}) = \mathbf{e}_1 + \mathbf{e}_2 - \mathbf{u}$$

ist. Sowohl σ_1 als auch σ_2 haben die Jacobi-Determinante $1 > 0$. Wegen

$$\sigma_1 = [\mathbf{0}, \mathbf{e}_1, \mathbf{e}_2], \quad \sigma_2 = [\mathbf{e}_1 + \mathbf{e}_2, \mathbf{e}_2, \mathbf{e}_1]$$

erhalten wir

$$\partial\sigma_1 = [\mathbf{e}_1, \mathbf{e}_2] - [\mathbf{0}, \mathbf{e}_2] + [\mathbf{0}, \mathbf{e}_1],$$
$$\partial\sigma_2 = [\mathbf{e}_2, \mathbf{e}_1] - [\mathbf{e}_1 + \mathbf{e}_2, \mathbf{e}_1] + [\mathbf{e}_1 + \mathbf{e}_2, \mathbf{e}_2].$$

Die Summe dieser beiden Ränder ist

$$\partial I^2 = [\mathbf{0}, \mathbf{e}_1] + [\mathbf{e}_1, \mathbf{e}_1 + \mathbf{e}_2] + [\mathbf{e}_1 + \mathbf{e}_2, \mathbf{e}_2] + [\mathbf{e}_2, \mathbf{0}],$$

der positiv orientierte Rand von I^2. Man beachte, dass sich $[\mathbf{e}_2, \mathbf{e}_1]$ mit $[\mathbf{e}_1, \mathbf{e}_2]$ aufgehoben hat.

Ist Φ eine 2-Fläche in $\mathbb{R}^m$ mit Parameterbereich I^2, dann ist Φ (betrachtet als eine Funktion auf 2-Formen) identisch mit der 2-Kette $\Phi \circ \sigma_1 + \Phi \circ \sigma_2$.

Somit ist

$$\partial\Phi = \partial(\Phi \circ \sigma_1) + \partial(\Phi \circ \sigma_2) = \Phi(\partial\sigma_1) + \Phi(\partial\sigma_2) = \Phi(\partial I^2).$$

Das heißt: Ist der Parameterbereich von Φ das Quadrat I^2, so brauchen wir nicht auf das Simplex Q^2 zurückzugreifen, sondern können $\partial\Phi$ direkt aus ∂I^2 erhalten.

Weitere Beispiele finden sich in den Übungsaufgaben 17 bis 19.

10.32 Beispiel. Für $0 \le u \le \pi$, $0 \le v \le 2\pi$ definiere man

$$\Sigma(u, v) = (\sin u \cos v, \sin u \sin v, \cos u).$$

Dann ist Σ eine 2-Fläche in $\mathbb{R}^3$, deren Parameterbereich ein Rechteck $D \subset \mathbb{R}^2$ und deren Bildbereich die Einheitskugel in $\mathbb{R}^3$ ist. Ihr Rand ist

$$\partial\Sigma = \Sigma(\partial D) = \gamma_1 + \gamma_2 + \gamma_3 + \gamma_4$$

mit

$$\gamma_1(u) = \Sigma(u, 0) \qquad = (\sin u, 0, \cos u),$$
$$\gamma_2(v) = \Sigma(\pi, v) \qquad = (0, 0, -1),$$
$$\gamma_3(u) = \Sigma(\pi - u, 2\pi) = (\sin u, 0, -\cos u),$$
$$\gamma_4(v) = \Sigma(0, 2\pi - v) = (0, 0, 1)$$

Die Parameterintervalle für u und v sind $[0, \pi]$ bzw. $[0, 2\pi]$.

Da γ_2 und γ_4 konstant sind, sind ihre Ableitungen 0, und damit ist das Integral einer beliebigen 1-Form über γ_2 oder γ_4 gleich 0. [Siehe Beispiel 10.12 (a).]

Wegen $\gamma_3(u) = \gamma_1(\pi - u)$ zeigt eine direkte Anwendung von (10.35), dass

$$\int_{\gamma_3} \omega = -\int_{\gamma_1} \omega$$

für jede 1-Form ω gilt. Somit ist $\int_{\partial\Sigma} \omega = 0$, und wir folgern, dass $\partial\Sigma = 0$ ist.

(In geographischer Terminologie: $\partial\Sigma$ beginnt am Nordpol N, verläuft entlang eines Meridians bis zum Südpol S, verweilt dann bei S, kehrt entlang desselben Meridians nach N zurück und verweilt schließlich bei N. Die zwei Reisen entlang des Meridians verlaufen in entgegengesetzten Richtungen. Die entsprechenden zwei Kurvenintegrale heben sich daher gegenseitig auf. In Übungsaufgabe 32 tritt ebenfalls eine Kurve zweimal in einem Rand auf, jedoch ohne dass dies ein Wegfallen verursachen würde.)

Der Satz von Stokes

10.33 Satz. *Ist Ψ eine k-Kette der Klasse C'' in einer offenen Menge $V \subset \mathbb{R}^m$ und ist ω eine $(k-1)$-Form der Klasse C' in V, dann gilt*

$$\int_{\Psi} d\omega = \int_{\partial\Psi} \omega. \tag{10.91}$$

Der Fall $k = m = 1$ ist nichts anderes als der Hauptsatz der Differential- und Integralrechnung (mit einer zusätzlichen Differenzierbarkeitsvoraussetzung). Der Fall $k = m = 2$ ist der Satz von Green, und $k = m = 3$ ergibt den sogenannten *Divergenzsatz von Gauß*. Der Fall $k = 2$, $m = 3$ entspricht dem ursprünglich von Stokes entdeckten Resultat. (Das Buch von Spivak geht näher auf den historischen Hintergrund ein.) Diese Spezialfälle werden am Ende dieses Kapitels ausführlicher besprochen.

Beweis. Es genügt zu beweisen, dass

$$\int\limits_{\Phi} d\omega = \int\limits_{\partial\Phi} \omega \tag{10.92}$$

für jedes orientierte k-Simplex Φ der Klasse $\mathcal{C}''$ in V gilt. Ist dies nämlich bewiesen und ist $\Psi = \sum \Phi_i$, dann folgt die Behauptung des Satzes aus (10.87) und (10.89).

Sei ein solches Φ fest gewählt, und sei

$$\sigma = [\mathbf{0}, \mathbf{e}_1, \ldots, \mathbf{e}_k]. \tag{10.93}$$

Somit ist σ das orientierte affine k-Simplex mit Parameterbereich Q^k, das durch die Identitätsabbildung definiert ist. Da Φ ebenfalls auf Q^k definiert ist (siehe Definition 10.30) und da $\Phi \in \mathcal{C}''$ gilt, gibt es eine offene Menge $E \subset \mathbb{R}^k$, die Q^k enthält, und eine $\mathcal{C}''$-Abbildung T von E in V derart, dass $\Phi = T \circ \sigma$ gilt. Nach den Sätzen 10.25 und 10.22 (c) ist die linke Seite von (10.92) gleich

$$\int\limits_{T\sigma} d\omega = \int\limits_{\sigma} (d\omega)_T = \int\limits_{\sigma} d(\omega_T).$$

Eine weitere Anwendung des Satzes 10.25 zusammen mit (10.89) zeigt, dass die rechte Seite von (10.92) gleich

$$\int\limits_{\partial(T\sigma)} \omega = \int\limits_{T(\partial\sigma)} \omega = \int\limits_{\partial\sigma} \omega_T$$

ist.

Da ω_T eine $(k-1)$-Form in E ist, müssen wir also, *um (10.92) zu beweisen, lediglich zeigen, dass*

$$\int\limits_{\sigma} d\lambda = \int\limits_{\partial\sigma} \lambda \tag{10.94}$$

für das spezielle Simplex (10.93) und für jede $(k-1)$-Form λ der Klasse $\mathcal{C}'$ in E gilt.

Für $k = 1$ behauptet (10.94) nach Definition eines orientierten 0-Simplexes, dass

$$\int\limits_0^1 f'(u)\, du = f(1) - f(0) \tag{10.95}$$

für jede stetig differenzierbare Funktion f auf $[0,1]$ gilt – was nach dem Hauptsatz der Differential- und Integralrechnung wahr ist.

Sei nun $k > 1$. Wir wählen eine ganze Zahl r $(1 \le r \le k)$ und $f \in C'(E)$. Dann genügt es, (10.94) für den Fall

$$\lambda = f(\mathbf{x})\, dx_1 \wedge \cdots \wedge dx_{r-1} \wedge dx_{r+1} \wedge \cdots \wedge dx_k \tag{10.96}$$

zu beweisen, da jede $(k-1)$-Form eine Summe dieser speziellen Formen für $r = 1, \ldots, k$ ist.

Nach (10.85) ist der Rand des Simplexes (10.93) gegeben durch

$$\partial\sigma = [\mathbf{e}_1, \ldots, \mathbf{e}_k] + \sum_{i=1}^{k} (-1)^i \tau_i,$$

wobei

$$\tau_i = [\mathbf{0}, \mathbf{e}_1, \ldots, \mathbf{e}_{i-1}, \mathbf{e}_{i+1}, \ldots, \mathbf{e}_k]$$

für $i = 1, \ldots, k$ ist. Man setze

$$\tau_0 = [\mathbf{e}_r, \mathbf{e}_1, \ldots, \mathbf{e}_{r-1}, \mathbf{e}_{r+1}, \ldots, \mathbf{e}_k].$$

Man beachte, dass man τ_0 aus $[\mathbf{e}_1, \ldots, \mathbf{e}_k]$ erhält, indem man $\mathbf{e}_r$ und seine linken Nachbarn $(r-1)$-mal sukzessiv vertauscht. Somit folgt

$$\partial\sigma = (-1)^{r-1}\tau_0 + \sum_{i=1}^{k} (-1)^i \tau_i. \tag{10.97}$$

Jedes τ_i hat Q^{k-1} als Parameterbereich.

Für $\mathbf{x} = \tau_0(\mathbf{u})$ und $\mathbf{u} \in Q^{k-1}$ gilt dann

$$x_j = \begin{cases} u_j & \text{für } 1 \le j < r, \\ 1 - (u_1 + \cdots + u_{k-1}) & \text{für } j = r, \\ u_{j-1} & \text{für } r < j \le k. \end{cases} \tag{10.98}$$

Für $1 \le i \le k$, $\mathbf{u} \in Q^{k-1}$ und $\mathbf{x} = \tau_i(\mathbf{u})$ folgt

$$x_j = \begin{cases} u_j & \text{für } 1 \le j < i, \\ 0 & \text{für } j = i, \\ u_{j-1} & \text{für } i < j \le k. \end{cases} \tag{10.99}$$

Für $0 \le i \le k$ sei J_i die Jacobi-Determinante der durch τ_i induzierten Abbildung

$$(u_1, \ldots, u_{k-1}) \mapsto (x_1, \ldots, x_{r-1}, x_{r+1}, \ldots, x_k). \tag{10.100}$$

Für $i = 0$ und $i = r$ zeigen (10.98) und (10.99), dass (10.100) die Identitätsabbildung ist. Somit ist $J_0 = 1$ und $J_r = 1$. Für alle anderen i zeigt die Tatsache, dass $x_i = 0$ in (10.99) ist, dass J_i eine Nullzeile hat. Also ist $J_i = 0$ und daher

$$\int_{\tau_i} \lambda = 0 \quad (i \neq 0, i \neq r), \tag{10.101}$$

nach (10.35) und (10.96).

Folglich führt (10.97) zu

$$\begin{aligned}
\int_{\partial\sigma} \lambda &= (-1)^{r-1} \int_{\tau_0} \lambda + (-1)^r \int_{\tau_r} \lambda \\
&= (-1)^{r-1} \int_{Q^{k-1}} \left[f(\tau_0(\mathbf{u})) - f(\tau_r(\mathbf{u})) \right] d\mathbf{u}.
\end{aligned} \tag{10.102}$$

Andererseits gilt

$$\begin{aligned}
d\lambda &= (D_r f)(\mathbf{x})\, dx_r \wedge dx_1 \wedge \cdots \wedge dx_{r-1} \wedge dx_{r+1} \wedge \cdots \wedge dx_k \\
&= (-1)^{r-1} (D_r f)(\mathbf{x})\, dx_1 \wedge \cdots \wedge dx_k,
\end{aligned}$$

also

$$\int_\sigma d\lambda = (-1)^{r-1} \int_{Q^k} (D_r f)(\mathbf{x})\, d\mathbf{x}. \tag{10.103}$$

Wir berechnen (10.103), indem wir zunächst bezüglich x_r über das Intervall

$$[0, 1 - (x_1 + \cdots + x_{r-1} + x_{r+1} + \cdots + x_k)]$$

integrieren; wir setzen $(x_1, \ldots, x_{r-1}, x_{r+1}, \ldots, x_k) = (u_1, \ldots, u_{k-1})$ und stellen mit Hilfe von (10.98) fest, dass das Integral über Q^k in (10.103) gleich dem Integral über Q^{k-1} in (10.102) ist. Somit hat (10.94) Gültigkeit, und der Beweis ist vollständig. □

Geschlossene und exakte Formen

10.34 Definition. Sei ω eine k-Form in einer offenen Menge $E \subset \mathbb{R}^n$. Gibt es eine $(k-1)$-Form λ in E derart, dass $\omega = d\lambda$ ist, dann sagen wir, ω sei *exakt* in E.

Ist ω von der Klasse $\mathcal{C}'$ und ist $d\omega = 0$, dann nennen wir ω *geschlossen*.

Satz 10.20 (b) zeigt, dass jede exakte Form der Klasse $\mathcal{C}'$ geschlossen ist.

In bestimmten Mengen E, zum Beispiel in konvexen Mengen, gilt auch die Umkehrung. Dies ist der Inhalt von Satz 10.39 (der in der Regel das *Poincarésche Lemma* genannt wird) und von Satz 10.40. In 10.36 und 10.37 werden jedoch Beispiele geschlossener Formen angegeben, die nicht exakt sind.

10.35 Bemerkung.

(a) Ob eine gegebene k-Form ω geschlossen ist oder nicht, kann verifiziert werden, indem man einfach die Koeffizienten in der Normaldarstellung von ω differenziert. Zum Beispiel ist eine 1-Form

$$\omega = \sum_{i=1}^{n} f_i(\mathbf{x}) \, dx_i, \tag{10.104}$$

mit $f_i \in C'(E)$ für eine geeignete offene Menge $E \subset \mathbb{R}^n$ genau dann geschlossen, wenn die Gleichungen

$$(D_j f_i)(\mathbf{x}) = (D_i f_j)(\mathbf{x}) \tag{10.105}$$

für alle i, j in $\{1, \dots, n\}$ und für alle $\mathbf{x} \in E$ gelten.

Man beachte, dass (10.105) eine „punktweise" Bedingung ist. Sie schließt keinerlei globale Eigenschaften ein, die von der Gestalt von E abhängig sind.

Um andererseits zu zeigen, dass ω in E exakt ist, muss man die Existenz einer in E definierten Form λ beweisen, für die $d\lambda = \omega$ ist. Dies läuft auf die Lösung eines Systems partieller Differentialgleichungen hinaus, und zwar nicht nur lokal, sondern in ganz E. Um zum Beispiel zu zeigen, dass (10.104) in einer Menge E exakt ist, muss man eine Funktion (oder 0-Form) $g \in C'(E)$ finden, für die

$$(D_i g)(\mathbf{x}) = f_i(\mathbf{x}) \quad (\mathbf{x} \in E, 1 \le i \le n) \tag{10.106}$$

ist. Natürlich ist (10.105) eine notwendige Bedingung für die Lösbarkeit von (10.106).

(b) Sei ω eine *exakte* k-Form in E. Dann gibt es eine $(k-1)$-Form λ in E mit $d\lambda = \omega$, und nach dem Satz von Stokes gilt für jede k-Kette Ψ der Klasse C'' in E

$$\int_{\Psi} \omega = \int_{\Psi} d\lambda = \int_{\partial\Psi} \lambda. \tag{10.107}$$

Sind Ψ_1 und Ψ_2 solche Ketten und haben sie denselben Rand, dann folgt

$$\int_{\Psi_1} \omega = \int_{\Psi_2} \omega.$$

Speziell ist *das Integral einer exakten k-Form in E über jede k-Kette in E, deren Rand 0 ist, gleich 0.*

Als einen wichtigen Spezialfall hiervon beachte man, dass Integrale exakter 1-Formen in E über geschlossene (differenzierbare) Kurven in E gleich 0 sind.

(c) Sei ω eine *geschlossene* k-Form in E. Dann ist $d\omega = 0$, und aus dem Satz von Stokes folgt

$$\int_{d\Psi} \omega = \int_{\Psi} d\omega = 0 \tag{10.108}$$

für jede $(k + 1)$-Kette Ψ der Klasse C'' in E.

Anders formuliert: *Integrale geschlossener k-Formen in E über k-Ketten, die Ränder von $(k + 1)$-Ketten in E sind, sind* 0.

(d) Sei Ψ eine $(k + 1)$-Kette in E, und sei λ eine $(k - 1)$-Form in E, beide von der Klasse C''. Wegen $d^2\lambda = 0$ zeigt zweifache Anwendung des Satzes von Stokes, dass

$$\int_{\partial\partial\Psi} \lambda = \int_{\partial\Psi} d\lambda = \int_{\Psi} d^2\lambda = 0 \qquad (10.109)$$

ist. Wir folgern, dass $\partial^2\Psi = 0$ ist. Anders formuliert: *Der Rand eines Randes ist null.* Siehe Übungsaufgabe 16 für einen direkten Beweis dieses Resultats.

10.36 Beispiel. Sei $E = \mathbb{R}^2 - \{\mathbf{0}\}$ die Ebene ohne den Ursprung. Die 1-Form

$$\eta = \frac{x\,dy - y\,dx}{x^2 + y^2} \qquad (10.110)$$

ist *geschlossen* in $\mathbb{R}^2 - \{\mathbf{0}\}$. Dies lässt sich leicht durch Differentiation nachprüfen. Sei $r > 0$ fest gewählt, und sei

$$y(t) = (r\cos t, r\sin t) \quad (0 \le t \le 2\pi). \qquad (10.111)$$

Dann ist y eine Kurve (ein „orientiertes 1-Simplex") in $\mathbb{R}^2 - \{\mathbf{0}\}$. Wegen $y(0) = y(2\pi)$ gilt

$$\partial y = 0. \qquad (10.112)$$

Direkte Berechnung ergibt

$$\int_\gamma \eta = 2\pi \ne 0. \qquad (10.113)$$

Die Diskussion in den Bemerkungen 10.35 (b) und (c) zeigt, dass (10.113) zwei Folgerungen zulässt:

(1) η *ist nicht exakt in* $\mathbb{R}^2 - \{\mathbf{0}\}$; denn andernfalls würde aus (10.112) folgen, dass das Integral (10.113) gleich 0 ist.

(2) y *ist nicht der Rand einer 2-Kette in* $\mathbb{R}^2 - \{\mathbf{0}\}$ *(der Klasse C'')*; denn andernfalls würde die Tatsache, dass η geschlossen ist, dazu führen, dass das Integral (10.113) gleich 0 ist.

10.37 Beispiel. Sei $E = \mathbb{R}^3 - \{\mathbf{0}\}$ der dreidimensionale Raum ohne seinen Ursprung. Man definiere

$$\zeta = \frac{x\,dy \wedge dz + y\,dz \wedge dx + z\,dx \wedge dy}{(x^2 + y^2 + z^2)^{3/2}}, \qquad (10.114)$$

wobei wir (x, y, z) anstelle von (x_1, x_2, x_3) geschrieben haben. Differentiation zeigt, dass $d\zeta = 0$ ist, so dass ζ eine geschlossene 2-Form in $\mathbb{R}^3 - \{\mathbf{0}\}$ ist.

Sei Σ die 2-Kette in $\mathbb{R}^3 - \{\mathbf{0}\}$, die in Beispiel 10.32 konstruiert wurde: Σ ist eine Parametrisierung der Einheitskugel in $\mathbb{R}^3$. Unter Verwendung des Rechtecks D von Beispiel 10.32 als Parameterbereich berechnet man leicht

$$\int_\Sigma \zeta = \int_D \sin u \, du \, dv = 4\pi \neq 0. \tag{10.115}$$

Wie im vorherigen Beispiel können wir nun folgern, dass ζ nicht exakt in $\mathbb{R}^3 - \{\mathbf{0}\}$ ist (da $\partial \Sigma = 0$ gilt, wie in Beispiel 10.32 gezeigt) und dass die Kugel Σ nicht der Rand einer 3-Kette in $\mathbb{R}^3 - \{\mathbf{0}\}$ (der Klasse C'') ist, obgleich $\partial \Sigma = 0$ gilt.

Das folgende Resultat findet beim Beweis von Satz 10.39 Verwendung.

10.38 Satz. *Sei E eine konvexe offene Menge in $\mathbb{R}^n$, und sei $f \in C'(E)$. Ferner sei p eine natürliche Zahl mit $1 \leq p \leq n$, und es gelte*

$$(D_j f)(\mathbf{x}) = 0 \quad (p < j \leq n, \mathbf{x} \in E). \tag{10.116}$$

Dann existiert ein $F \in C'(E)$ mit

$$(D_p F)(\mathbf{x}) = f(\mathbf{x}), \quad (D_j F)(\mathbf{x}) = 0 \quad (p < j \leq n, \mathbf{x} \in E). \tag{10.117}$$

Beweis. Man schreibe $\mathbf{x} = (\mathbf{x}', x_p, \mathbf{x}'')$, wobei

$$\mathbf{x}' = (x_1, \dots, x_{p-1}), \quad \mathbf{x}'' = (x_{p+1}, \dots, x_n)$$

ist. (Im Fall $p = 1$ fehlt $\mathbf{x}'$, und im Fall $p = n$ fehlt $\mathbf{x}''$.) Sei V die Menge aller $(\mathbf{x}', x_p) \in \mathbb{R}^p$ derart, dass $(\mathbf{x}', x_p, \mathbf{x}'') \in E$ für ein geeignetes $\mathbf{x}''$ gilt. Da V eine Projektion von E ist, ist V eine konvexe offene Menge in $\mathbb{R}^p$. Da E konvex ist, ist $f(\mathbf{x})$ wegen (10.116) nicht von $\mathbf{x}''$ abhängig. Somit gibt es eine Funktion φ mit Definitionsbereich V derart, dass

$$f(\mathbf{x}) = \varphi(\mathbf{x}', x_p)$$

für alle $\mathbf{x} \in E$ gilt.

Ist $p = 1$, dann ist V ein Segment in $\mathbb{R}^1$ (möglicherweise unbeschränkt). Man wähle $c \in V$ beliebig und definiere

$$F(\mathbf{x}) = \int_c^{x_1} \varphi(t) \, dt \quad (\mathbf{x} \in E).$$

Ist $p > 1$, dann sei U die Menge aller $\mathbf{x}' \in \mathbb{R}^{p-1}$ derart, dass $(\mathbf{x}', x_p) \in V$ für ein geeignetes x_p gilt. Dann ist U eine konvexe offene Menge in $\mathbb{R}^{p-1}$, und es gibt eine Funktion

$\alpha \in C'(U)$ derart, dass $(\mathbf{x}', \alpha(\mathbf{x}')) \in V$ für jedes $\mathbf{x}' \in U$ gilt. Anders ausgedrückt: Der Graph von α liegt in V (Übungsaufgabe 29). Man definiere

$$F(\mathbf{x}) = \int_{\alpha(\mathbf{x}')}^{x_p} \varphi(\mathbf{x}', t)\, dt \quad (\mathbf{x} \in E).$$

In jedem der beiden Fälle erfüllt F die Bedingungen (10.117).

(*Beachte:* Für $b < a$ ist wie üblich $\int_a^b = -\int_b^a$.) $\qquad\qquad\square$

10.39 Satz. *Ist $E \subset \mathbb{R}^n$ konvex und offen, ist $k \geq 1$ und ist ω eine k-Form der Klasse C' in E mit $d\omega = 0$, dann gibt es eine $(k-1)$-Form λ in E derart, dass $\omega = d\lambda$ gilt.*

Kurz gesagt: Geschlossene Formen sind in konvexen Mengen exakt.

Beweis. Für $p = 1, \ldots, n$ bezeichne Y_p die Menge aller k-Formen ω der Klasse C' in E, in deren Normaldarstellung

$$\omega = \sum_I f_I(\mathbf{x})\, dx_I \tag{10.118}$$

$dx_{p+1}, \ldots, dx_n$ nicht auftreten. Anders formuliert: Ist $f_I(\mathbf{x}) \neq 0$ für ein $\mathbf{x} \in E$, so ist $I \subset \{1, \ldots, p\}$.

Wir führen den Beweis durch Induktion über p. Sei zunächst $\omega \in Y_1$. Dann ist $\omega = f(\mathbf{x})\, dx_1$. Da $d\omega = 0$ ist, gilt $(D_j f)(\mathbf{x}) = 0$ für $1 < j \leq n$, $\mathbf{x} \in E$. Nach Satz 10.38 gibt es ein $F \in C'(E)$ mit $D_1 F = f$ und $D_j F = 0$ für $1 < j \leq n$. Somit ist

$$dF = (D_1 F)(\mathbf{x})\, dx_1 = f(\mathbf{x})\, dx_1 = \omega.$$

Sei nun $p > 1$, und die Induktionsvoraussetzung laute: *Jede geschlossene k-Form, die zu Y_{p-1} gehört, ist exakt in E.*

Man wähle $\omega \in Y_p$ mit $d\omega = 0$. Nach (10.118) gilt

$$\sum_I \sum_{j=1}^n (D_j f_I)(\mathbf{x})\, dx_j \wedge dx_I = d\omega = 0. \tag{10.119}$$

Man betrachte ein fest gewähltes j mit $p < j \leq n$. Jedes I, das in (10.118) vorkommt, ist in $\{1, \ldots, p\}$ enthalten. Sind I_1, I_2 zwei dieser k-Indizes und ist $I_1 \neq I_2$, dann sind die $(k+1)$-Indizes (I_1, j), (I_2, j) verschieden. Somit heben sich keine Terme gegenseitig auf, und wir folgern aus (10.119), dass jeder Koeffizient in (10.118) die Gleichung

$$(D_j f_I)(\mathbf{x}) = 0 \quad (\mathbf{x} \in E, p < j \leq n) \tag{10.120}$$

erfüllt.

Wir fassen nun diejenigen Glieder in (10.118) zusammen, die dx_p enthalten. Wir schreiben ω um in die Form

$$\omega = \alpha + \sum_{I_0} f_I(\mathbf{x})\, dx_{I_0} \wedge dx_p, \tag{10.121}$$

wobei $\alpha \in Y_{p-1}$ gilt und jedes I_0 ein wachsender $(k-1)$-Index in $\{1,\ldots,p-1\}$ ist mit $I = (I_0, p)$. Nach (10.120) liefert Satz 10.38 Funktionen $F_I \in C'(E)$ mit

$$D_p F_I = f_I, \quad D_j F_I = 0 \quad (p < j \le n). \tag{10.122}$$

Man setze

$$\beta = \sum_{I_0} F_I(\mathbf{x})\, dx_{I_0} \tag{10.123}$$

und definiere $\gamma = \omega - (-1)^{k-1}\, d\beta$. Da β eine $(k-1)$-Form ist, folgt

$$\gamma = \omega - \sum_{I_0} \sum_{j=1}^{p} (D_j F_I)(\mathbf{x})\, dx_{I_0} \wedge dx_j$$

$$= \alpha - \sum_{I_0} \sum_{j=1}^{p-1} (D_j F_I)(\mathbf{x})\, dx_{I_0} \wedge dx_j,$$

was offensichtlich in Y_{p-1} liegt. Wegen $d\omega = 0$ und $d^2\beta = 0$ ist $d\gamma = 0$. Unsere Induktionsvoraussetzung zeigt daher, dass $\gamma = d\mu$ für eine $(k-1)$-Form μ in E gilt. Ist $\lambda = \mu + (-1)^{k-1}\beta$, so folgt $\omega = d\lambda$.

Dies beweist den Induktionsschritt. Der Beweis ist damit vollständig. $\qquad\square$

10.40 Satz. *Sei k mit $1 \le k \le n$ gegeben. Sei $E \subset \mathbb{R}^n$ eine offene Menge, in der jede geschlossene k-Form exakt ist. Sei T eine bijektive C''-Abbildung von E auf eine offene Menge $U \subset \mathbb{R}^n$, deren Inverse S ebenfalls aus der Klasse C'' ist.*

Dann ist jede geschlossene k-Form in U exakt in U.

Man beachte, dass jede konvexe offene Menge E die hier aufgestellte Voraussetzung erfüllt (nach Satz 10.39). Wir wollen E und U C''-*äquivalent* nennen, wenn sie in obiger Beziehung stehen.

Somit ist jede geschlossene Form in einer beliebigen Menge, die C''-äquivalent zu einer konvexen offenen Menge ist, exakt.

Beweis. Sei ω eine k-Form in U mit $d\omega = 0$. Nach Satz 10.22 (c) ist ω_T eine k-Form in E, für die $d(\omega_T) = 0$ ist. Also gilt $\omega_T = d\lambda$ für eine $(k-1)$-Form λ in E. Nach Satz 10.23 und einer nochmaligen Anwendung von Satz 10.22 (c) folgt

$$\omega = (\omega_T)_S = (d\lambda)_S = d(\lambda_S).$$

Da λ_S eine $(k-1)$-Form in U ist, ist ω in U exakt. $\qquad\square$

10.41 Bemerkung. In Anwendungen sind Zellen (siehe Definition 2.17) oft zweckdienlichere Parameterbereiche als Simplexe. Wenn wir unserer gesamten Darstellung Zellen anstatt Simplexe zugrunde gelegt hätten, dann wäre die Berechnung, die im Beweis des Satzes von Stokes vorkommt, sogar einfacher. (Diese Methode wird in Spivaks

Buch benutzt.) Der Grund dafür, Simplexen den Vorzug zu geben, liegt darin, dass die Definition des Randes eines orientierten Simplexes leichter und natürlicher zu sein scheint, als dies für eine Zelle der Fall ist. (Siehe Übungsaufgabe 19.) Außerdem spielt die Zerlegung von Mengen in Simplexe („Triangulierung" genannt) in der Topologie eine wichtige Rolle, und es gibt enge Beziehungen zwischen bestimmten Aspekten der Topologie einerseits und den Differentialformen andererseits. Diese wurden in 10.35 angedeutet. Das Buch von Singer und Thorpe enthält eine gute Einführung in diesen Themenkreis.

Da jede Zelle trianguliert werden kann, können wir sie als eine Kette ansehen. Für den zweidimensionalen Fall wurde dies in Beispiel 10.32 durchgeführt; für ein dreidimensionales Beispiel siehe Übungsaufgabe 18.

Das Poincarésche Lemma (Satz 10.39) kann auf mehrere Arten bewiesen werden. Siehe z. B. Seite 94 in Spivaks Buch oder Seite 280 im Buch von Fleming. Zwei einfache Beweise für bestimmte Spezialfälle werden in den Übungsaufgaben 24 und 27 gegeben.

Vektoranalysis

Wir beschließen dieses Kapitel mit einigen Anwendungen des oben entwickelten Stoffes auf Sätze, die die Vektoranalysis in $\mathbb{R}^3$ betreffen. Dies sind Spezialfälle von Sätzen über Differentialformen, die jedoch üblicherweise in einer anderen Terminologie formuliert werden. Wir sehen uns somit vor die Aufgabe gestellt, von einer Sprache in eine andere zu übersetzen.

10.42 Definition (Vektorfelder). Sei $\mathbf{F} = F_1\mathbf{e}_1 + F_2\mathbf{e}_2 + F_3\mathbf{e}_3$ eine stetige Abbildung einer offenen Menge $E \subset \mathbb{R}^3$ in $\mathbb{R}^3$. Da $\mathbf{F}$ jedem Punkt von E einen Vektor zuordnet, wird $\mathbf{F}$ auch *Vektorfeld* genannt, besonders in der Physik. Einem jeden solchen $\mathbf{F}$ sind eine 1-Form und eine 2-Form zugeordnet, nämlich

$$\lambda_{\mathbf{F}} = F_1\,dx + F_2\,dy + F_3\,dz \qquad (10.124)$$

und

$$\omega_{\mathbf{F}} = F_1\,dy \wedge dz + F_2\,dz \wedge dx + F_3\,dx \wedge dy. \qquad (10.125)$$

Hier und im Rest dieses Kapitels verwenden wir die gebräuchliche Notation (x,y,z) anstelle von (x_1,x_2,x_3).

Umgekehrt ist klar, dass jede 1-Form λ in E als $\lambda_{\mathbf{F}}$ für ein geeignetes Vektorfeld $\mathbf{F}$ in E geschrieben werden kann und dass jede 2-Form ω für ein geeignetes $\mathbf{F}$ gleich $\omega_{\mathbf{F}}$ ist. In $\mathbb{R}^3$ läuft somit das Studium von 1-Formen und 2-Formen auf dasselbe hinaus wie das Studium der Vektorfelder.

Ist $u \in \mathscr{C}'(E)$ eine reelle Funktion, dann ist ihr *Gradient*

$$\nabla u = (D_1 u)\,\mathbf{e}_1 + (D_2 u)\,\mathbf{e}_2 + (D_3 u)\,\mathbf{e}_3$$

ein Beispiel für ein Vektorfeld in E.

Sei nun $\mathbf{F}$ ein Vektorfeld der Klasse C' in E. Seine *Rotation* $\nabla \times \mathbf{F}$ ist das Vektorfeld in E, definiert durch

$$\nabla \times \mathbf{F} = (D_2F_3 - D_3F_2)\,\mathbf{e}_1 + (D_3F_1 - D_1F_3)\,\mathbf{e}_2 + (D_1F_2 - D_2F_1)\,\mathbf{e}_3,$$

und seine *Divergenz* ist die reelle Funktion $\nabla \cdot \mathbf{F}$ in E, definiert durch

$$\nabla \cdot \mathbf{F} = D_1F_1 + D_2F_2 + D_3F_3.$$

Diese Größen haben verschiedene physikalische Interpretationen. Für Details sei auf das Buch von O. D. Kellogg verwiesen.

Es folgen einige Beziehungen zwischen Gradient, Rotation und Divergenz.

10.43 Satz. *Sei E eine offene Menge in $\mathbb{R}^3$, sei $u \in C''(E)$, und sei $\mathbf{G}$ ein Vektorfeld der Klasse C'' in E.*
(a) *Ist $\mathbf{F} = \nabla u$, dann gilt $\nabla \times \mathbf{F} = \mathbf{0}$.*
(b) *Ist $\mathbf{F} = \nabla \times \mathbf{G}$, dann gilt $\nabla \cdot \mathbf{F} = 0$.*

Ist ferner E zu einer konvexen Menge C''-äquivalent, dann sind auch die Umkehrungen von (a) und (b) gültig, wenn wir voraussetzen, dass $\mathbf{F}$ ein Vektorfeld der Klasse C' in E ist:
(a′) *Ist $\nabla \times \mathbf{F} = \mathbf{0}$, dann ist $\mathbf{F} = \nabla u$ für ein $u \in C''(E)$.*
(b′) *Ist $\nabla \cdot \mathbf{F} = 0$, dann ist $\mathbf{F} = \nabla \times \mathbf{G}$ für ein Vektorfeld $\mathbf{G}$ der Klasse C'' in E.*

Beweis. Vergleicht man die Definitionen von ∇u, $\nabla \times \mathbf{F}$ und $\nabla \cdot \mathbf{F}$ mit den Differentialformen $\lambda_{\mathbf{F}}$ und $\omega_{\mathbf{F}}$, die nach (10.124) und (10.125) gegeben sind, so erhält man die folgenden vier Aussagen:

$$\mathbf{F} = \nabla u \qquad \text{genau dann, wenn} \qquad \lambda_{\mathbf{F}} = \mathrm{d}u.$$
$$\nabla \times \mathbf{F} = \mathbf{0} \qquad \text{genau dann, wenn} \quad \mathrm{d}\lambda_{\mathbf{F}} = 0.$$
$$\mathbf{F} = \nabla \times \mathbf{G} \qquad \text{genau dann, wenn} \quad \omega_{\mathbf{F}} = \mathrm{d}\lambda_{\mathbf{G}}.$$
$$\nabla \cdot \mathbf{F} = 0 \qquad \text{genau dann, wenn} \quad \omega_{\mathbf{F}} = 0.$$

Ist nun $\mathbf{F} = \nabla u$, dann ist $\lambda_{\mathbf{F}} = \mathrm{d}u$, also $\mathrm{d}\lambda_{\mathbf{F}} = \mathrm{d}^2 u = 0$ (Satz 10.20) und damit $\nabla \times \mathbf{F} = \mathbf{0}$. Somit ist (a) bewiesen.

Die Voraussetzung in (a′) läuft auf die Aussage hinaus, dass $\mathrm{d}\lambda_{\mathbf{F}} = 0$ in E ist. Nach Satz 10.40 ist $\lambda_{\mathbf{F}} = \mathrm{d}u$ für eine 0-Form u. Also gilt $\mathbf{F} = \nabla u$.

Die Beweise von (b) und (b′) folgen in analoger Weise. $\qquad\qquad\qquad\qquad\square$

10.44 Definition (Volumenelemente). Die k-Form

$$\mathrm{d}x_1 \wedge \cdots \wedge \mathrm{d}x_k$$

heißt das *Volumenelement* in $\mathbb{R}^k$. Es wird häufig mit dV bezeichnet (oder mit dV_k, falls es zweckmäßig erscheint, die Dimension explizit anzugeben). Ist Φ eine positiv orientierte k-Fläche in $\mathbb{R}^k$ und f eine stetige Funktion auf dem Bildbereich von Φ, so verwenden wir die Schreibweise

$$\int_\Phi f(\mathbf{x})\, dx_1 \wedge \cdots \wedge dx_k = \int_\Phi f\, dV. \tag{10.126}$$

Der Grund für diese Terminologie ist sehr einfach: Ist D ein Parameterbereich in $\mathbb{R}^k$ und ist Φ eine injektive C'-Abbildung von D in $\mathbb{R}^k$ mit positiver Jacobi-Determinante J_Φ, dann ist die linke Seite von (10.126)

$$\int_D f(\Phi(\mathbf{u})) J_\Phi(\mathbf{u})\, d\mathbf{u} = \int_{\Phi(D)} f(\mathbf{x})\, d\mathbf{x},$$

nach (10.35) und Satz 10.9.

Ist speziell $f = 1$, dann definiert (10.126) das *Volumen* von Φ. Wir haben bereits einen Spezialfall hiervon in (10.36) kennengelernt. Die übliche Bezeichnung für dV_2 ist dA.

10.45 Satz (Satz von Green). *Sei E eine offene Menge in $\mathbb{R}^2$, seien $\alpha \in C'(E)$, $\beta \in C'(E)$, und sei Ω eine abgeschlossene Teilmenge von E mit positiv orientiertem Rand $\partial\Omega$, wie in Abschnitt 10.31 beschrieben. Dann gilt*

$$\int_{\partial\Omega} (\alpha\, dx + \beta\, dy) = \int_\Omega \left(\frac{\partial\beta}{\partial x} - \frac{\partial\alpha}{\partial y} \right) dA. \tag{10.127}$$

Beweis. Man setze $\lambda = \alpha\, dx + \beta\, dy$. Dann ist

$$d\lambda = (D_2\alpha)\, dy \wedge dx + (D_1\beta)\, dx \wedge dy = (D_1\beta - D_2\alpha)\, dA,$$

und (10.127) kann geschrieben werden als

$$\int_{\partial\Omega} \lambda = \int_\Omega d\lambda.$$

Diese Gleichung wurde in Satz 10.33 bewiesen. $\qquad\square$

Mit $\alpha(x,y) = -y$ und $\beta(x,y) = x$ wird (10.127) zu

$$\frac{1}{2} \int_{\partial\Omega} (x\, dy - y\, dx) = A(\Omega), \tag{10.128}$$

eine Formel für die Fläche $A(\Omega)$ von Ω.

Mit $\alpha = 0$, $\beta = x$ erhält man eine ähnliche Formel. Beispiel 10.12 (b) beschreibt einen Spezialfall hiervon.

10.46 Flächenelemente in $\mathbb{R}^3$. Sei Φ eine 2-Fläche der Klasse $\mathcal{C}'$ in $\mathbb{R}^3$ mit Parameterbereich $D \subset \mathbb{R}^2$. Man ordne jedem Punkt $(u, v) \in D$ den Vektor

$$\mathbf{N}(u, v) = \frac{\partial(y, z)}{\partial(u, v)} \mathbf{e}_1 + \frac{\partial(z, x)}{\partial(u, v)} \mathbf{e}_2 + \frac{\partial(x, y)}{\partial(u, v)} \mathbf{e}_3 \qquad (10.129)$$

zu. Die Jacobi-Determinanten in (10.129) entsprechen der Gleichung

$$(x, y, z) = \Phi(u, v). \qquad (10.130)$$

Ist f eine stetige Funktion auf $\Phi(D)$, dann definieren wir das *Flächenintegral* von f über Φ durch

$$\int_\Phi f \, dA = \int_D f(\Phi(u, v)) \, |\mathbf{N}(u, v)| \, du \, dv. \qquad (10.131)$$

Speziell für $f = 1$ erhält man die *Fläche* von Φ, nämlich

$$A(\Phi) = \int_D |\mathbf{N}(u, v)| \, du \, dv. \qquad (10.132)$$

Die folgende Diskussion wird zeigen, dass (10.131) und der Spezialfall (10.132) sinnvolle Definitionen sind. Sie wird auch die geometrische Bedeutung des Vektors $\mathbf{N}$ beschreiben.

Man schreibe $\Phi = \varphi_1 \mathbf{e}_1 + \varphi_2 \mathbf{e}_2 + \varphi_3 \mathbf{e}_3$, lege einen Punkt $\mathbf{p}_0 = (u_0, v_0) \in D$ fest und setze $\mathbf{N} = \mathbf{N}(\mathbf{p}_0)$ sowie

$$\alpha_i = (D_1 \varphi_i)(\mathbf{p}_0), \quad \beta_i = (D_2 \varphi_i)(\mathbf{p}_0) \quad (i = 1, 2, 3). \qquad (10.133)$$

Schließlich sei $T \in L(\mathbb{R}^2, \mathbb{R}^3)$ die lineare Abbildung, gegeben durch

$$T(u, v) = \sum_{i=1}^{3} (\alpha_i u + \beta_i v) \, \mathbf{e}_i. \qquad (10.134)$$

Man beachte, dass gemäß Definition 9.11 $T = \Phi'(\mathbf{p}_0)$ ist.

Der Rang von T sei nun 2. (Ist er 1 oder 0, dann ist $\mathbf{N} = \mathbf{0}$, und die nachstehend erwähnte Tangentialebene entartet zu einer Geraden oder einem Punkt.) Der Bildbereich der affinen Abbildung

$$(u, v) \mapsto \Phi(\mathbf{p}_0) + T(u, v)$$

ist dann eine Ebene Π, die wir *Tangentialebene* zu Φ an der Stelle $\mathbf{p}_0$ nennen.

[Man ist versucht, Π eher die Tangentialebene an $\Phi(\mathbf{p}_0)$ als an $\mathbf{p}_0$ zu nennen. Ist aber Φ nicht injektiv, so würde dies zu Schwierigkeiten führen.] Mit (10.133) kann (10.129) in der Form

$$\mathbf{N} = (\alpha_2 \beta_3 - \alpha_3 \beta_2) \, \mathbf{e}_1 + (\alpha_3 \beta_1 - \alpha_1 \beta_3) \, \mathbf{e}_2 + (\alpha_1 \beta_2 - \alpha_2 \beta_1) \, \mathbf{e}_3, \qquad (10.135)$$

geschrieben werden, und (10.134) zeigt, dass

$$T\mathbf{e}_1 = \sum_{i=1}^{3} \alpha_i \mathbf{e}_i, \quad T\mathbf{e}_2 = \sum_{i=1}^{3} \beta_i \mathbf{e}_i \tag{10.136}$$

ist. Eine einfache Berechnung ergibt nun

$$\mathbf{N} \cdot (T\mathbf{e}_1) = 0 = \mathbf{N} \cdot (T\mathbf{e}_2). \tag{10.137}$$

Also steht der Vektor **N** senkrecht auf Π. Er wird daher der *Normalenvektor* zu Φ an der Stelle $\mathbf{p}_0$ genannt.

Als zweite Eigenschaft von **N** zeigt sich, bestätigt durch eine direkte Berechnung basierend auf (10.135) und (10.136), dass die Determinante der linearen Abbildung von $\mathbb{R}^3$, die $\{\mathbf{e}_1, \mathbf{e}_2, \mathbf{e}_3\}$ in $\{T\mathbf{e}_1, T\mathbf{e}_2, \mathbf{N}\}$ überführt, gleich $|\mathbf{N}|^2 > 0$ ist (siehe Übungsaufgabe 30).

Das 3-Simplex

$$[\mathbf{0}, T\mathbf{e}_1, T\mathbf{e}_2, \mathbf{N}] \tag{10.138}$$

ist somit *positiv orientiert*.

Die dritte Eigenschaft von **N**, die wir verwenden werden, folgt aus den ersten beiden: Die oben erwähnte Determinante, deren Wert $|\mathbf{N}|^2$ ist, ist das Volumen des Parallelepipeds mit den Kanten $[\mathbf{0}, T\mathbf{e}_1]$, $[\mathbf{0}, T\mathbf{e}_2]$, $[\mathbf{0}, \mathbf{N}]$. Nach (10.137) steht $[\mathbf{0}, \mathbf{N}]$ senkrecht auf den anderen beiden Kanten. *Die Fläche des Parallelogramms mit den Ecken*

$$\mathbf{0}, T\mathbf{e}_1, T\mathbf{e}_2, T(\mathbf{e}_1 + \mathbf{e}_2) \tag{10.139}$$

ist daher $|\mathbf{N}|$.

Dieses Parallelogramm ist das Bild des Einheitsquadrats in $\mathbb{R}^2$ unter T. Ist E ein beliebiges Rechteck in $\mathbb{R}^2$, so folgt (infolge der Linearität von T), dass die Fläche des Parallelogramms $T(E)$ gleich

$$A(T(E)) = |\mathbf{N}| A(E) = \int_E |\mathbf{N}(u_0, v_0)| \, du \, dv \tag{10.140}$$

ist.

Wir folgern, dass (10.132) für ein affines Φ korrekt ist. Um die Definition (10.132) im allgemeinen Fall zu rechtfertigen, teile man D in kleine Rechtecke auf, wähle in jedem einen Punkt (u_0, v_0) und ersetze Φ in jedem Rechteck durch die entsprechende Tangentialebene. Die nach (10.140) berechnete Summe der Flächen der resultierenden Parallelogramme ist dann eine Approximation an $A(\Phi)$. Schließlich lässt sich (10.131) durch (10.132) begründen, indem man f durch Stufenfunktionen nähert.

10.47 Beispiel. Seien $0 < a < b$ fest vorgegeben. Sei K die 3-Zelle, die gegeben ist durch

$$0 \le t \le a, \quad 0 \le u \le 2\pi, \quad 0 \le v \le 2\pi.$$

Die Gleichungen

$$
\begin{aligned}
x &= t \cos u, \\
y &= (b + t \sin u) \cos v, \\
z &= (b + t \sin u) \sin v,
\end{aligned}
\tag{10.141}
$$

beschreiben eine Abbildung Ψ von $\mathbb{R}^3$ in $\mathbb{R}^3$, die im Innern von K injektiv ist. Das Bild $\Psi(K)$ ist ein vollständiger Torus. Die Jacobi-Determinante von Ψ ist

$$J_{\Psi} = \frac{\partial(x, y, z)}{\partial(t, u, v)} = t(b + t \sin u),$$

sie ist also positiv auf K außer für $t = 0$. Integrieren wir J_{Ψ} über K, so erhalten wir

$$\mathrm{vol}\,(\Psi(K)) = 2\pi^2 a^2 b$$

als das Volumen des Torus.

Man betrachte nun die 2-Kette $\Phi = \partial\Psi$ (siehe Übungsaufgabe 19). Ψ bildet die Seiten $u = 0$ und $u = 2\pi$ auf dasselbe zylindrische Band ab, aber mit entgegengesetzten Orientierungen. Die Seiten $v = 0$ und $v = 2\pi$ werden durch Ψ auf dieselbe Kreisscheibe abgebildet, aber mit entgegengesetzten Orientierungen. Die Seite $t = 0$ wird durch Ψ auf einen Kreis abgebildet, der 0 zur 2-Kette $\partial\Psi$ beiträgt. (Die entsprechenden Jacobi-Determinanten verschwinden.) Somit ist Φ einfach die 2-Fläche, die man erhält, indem man $t = a$ in (10.141) setzt. Der Parameterbereich D von Φ ist das durch $0 \le u \le 2\pi$, $0 \le v \le 2\pi$ definierte Quadrat.

Gemäß (10.129) und (10.141) ist somit der Normalenvektor zu Φ an der Stelle $(u, v) \in D$ gegeben durch

$$\mathbf{N}(u, v) = a(b + a \sin u)\, \mathbf{n}(u, v),$$

wobei

$$\mathbf{n}(u, v) = (\cos u)\, \mathbf{e}_1 + (\sin u \cos v)\, \mathbf{e}_2 + (\sin u \sin v)\, \mathbf{e}_3$$

ist. Da $|\mathbf{n}(u, v)| = 1$ ist, haben wir $|\mathbf{N}(u, v)| = a(b + a \sin u)$, und nach Integration über D ergibt (10.132)

$$A(\Phi) = 4\pi^2 ab$$

als die Oberfläche unseres Torus.

Denkt man sich $\mathbf{N} = \mathbf{N}(u, v)$ als eine gerichtete Strecke, die von $\Phi(u, v)$ nach $\Phi(u, v) + \mathbf{N}(u, v)$ weist, dann weist $\mathbf{N}$ nach *außen*, d. h. von $\Psi(K)$ weg. Dies ist wegen $J_\Psi > 0$ für $t = a$ so.

Nehmen wir z. B. $u = v = \pi/2$, $t = a$. Dies ergibt den größten Wert von z auf $\Psi(K)$, und $\mathbf{N} = a(b + a)\,\mathbf{e}_3$ zeigt für diese Wahl von (u, v) „nach oben".

10.48 Integrale von 1-Formen in $\mathbb{R}^3$. Sei γ eine $\mathcal{C}'$-Kurve in einer offenen Menge $E \subset \mathbb{R}^3$ mit Parameterintervall $[0, 1]$, sei $\mathbf{F}$ ein Vektorfeld in E wie in Abschnitt 10.42, und sei $\lambda_\mathbf{F}$ durch (10.124) definiert. Das Integral von $\lambda_\mathbf{F}$ über γ kann auf eine bestimmte Weise umgeschrieben werden, die wir nun beschreiben wollen.

Für beliebiges $u \in [0, 1]$ nennen wir

$$\gamma'(u) = \gamma_1'(u)\,\mathbf{e}_1 + \gamma_2'(u)\,\mathbf{e}_2 + \gamma_3'(u)\,\mathbf{e}_3$$

den *Tangentenvektor* zu γ an der Stelle u. Wir definieren $\mathbf{t} = \mathbf{t}(u)$ als den Einheitsvektor in Richtung von $\gamma'(u)$. Somit ist

$$\gamma'(u) = |\gamma'(u)|\,\mathbf{t}(u).$$

[Ist $\gamma'(u) = \mathbf{0}$ für ein u, so setze man $\mathbf{t}(u) = \mathbf{e}_1$; jede andere Wahl würde denselben Zweck erfüllen.] Nach (10.35) gilt

$$\int_\gamma \lambda_\mathbf{F} = \sum_{i=1}^3 \int_0^1 F_i(\gamma(u))\,\gamma_i'(u)\,du$$

$$= \int_0^1 \mathbf{F}(\gamma(u)) \cdot \gamma'(u)\,du \tag{10.142}$$

$$= \int_0^1 \mathbf{F}(\gamma(u)) \cdot \mathbf{t}(u)\,|\gamma'(u)|\,du.$$

Satz 6.27 legt nahe, $|\gamma'(u)|\,du$ als das *Bogenlängenelement entlang γ* zu bezeichnen. Eine gebräuchliche Bezeichnung dafür ist ds, und (10.142) wird in die Form

$$\int_\gamma \lambda_\mathbf{F} = \int_\gamma (\mathbf{F} \cdot \mathbf{t})\,ds \tag{10.143}$$

umgeschrieben.

Da $\mathbf{t}$ ein Einheitstangentenvektor zu γ ist, heißt $\mathbf{F} \cdot \mathbf{t}$ die *Tangentialkomponente* von $\mathbf{F}$ entlang γ.

Die rechte Seite von (10.143) sollte als eine Abkürzung für das letzte Integral von (10.142) angesehen werden. Der wesentliche Punkt ist, dass $\mathbf{F}$ auf dem Bildbereich von γ, $\mathbf{t}$ jedoch auf $[0, 1]$ definiert ist. Somit muss $\mathbf{F} \cdot \mathbf{t}$ geeignet interpretiert werden. Wenn γ injektiv ist, so kann natürlich $\mathbf{t}(u)$ durch $\mathbf{t}(\gamma(u))$ ersetzt werden, und diese Schwierigkeit entfällt.

10.49 Integrale von 2-Formen in $\mathbb{R}^3$. Sei Φ eine 2-Fläche der Klasse C' in einer offenen Menge $E \subset \mathbb{R}^3$ mit Parameterbereich $D \subset \mathbb{R}^2$. Sei **F** ein Vektorfeld in E, und sei $\omega_{\mathbf{F}}$ durch (10.125) definiert. Wie im vorherigen Abschnitt werden wir eine neue Darstellung des Integrals von $\omega_{\mathbf{F}}$ über Φ erhalten.

Nach (10.35) und (10.129) gilt

$$
\begin{aligned}
\int_{\Phi} \omega_{\mathbf{F}} &= \int_{\Phi} (F_1 \, dy \wedge dz + F_2 \, dz \wedge dx + F_3 \, dx \wedge dy) \\
&= \int_{D} \left((F_1 \circ \Phi) \frac{\partial(y,z)}{\partial(u,v)} + (F_2 \circ \Phi) \frac{\partial(z,x)}{\partial(u,v)} + (F_3 \circ \Phi) \frac{\partial(x,y)}{\partial(u,v)} \right) du \, dv \\
&= \int_{D} \mathbf{F}(\Phi(u,v)) \cdot \mathbf{N}(u,v) \, du \, dv.
\end{aligned}
$$

Sei nun $\mathbf{n} = \mathbf{n}(u,v)$ der Einheitsvektor in Richtung von $\mathbf{N}(u,v)$. [Ist $\mathbf{N}(u,v) = \mathbf{0}$ für ein $(u,v) \in D$, so setze man $\mathbf{n}(u,v) = \mathbf{e}_1$.] Dann ist $\mathbf{N} = |\mathbf{N}| \, \mathbf{n}$, und das letzte Integral wird somit zu

$$
\int_{D} \mathbf{F}(\Phi(u,v)) \cdot \mathbf{n}(u,v) \, |\mathbf{N}(u,v)| \, du \, dv.
$$

Nach (10.131) können wir dies schließlich in der Form

$$
\int_{\Phi} \omega_{\mathbf{F}} = \int_{\Phi} (\mathbf{F} \cdot \mathbf{n}) \, dA \tag{10.144}
$$

schreiben. Im Hinblick auf die Bedeutung von $\mathbf{F} \cdot \mathbf{n}$ trifft hier ebenfalls die am Ende von 10.48 gemachte Bemerkung zu.

Wir können nun die Originalform des Satzes von Stokes angeben.

10.50 Satz (Stokessche Formel). *Ist* **F** *ein Vektorfeld der Klasse C' in einer offenen Menge $E \subset \mathbb{R}^3$ und ist Φ eine 2-Fläche der Klasse C'' in E, dann gilt*

$$
\int_{\Phi} (\nabla \times \mathbf{F}) \cdot \mathbf{n} \, dA = \int_{\partial\Phi} (\mathbf{F} \cdot \mathbf{t}) \, ds. \tag{10.145}
$$

Beweis. Man setze $\mathbf{H} = \nabla \times \mathbf{F}$. Dann gilt wie im Beweis von Satz 10.43

$$
\omega_{\mathbf{H}} = d\lambda_{\mathbf{F}}. \tag{10.146}
$$

Also folgt

$$
\int_{\Phi} (\nabla \times \mathbf{F}) \cdot \mathbf{n} \, dA = \int_{\Phi} (\mathbf{H} \cdot \mathbf{n}) \, dA = \int_{\Phi} \omega_{\mathbf{H}} = \int_{\Phi} d\lambda_{\mathbf{F}} = \int_{\partial\Phi} \lambda_{\mathbf{F}} = \int_{\partial\Phi} (\mathbf{F} \cdot \mathbf{t}) \, ds.
$$

Hierbei haben wir zunächst die Definition von **H** verwendet, dann (10.144) mit **H** anstelle von **F**, dann (10.146), weiter – der Hauptschritt – Satz 10.33 und schließlich die Beziehung (10.143), in der offensichtlichen Weise von Kurven auf 1-Ketten erweitert. □

10.51 Satz (Divergenzsatz). *Ist* **F** *ein Vektorfeld der Klasse* C' *in einer offenen Menge* $E \subset \mathbb{R}^3$ *und ist* Ω *eine abgeschlossene Teilmenge von E mit positiv orientiertem Rand* $\partial\Omega$ *(wie in Abschnitt* 10.31 *beschrieben), dann gilt*

$$\int_\Omega (\nabla \cdot \mathbf{F})\, dV = \int_{\partial\Omega} (\mathbf{F} \cdot \mathbf{n})\, dA. \tag{10.147}$$

Beweis. Nach (10.125) ist

$$d\omega_\mathbf{F} = (\nabla \cdot \mathbf{F})\, dx \wedge dy \wedge dz = (\nabla \cdot \mathbf{F})\, dV.$$

Also gilt nach Satz 10.33, angewandt auf die 2-Form $\omega_\mathbf{F}$, und nach (10.144)

$$\int_\Omega (\nabla \cdot \mathbf{F})\, dV = \int_\Omega d\omega_\mathbf{F} = \int_{\partial\Omega} \omega_\mathbf{F} = \int_{\partial\Omega} (\mathbf{F} \cdot \mathbf{n})\, dA. \qquad \square$$

Übungsaufgaben

1. Sei H eine kompakte konvexe Teilmenge von $\mathbb{R}^k$ mit nichtleerem Inneren. Sei $f \in C(H)$. Man setze $f(\mathbf{x}) = 0$ im Komplement von H und definiere $\int_H f$ wie in Definition 10.3.
   Man beweise, dass $\int_H f$ unabhängig von der Reihenfolge ist, in der die k Integrationen ausgeführt werden.
   Hinweis: Man approximiere f durch Funktionen, die stetig auf $\mathbb{R}^k$ sind und deren Träger in H liegen, wie in Beispiel 10.4 durchgeführt.
2. Für $i = 1, 2, 3, \dots$ sei $\varphi_i \in C(\mathbb{R}^1)$ so, dass der Träger von φ_i in $(2^{-i}, 2^{1-i})$ liegt und $\int \varphi_i = 1$ ist. Man setze

$$f(x, y) = \sum_{i=1}^\infty [\varphi_i(x) - \varphi_{i+1}(x)]\, \varphi_i(y).$$

Dann hat f einen kompakten Träger in $\mathbb{R}^2$, f ist stetig außer an der Stelle $(0, 0)$, und es gilt

$$\int \left(\int f(x, y)\, dx \right) dy = 0, \quad \text{aber} \quad \int \left(\int f(x, y)\, dy \right) dx = 1.$$

Man beachte, dass f in jeder Umgebung von $(0, 0)$ unbeschränkt ist.

3.

(a) Ist **F** wie in Satz 10.7, so setze man $A = \mathbf{F}'(\mathbf{0})$, $\mathbf{F}_1(\mathbf{x}) = A^{-1}\mathbf{F}(\mathbf{x})$. Dann ist $\mathbf{F}_1'(\mathbf{0}) = I$. Man zeige, dass es primitive Abbildungen $\mathbf{G}_1,\ldots,\mathbf{G}_n$ gibt, für die in einer Umgebung von **0** gilt

$$\mathbf{F}_1(\mathbf{x}) = \mathbf{G}_n \circ \mathbf{G}_{n-1} \circ \cdots \circ \mathbf{G}_1(\mathbf{x}).$$

Dies führt zu einer anderen Version von Satz 10.7:

$$\mathbf{F}(\mathbf{x}) = \mathbf{F}'(\mathbf{0})\, \mathbf{G}_n \circ \mathbf{G}_{n-1} \circ \cdots \circ \mathbf{G}_1(\mathbf{x}).$$

(b) Man beweise, dass die Abbildung $(x,y) \mapsto (y,x)$ von $\mathbb{R}^2$ auf $\mathbb{R}^2$ in keiner Umgebung des Ursprungs als die Komposition zweier primitiver Abbildungen geschrieben werden kann. (Dies zeigt, dass die Transpositionen B_i nicht aus der Aussage von Satz 10.7 weggelassen werden können.)

4. Für $(x,y) \in \mathbb{R}^2$ definiere man

$$\mathbf{F}(x,y) = (e^x \cos y - 1, e^x \sin y).$$

Man beweise, dass $\mathbf{F} = \mathbf{G}_2 \circ \mathbf{G}_1$ ist, wobei

$$\mathbf{G}_1(x,y) = (e^x \cos y - 1, y),$$
$$\mathbf{G}_2(u,v) = (u, (1+u) \tan v)$$

in einer Umgebung von $(0,0)$ primitiv sind.
Man berechne die Jacobi-Determinanten von $\mathbf{G}_1$, $\mathbf{G}_2$ und $\mathbf{F}$ an der Stelle $(0,0)$. Man setze

$$\mathbf{H}_2(x,y) = (x, e^x \sin y)$$

und bestimme

$$\mathbf{H}_1(u,v) = (h(u,v), v)$$

so, dass $\mathbf{F} = \mathbf{H}_1 \circ \mathbf{H}_2$ in einer Umgebung von $(0,0)$ gilt.

5. Man formuliere und beweise ein Analogon von Satz 10.8 für eine kompakte Teilmenge K eines beliebigen metrischen Raumes. (Man ersetze die im Beweis von Satz 10.8 verwendeten Funktionen φ_i durch Funktionen vom gleichen Typ wie jene, die in Übungsaufgabe 22 von Kapitel 4 konstruiert wurden.)

6. Man verschärfe die Konklusion von Satz 10.8 und zeige, dass die Funktionen ψ_i differenzierbar und sogar unendlich oft differenzierbar gewählt werden können. (Verwende Übungsaufgabe 1 von Kapitel 8 bei der Konstruktion der Hilfsfunktionen φ_i.)

7.
   (a) Man zeige, dass das Simplex Q^k die kleinste konvexe Teilmenge von $\mathbb{R}^k$ ist, die $\mathbf{0}, \mathbf{e}_1, \ldots, \mathbf{e}_k$ enthält.
   (b) Man zeige, dass affine Abbildungen konvexe Mengen in konvexe Mengen überführen.

8. Sei H das Parallelogramm in $\mathbb{R}^2$ mit den Ecken $(1,1), (3,2), (4,5), (2,4)$. Man suche die affine Abbildung T, die $(0,0)$ in $(1,1)$, $(1,0)$ in $(3,2)$ und $(0,1)$ in $(2,4)$ überführt, und zeige, dass $J_T = 5$ ist. Man verwende T, um das Integral

$$\alpha = \int\limits_H e^{x-y} \, dx \, dy$$

in ein Integral über I^2 umzuwandeln, und berechne damit α.

9. Man definiere $(x,y) = T(r,\theta)$ auf dem Rechteck

$$0 \le r \le a, \quad 0 \le \theta \le 2\pi$$

durch die Gleichungen

$$x = r \cos\theta, \quad y = r \sin\theta.$$

Man zeige, dass T dieses Rechteck auf die geschlossene Scheibe D mit Mittelpunkt $(0,0)$ und Radius a abbildet, dass T injektiv im Innern des Rechtecks ist und dass $J_T(r,\theta) = r$ ist. Für $f \in C(D)$ beweise man die Formel für die Integration in Polarkoordinaten:

$$\int\limits_D f(x,y) \, dx \, dy = \int\limits_0^a \int\limits_0^{2\pi} f(T(r,\theta)) \, r \, dr \, d\theta.$$

Hinweis: Sei D_0 das Innere von D ohne das Intervall von $(0,0)$ nach $(0,a)$. In der vorliegenden Form ist Satz 10.9 auf stetige Funktionen f anwendbar, deren Träger in D_0 liegt. Um diese Einschränkung aufzuheben, verfahre man wie in Beispiel 10.4.

10. In Übungsaufgabe 9 lasse man a gegen ∞ streben und beweise, dass

$$\int\limits_{\mathbb{R}^2} f(x,y) \, dx \, dy = \int\limits_0^\infty \int\limits_0^{2\pi} f(T(r,\theta)) \, r \, dr \, d\theta$$

für stetige Funktionen f gilt, die für $|x| + |y| \to \infty$ schnell genug fallen. (Man formuliere dies präziser.) Man wende dies auf

$$f(x,y) = \exp(-x^2 - y^2)$$

an, um Formel (8.101) abzuleiten.

11. Man definiere $(u, v) = T(s, t)$ auf dem Streifen

$$0 < s < \infty, \quad 0 < t < 1,$$

indem man $u = s - st$, $v = st$ setzt. Man zeige, dass T eine injektive Abbildung des Streifens auf den positiven Quadranten Q in $\mathbb{R}^2$ ist. Man zeige ferner, dass $J_T(s, t) = s$ ist.

Für $x > 0$, $y > 0$ integriere man

$$u^{x-1} e^{-u} v^{y-1} e^{-v}$$

über Q. Man verwende Satz 10.9 zur Umwandlung des Integrals in ein Integral über den Streifen und leite auf diese Weise Formel (8.96) ab.

(Für diese Anwendung muss Satz 10.9 so erweitert werden, dass er auf bestimmte uneigentliche Integrale anwendbar ist. Man gebe diese Erweiterung an und beweise sie.)

12. Sei I^k die Menge aller $\mathbf{u} = (u_1, \dots, u_k) \in \mathbb{R}^k$ mit $0 \le u_i \le 1$ für alle i, und sei Q^k die Menge aller $\mathbf{x} = (x_1, \dots, x_k) \in \mathbb{R}^k$ mit $x_i \ge 0$, $\sum x_i \le 1$. (I^k ist der Einheitskubus, Q^k das Standardsimplex in $\mathbb{R}^k$.) Man definiere $\mathbf{x} = T(\mathbf{u})$ durch

$$x_1 = u_1$$
$$x_2 = (1 - u_1) u_2$$
$$\vdots$$
$$x_k = (1 - u_1) \cdots (1 - u_{k-1}) u_k$$

und zeige, dass gilt

$$\sum_{i=1}^{k} x_i = 1 - \prod_{i=1}^{k} (1 - u_i).$$

Man zeige ferner, dass T den Einheitskubus I^k auf Q^k abbildet, dass T injektiv im Innern von I^k ist und dass die Inverse S von T im Innern von Q^k durch

$$u_1 = x_1 \quad \text{und} \quad u_i = \frac{x_i}{1 - x_1 - \cdots - x_{i-1}}$$

für $i = 2, \dots, k$ definiert ist. Man beweise

$$J_T(\mathbf{u}) = (1 - u_1)^{k-1} (1 - u_2)^{k-2} \cdots (1 - u_{k-1})$$

und

$$J_S(\mathbf{x}) = [(1 - x_1)(1 - x_1 - x_2) \cdots (1 - x_1 - \cdots - x_{k-1})]^{-1}.$$

13. Seien $r_1, \ldots, r_k$ nichtnegative ganze Zahlen. Man beweise

$$\int\limits_{Q^k} x_1^{r_1} \cdots x_k^{r_k} \, dx = \frac{r_1! \ldots r_k!}{(k + r_1 + \cdots + r_k)!}.$$

Hinweis: Man verwende Übungsaufgabe 12 und die Sätze 10.9 und 8.20.
Beachte, dass für den Spezialfall $r_1 = \cdots = r_k = 0$ das Volumen von Q^k gleich $1/k!$ ist.

14. Man beweise Formel (10.46).

15. Sind ω und λ k- bzw. m-Formen, so beweise man

$$\omega \wedge \lambda = (-1)^{km} \lambda \wedge \omega.$$

16. Ist $k \geq 2$ und ist $\sigma = [\mathbf{p}_0, \mathbf{p}_1, \ldots, \mathbf{p}_k]$ ein orientiertes affines k-Simplex, so beweise man direkt aus der Definition des Randoperators ∂, dass $\partial^2 \sigma = 0$ gilt. Man leite hieraus ab, dass $\partial^2 \Psi = 0$ für jede Kette Ψ gilt.
    Hinweis: Zur Orientierung führe man dies zunächst für $k = 2$, $k = 3$ durch. Gilt allgemein $i < j$, so sei σ_{ij} das $(k - 2)$-Simplex, das man durch Weglassen von $\mathbf{p}_i$ und $\mathbf{p}_j$ aus σ erhält. Man zeige, dass jedes σ_{ij} zweimal in $\partial^2 \sigma$ vorkommt, aber mit entgegengesetztem Vorzeichen.

17. Man setze $J^2 = \tau_1 + \tau_2$ mit

$$\tau_1 = [\mathbf{0}, \mathbf{e}_1, \mathbf{e}_1 + \mathbf{e}_2], \quad \tau_2 = -[\mathbf{0}, \mathbf{e}_2, \mathbf{e}_2 + \mathbf{e}_1].$$

Man erkläre, warum es sinnvoll ist, J^2 das positiv orientierte Einheitsquadrat in $\mathbb{R}^2$ zu nennen. Man zeige, dass ∂J^2 die Summe von vier orientierten affinen 1-Simplexen ist und beschreibe diese. Was ist $\partial(\tau_1 - \tau_2)$?

18. Man betrachte das orientierte affine 3-Simplex

$$\sigma_1 = [\mathbf{0}, \mathbf{e}_1, \mathbf{e}_1 + \mathbf{e}_2, \mathbf{e}_1 + \mathbf{e}_2 + \mathbf{e}_3]$$

in $\mathbb{R}^3$. Man zeige, dass σ_1 (als eine lineare Abbildung betrachtet) die Determinante 1 hat. Somit ist σ_1 positiv orientiert.
    Seien $\sigma_2, \ldots, \sigma_6$ fünf weitere orientierte 3-Simplexe, die man wie folgt erhält: Es gibt fünf von der Identität verschiedene Permutationen (i_1, i_2, i_3) von $(1, 2, 3)$. Man ordne jedem (i_1, i_2, i_3) das Simplex

$$s(i_1, i_2, i_3)\, [\mathbf{0}, \mathbf{e}_{i_1}, \mathbf{e}_{i_1} + \mathbf{e}_{i_2}, \mathbf{e}_{i_1} + \mathbf{e}_{i_2} + \mathbf{e}_{i_3}]$$

zu, wobei s das Vorzeichen ist, das in der Definition der Determinanten vorkommt. (Auf diese Weise erhält man τ_2 aus τ_1 in Übungsaufgabe 17.)
    Man zeige, dass $\sigma_2, \ldots, \sigma_6$ positiv orientiert sind.
    Setze $J^3 = \sigma_1 + \cdots + \sigma_6$. Wir werden J^3 den positiv orientierten Einheitskubus in $\mathbb{R}^3$ nennen.

Man zeige, dass ∂J^3 die Summe von 12 orientierten affinen 2-Simplexen ist. (Diese 12 Dreiecke bedecken die Oberfläche des Einheitskubus I^3.)

Man zeige, dass $\mathbf{x} = (x_1, x_2, x_3)$ genau dann im Bildbereich von σ_1 liegt, wenn $0 \leq x_3 \leq x_2 \leq x_1 \leq 1$ ist.

Man zeige ferner, dass das Innere der Bildbereiche von $\sigma_1, \ldots, \sigma_6$ paarweise disjunkt ist und dass ihre Vereinigung I^3 überdeckt.

(Vgl. mit Übungsaufgabe 13; beachte, dass $3! = 6$ ist.)

19. Seien J^2 und J^3 wie in den Übungsaufgaben 17 und 18. Man definiere

$$B_{01}(u, v) = (0, u, v), \quad B_{11}(u, v) = (1, u, v),$$
$$B_{02}(u, v) = (u, 0, v), \quad B_{12}(u, v) = (u, 1, v),$$
$$B_{03}(u, v) = (u, v, 0), \quad B_{13}(u, v) = (u, v, 1).$$

Dies sind affine Abbildungen von $\mathbb{R}^2$ in $\mathbb{R}^3$.

Man setze $\beta_{ri} = B_{ri}(J^2)$ für $r = 0, 1$ und $i = 1, 2, 3$. Jedes β_{ri} ist eine affin-orientierte 2-Kette. (Siehe Abschnitt 10.30.) Man zeige

$$\partial J^3 = \sum_{i=1}^{3} (-1)^i (\beta_{0i} - \beta_{1i}),$$

was im Einklang mit Übungsaufgabe 18 steht.

20. Man formuliere Bedingungen, unter denen die Formel

$$\int_\Phi f \, d\omega = \int_{\partial \Phi} f\omega - \int_\Phi (df) \wedge \omega$$

gilt, und zeige, dass sie die Formel für die partielle Integration verallgemeinert. *Hinweis:* $d(f\omega) = (df) \wedge \omega + f \, d\omega$.

21. Wie in Beispiel 10.36 betrachte man in $\mathbb{R}^2 - \{\mathbf{0}\}$ die 1-Form

$$\eta = \frac{x \, dy - y \, dx}{x^2 + y^2}.$$

(a) Mit der gleichen Rechnung, die die Formel (10.113) ergibt, zeige man $d\eta = 0$.

(b) Sei $\gamma(t) = (r \cos t, r \sin t)$ für $r > 0$. Γ sei eine C''-Kurve in $\mathbb{R}^2 - \{\mathbf{0}\}$ mit Parameterintervall $[0, 2\pi]$ mit $\Gamma(0) = \Gamma(2\pi)$ derart, dass die Intervalle $[\gamma(t), \Gamma(t)]$ für beliebige $t \in [0, 2\pi]$ nicht $\mathbf{0}$ enthalten. Man beweise

$$\int_\Gamma \eta = 2\pi.$$

Hinweis: Für $0 \leq t \leq 2\pi$, $0 \leq u \leq 1$ definiere man

$$\Phi(t, u) = (1 - u) \Gamma(t) + u \gamma(t).$$

Dann ist Φ eine 2-Fläche in $\mathbb{R}^2 - \{\mathbf{0}\}$, deren Parameterbereich das angegebene Rechteck ist. Da sich Terme (wie in Beispiel 10.32) aufheben, gilt

$$\partial\Phi = \Gamma - \gamma.$$

Man verwende den Satz von Stokes zusammen mit $d\eta = 0$ zum Beweis von

$$\int_\Gamma \eta = \int_\gamma \eta.$$

(c) Man setze $\Gamma(t) = (a\cos t, b\sin t)$, wobei $a > 0$ und $b > 0$ fest sind. Mit Teil (b) zeige man

$$\int_0^{2\pi} \frac{ab}{a^2\cos^2 t + b^2\sin^2 t}\, dt = 2\pi.$$

(d) Man zeige, dass

$$\eta = d\left(\arctan\frac{y}{x}\right)$$

in jeder konvexen offenen Menge gilt, in der $x \neq 0$ ist, und dass

$$\eta = d\left(-\arctan\frac{x}{y}\right)$$

in jeder konvexen offenen Menge gilt, in der $y \neq 0$ ist.

Man erkläre, warum dies die Schreibweise $\eta = d\theta$ rechtfertigt trotz der Tatsache, dass η in $\mathbb{R}^2 - \{\mathbf{0}\}$ nicht exakt ist.

(e) Man zeige, dass (b) aus (d) abgeleitet werden kann.

(f) Ist Γ eine geschlossene C'-Kurve in $\mathbb{R}^2 - \{\mathbf{0}\}$, so beweise man

$$\frac{1}{2\pi}\int_\Gamma \eta = \text{Ind}\,(\Gamma).$$

(Siehe Übungsaufgabe 23 von Kapitel 8 für die Definition des Indexes einer Kurve.)

22. Wie in Beispiel 10.37 definiere man ζ in $\mathbb{R}^3 - \{\mathbf{0}\}$ durch

$$\zeta = \frac{x\,dy \wedge dz + y\,dz \wedge dx + z\,dx \wedge dy}{r^3},$$

wobei $r = (x^2 + y^2 + z^2)^{1/2}$ ist. Sei D das durch $0 \leq u \leq \pi$, $0 \leq v \leq 2\pi$ gegebene Rechteck, und sei Σ die 2-Fläche in $\mathbb{R}^3$ mit Parameterbereich D, gegeben durch

$$x = \sin u \cos v, \quad y = \sin u \sin v, \quad z = \cos u.$$

(a) Man beweise $d\zeta = 0$ in $\mathbb{R}^3 - \{0\}$.

(b) S bezeichne die Einschränkung von Σ auf einen Parameterbereich $E \subset D$. Man beweise

$$\int_S \zeta = \int_E \sin u \, du \, dv = A(S),$$

wobei A die Fläche wie in Abschnitt 10.43 ist. Beachte, dass (10.115) ein Spezialfall hiervon ist.

(c) Seien g, h_1, h_2, h_3 C''-Funktionen auf $[0,1]$, $g > 0$. Sei $(x,y,z) = \Phi(s,t)$ die 2-Fläche Φ mit Parameterbereich I^2, definiert durch

$$x = g(t) h_1(s), \quad y = g(t) h_2(s), \quad z = g(t) h_3(s).$$

Man beweise direkt aus (10.35)

$$\int_\Phi \zeta = 0.$$

Man beachte die Form des Bildbereichs von Φ: Für festes s läuft $\Phi(s,t)$ über ein Intervall auf einer Geraden durch $\mathbf{0}$. Das Bild von Φ liegt somit in einem „Kegel", dessen Spitze im Ursprung liegt.

(d) Sei E ein abgeschlossenes Rechteck in D, dessen Kanten parallel zu denen von D verlaufen. Sei $f \in C''(D)$, $f > 0$. Sei Ω die 2-Fläche mit Parameterbereich E, definiert durch

$$\Omega(u,v) = f(u,v) \Sigma(u,v).$$

Man definiere S wie in (b) und beweise

$$\int_\Omega \zeta = \int_S \zeta = A(S).$$

(Da S die „Radialprojektion" von Ω in die Einheitskugel ist, legt dieses Ergebnis nahe, $\int_\Omega \zeta$ den „Raumwinkel" zu nennen, unter dem das Bild von Ω vom Ursprung aus erscheint.)

Hinweis: Betrachte die 3-Fläche Ψ mit

$$\Psi(t,u,v) = [1 - t + t f(u,v)] \Sigma(u,v),$$

wobei $(u,v) \in E$ und $0 \le t \le 1$ ist. Für ein festes v ist die Abbildung $(t,u) \mapsto \Psi(t,u,v)$ eine 2-Fläche Φ, auf die (c) angewandt werden kann, um zu beweisen, dass $\int_\Phi \zeta = 0$ ist. Dasselbe gilt bei festem u. Nach (a) und dem Satz von Stokes folgt

$$\int_{\partial\Psi} \zeta = \int_\Psi d\zeta = 0.$$

(e) Man setze $\lambda = -(z/r)\,\eta$, wobei

$$\eta = \frac{x\,\mathrm{d}y - y\,\mathrm{d}x}{x^2 + y^2}$$

wie in Übungsaufgabe 21 ist. Dann ist λ eine 1-Form in jeder offenen Menge $V \subset \mathbb{R}^3$, in der $x^2 + y^2 > 0$ gilt. Man zeige, dass ζ in V *exakt* ist, indem man zeigt, dass $\zeta = \mathrm{d}\lambda$ gilt.

(f) Man leite (d) aus (e) ab, ohne (c) zu verwenden.

Hinweis: Sei zunächst $0 < u < \pi$ auf E. Nach (e) gilt

$$\int_{\Omega} \zeta = \int_{\partial\Omega} \lambda \quad \text{und} \quad \int_{S} \zeta = \int_{\partial S} \lambda.$$

Man zeige, dass die beiden Integrale von λ gleich sind, und zwar mit Hilfe von Übungsaufgabe 21 (d), und indem man beachtet, dass z/r auf $\Sigma(u, v)$ und auf $\Omega(u, v)$ gleich ist.

(g) Ist ζ im Komplement jeder Geraden durch den Ursprung exakt?

23. Man wähle n und definiere $r_k = (x_1^2 + \cdots + x_k^2)^{1/2}$ für $1 \le k \le n$. Sei E_k die Menge aller $\mathbf{x} \in \mathbb{R}^n$, für die $r_k > 0$ ist, und sei ω_k die $(k - 1)$-Form in E_k, definiert durch

$$\omega_k = (r_k)^{-k} \sum_{i=1}^{k} (-1)^{i-1} x_i\, \mathrm{d}x_1 \wedge \cdots \wedge \mathrm{d}x_{i-1} \wedge \mathrm{d}x_{i+1} \wedge \cdots \wedge \mathrm{d}x_k.$$

Man beachte, dass $\omega_2 = \eta$ und $\omega_3 = \zeta$ ist, in der Terminologie der Übungsaufgaben 21 und 22. Man beachte ferner

$$E_1 \subset E_2 \subset \cdots \subset E_n = \mathbb{R}^n - \{\mathbf{0}\}.$$

(a) Man beweise, dass $\mathrm{d}\omega_k = 0$ in E_k ist.

(b) Für $k = 2, \dots, n$ beweise man, dass ω_k in E_{k-1} exakt ist, indem man zeigt, dass

$$\omega_k = \mathrm{d}(f_k\,\omega_{k-1}) = (\mathrm{d}f_k) \wedge \omega_{k-1}$$

gilt, wobei $f_k(\mathbf{x}) = (-1)^k\, g_k(x_k/r_k)$ ist und

$$g_k(t) = \int_{-1}^{t} (1 - s^2)^{(k-3)/2}\, \mathrm{d}s \quad (-1 < t < 1).$$

Hinweis: f_k genügt den Differentialgleichungen

$$\mathbf{x} \cdot (\nabla f_k)(\mathbf{x}) = 0$$

und

$$(D_k f_k)(\mathbf{x}) = \frac{(-1)^k\,(r_{k-1})^{k-1}}{(r_k)^k}.$$

(c) Ist ω_n exakt in E_n?

(d) Man beachte, dass (b) eine Verallgemeinerung des Teils (e) von Übungsaufgabe 22 ist. Man versuche, einige der anderen Behauptungen in den Übungsaufgaben 21 und 22 auf ω_n für beliebiges n zu verallgemeinern.

24. Sei $\omega = \sum a_i(\mathbf{x})\,dx_i$ eine 1-Form der Klasse C'' in einer konvexen offenen Menge $E \subset \mathbb{R}^n$. Ist $d\omega = 0$, so beweise man durch Vervollständigen der folgenden Beweisskizze, dass ω in E exakt ist:

Man lege $\mathbf{p} \in E$ fest und definiere

$$f(\mathbf{x}) = \int_{[\mathbf{p},\mathbf{x}]} \omega \quad (\mathbf{x} \in E).$$

Man wende den Satz von Stokes auf affin-orientierte 2-Simplexe $[\mathbf{p},\mathbf{x},\mathbf{y}]$ in E an und folgere

$$f(\mathbf{y}) - f(\mathbf{x}) = \sum_{i=1}^{n}(y_i - x_i)\int_0^1 a_i((1-t)\mathbf{x} + t\mathbf{y})\,dt$$

für $\mathbf{x} \in E$, $\mathbf{y} \in E$. Also ist $(D_i f)(\mathbf{x}) = a_i(\mathbf{x})$.

25. Sei ω eine 1-Form in einer offenen Menge $E \subset \mathbb{R}^n$ so, dass

$$\int_\gamma \omega = 0$$

für jede geschlossene Kurve γ der Klasse C' in E gilt. Man beweise, dass ω in E exakt ist, indem man einen Teil der in Übungsaufgabe 24 skizzierten Argumentation nachvollzieht.

26. Sei ω eine 1-Form der Klasse C' in $\mathbb{R}^3 - \{\mathbf{0}\}$ mit $d\omega = 0$. Man beweise, dass ω in $\mathbb{R}^3 - \{\mathbf{0}\}$ exakt ist.

Hinweis: Jede geschlossene, stetig differenzierbare Kurve in $\mathbb{R}^3 - \{\mathbf{0}\}$ ist der Rand einer 2-Fläche in $\mathbb{R}^3 - \{\mathbf{0}\}$. Man wende den Satz von Stokes und Übungsaufgabe 25 an.

27. Sei E eine offene 3-Zelle in $\mathbb{R}^3$, deren Kanten parallel zu den Koordinatenachsen verlaufen. Seien $(a,b,c) \in E$, $f_i \in C'(E)$ für $i = 1,2,3$ und

$$\omega = f_1\,dy \wedge dz + f_2\,dz \wedge dx + f_3\,dx \wedge dy.$$

Es gelte $d\omega = 0$ in E. Man definiere

$$\lambda = g_1\,dx + g_2\,dy$$

mit

$$g_1(x,y,z) = \int_c^z f_2(x,y,s)\,ds - \int_b^y f_3(x,t,c)\,dt$$

$$g_2(x,y,z) = -\int_c^z f_1(x,y,s)\, ds$$

für $(x,y,z) \in E$. Man beweise $d\lambda = \omega$ in E.

Man berechne diese Integrale im Fall $\omega = \zeta$ und bestimme somit die Form λ, die in Übungsaufgabe 22 (e) vorkommt.

28. Man wähle $b > a > 0$ und definiere

$$\Phi(r,\theta) = (r\cos\theta, r\sin\theta)$$

für $a \le r \le b$, $0 \le \theta \le 2\pi$. (Der Bildbereich von Φ ist ein Kreisring in $\mathbb{R}^2$.) Man setze $\omega = x^3\, dy$, berechne

$$\int_\Phi dw \quad \text{und} \quad \int_{\partial\Phi} \omega$$

und verifiziere, dass beide gleich sind.

29. Man beweise die Existenz einer Funktion α mit den im Beweis von Satz 10.38 benötigten Eigenschaften und zeige, dass die resultierende Funktion F von der Klasse C' ist. (Beide Behauptungen sind trivial, wenn E eine offene Zelle oder eine offene Kugel ist, da α dann als eine Konstante gewählt werden kann. Man beachte Satz 9.42.)

30. Ist $\mathbf{N}$ der durch (10.135) gegebene Vektor, so beweise man

$$\det\begin{bmatrix} \alpha_1 & \beta_1 & \alpha_2\beta_3 - \alpha_3\beta_2 \\ \alpha_2 & \beta_2 & \alpha_3\beta_1 - \alpha_1\beta_3 \\ \alpha_3 & \beta_3 & \alpha_1\beta_2 - \alpha_2\beta_1 \end{bmatrix} = |\mathbf{N}|^2.$$

Man verifiziere auch die Gleichung (10.137).

31. Sei $E \subset \mathbb{R}^3$ offen, seien $g \in C''(E)$, $h \in C''(E)$ und $\mathbf{F}$ das Vektorfeld $\mathbf{F} = g\,\nabla h$.

    (a) Man beweise

    $$\nabla \cdot \mathbf{F} = g\,\nabla^2 h + (\nabla g) \cdot (\nabla h),$$

    wobei $\nabla^2 h = \nabla \cdot (\nabla h) = \sum \partial^2 h / \partial x_i^2$ ist. ∇^2 heißt der *Laplacesche Differentialoperator*.

    (b) Ist Ω eine abgeschlossene Teilmenge von E mit positiv orientiertem Rand $\partial\Omega$ (wie in Satz 10.51), so beweise man

    $$\int_\Omega [g\,\nabla^2 h + (\nabla g) \cdot (\nabla h)]\, dV = \int_{\partial\Omega} g\frac{\partial h}{\partial n}\, dA,$$

    wobei wir (wie allgemein üblich) $\partial h / \partial n$ anstelle von $(\nabla h) \cdot \mathbf{n}$ geschrieben haben. (Somit ist $\partial h / \partial n$ die Richtungsableitung von h in Richtung der äußeren

Normalen zu $\partial\Omega$, die sogenannte *Normalableitung* von h.) Man vertausche g und h und subtrahiere die resultierende Formel von der ersten, um

$$\int_\Omega (g\,\nabla^2 h - h\,\nabla^2 g)\,\mathrm{d}V = \int_{\partial\Omega} \left(g\frac{\partial h}{\partial n} - h\frac{\partial g}{\partial n}\right)\mathrm{d}A$$

zu erhalten.

Diese beiden Formeln heißen gewöhnlich die *Greenschen Identitäten*.

(c) Sei h *harmonisch* in E. Dies bedeutet, dass $\nabla^2 h = 0$ ist. Man setze $g = 1$ und folgere

$$\int_{\partial\Omega} \frac{\partial h}{\partial n}\,\mathrm{d}A = 0.$$

Man setze $g = h$ und folgere, dass $h = 0$ in Ω ist, wenn $h = 0$ auf $\partial\Omega$ ist.

(d) Man zeige, dass die Greenschen Identitäten auch in $\mathbb{R}^2$ Gültigkeit haben.

32. Man wähle δ mit $0 < \delta < 1$. D sei die Menge aller $(\theta, t) \in \mathbb{R}^2$ mit $0 \le \theta \le \pi$, $-\delta \le t \le \delta$. Sei Φ die 2-Fläche in $\mathbb{R}^3$ mit Parameterbereich D, gegeben durch

$$x = (1 - t\sin\theta)\cos 2\theta,$$
$$y = (1 - t\sin\theta)\sin 2\theta,$$
$$z = t\cos\theta,$$

wobei $(x, y, z) = \Phi(\theta, t)$ ist. Beachte, dass $\Phi(\pi, t) = \Phi(0, -t)$ ist und dass Φ injektiv auf dem Rest von D ist.

Das Bild $M = \Phi(D)$ von Φ ist als das *Möbius-Band* bekannt. Es ist das einfachste Beispiel einer nichtorientierbaren Fläche.

Man beweise die diversen Behauptungen, die in der folgenden Beschreibung aufgestellt werden: Setze

$$\mathbf{p}_1 = (0, -\delta), \mathbf{p}_2 = (\pi, -\delta), \mathbf{p}_3 = (\pi, \delta), \mathbf{p}_4 = (0, \delta), \mathbf{p}_5 = \mathbf{p}_1.$$

Setze ferner $\gamma_i = [\mathbf{p}_i, \mathbf{p}_{i+1}]$ für $i = 1, \dots, 4$ und $\Gamma_i = \Phi \circ \gamma_i$. Dann gilt

$$\partial\Phi = \Gamma_1 + \Gamma_2 + \Gamma_3 + \Gamma_4.$$

Man setze $\mathbf{a} = (1, 0, -\delta)$, $\mathbf{b} = (1, 0, \delta)$. Dann ist

$$\Phi(\mathbf{p}_1) = \Phi(\mathbf{p}_3) = \mathbf{a}, \quad \Phi(\mathbf{p}_2) = \Phi(\mathbf{p}_4) = \mathbf{b},$$

und $\partial\Phi$ kann wie folgt beschrieben werden:

Die Kurve Γ_1 bewegt sich in einer Spirale von $\mathbf{a}$ nach $\mathbf{b}$, ihre Projektion in die (x, y)-Ebene hat die Windungszahl $+1$ um den Ursprung. (Siehe Übungsaufgabe 23, Kapitel 8.)

$\Gamma_2 = [\mathbf{b}, \mathbf{a}]$.

Die Kurve Γ_3 bewegt sich in einer Spirale von $\mathbf{a}$ nach $\mathbf{b}$, ihre Projektion in die (x, y)-Ebene hat die Windungszahl -1 um den Ursprung.

$\Gamma_4 = [\mathbf{b}, \mathbf{a}]$.

Somit ist $\partial\Phi = \Gamma_1 + \Gamma_3 + 2\Gamma_2$.

Geht man von $\mathbf{a}$ nach $\mathbf{b}$ entlang Γ_1 und weiter entlang der „Kante" von M zurück nach $\mathbf{a}$, so ist die durchlaufene Kurve

$$\Gamma = \Gamma_1 - \Gamma_3.$$

Diese kann auch auf dem Parameterintervall $[0, 2\pi]$ durch die Gleichungen

$$x = (1 + \delta \sin\theta) \cos 2\theta,$$
$$y = (1 + \delta \sin\theta) \sin 2\theta,$$
$$z = -\delta \cos\theta,$$

dargestellt werden.

Es sollte betont werden, dass $\Gamma \neq \partial\Phi$ ist: Sei η die in den Übungsaufgaben 21 und 22 besprochene 1-Form. Wegen $d\eta = 0$ zeigt der Satz von Stokes, dass

$$\int_{\partial\Phi} \eta = 0$$

ist. Aber obwohl Γ der „geometrische" Rand von M ist, gilt

$$\int_{\Gamma} \eta = 4\pi.$$

Um diese mögliche Quelle der Verwirrung zu vermeiden, wird die Stokessche Formel (Satz 10.50) häufig nur für orientierbare Flächen Φ angeführt.

11 Die Lebesguesche Theorie

Ziel dieses Kapitels ist es, die grundlegenden Begriffe der Lebesgueschen Maß- und Integrationstheorie darzustellen und einige der entscheidenden Sätze in einer recht allgemeinen Fassung zu beweisen, ohne die Hauptkonturen der Entwicklung durch ein Übermaß von vergleichsweise trivialen Details zu verwischen. Daher werden Beweise in einigen Fällen nur skizziert, und einige der leichteren Sätze werden ohne Beweis angeführt. Der Leser jedoch, der mit den in den bisherigen Kapiteln verwendeten Techniken vertraut ist, wird sicherlich auf keinerlei Schwierigkeiten bei der Ergänzung der fehlenden Beweisschritte stoßen.

Die Theorie des Lebesgueschen Integrals kann auf verschiedene Weisen entwickelt werden. Nur eine dieser Methoden wird hier besprochen. Hinsichtlich alternativer Ansätze sei auf die spezielleren Monographien über Integration verwiesen, die im Literaturverzeichnis angeführt sind.

Mengenfunktionen

Sind A und B zwei beliebige Mengen, so schreiben wir $A - B$ für die Menge aller Elemente x mit $x \in A$ und $x \notin B$. Die Notation $A - B$ impliziert *nicht* $B \subset A$. Wir bezeichnen die leere Menge mit $\emptyset$ und nennen A und B disjunkt, wenn $A \cap B = \emptyset$ ist.

11.1 Definition. Eine Familie $\mathcal{R}$ von Mengen heißt ein *Ring*, wenn für $A \in \mathcal{R}$ und $B \in \mathcal{R}$ stets

$$A \cup B \in \mathcal{R}, \quad A - B \in \mathcal{R} \tag{11.1}$$

gilt.

Wegen $A \cap B = A - (A - B)$ gilt auch $A \cap B \in \mathcal{R}$, wenn $\mathcal{R}$ ein Ring ist.

Ein Ring $\mathcal{R}$ heißt ein *σ-Ring*, wenn für $A_n \in \mathcal{R}$ $(n = 1, 2, 3, \dots)$ stets

$$\bigcup_{n=1}^{\infty} A_n \in \mathcal{R} \tag{11.2}$$

ist.

Wegen

$$\bigcap_{n=1}^{\infty} A_n = A_1 - \bigcup_{n=1}^{\infty} (A_1 - A_n)$$

ist auch

$$\bigcap_{n=1}^{\infty} A_n \in \mathcal{R},$$

wenn $\mathcal{R}$ ein σ-Ring ist.

https://doi.org/10.1515/9783110750430-011

11.2 Definition. Wir nennen Φ eine auf $\mathcal{R}$ definierte *Mengenfunktion*, wenn Φ jedem $A \in \mathcal{R}$ eine Zahl $\Phi(A)$ der erweiterten reellen Zahlengeraden zuordnet. Φ heißt *additiv*, wenn aus $A \cap B = \emptyset$ stets

$$\Phi(A \cup B) = \Phi(A) + \Phi(B) \tag{11.3}$$

folgt, und Φ heißt *abzählbar additiv*, wenn aus $A_i \cap A_j = \emptyset$ $(i \neq j)$

$$\Phi\left(\bigcup_{n=1}^{\infty} A_n\right) = \sum_{n=1}^{\infty} \Phi(A_n) \tag{11.4}$$

folgt.

Wir gehen stets davon aus, dass der Wertebereich von Φ nicht gleichzeitig $+\infty$ und $-\infty$ enthält; denn in diesem Fall könnte die rechte Seite von (11.3) bedeutungslos werden. Ferner schließen wir Mengenfunktionen aus, deren einziger Wert $+\infty$ oder $-\infty$ ist.

Es ist interessant, dass die linke Seite von (11.4) unabhängig von der Reihenfolge ist, in der die A_n angeordnet sind. Somit zeigt der Umordnungssatz, dass die rechte Seite von (11.4) absolut konvergiert, wenn sie überhaupt konvergiert. Konvergiert sie nicht, so streben die Partialsummen gegen $+\infty$ oder $-\infty$.

Ist Φ additiv, so lassen sich folgende Eigenschaften leicht verifizieren:

$$\Phi(\emptyset) = 0; \tag{11.5}$$
$$\Phi(A_1 \cup \cdots \cup A_n) = \Phi(A_1) + \cdots + \Phi(A_n), \tag{11.6}$$

falls $A_i \cap A_j = \emptyset$ für $i \neq j$ ist.

$$\Phi(A_1 \cup A_2) + \Phi(A_1 \cap A_2) = \Phi(A_1) + \Phi(A_2). \tag{11.7}$$

Ist $\Phi(A) \geq 0$ für alle A und gilt $A_1 \subset A_2$, dann folgt

$$\Phi(A_1) \leq \Phi(A_2). \tag{11.8}$$

Wegen (11.8) werden nichtnegative additive Mengenfunktionen oft als monoton bezeichnet. Ist $B \subset A$ und $|\Phi(B)| < +\infty$, so folgt

$$\Phi(A - B) = \Phi(A) - \Phi(B). \tag{11.9}$$

11.3 Satz. *Sei Φ eine abzählbar additive Mengenfunktion auf einem Ring $\mathcal{R}$. Seien ferner $A, A_n \in \mathcal{R}$ $(n = 1, 2, 3, \ldots)$ mit $A_1 \subset A_2 \subset A_3 \subset \cdots$ und*

$$A = \bigcup_{n=1}^{\infty} A_n.$$

Dann gilt für $n \to \infty$

$$\Phi(A_n) \to \Phi(A).$$

Beweis. Man setze $B_1 = A_1$ und $B_n = A_n - A_{n-1}$ $(n = 2, 3, \ldots)$.

Dann gilt $B_i \cap B_j = \emptyset$ für $i \neq j$, $A_n = B_1 \cup \cdots \cup B_n$ und $A = \bigcup B_n$. Also ist

$$\Phi(A_n) = \sum_{i=1}^{n} \Phi(B_i) \quad \text{und} \quad \Phi(A) = \sum_{i=1}^{\infty} \Phi(B_i). \qquad \square$$

Konstruktion des Lebesgueschen Maßes

11.4 Definition. $\mathbb{R}^p$ bezeichne den p-dimensionsalen euklidischen Raum. Unter einem *Intervall* in $\mathbb{R}^p$ verstehen wir die Menge aller Punkte $\mathbf{x} = (x_1, \ldots, x_p)$ derart, dass

$$a_i \leq x_i \leq b_i \quad (i = 1, \ldots, p) \qquad (11.10)$$

gilt, wobei auch einige oder alle $\leq$-Zeichen durch $<$ ersetzt werden können. Die Möglichkeit, dass $a_i = b_i$ für ein i gilt, wird nicht ausgeschlossen. Insbesondere ist die leere Menge ein Intervall.

Ist A die Vereinigung einer endlichen Anzahl von Intervallen, so sagt man, A sei eine *Elementarmenge*.

Ist I ein Intervall, so definieren wir

$$m(I) = \prod_{i=1}^{p} (b_i - a_i),$$

ungeachtet, ob die Gleichheit in den Ungleichungen (11.10) zugelassen ist oder nicht.

Ist $A = I_1 \cup \cdots \cup I_n$ und sind diese Intervalle paarweise disjunkt, so setzen wir

$$m(A) = m(I_1) + \cdots + m(I_n). \qquad (11.11)$$

Die Familie aller Elementarmengen in $\mathbb{R}^p$ sei mit $\mathcal{E}$ bezeichnet.

An diesem Punkt sollten die folgenden Eigenschaften verifiziert werden:

(a) $\mathcal{E}$ ist ein Ring, jedoch kein σ-Ring. $\qquad (11.12)$

(b)   Ist $A \in \mathcal{E}$, dann ist A die Vereinigung einer endlichen
Anzahl *disjunkter* Intervalle. $\qquad (11.13)$

(c)   Ist $A \in \mathcal{E}$, so ist $m(A)$ nach (11.11) wohldefiniert; d. h. werden zwei
verschiedene Zerlegungen von A in disjunkte Intervalle verwendet,
so liefert jede denselben Wert von $m(A)$. $\qquad (11.14)$

(d) m ist additiv auf $\mathcal{E}$. $\qquad (11.15)$

Man beachte, dass m für $p = 1, 2, 3$ die Länge, die Fläche bzw. das Volumen ist.

11.5 Definition. Eine nichtnegative additive Mengenfunktion Φ, definiert auf $\mathcal{E}$, heißt *regulär*, wenn folgende Bedingung erfüllt ist: Zu jedem $A \in \mathcal{E}$ und jedem $\varepsilon > 0$ existieren Mengen $F \in \mathcal{E}$, $G \in \mathcal{E}$ mit $F \subset A \subset G$ derart, dass F abgeschlossen und G offen ist und

$$\Phi(G) - \varepsilon \le \Phi(A) \le \Phi(F) + \varepsilon \tag{11.16}$$

gilt.

11.6 Beispiele.

(a) *Die Mengenfunktion m ist regulär.*

Ist A ein Intervall, so sind die Forderungen von Definition 11.5 trivialerweise erfüllt. Der allgemeine Fall folgt aus (11.13).

(b) Sei $\mathbb{R}^p = \mathbb{R}^1$, und sei α eine monoton wachsende Funktion, definiert für alle reellen x. Man setze

$$\mu([a,b)) = \alpha(b-) - \alpha(a-),$$
$$\mu([a,b]) = \alpha(b+) - \alpha(a-),$$
$$\mu((a,b]) = \alpha(b+) - \alpha(a+),$$
$$\mu((a,b)) = \alpha(b-) - \alpha(a+).$$

Hierbei ist $[a,b)$ die Menge aller x mit $a \le x < b$ etc. Wegen möglicher Unstetigkeiten von α müssen diese Fälle voneinander unterschieden werden. Wird μ für Elementarmengen wie in (11.11) definiert, so ist μ regulär auf $\mathcal{E}$. Der Beweis entspricht genau dem von (a).

Unser nächstes Ziel ist zu zeigen, dass jede reguläre Mengenfunktion auf $\mathcal{E}$ zu einer abzählbar additiven Mengenfunktion auf einem σ-Ring, der $\mathcal{E}$ enthält, erweitert werden kann.

11.7 Definition. Sei μ additiv, regulär, nichtnegativ und endlich auf $\mathcal{E}$. Man betrachte abzählbare Überdeckungen einer Menge $E \subset \mathbb{R}^p$ durch offene Elementarmengen A_n:

$$E \subset \bigcup_{n=1}^{\infty} A_n.$$

Wir definieren

$$\mu^*(E) = \inf \sum_{n=1}^{\infty} \mu(A_n), \tag{11.17}$$

wobei das Infimum über alle abzählbaren Überdeckungen von E durch offene Elementarmengen genommen wird. $\mu^*(E)$ heißt das zu μ gehörige *äußere Maß* von E.

Es ist klar, dass $\mu^*(E) \ge 0$ für alle E ist und dass für $E_1 \subset E_2$ stets gilt

$$\mu^*(E_1) \le \mu^*(E_2). \tag{11.18}$$

11.8 Satz.
(a) *Für jedes $A \in \mathcal{E}$ ist $\mu^*(A) = \mu(A)$.*
(b) *Ist $E = \bigcup_{n=1}^{\infty} E_n$, dann gilt*

$$\mu^*(E) \leq \sum_{n=1}^{\infty} \mu^*(E_n). \tag{11.19}$$

Hier bedeutet (a), dass μ^* eine Erweiterung der Mengenfunktion μ von $\mathcal{E}$ auf die Familie *aller* Teilmengen von $\mathbb{R}^p$ ist. Die Eigenschaft (11.19) heißt *Subadditivität*.

Beweis. Man wähle $A \in \mathcal{E}$ und $\varepsilon > 0$. Die Regularität von μ zeigt, dass A in einer offenen Elementarmenge G enthalten ist, mit der $\mu(G) \leq \mu(A) + \varepsilon$ gilt. Wegen $\mu^*(A) \leq \mu(G)$, und da ε beliebig wählbar war, gilt

$$\mu^*(A) \leq \mu(A). \tag{11.20}$$

Aus der Definition von μ^* folgt, dass es eine Folge $\{A_n\}$ von offenen Elementarmengen gibt, deren Vereinigung A enthält und für die gilt

$$\sum_{n=1}^{\infty} \mu(A_n) \leq \mu^*(A) + \varepsilon.$$

Die Regularität von μ zeigt, dass A eine abgeschlossene Elementarmenge F enthält mit $\mu(F) \geq \mu(A) - \varepsilon$. Da F kompakt ist, gibt es ein N mit

$$F \subset A_1 \cup \cdots \cup A_N.$$

Also folgt

$$\mu(A) \leq \mu(F) + \varepsilon \leq \mu(A_1 \cup \cdots \cup A_N) + \varepsilon \leq \sum_{n=1}^{N} \mu(A_n) + \varepsilon \leq \mu^*(A) + 2\varepsilon.$$

In Verbindung mit (11.20) liefert dies den Beweis für (a).

Als nächstes sei $E = \bigcup E_n$ und $\mu^*(E_n) < +\infty$ für alle n. Zu $\varepsilon > 0$ gibt es Überdeckungen $\{A_{nk}\}$ ($k = 1, 2, 3, \ldots$) von E_n durch offene Elementarmengen mit

$$\sum_{k=1}^{\infty} \mu(A_{nk}) \leq \mu^*(E_n) + 2^{-n}\varepsilon. \tag{11.21}$$

Dann folgt

$$\mu^*(E) \leq \sum_{n=1}^{\infty} \sum_{k=1}^{\infty} \mu(A_{nk}) \leq \sum_{n=1}^{\infty} \mu^*(E_n) + \varepsilon,$$

also gilt (11.19). In dem ausgeschlossenen Fall, dass $\mu^*(E_n) = +\infty$ für ein n gilt, ist (11.19) natürlich trivial. $\qquad\square$

11.9 Definition. Für $A \subset \mathbb{R}^p$, $B \subset \mathbb{R}^p$ definieren wir

$$S(A, B) = (A - B) \cup (B - A), \tag{11.22}$$

$$d(A, B) = \mu^*(S(A, B)). \tag{11.23}$$

Wir schreiben $A_n \to A$, wenn $\lim_{n \to \infty} d(A, A_n) = 0$ gilt.

Gibt es eine Folge $\{A_n\}$ von Elementarmengen derart, dass A_n gegen A strebt, so nennen wir A *endlich μ-messbar* und schreiben $A \in \mathcal{M}_E(\mu)$.

Ist A die Vereinigung einer abzählbaren Familie von endlich μ-messbaren Mengen, so nennen wir A *μ-messbar* und schreiben $A \in \mathcal{M}(\mu)$.

$S(A, B)$ ist die sogenannte *symmetrische Differenz* von A und B. Wir werden sehen, dass $d(A, B)$ im Wesentlichen eine Distanzfunktion ist. Der folgende Satz ermöglicht uns, die gewünschte Erweiterung von μ zu erhalten.

11.10 Satz. *$\mathcal{M}(\mu)$ ist ein σ-Ring, und μ^* ist abzählbar additiv auf $\mathcal{M}(\mu)$.*

Bevor wir uns dem Beweis dieses Satzes zuwenden, stellen wir einige Eigenschaften von $S(A, B)$ und $d(A, B)$ zusammen. Es gilt

$$S(A, B) = S(B, A), \quad S(A, A) = \emptyset. \tag{11.24}$$

$$S(A, B) \subset S(A, C) \cup S(C, B). \tag{11.25}$$

$$\left.\begin{array}{l} S(A_1 \cup A_2, B_1 \cup B_2) \\ S(A_1 \cap A_2, B_1 \cap B_2) \\ S(A_1 - A_2, B_1 - B_2) \end{array}\right\} \subset S(A_1, B_1) \cup S(A_2, B_2). \tag{11.26}$$

Die Gültigkeit von (11.24) ist klar, und (11.25) folgt aus den Beziehungen

$$(A - B) \subset (A - C) \cup (C - B), \quad (B - A) \subset (C - A) \cup (B - C).$$

Die erste Formel von (11.26) erhält man aus

$$(A_1 \cup A_2) - (B_1 \cup B_2) \subset (A_1 - B_1) \cup (A_2 - B_2).$$

Schreibt man E^c für das Komplement von E, so folgt als nächstes

$$S(A_1 \cap A_2, B_1 \cap B_2) = S(A_1^c \cup A_2^c, B_1^c \cup B_2^c)$$
$$\subset S(A_1^c, B_1^c) \cup S(A_2^c, B_2^c) = S(A_1, B_1) \cup S(A_2, B_2).$$

Die letzte Formel von (11.26) ergibt sich, wenn man

$$A_1 - A_2 = A_1 \cap A_2^c$$

beachtet.

Nach (11.23), (11.19) und (11.18) ergeben sich aus diesen Eigenschaften von $S(A,B)$ die folgenden Beziehungen:

$$d(A,B) = d(B,A), \quad d(A,A) = 0, \tag{11.27}$$

$$d(A,B) \le d(A,C) + d(C,B), \tag{11.28}$$

$$\left.\begin{array}{l} d(A_1 \cup A_2, B_1 \cup B_2) \\ d(A_1 \cap A_2, B_1 \cap B_2) \\ d(A_1 - A_2, B_1 - B_2) \end{array}\right\} \le d(A_1,B_1) + d(A_2,B_2). \tag{11.29}$$

Die Relationen (11.27) und (11.28) zeigen, dass $d(A,B)$ die Forderungen in Definition 2.15 erfüllt, außer dass $d(A,B) = 0$ nicht notwendig $A = B$ impliziert. Ist zum Beispiel $\mu = m$, A abzählbar und B leer, dann gilt

$$d(A,B) = m^*(A) = 0.$$

Um dies einzusehen, überdecke man den n-ten Punkt von A durch ein Intervall I_n mit $m(I_n) < 2^{-n}\varepsilon$.

Definieren wir aber zwei Mengen A und B als äquivalent, wenn

$$d(A,B) = 0$$

gilt, so teilen wir die Teilmengen von $\mathbb{R}^p$ in Äquivalenzklassen ein, und die Menge dieser Äquivalenzklassen wird durch $d(A,B)$ zu einem metrischen Raum. Man erhält dann $\mathcal{M}_E(\mu)$ als die abgeschlossene Hülle von $\mathcal{E}$. Diese Interpretation ist für den Beweis unwesentlich, sie erklärt jedoch die zugrunde liegende Idee.

Wir benötigen eine weitere Eigenschaft von $d(A,B)$, und zwar

$$|\mu^*(A) - \mu^*(B)| \le d(A,B), \tag{11.30}$$

wenn mindestens eine der Zahlen $\mu^*(A)$ oder $\mu^*(B)$ endlich ist. Nimmt man nämlich etwa $0 \le \mu^*(B) \le \mu^*(A)$ an, dann zeigt (11.28), dass

$$d(A,\emptyset) \le d(A,B) + d(B,\emptyset)$$

gilt, d. h.

$$\mu^*(A) \le d(A,B) + \mu^*(B).$$

Da $\mu^*(B)$ endlich ist, folgt

$$\mu^*(A) - \mu^*(B) \le d(A,B).$$

Beweis. Seien $A \in \mathcal{M}_E(\mu)$, $B \in \mathcal{M}_E(\mu)$. Man wähle $\{A_n\}$, $\{B_n\}$ derart, dass $A_n \in \mathcal{E}$, $B_n \in \mathcal{E}$ und $A_n \to A$, $B_n \to B$ gilt. Dann folgt aus (11.29) und (11.30)

$$A_n \cup B_n \to A \cup B, \tag{11.31}$$

$$A_n \cap B_n \to A \cap B, \tag{11.32}$$

$$A_n - B_n \to A - B, \tag{11.33}$$

$$\mu^*(A_n) \to \mu^*(A), \tag{11.34}$$

und es gilt $\mu^*(A) < +\infty$ wegen $d(A_n, A) \to 0$. Nach (11.31) und (11.33) ist $\mathcal{M}_E(\mu)$ ein Ring. Nach (11.7) gilt

$$\mu(A_n) + \mu(B_n) = \mu(A_n \cup B_n) + \mu(A_n \cap B_n).$$

Für $n \to \infty$ erhalten wir nach (11.34) und Satz 11.8 (a)

$$\mu^*(A) + \mu^*(B) = \mu^*(A \cup B) + \mu^*(A \cap B).$$

Ist $A \cap B = \emptyset$, dann ist $\mu^*(A \cap B) = 0$. Daraus folgt, dass μ^* auf $\mathcal{M}_E(\mu)$ additiv ist.

Sei nun $A \in \mathcal{M}(\mu)$. Dann kann A als die Vereinigung einer abzählbaren Familie *disjunkter* Mengen von $\mathcal{M}_E(\mu)$ dargestellt werden. Ist nämlich $A = \bigcup A'_n$ mit $A'_n \in \mathcal{M}_E(\mu)$, so schreibe man $A_1 = A'_1$ und

$$A_n = (A'_1 \cup \cdots \cup A'_n) - (A'_1 \cup \cdots \cup A'_{n-1}) \quad (n = 2, 3, 4, \ldots).$$

Dann ist

$$A = \bigcup_{n=1}^{\infty} A_n \tag{11.35}$$

die gewünschte Darstellung. Nach (11.19) gilt

$$\mu^*(A) \le \sum_{n=1}^{\infty} \mu^*(A_n). \tag{11.36}$$

Andererseits gilt $A \supset A_1 \cup \cdots \cup A_n$, und wegen der Additivität von μ^* auf $\mathcal{M}_E(\mu)$ gilt

$$\mu^*(A) \ge \mu^*(A_1 \cup \cdots \cup A_n) = \mu^*(A_1) + \cdots + \mu^*(A_n). \tag{11.37}$$

Aus (11.36) und (11.37) folgt

$$\mu^*(A) = \sum_{n=1}^{\infty} \mu^*(A_n). \tag{11.38}$$

Sei $\mu^*(A)$ endlich. Man setze $B_n = A_1 \cup \cdots \cup A_n$. Dann zeigt (11.38), dass

$$d(A, B_n) = \mu^*\left(\bigcup_{i=n+1}^{\infty} A_i\right) = \sum_{i=n+1}^{\infty} \mu^*(A_i) \to 0$$

für $n \to \infty$. Also strebt $B_n \to A$, und da $B_n \in \mathcal{M}_E(\mu)$ ist, sieht man leicht ein, dass $A \in \mathcal{M}_E(\mu)$ gilt.

Somit haben wir gezeigt: Ist $A \in \mathcal{M}(\mu)$ und gilt $\mu^*(A) < +\infty$, so ist $A \in \mathcal{M}_E(\mu)$. Nunmehr ist klar, dass μ^* abzählbar additiv auf $\mathcal{M}(\mu)$ ist. Denn ist

$$A = \bigcup A_n,$$

wobei $\{A_n\}$ eine Folge disjunkter Mengen von $\mathcal{M}(\mu)$ ist, so haben wir (11.38) bewiesen, wenn $\mu^*(A_n) < +\infty$ für jedes n ist. Im anderen Fall ist (11.38) trivial.

Schließlich bleibt zu zeigen, dass $\mathcal{M}(\mu)$ ein σ-Ring ist. Nach Satz 2.12 ist offensichtlich, dass $\bigcup A_n \in \mathcal{M}(\mu)$ für $A_n \in \mathcal{M}(\mu)$ $(n = 1, 2, 3, \ldots)$ gilt. Sei $A \in \mathcal{M}(\mu)$, $B \in \mathcal{M}(\mu)$ und

$$A = \bigcup_{n=1}^{\infty} A_n, \quad B = \bigcup_{n=1}^{\infty} B_n,$$

wobei $A_n, B_n \in \mathcal{M}(\mu)$ sind. Dann zeigt die Identität

$$A_n \cap B = \bigcup_{i=1}^{\infty} (A_n \cap B_i),$$

dass $A_n \cap B \in \mathcal{M}(\mu)$ ist, und wegen

$$\mu^*(A_n \cap B) \leq \mu^*(A_n) < +\infty$$

folgt $A_n \cap B \in \mathcal{M}_E(\mu)$. Also ist $A_n - B \in \mathcal{M}_E(\mu)$ und daher $A - B \in \mathcal{M}(\mu)$, da $A - B = \bigcup_{n=1}^{\infty}(A_n - B)$ ist. $\qquad\square$

Wir ersetzen nun $\mu^*(A)$ durch $\mu(A)$ für $A \in \mathcal{M}(\mu)$. Somit ist μ, ursprünglich nur auf $\mathcal{E}$ definiert, zu einer abzählbar additiven Mengenfunktion auf dem σ-Ring $\mathcal{M}(\mu)$ erweitert worden. Diese erweiterte Mengenfunktion bezeichnen wir als *Maß*. Der Spezialfall $\mu = m$ heißt das *Lebesguesche Maß* auf $\mathbb{R}^p$.

11.11 Bemerkungen.

(a) Ist A offen, dann ist $A \in \mathcal{M}(\mu)$; denn jede offene Menge in $\mathbb{R}^p$ ist die Vereinigung einer abzählbaren Familie offener Intervalle. Um dies einzusehen, genügt es, eine abzählbare Basis zu konstruieren, deren Glieder offene Intervalle sind. (Vgl. Übungsaufgaben 22 und 23 in Kapitel 2.)

Durch Komplementbildung folgt, dass jede abgeschlossene Menge zu $\mathcal{M}(\mu)$ gehört.

(b) Ist $A \in \mathcal{M}(\mu)$ und $\varepsilon > 0$, so existieren eine abgeschlossene Menge F und eine offene Menge G derart, dass $F \subset A \subset G$ und

$$\mu(G - A) < \varepsilon, \quad \mu(A - F) < \varepsilon \tag{11.39}$$

ist. Die erste Ungleichung gilt, da μ^* mittels Überdeckungen durch *offene Elementarmengen* definiert wurde. Die zweite Ungleichung folgt dann durch Komplementbildung.

(c) Wir nennen E eine *Borel-Menge*, wenn E durch eine abzählbare Anzahl von Operationen aus offenen Mengen konstruiert werden kann, wobei jede Operation in der Bildung von Vereinigungen, Durchschnitten oder Komplementen besteht. Die Familie $\mathcal{B}$ aller Borel-Mengen in $\mathbb{R}^p$ ist ein σ-Ring. Sie ist in der Tat der kleinste σ-Ring, der alle offenen Mengen enthält. Nach Bemerkung (a) ist $E \in \mathcal{M}(\mu)$ für $E \in \mathcal{B}$.

(d) Ist $A \in \mathcal{M}(\mu)$, so existieren Borel-Mengen F und G mit $F \subset A \subset G$ und

$$\mu(G - A) = \mu(A - F) = 0. \qquad (11.40)$$

Dies folgt aus (b), wenn wir $\varepsilon = 1/n$ wählen und $n \to \infty$ gehen lassen.

Da $A = F \cup (A - F)$ ist, ist jedes $A \in \mathcal{M}(\mu)$ die Vereinigung einer Borel-Menge und einer Menge vom Maß null.

Die Borel-Mengen sind μ-messbar für jedes μ. Aber die Mengen vom Maß null (d. h. die Mengen E, für die $\mu^*(E) = 0$ ist) können für verschiedene μ verschieden sein.

(e) Für jedes μ bilden die Mengen vom Maß null einen σ-Ring.

(f) Im Falle des Lebesgueschen Maßes hat jede abzählbare Menge das Maß null. Es gibt jedoch überabzählbare (sogar vollkommene) Mengen vom Maß null. Die Cantor-Menge ist ein Beispiel hierfür: Unter Verwendung der Notation von 2.44 sieht man leicht, dass

$$m(E_n) = \left(\frac{2}{3}\right)^n \quad (n = 1, 2, 3, \ldots),$$

ist, und wegen $P = \bigcap E_n$ gilt $P \subset E_n$ für jedes n, so dass $m(P) = 0$ ist.

Maßräume

11.12 Definition. Sei X eine Menge, die nicht notwendigerweise eine Teilmenge eines euklidischen Raumes oder überhaupt eines beliebigen metrischen Raumes sein muss. Wir nennen X einen *Maßraum*, wenn es einen σ-Ring $\mathcal{M}$ von Teilmengen von X gibt (die als *messbare Mengen* bezeichnet werden) und eine auf $\mathcal{M}$ definierte nichtnegative abzählbar additive Mengenfunktion μ (die ein *Maß* genannt wird).

Gilt außerdem $X \in \mathcal{M}$, dann nennen wir X einen *messbaren Raum*.

Wir können zum Beispiel $X = \mathbb{R}^p$ nehmen, $\mathcal{M}$ als die Familie aller Lebesgue-messbaren Teilmengen von $\mathbb{R}^p$ und μ als das Lebesguesche Maß.

Oder es sei X die Menge aller natürlichen Zahlen, $\mathcal{M}$ die Familie aller Teilmengen von X und $\mu(E)$ die Anzahl der Elemente von E.

Ein anderes Beispiel wird durch die Wahrscheinlichkeitstheorie geliefert, wo Ereignisse als Mengen betrachtet werden können und die Wahrscheinlichkeit des Eintretens solcher Ereignisse eine additive (oder abzählbar additive) Mengenfunktion ist.

In den folgenden Abschnitten werden wir uns durchgehend mit messbaren Räumen befassen. Es sei betont, dass die Integrationstheorie, die wir gleich besprechen werden, in keinerlei Hinsicht einfacher würde, wenn wir die nun erlangte Allgemeinheit aufgeben und uns auf das Lebesguesche Maß, etwa auf einem Intervall der reellen Zahlengeraden, beschränken würden. In der Tat zeigen sich die wesentlichen Merkmale der Theorie mit viel größerer Klarheit in der allgemeineren Situation, wo ersichtlich ist, dass alles auf der abzählbaren Additivität von μ auf einem σ-Ring basiert.

Es ist zweckdienlich, die Notation

$$\{x \mid P\} \tag{11.41}$$

für die Menge aller Elemente x mit der Eigenschaft P einzuführen.

Messbare Funktionen

11.13 Definition. Sei die Funktion f definiert auf dem messbaren Raum X mit Werten in der erweiterten reellen Zahlengeraden. Wir nennen die Funktion f *messbar*, wenn die Menge

$$\{x \mid f(x) > a\} \tag{11.42}$$

für jedes reelle a messbar ist.

11.14 Beispiel. Ist $X = \mathbb{R}^p$ und ist $\mathcal{M} = \mathcal{M}(\mu)$ wie in Definition 11.9, so ist jedes stetige f messbar, da dann (11.42) eine offene Menge ist.

11.15 Satz. *Jede der folgenden Bedingungen impliziert die übrigen drei:*

$$\{x \mid f(x) > a\} \text{ ist messbar für jedes reelle } a, \tag{11.43}$$

$$\{x \mid f(x) \geq a\} \text{ ist messbar für jedes reelle } a, \tag{11.44}$$

$$\{x \mid f(x) < a\} \text{ ist messbar für jedes reelle } a, \tag{11.45}$$

$$\{x \mid f(x) \leq a\} \text{ ist messbar für jedes reelle } a. \tag{11.46}$$

Beweis. Die Beziehungen

$$\{x \mid f(x) \geq a\} = \bigcap_{n=1}^{\infty} \left\{x \mid f(x) > a - \frac{1}{n}\right\},$$

$$\{x \mid f(x) < a\} = X - \{x \mid f(x) \geq a\},$$

$$\{x \mid f(x) \leq a\} = \bigcap_{n=1}^{\infty} \left\{x \mid f(x) < a + \frac{1}{n}\right\},$$

$$\{x \mid f(x) > a\} = X - \{x \mid f(x) \leq a\}$$

zeigen sukzessiv die Implikationen

$$(11.43) \Rightarrow (11.44) \Rightarrow (11.45) \Rightarrow (11.46) \Rightarrow (11.43). \qquad \square$$

Also könnte jede dieser Bedingungen anstelle von (11.42) zur Definition der Messbarkeit verwendet werden.

11.16 Satz. *Ist f messbar, dann ist auch |f| messbar.*

Beweis. $\{x \mid |f(x)| < a\} = \{x \mid f(x) < a\} \cap \{x \mid f(x) > -a\}$. □

11.17 Satz. *Sei $\{f_n\}$ eine Folge messbarer Funktionen. Für $x \in X$ setze man*

$$g(x) = \sup f_n(x) \quad (n = 1, 2, 3, \ldots),$$
$$h(x) = \limsup_{n \to \infty} f_n(x).$$

Dann sind g und h messbar. Dasselbe gilt natürlich auch für inf und lim inf.

Beweis. Es gilt

$$\{x \mid g(x) > a\} = \bigcup_{n=1}^{\infty}\{x \mid f_n(x) > a\} \quad \text{und} \quad h(x) = \inf g_m(x),$$

wobei $g_m(x) = \sup f_n(x)$ $(n \geq m)$ gesetzt ist. □

Korollar.
(a) *Sind f und g messbar, dann sind $\max(f, g)$ und $\min(f, g)$ messbar. Ist*

$$f^+ = \max(f, 0), \quad f^- = -\min(f, 0), \tag{11.47}$$

so folgt speziell, dass f^+ und f^- messbar sind.
(b) *Die Grenzfunktion einer konvergenten Folge messbarer Funktionen ist messbar.*

11.18 Satz. *Seien f und g messbare reellwertige Funktionen, definiert auf X. Sei F reell und stetig auf $\mathbb{R}^2$, und sei*

$$h(x) = F(f(x), g(x)) \quad (x \in X).$$

Dann ist h messbar. Speziell sind $f + g$ und fg messbar.

Beweis. Sei

$$G_a = \{(u, v) \mid F(u, v) > a\}.$$

Dann ist G_a eine offene Teilmenge von $\mathbb{R}^2$, und wir können

$$G_a = \bigcup_{n=1}^{\infty} I_n$$

schreiben, wobei $\{I_n\}$ eine Folge offener Intervalle ist:

$$I_n = \{(u, v) \mid a_n < u < b_n, c_n < v < d_n\}.$$

Da

$$\{x \mid a_n < f(x) < b_n\} = \{x \mid f(x) > a_n\} \cap \{x \mid f(x) < b_n\}$$

messbar ist, ist auch die Menge

$$\{x \mid (f(x), g(x)) \in I_n\} = \{x \mid a_n < f(x) < b_n\} \cap \{x \mid c_n < g(x) < d_n\}$$

messbar. Also gilt dasselbe für

$$\{x \mid h(x) > a\} = \{x \mid (f(x), g(x)) \in G_a\} = \bigcup_{n=1}^{\infty} \{x \mid (f(x), g(x)) \in I_n\}. \qquad \square$$

Zusammenfassend lässt sich sagen, dass alle gewöhnlichen Operationen der Analysis, einschließlich der Grenzübergänge, auf messbare Funktionen angewandt, zu messbaren Funktionen führen. Damit sind alle Funktionen, auf die man gewöhnlich trifft, messbar.

Dass diese Behauptung jedoch nur als grobe Richtlinie betrachtet werden kann, wird durch das folgende Beispiel belegt (das auf dem Lebesgueschen Maß auf der reellen Zahlengeraden basiert): Ist $h(x) = f(g(x))$, wobei f messbar und g stetig ist, dann ist h nicht zwangsläufig messbar. (Für Details siehe McShane, S. 241.)

Der Leser wird bemerkt haben, dass der Begriff des Maßes in unserer Untersuchung messbarer Funktionen nicht erwähnt wurde. In der Tat ist die Klasse der messbaren Funktionen auf X allein von dem σ-Ring $\mathcal{M}$ abhängig (in der Notation der Definition 11.12). Wir können zum Beispiel von *Borel-messbaren Funktionen* auf $\mathbb{R}^p$ sprechen, d. h. von Funktionen f, für die $\{x \mid f(x) > a\}$ stets eine Borel-Menge ist, ohne Bezug auf irgendein spezielles Maß zu nehmen.

Einfache Funktionen

11.19 Definition. Sei s eine auf X definierte reellwertige Funktion. Ist der Bildbereich von s endlich, so nennen wir s eine *einfache Funktion*. Sei $E \subset X$, und sei

$$K_E(x) = \begin{cases} 1 & \text{falls } x \in E, \\ 0 & \text{falls } x \notin E. \end{cases} \qquad (11.48)$$

K_E heißt die *charakteristische Funktion* von E.

Besteht der Bildbereich von s aus verschiedenen Zahlen $c_1, \ldots, c_n$ und ist

$$E_i = \{x \mid s(x) = c_i\} \quad (i = 1, \ldots, n),$$

dann ist

$$s = \sum_{i=1}^{n} c_i K_{E_i}. \qquad (11.49)$$

Jede einfache Funktion ist also eine endliche Linearkombination von charakteristischen Funktionen. Offenbar ist s genau dann messbar, wenn die Mengen $E_1, \ldots, E_n$ messbar sind.

Interessanterweise kann jede Funktion durch einfache Funktionen approximiert werden.

11.20 Satz. *Sei f eine reelle Funktion auf X. Dann gibt es eine Folge $\{s_n\}$ von einfachen Funktionen derart, dass $s_n(x)$ für jedes $x \in X$ gegen $f(x)$ strebt, wenn $n \to \infty$. Ist f messbar, so kann $\{s_n\}$ als eine Folge messbarer Funktionen gewählt werden. Ist $f \geq 0$, dann kann $\{s_n\}$ als eine monoton wachsende Folge gewählt werden.*

Beweis. Gilt $f \geq 0$, so definiere man

$$E_{ni} = \left\{ x \mid \frac{i-1}{2^n} \leq f(x) < \frac{i}{2^n} \right\}, \quad F_n = \{ x \mid f(x) \geq n \}$$

für $n = 1, 2, 3, \ldots$, $i = 1, 2, \ldots, n2^n$. Man setze

$$s_n = \sum_{i=1}^{n2^n} \frac{i-1}{2^n} K_{E_{ni}} + nK_{F_n}. \tag{11.50}$$

Im allgemeinen Fall schreibe man $f = f^+ - f^-$ und wende die vorherige Konstruktion auf f^+ und f^- an.

Es sei weiter erwähnt, dass die durch (11.50) gegebene Folge $\{s_n\}$ gleichmäßig gegen f konvergiert, wenn f beschränkt ist. $\qquad\square$

Integration

Wir werden nun die Integration auf einem messbaren Raum X mit dem σ-Ring $\mathcal{M}$ und dem Maß μ definieren. Der Leser, der sich lieber eine konkretere Situation vorstellen möchte, mag sich X als die reelle Zahlengerade oder ein Intervall und μ als das Lebesguesche Maß m denken.

11.21 Definition. Es sei

$$s(x) = \sum_{i=1}^{n} c_i K_{E_i}(x) \quad (x \in X, c_i > 0) \tag{11.51}$$

messbar, und es gelte $E \in \mathcal{M}$. Wir definieren

$$I_E(s) = \sum_{i=1}^{n} c_i \mu(E \cap E_i). \tag{11.52}$$

Ist f messbar und nichtnegativ, so definieren wir

$$\int_E f \, d\mu = \sup I_E(s), \tag{11.53}$$

wobei das Supremum über alle messbaren einfachen Funktionen s mit $0 \leq s \leq f$ genommen wird.

Die linke Seite von (11.53) heißt das *Lebesguesche Integral* von f über die Menge E bezüglich des Maßes μ. Man sollte beachten, dass das Integral den Wert $+\infty$ haben kann.

Man sieht leicht, dass

$$\int_E s \, d\mu = I_E(s) \tag{11.54}$$

für jede nichtnegative einfache messbare Funktion s gilt.

11.22 Definition. Sei f messbar. Man betrachte die beiden Integrale

$$\int_E f^+ \, d\mu, \quad \int_E f^- \, d\mu, \tag{11.55}$$

wobei f^+ und f^- wie in (11.47) definiert sind.

Ist mindestens eines der Integrale (11.55) endlich, so definieren wir

$$\int_E f \, d\mu = \int_E f^+ \, d\mu - \int_E f^- \, d\mu. \tag{11.56}$$

Sind beide Integrale in (11.55) endlich, dann ist (11.56) endlich und wir sagen, f sei auf E im Lebesgueschen Sinn bezüglich μ *integrierbar* (oder *summierbar*). Wir schreiben $f \in \mathcal{L}(\mu)$ auf E. Ist $\mu = m$, so lautet die übliche Bezeichnung $f \in \mathcal{L}$ auf E.

Die Terminologie mag ein wenig verwirrend sein: Ist (11.56) $+\infty$ oder $-\infty$, dann ist das Integral von f über E definiert, obwohl f im Sinn der obigen Definition nicht integrierbar ist; die Funktion f ist nur dann auf E integrierbar, wenn ihr Integral über E endlich ist.

Wir werden uns im Wesentlichen mit integrierbaren Funktionen befassen, obwohl es in einigen Fällen wünschenswert scheint, die allgemeinere Situation zu betrachten.

11.23 Bemerkungen. Die folgenden Eigenschaften sind offensichtlich:
(a) Ist f messbar und beschränkt auf E und gilt $\mu(E) < +\infty$, dann ist $f \in \mathcal{L}(\mu)$ auf E.
(b) Ist $a \leq f(x) \leq b$ für $x \in E$ und $\mu(E) < +\infty$, dann gilt

$$a\mu(E) \leq \int_E f \, d\mu \leq b\mu(E).$$

(c) Sind f und $g \in \mathcal{L}(\mu)$ auf E und ist $f(x) \leq g(x)$ für alle $x \in E$, dann gilt

$$\int_E f \, d\mu \leq \int_E g \, d\mu.$$

(d) Ist $f \in \mathcal{L}(\mu)$ auf E, dann gilt $cf \in \mathcal{L}(\mu)$ auf E für jede endliche Konstante c und

$$\int\limits_E cf \, d\mu = c \int\limits_E f \, d\mu.$$

(e) Ist $\mu(E) = 0$ und ist f messbar, dann ist

$$\int\limits_E f \, d\mu = 0.$$

(f) Gilt $f \in \mathcal{L}(\mu)$ auf E, $A \in \mathcal{M}$ und $A \subset E$, dann ist $f \in \mathcal{L}(\mu)$ auf A.

11.24 Satz.
(a) *Sei f sei und nichtnegativ auf X. Für $A \in \mathcal{M}$ definiere man*

$$\Phi(A) = \int\limits_A f \, d\mu. \tag{11.57}$$

Dann ist Φ abzählbar additiv auf $\mathcal{M}$.
(b) *Dieselbe Folgerung gilt für $f \in \mathcal{L}(\mu)$ auf X.*

Beweis. Man erhält (b) aus (a), indem man $f = f^+ - f^-$ schreibt und (a) auf f^+ und f^- anwendet.

Um (a) zu beweisen, müssen wir zeigen, dass

$$\Phi(A) = \sum_{n=1}^{\infty} \Phi(A_n) \tag{11.58}$$

für $A_n \in \mathcal{M}$ $(n = 1, 2, 3, \ldots)$, $A_i \cap A_j = \emptyset$ für $i \neq j$ und $A = \bigcup_{n=1}^{\infty} A_n$ ist.

Ist f eine charakteristische Funktion, dann ist die abzählbare Additivität von Φ genau dasselbe wie die abzählbare Additivität von μ, denn es gilt

$$\int\limits_A K_E \, d\mu = \mu(A \cap E).$$

Ist f einfach, dann hat f die Form (11.51) und die Schlussfolgerung ist wiederum gültig.

Im allgemeinen Fall gilt für jede messbare einfache Funktion s mit $0 \le s \le f$

$$\int\limits_A s \, d\mu = \sum_{n=1}^{\infty} \int\limits_{A_n} s \, d\mu \le \sum_{n=1}^{\infty} \Phi(A_n).$$

Daher folgt nach (11.53)

$$\Phi(A) \le \sum_{n=1}^{\infty} \Phi(A_n). \tag{11.59}$$

Ist nun $\Phi(A_n) = +\infty$ für ein n, so ist (11.58) trivial wegen $\Phi(A) \geq \Phi(A_n)$. Sei daher $\Phi(A_n) < +\infty$ für jedes n.

Zu vorgegebenem $\varepsilon > 0$ können wir eine messbare einfache Funktion s so wählen, dass $0 \leq s \leq f$ und

$$\int_{A_1} s\, d\mu \geq \int_{A_1} f\, d\mu - \varepsilon, \quad \int_{A_2} s\, d\mu \geq \int_{A_2} f\, d\mu - \varepsilon \tag{11.60}$$

gilt. Also folgt

$$\Phi(A_1 \cup A_2) \geq \int_{A_1 \cup A_2} s\, d\mu = \int_{A_1} s\, d\mu + \int_{A_2} s\, d\mu \geq \Phi(A_1) + \Phi(A_2) - 2\varepsilon$$

und daher

$$\Phi(A_1 \cup A_2) \geq \Phi(A_1) + \Phi(A_2).$$

Induktiv folgt

$$\Phi(A_1 \cup \cdots \cup A_n) \geq \Phi(A_1) + \cdots + \Phi(A_n) \tag{11.61}$$

für jedes n. Wegen $A \supset A_1 \cup \cdots \cup A_n$ impliziert (11.61) die Abschätzung

$$\Phi(A) \geq \sum_{n=1}^{\infty} \Phi(A_n), \tag{11.62}$$

und (11.58) folgt aus (11.59) und (11.62). □

Korollar. *Für $A \in \mathcal{M}$, $B \in \mathcal{M}$, $B \subset A$ und $\mu(A - B) = 0$ gilt*

$$\int_A f\, d\mu = \int_B f\, d\mu.$$

Wegen $A = B \cup (A - B)$ folgt dies aus Bemerkung 11.23 (e).

11.25 Bemerkungen. Das Korollar zeigt, dass Mengen vom Maß null bei der Integration vernachlässigt werden können.

Wir schreiben $f \sim g$ auf E, wenn die Menge

$$\{x \mid f(x) \neq g(x)\} \cap E$$

das Maß null hat.

Dann gilt: $f \sim f$ und $f \sim g$ implizieren $g \sim f$, und $f \sim g$ und $g \sim h$ implizieren $f \sim h$. Das heißt, die Relation $\sim$ ist eine Äquivalenzrelation.

Für $f \sim g$ auf E gilt offensichtlich

$$\int_A f\, d\mu = \int_A g\, d\mu$$

für jede messbare Teilmenge A von E, vorausgesetzt, die Integrale existieren.

Gilt eine Eigenschaft P für jedes $x \in E-A$ und ist $\mu(A) = 0$, so ist es üblich zu sagen, dass P für fast alle $x \in E$ gilt oder dass P fast überall auf E Gültigkeit hat. (Dieser Begriff „fast überall" hängt natürlich von dem speziellen Maß ab. In der Literatur bezieht er sich gewöhnlich auf das Lebesguesche Maß, sofern nichts anderes angegeben ist.)

Ist $f \in \mathcal{L}(\mu)$ auf E, so ist klar, dass $f(x)$ fast überall auf E endlich sein muss. In den meisten Fällen bedeutet es daher keine Beschränkung der Allgemeinheit, wenn man die gegebenen Funktionen von Anfang an als endlichwertig voraussetzt.

11.26 Satz. *Ist $f \in \mathcal{L}(\mu)$ auf E, dann ist $|f| \in \mathcal{L}(\mu)$ auf E und es gilt*

$$\left| \int_E f \, d\mu \right| \le \int_E |f| \, d\mu. \tag{11.63}$$

Beweis. Man schreibe $E = A \cup B$, wobei $f(x) \ge 0$ auf A und $f(x) < 0$ auf B ist. Nach Satz 11.24 gilt

$$\int_E |f| \, d\mu = \int_A |f| \, d\mu + \int_B |f| \, d\mu = \int_A f^+ \, d\mu + \int_B f^- \, d\mu < +\infty,$$

so dass $|f| \in \mathcal{L}(\mu)$ gilt. Aus $f \le |f|$ und $-f \le |f|$ folgt

$$\int_E f \, d\mu \le \int_E |f| \, d\mu, \quad -\int_E f \, d\mu \le \int_E |f| \, d\mu,$$

und daraus ergibt sich (11.63). □

Da die Integrierbarkeit von f die von $|f|$ impliziert, wird das Lebesguesche Integral oft als absolut konvergentes Integral bezeichnet. Natürlich ist es möglich, nicht-absolut konvergente Integrale zu definieren, und bei der Behandlung einiger Probleme ist es sogar wesentlich, sie einzuführen. Diesen Integralen fehlen aber einige der nützlichsten Eigenschaften des Lebesgueschen Integrals, und sie spielen eine weniger wichtige Rolle in der Analysis.

11.27 Satz. *Sei f messbar auf E, und sei $g \in \mathcal{L}(\mu)$ auf E mit $|f| \le g$. Dann ist $f \in \mathcal{L}(\mu)$ auf E.*

Beweis. Es gilt $f^+ \le g$ und $f^- \le g$. □

11.28 Satz (Lebesguescher Satz über monotone Konvergenz). *Sei $E \in \mathcal{M}$. Sei ferner $\{f_n\}$ eine Folge messbarer Funktionen mit*

$$0 \le f_1(x) \le f_2(x) \le \cdots \quad (x \in E). \tag{11.64}$$

Sei f definiert durch

$$f_n(x) \to f(x) \quad (x \in E) \tag{11.65}$$

für n → ∞. Dann gilt

$$\int_E f_n \, d\mu \to \int_E f \, d\mu \quad (n \to \infty).$$ (11.66)

Beweis. Nach (11.64) gilt für $n \to \infty$

$$\int_E f_n \, d\mu \to \alpha$$ (11.67)

für ein α. Wegen $\int f_n \leq \int f$ folgt

$$\alpha \leq \int_E f \, d\mu.$$ (11.68)

Man wähle c mit $0 < c < 1$ und eine einfache messbare Funktion s mit $0 \leq s \leq f$. Man setze

$$E_n = \{x \mid f_n(x) \geq cs(x)\} \quad (n = 1, 2, 3, \ldots).$$

Nach (11.64) gilt $E_1 \subset E_2 \subset E_3 \subset \cdots$, und nach (11.65) folgt

$$E = \bigcup_{n=1}^{\infty} E_n.$$ (11.69)

Für jedes n folgt

$$\int_E f_n \, d\mu \geq \int_{E_n} f_n \, d\mu \geq c \int_{E_n} s \, d\mu.$$ (11.70)

Hier lassen wir nun n gegen ∞ streben. Da das Integral eine abzählbar additive Mengenfunktion ist (Satz 11.24), zeigt (11.69), dass man Satz 11.3 auf das letzte Integral in (11.70) anwenden kann, und man erhält

$$\alpha \geq c \int_E s \, d\mu.$$ (11.71)

Lässt man c gegen 1 streben, so folgt daraus

$$\alpha \geq \int_E s \, d\mu,$$

und (11.53) impliziert

$$\alpha \geq \int_E f \, d\mu.$$ (11.72)

Der Satz folgt aus (11.67), (11.68) und (11.72). □

11.29 Satz. *Sei* $f = f_1 + f_2$, *wobei* $f_i \in \mathcal{L}(\mu)$ *auf* E ($i = 1, 2$) *gilt. Dann gilt* $f \in \mathcal{L}(\mu)$ *auf* E
und

$$\int_E f \, d\mu = \int_E f_1 \, d\mu + \int_E f_2 \, d\mu. \tag{11.73}$$

Beweis. Sei zunächst $f_1 \geq 0$, $f_2 \geq 0$. Sind f_1 und f_2 einfach, dann folgt (11.73) sofort aus (11.52) und (11.54). Andernfalls wähle man monoton wachsende Folgen $\{s_n'\}$, $\{s_n''\}$ nichtnegativer messbarer einfacher Funktionen, die gegen f_1 bzw. f_2 konvergieren. Satz 11.20 zeigt, dass dies möglich ist. Man setze $s_n = s_n' + s_n''$. Dann folgt

$$\int_E s_n \, d\mu = \int_E s_n' \, d\mu + \int_E s_n'' \, d\mu,$$

und (11.73) ergibt sich durch den Grenzübergang $n \to \infty$ nach Satz 11.28.

Als nächstes seien $f_1 \geq 0$, $f_2 \leq 0$. Man setze

$$A = \{x \mid f(x) \geq 0\}, \quad B = \{x \mid f(x) < 0\}.$$

Dann sind f, f_1 und $-f_2$ nichtnegativ auf A. Also gilt

$$\int_A f_1 \, d\mu = \int_A f \, d\mu + \int_A (-f_2) \, d\mu = \int_A f \, d\mu - \int_A f_2 \, d\mu. \tag{11.74}$$

Weiter sind $-f$, f_1 und $-f_2$ nichtnegativ auf B, so dass

$$\int_B (-f_2) \, d\mu = \int_B f_1 \, d\mu + \int_B (-f) \, d\mu$$

gilt, und daher

$$\int_B f_1 \, d\mu = \int_B f \, d\mu - \int_B f_2 \, d\mu. \tag{11.75}$$

Gleichung (11.73) folgt nun durch Addition von (11.74) und (11.75).

Im allgemeinen Fall kann E in vier Mengen E_i zerlegt werden, auf denen $f_1(x)$ und $f_2(x)$ jeweils konstante Vorzeichen haben. Die beiden Fälle, die wir bis jetzt bewiesen haben, implizieren die Gleichungen

$$\int_{E_i} f \, d\mu = \int_{E_i} f_1 \, d\mu + \int_{E_i} f_2 \, d\mu \quad (i = 1, 2, 3, 4).$$

Schließlich ergibt sich (11.73) durch Addition dieser vier Gleichungen. $\square$

Wir können nun den Satz 11.28 für Reihen umformulieren.

11.30 Satz. *Sei $E \in \mathcal{M}$. Ist $\{f_n\}$ eine Folge nichtnegativer messbarer Funktionen und ist*

$$f(x) = \sum_{n=1}^{\infty} f_n(x) \quad (x \in E), \tag{11.76}$$

dann folgt

$$\int_E f \, d\mu = \sum_{n=1}^{\infty} \int_E f_n \, d\mu.$$

Beweis. Die Partialsummen von (11.76) bilden eine monoton wachsende Folge. □

11.31 Satz (Satz von Fatou). *Sei $E \in \mathcal{M}$. Ist $\{f_n\}$ eine Folge nichtnegativer messbarer Funktionen und ist*

$$f(x) = \liminf_{n \to \infty} f_n(x) \quad (x \in E),$$

dann folgt

$$\int_E f \, d\mu \leq \liminf_{n \to \infty} \int_E f_n \, d\mu. \tag{11.77}$$

In (11.77) kann die Ungleichheit vorkommen. Ein Beispiel findet man in Übungsaufgabe 5.

Beweis. Für $n = 1, 2, 3, \ldots$ und $x \in E$ setze man

$$g_n(x) = \inf f_i(x) \quad (i \geq n).$$

Dann ist g_n messbar auf E, und es gilt:

$$0 \leq g_1(x) \leq g_2(x) \leq \cdots, \tag{11.78}$$

$$g_n(x) \leq f_n(x), \tag{11.79}$$

$$g_n(x) \to f(x) \quad (n \to \infty). \tag{11.80}$$

Nach (11.78), (11.80) und Satz 11.28 gilt

$$\int_E g_n \, d\mu \to \int_E f \, d\mu. \tag{11.81}$$

Die Abschätzung (11.77) folgt aus (11.79) und (11.81). □

11.32 Satz (Lebesguescher Satz von der dominierten Konvergenz). *Sei $E \in \mathcal{M}$, und sei $\{f_n\}$ eine Folge messbarer Funktionen mit*

$$f_n(x) \to f(x) \quad (x \in E) \tag{11.82}$$

für n → ∞. Existiert eine Funktion g ∈ ℒ(μ) auf E mit

$$|f_n(x)| \le g(x) \quad (n = 1, 2, 3, \dots, x \in E),$$ (11.83)

dann gilt

$$\lim_{n\to\infty} \int_E f_n \, d\mu = \int_E f \, d\mu.$$ (11.84)

Wegen (11.83) sagt man, $\{f_n\}$ sei durch g dominiert und spricht von *dominierter Konvergenz*. Nach Bemerkung 11.25 gilt dieselbe Schlussfolgerung auch, wenn (11.82) nur fast überall auf E gilt.

Beweis. Zunächst ist wegen (11.83) und Satz 11.27 $f_n \in \mathcal{L}(\mu)$ und $f \in \mathcal{L}(\mu)$ auf E. Da $f_n + g \ge 0$ ist, liefert der Satz von Fatou die Abschätzung

$$\int_E (f + g) \, d\mu \le \liminf_{n\to\infty} \int_E (f_n + g) \, d\mu,$$

also

$$\int_E f \, d\mu \le \liminf_{n\to\infty} \int_E f_n \, d\mu.$$ (11.85)

Wegen $g - f_n \ge 0$ folgt in ähnlicher Weise

$$\int_E (g - f) \, d\mu \le \liminf_{n\to\infty} \int_E (g - f_n) \, d\mu,$$

also

$$-\int_E f \, d\mu \le \liminf_{n\to\infty} \left(-\int_E f_n \, d\mu \right),$$

was dasselbe ist wie

$$\int_E f \, d\mu \ge \limsup_{n\to\infty} \int_E f_n \, d\mu.$$ (11.86)

Die Existenz des Grenzwertes in (11.84) und die in (11.84) behauptete Gleichheit folgt nun aus (11.85) und (11.86). □

Korollar. *Ist $\mu(E) < +\infty$, ist $\{f_n\}$ gleichmäßig beschränkt auf E und gilt $f_n(x) \to f(x)$ auf E, dann hat (11.84) Gültigkeit.*

Eine gleichmäßig beschränkte konvergente Folge wird oft als *beschränkt konvergent* bezeichnet.

Vergleich mit dem Riemann-Integral

Unser nächster Satz zeigt, dass jede Funktion, die Riemann-integrierbar auf einem Intervall ist, auch Lebesgue-integrierbar ist und dass Riemann-integrierbare Funktionen ziemlich strengen Stetigkeitsbedingungen unterliegen. Ganz abgesehen von der Tatsache, dass die Lebesguesche Theorie folglich die Integration einer viel breiteren Klasse von Funktionen ermöglicht, liegt ihr vielleicht größter Vorteil darin, dass viele Grenzübergänge sehr einfach ausgeführt werden können. Von diesem Standpunkt aus könnten die Lebesgueschen Konvergenzsätze als der Kern der Lebesgueschen Theorie angesehen werden.

Eine der Schwierigkeiten in der Riemannschen Theorie besteht darin, dass Grenzwerte von Riemann-integrierbaren Funktionen (oder selbst stetigen Funktionen) nicht notwendigerweise Riemann-integrierbar sein müssen. Diese Schwierigkeit ist nun nahezu eliminiert, da Grenzwerte messbarer Funktionen stets messbar sind.

Sei nun der Maßraum X das Intervall $[a, b]$ der reellen Zahlengeraden mit $\mu = m$ (dem Lebesgueschen Maß), und sei $\mathcal{M}$ die Familie der Lebesgue-messbaren Teilmengen von $[a, b]$. Anstelle von

$$\int_X f \, dm$$

ist es gebräuchlicher, die gewohnte Notation

$$\int_a^b f \, dx$$

für das Lebesgue-Integral von f über $[a, b]$ zu verwenden. Um Riemann-Integrale von Lebesgue-Integralen zu unterscheiden, bezeichnen wir nun die ersten mit

$$\mathcal{R} \int_a^b f \, dx.$$

11.33 Satz.
(a) *Ist $f \in \mathcal{R}$ auf $[a, b]$, dann ist $f \in \mathcal{L}$ auf $[a, b]$, und es gilt*

$$\int_a^b f \, dx = \mathcal{R} \int_a^b f \, dx. \tag{11.87}$$

(b) *Sei f beschränkt auf $[a, b]$. Dann gilt $f \in \mathcal{R}$ auf $[a, b]$ genau dann, wenn f fast überall auf $[a, b]$ stetig ist.*

Beweis. Angenommen, f sei beschränkt. Nach Definition 6.1 und Satz 4.6 gibt es eine Folge $\{P_k\}$ von Partitionen von $[a, b]$ mit den folgenden Eigenschaften: P_{k+1} ist eine

Verfeinerung von P_k, der Abstand zwischen benachbarten Punkten von P_k ist kleiner als $1/k$, und es gilt

$$\lim_{k\to\infty} s(P_k, f) = \mathcal{R}\underline{\int} f\,dx, \quad \lim_{k\to\infty} S(P_k, f) = \mathcal{R}\overline{\int} f\,dx. \tag{11.88}$$

(In diesem Beweis werden alle Integrale über $[a, b]$ genommen.)

Ist $P_k = \{x_0, x_1, \ldots, x_n\}$ mit $x_0 = a$, $x_n = b$, so definiere man

$$M_k(a) = m_k(a) = f(a)$$

und setze $M_k(x) = M_i$ und $m_k(x) = m_i$ für $x_{i-1} < x \le x_i$, $1 \le i \le n$. Hierbei haben wir natürlich die in Definition 6.1 eingeführte Notation benutzt. Dann ist

$$s(P_k, f) = \int m_k(x)\,dx, \quad S(P_k, f) = \int M_k(x)\,dx, \tag{11.89}$$

und es gilt

$$m_1(x) \le m_2(x) \le \cdots \le f(x) \le \cdots \le M_2(x) \le M_1(x) \tag{11.90}$$

für alle $x \in [a, b]$, da P_{k+1} eine Verfeinerung von P_k ist. Nach (11.90) existiert

$$m(x) = \lim_{k\to\infty} m_k(x), \quad M(x) = \lim_{k\to\infty} M_k(x). \tag{11.91}$$

Man beachte, dass m und M beschränkte messbare Funktionen auf $[a, b]$ sind und dass

$$m(x) \le f(x) \le M(x) \quad (a \le x \le b) \tag{11.92}$$

gilt. Ferner folgt nach (11.88), (11.90) und dem Satz über monotone Konvergenz

$$\int m\,dx = \mathcal{R}\underline{\int} f\,dx, \quad \int M\,dx = \mathcal{R}\overline{\int} f\,dx. \tag{11.93}$$

Bisher wurde keinerlei Voraussetzung für f getroffen, außer dass f eine beschränkte reelle Funktion auf $[a, b]$ ist. Zur Vervollständigung des Beweises beachte man, dass $f \in \mathcal{R}$ genau dann gilt, wenn sein oberes und sein unteres Riemann-Integral gleich sind, also genau dann, wenn

$$\int m\,dx = \int M\,dx \tag{11.94}$$

gilt. Wegen $m \le M$ gilt (11.94) genau dann, wenn $m(x) = M(x)$ für fast alle $x \in [a, b]$ gilt (Übungsaufgabe 1).

In diesem Fall impliziert (11.92) die Identität

$$m(x) = f(x) = M(x) \tag{11.95}$$

fast überall auf $[a, b]$, so dass f messbar ist, und (11.87) folgt aus (11.93) und (11.95).

Gehört x ferner zu keinem P_k, so ist es leicht nachvollziehbar, dass $m(x) = M(x)$ genau dann gilt, wenn f an der Stelle x stetig ist. Da die Vereinigung der Mengen P_k abzählbar ist, ist ihr Maß null und wir folgern, dass f genau dann fast überall auf $[a, b]$ stetig ist, wenn $m(x) = M(x)$ fast überall gilt, also (wie wir oben gesehen haben) genau dann, wenn $f \in \mathcal{R}$ ist. Damit ist der Beweis vollständig. $\qquad\square$

Die bekannte Beziehung zwischen Integration und Differentiation behält in der Lebesgueschen Theorie weitgehend Gültigkeit. Ist $f \in \mathcal{L}$ auf $[a, b]$ und ist

$$F(x) = \int_a^x f \, dt \quad (a \le x \le b), \tag{11.96}$$

dann ist $F'(x) = f(x)$ fast überall auf $[a, b]$.

Umgekehrt, ist F an jedem Punkt von $[a, b]$ differenzierbar („fast überall" ist in diesem Fall nicht hinreichend!) und ist $F' \in \mathcal{L}$ auf $[a, b]$, dann folgt

$$F(x) - F(a) = \int_a^x F'(t) \quad (a \le x \le b).$$

Hinsichtlich der Beweise dieser beiden Sätze verweisen wir den Leser auf die im Literaturverzeichnis angegebenen Werke über Integration.

Integration komplexer Funktionen

Sei f eine komplexwertige Funktion, definiert auf einem Maßraum X, und sei $f = u + iv$, wobei u und v reell sind. Dann heißt f *messbar*, wenn sowohl u als auch v messbar sind.

Man kann leicht nachprüfen, dass Summen und Produkte komplexer messbarer Funktionen wiederum messbar sind. Wegen

$$|f| = (u^2 + v^2)^{1/2}$$

zeigt Satz 11.18, dass $|f|$ für jedes komplexe messbare f messbar ist.

Sei μ ein Maß auf X, E sei eine messbare Teilmenge von X, und f sei eine komplexe Funktion auf X. Wir schreiben $f \in \mathcal{L}(\mu)$ auf E, falls f messbar ist und

$$\int_E |f| \, d\mu < +\infty \tag{11.97}$$

gilt. In diesem Fall definieren wir

$$\int_E f \, d\mu = \int_E u \, d\mu + i \int_E v \, d\mu.$$

Wegen $|u| \leq |f|$, $|v| \leq |f|$ und $|f| \leq |u| + |v|$ gilt (11.97) offensichtlich genau dann, wenn $u \in \mathcal{L}(\mu)$ und $v \in \mathcal{L}(\mu)$ auf E gilt.

Die Sätze 11.23 (a), (d), (e), (f), 11.24 (b), 11.26, 11.27, 11.29 und 11.32 können nunmehr auf Lebesgue-Integrale komplexer Funktionen erweitert werden. Die Beweise sind ganz einfach. Der Beweis des Satzes 11.26 ist der einzige, der von einigem Interesse ist:

Ist $f \in \mathcal{L}(\mu)$ auf E, so gibt es eine komplexe Zahl c mit $|c| = 1$ mit

$$c \int_E f \, d\mu \geq 0.$$

Man setze $g = cf = u + iv$, wobei u und v reell sind. Dann gilt

$$\left| \int_E f \, d\mu \right| = c \int_E f \, d\mu = \int_E g \, d\mu = \int_E u \, d\mu \leq \int_E |f| \, d\mu.$$

Das dritte Gleichheitszeichen gilt, da nach den vorherigen $\int g \, d\mu$ reell ist. □

Funktionen der Klasse $\mathcal{L}^2$

Als eine Anwendung der Lebesgueschen Theorie erweitern wir nun den Parsevalschen Satz (der im Kapitel 8 nur für Riemann-integrierbare Funktionen bewiesen wurde) und beweisen den Satz von Riesz-Fischer für orthonormale Mengen von Funktionen.

11.34 Definition. Sei X ein messbarer Raum, und sei f eine komplexe Funktion auf X. Wir schreiben $f \in \mathcal{L}^2(\mu)$ auf X, wenn f messbar ist und wenn

$$\int_X |f|^2 \, d\mu < +\infty$$

gilt. Ist μ das Lebesguesche Maß, so schreiben wir einfach $f \in \mathcal{L}^2$. Für $f \in \mathcal{L}^2(\mu)$ (wir lassen von nun an den Zusatz „auf X" weg) definieren wir

$$\|f\| = \left(\int_X |f|^2 \, d\mu \right)^{1/2}$$

und nennen $\|f\|$ die $\mathcal{L}^2(\mu)$-*Norm* von f.

11.35 Satz. *Es gelte $f \in \mathcal{L}^2(\mu)$ und $g \in \mathcal{L}^2(\mu)$. Dann folgt $fg \in \mathcal{L}(\mu)$ und*

$$\int_X |fg|\, d\mu \le \|f\|\, \|g\|. \tag{11.98}$$

Dies ist die Schwarzsche Ungleichung, die uns schon für Reihen und Riemann-Integrale begegnet ist. Sie folgt aus der Ungleichung

$$0 \le \int_X (|f| + \lambda|g|)^2\, d\mu = \|f\|^2 + 2\lambda \int_X |fg|\, d\mu + \lambda^2\|g\|^2,$$

die für jedes reelle λ gültig ist.

11.36 Satz. *Sind $f \in \mathcal{L}^2(\mu)$ und $g \in \mathcal{L}^2(\mu)$, dann ist $f + g \in \mathcal{L}^2(\mu)$ und*

$$\|f + g\| \le \|f\| + \|g\|.$$

Beweis. Aus der Schwarzschen Ungleichung folgt

$$\begin{aligned}
\|f + g\|^2 &= \int |f|^2 + \int f\bar{g} + \int \bar{f}g + \int |g|^2 \\
&\le \|f\|^2 + 2\|f\|\, \|g\| + \|g\|^2 \\
&= (\|f\| + \|g\|)^2.
\end{aligned} \qquad \square$$

11.37 Bemerkung. Definiert man den Abstand zwischen zwei Funktionen f und g in $\mathcal{L}^2(\mu)$ als $\|f-g\|$, so sind die Bedingungen der Definition 2.15 erfüllt bis auf die Tatsache, dass $\|f - g\| = 0$ nicht für alle x impliziert, dass $f(x) = g(x)$ gilt, sondern nur für fast alle x. Identifiziert man somit Funktionen, die sich nur auf einer Menge vom Maß null unterscheiden, so wird $\mathcal{L}^2(\mu)$ zu einem metrischen Raum.

Wir betrachten nun $\mathcal{L}^2$ auf einem Intervall der reellen Zahlengeraden, wobei wir das Lebesguesche Maß zugrunde legen.

11.38 Satz. *Die stetigen Funktionen bilden eine dichte Teilmenge von $\mathcal{L}^2$ auf $[a, b]$.*

Explizit bedeutet dies, dass für jedes $f \in \mathcal{L}^2$ auf $[a, b]$ und jedes $\varepsilon > 0$ eine auf $[a, b]$ stetige Funktion g existiert mit

$$\|f - g\| = \left(\int_a^b |f - g|^2\, dx \right)^{1/2} < \varepsilon.$$

Beweis. Wir sagen, dass f in $\mathcal{L}^2$ durch eine Folge $\{g_n\}$ approximiert wird, wenn $\|f - g_n\| \to 0$ gilt für $n \to \infty$.

Sei A eine abgeschlossene Teilmenge von $[a, b]$, und sei K_A ihre charakteristische Funktion. Man setze

$$t(x) = \inf |x - y| \quad (y \in A)$$

und

$$g_n(x) = \frac{1}{1 + nt(x)} \quad (n = 1, 2, 3, \ldots).$$

Dann ist g_n stetig auf $[a, b]$, und es gilt $g_n(x) = 1$ auf A und $g_n(x) \to 0$ auf B, wobei wir $B = [a, b] - A$ gesetzt haben. Also gilt nach Satz 11.32

$$\|g_n - K_A\| = \left(\int_B g_n^2 \, dx \right)^{1/2} \to 0.$$

Somit können charakteristische Funktionen abgeschlossener Mengen in $\mathcal{L}^2$ durch stetige Funktionen approximiert werden.

Nach (11.39) gilt dasselbe auch für die charakteristische Funktion jeder beliebigen messbaren Menge und somit auch für einfache messbare Funktionen.

Für $f \geq 0$ und $f \in \mathcal{L}^2$ sei $\{s_n\}$ eine monoton wachsende Folge einfacher nichtnegativer messbarer Funktionen mit $s_n(x) \to f(x)$. Wegen $|f - s_n|^2 \leq f^2$ zeigt Satz 11.32, dass $\|f - s_n\| \to 0$ gilt. Der allgemeine Fall folgt hieraus. $\qquad\square$

11.39 Definition. Wir nennen eine Folge komplexer Funktionen $\{\phi_n\}$ eine *orthonormale* Menge von Funktionen auf einem messbaren Raum X, wenn

$$\int_X \phi_n \bar{\phi}_m \, d\mu = \left\{ \begin{array}{ll} 0 & \text{für } n \neq m, \\ 1 & \text{für } n = m. \end{array} \right.$$

Insbesondere muss $\phi_n \in \mathcal{L}^2(\mu)$ gelten. Ist $f \in \mathcal{L}^2(\mu)$ und ist

$$c_n = \int_X f \bar{\phi}_n \, d\mu \quad (n = 1, 2, 3, \ldots),$$

so schreibt man

$$f \sim \sum_{n=1}^{\infty} c_n \phi_n,$$

wie in Definition 8.10.

Die Definition einer trigonometrischen Fourier-Reihe wird in derselben Weise für $\mathcal{L}^2$ (oder sogar für $\mathcal{L}$) auf $[-\pi, \pi]$ ausgeweitet. Die Sätze 8.11 und 8.12 (die Besselsche Ungleichung) gelten für jedes beliebige $f \in \mathcal{L}^2(\mu)$. Die Beweise sind exakt dieselben. Wir können nun den Parsevalschen Satz beweisen.

11.40 Satz. *Sei*

$$f(x) \sim \sum_{n=-\infty}^{\infty} c_n e^{inx}, \tag{11.99}$$

wobei f ∈ $\mathcal{L}^2$ auf [−π, π] ist. Sei s_n die n-te Partialsumme von (11.99). Dann gilt

$$\lim_{n\to\infty} \|f - s_n\| = 0, \tag{11.100}$$

$$\sum_{n=-\infty}^{\infty} |c_n|^2 = \frac{1}{2\pi} \int_{-\pi}^{\pi} |f|^2 \, dx. \tag{11.101}$$

Beweis. Sei $\varepsilon > 0$ gegeben. Nach Satz 11.38 gibt es eine stetige Funktion g mit

$$\|f - g\| < \frac{\varepsilon}{2}.$$

Man sieht außerdem leicht, dass g so gewählt werden kann, dass $g(\pi) = g(-\pi)$ ist. Dann kann g zu einer periodischen stetigen Funktion fortgesetzt werden. Nach Satz 8.16 gibt es ein trigonometrisches Polynom T, etwa vom Grad N, mit

$$\|g - T\| < \frac{\varepsilon}{2}.$$

Nach Satz 8.11 (erweitert auf $\mathcal{L}^2$) gilt für $n \geq N$ die Abschätzung

$$\|s_n - f\| \leq \|T - f\| < \varepsilon,$$

und (11.100) folgt. Die Gleichung (11.101) lässt sich aus (11.100) wie im Beweis des Satzes 8.16 ableiten. □

Korollar. *Gilt f ∈ $\mathcal{L}^2$ auf [−π, π] und ist*

$$\int_{-\pi}^{\pi} f(x)e^{-inx} \, dx = 0 \quad (n = 0, \pm 1, \pm 2, \ldots),$$

dann ist $\|f\| = 0$.

Haben somit zwei Funktionen in $\mathcal{L}^2$ dieselbe Fourier-Reihe, so unterscheiden sie sich höchstens auf einer Menge vom Maß null.

11.41 Definition. Seien f und $f_n \in \mathcal{L}^2(\mu)$ ($n = 1, 2, 3, \ldots$). Wir sagen, $\{f_n\}$ konvergiere gegen f in $\mathcal{L}^2(\mu)$, wenn $\|f_n - f\|$ gegen 0 strebt. Die Folge $\{f_n\}$ heißt eine *Cauchy-Folge* in $\mathcal{L}^2(\mu)$, wenn für jedes $\varepsilon > 0$ eine ganze Zahl N existiert derart, dass aus $n \geq N$, $m \geq N$ stets $\|f_n - f_m\| \leq \varepsilon$ folgt.

11.42 Satz. *Ist $\{f_n\}$ eine Cauchy-Folge in $\mathcal{L}^2(\mu)$, dann existiert eine Funktion $f \in \mathcal{L}^2(\mu)$ derart, dass $\{f_n\}$ in $\mathcal{L}^2(\mu)$ gegen f konvergiert.*

Dies bedeutet, anders formuliert, dass $\mathcal{L}^2(\mu)$ ein vollständiger *metrischer Raum ist.*

Beweis. Da $\{f_n\}$ eine Cauchy-Folge ist, lässt sich eine Folge $\{n_k\}$, $k = 1, 2, 3, \ldots$, finden mit

$$\|f_{n_k} - f_{n_{k+1}}\| < \frac{1}{2^k} \quad (k = 1, 2, 3, \ldots).$$

Man wähle eine Funktion $g \in \mathcal{L}^2(\mu)$. Nach der Schwarzschen Ungleichung gilt

$$\int_X |g(f_{n_k} - f_{n_{k+1}})| \, d\mu \le \frac{\|g\|}{2^k},$$

also

$$\sum_{k=1}^{\infty} \int_X |g(f_{n_k} - f_{n_{k+1}})| \, d\mu \le \|g\|. \tag{11.102}$$

Nach Satz 11.30 können wir die Summation und die Integration in (11.102) vertauschen. Daraus folgt dann

$$|g(x)| \sum_{k=1}^{\infty} |f_{n_k}(x) - f_{n_{k+1}}(x)| < +\infty \tag{11.103}$$

fast überall auf X. Daher gilt

$$\sum_{k=1}^{\infty} |f_{n_{k+1}}(x) - f_{n_k}(x)| < +\infty \tag{11.104}$$

fast überall auf X. Würde nämlich die Reihe (11.104) auf einer Menge E mit positivem Maß divergieren, so könnte man $g(x)$ so wählen, dass $g(x)$ auf einer Teilmenge von E positiven Maßes nicht null ist, was ein Widerspruch zu (11.103) wäre.

Da die k-te Partialsumme der Reihe

$$\sum_{k=1}^{\infty} (f_{n_{k+1}}(x) - f_{n_k}(x)),$$

die fast überall auf X konvergiert,

$$f_{n_{k+1}}(x) - f_{n_1}(x)$$

ist, sieht man, dass die Gleichung

$$f(x) = \lim_{k \to \infty} f_{n_k}(x)$$

die Funktion $f(x)$ für fast alle $x \in X$ definiert, und es ist belanglos, wie wir $f(x)$ auf dem Rest von X definieren.

Wir zeigen nun, dass diese Funktion f die gewünschten Eigenschaften hat. Sei $\varepsilon > 0$ gegeben, und sei N wie in Definition 11.41 gewählt. Für $n_k > N$ zeigt der Satz von Fatou, dass

$$\|f - f_{n_k}\| \le \liminf_{i \to \infty} \|f_{n_i} - f_{n_k}\| \le \varepsilon$$

gilt. Somit ist $f - f_{n_k} \in \mathcal{L}^2(\mu)$, und da $f = (f - f_{n_k}) + f_{n_k}$ ist, folgt $f \in \mathcal{L}^2(\mu)$. Ferner gilt, da ε beliebig gewählt war,

$$\lim_{k \to \infty} \| f - f_{n_k} \| = 0.$$

Schließlich zeigt die Ungleichung

$$\| f - f_n \| \le \| f - f_{n_k} \| + \| f_{n_k} - f_n \|, \tag{11.105}$$

dass $\{f_n\}$ in $\mathcal{L}^2(\mu)$ gegen f konvergiert; denn für hinreichend großes n und n_k kann jedes der beiden Glieder auf der rechten Seite von (11.105) beliebig klein gemacht werden.

$\square$

11.43 Satz (Satz von Riesz-Fischer). *Sei $\{\phi_n\}$ orthonormal auf X. Sei $\sum |c_n|^2$ konvergent, und sei $s_n = c_1 \phi_1 + \cdots + c_n \phi_n$. Dann existiert eine Funktion $f \in \mathcal{L}^2(\mu)$ derart, dass $\{s_n\}$ in $\mathcal{L}^2(\mu)$ gegen f konvergiert und*

$$f \sim \sum_{n=1}^{\infty} c_n \phi_n$$

gilt.

Beweis. Für $n > m$ ist

$$\| s_n - s_m \|^2 = |c_{m+1}|^2 + \cdots + |c_n|^2,$$

so dass $\{s_n\}$ eine Cauchy-Folge in $\mathcal{L}^2(\mu)$ ist. Nach Satz 11.42 gibt es eine Funktion $f \in \mathcal{L}^2(\mu)$ mit $\lim_{n \to \infty} \| f - s_n \| = 0$. Für $n > k$ gilt

$$\int_X f \bar{\phi}_k \, d\mu - c_k = \int_X f \bar{\phi}_k \, d\mu - \int_X s_n \bar{\phi}_k \, d\mu,$$

also

$$\left| \int_X f \bar{\phi}_k \, d\mu - c_k \right| \le \| f - s_n \| \cdot \| \phi_k \|.$$

Lassen wir nun n gegen ∞ streben, so folgt

$$c_k = \int_X f \bar{\phi}_k \, d\mu \quad (k = 1, 2, 3, \ldots).$$

Der Beweis ist somit vollständig.

$\square$

11.44 Definition. Eine orthonormale Menge $\{\phi_n\}$ heißt *vollständig*, wenn die Gleichungen

$$\int_X f \bar{\phi}_n \, d\mu = 0 \quad (n = 1, 2, 3, \ldots)$$

für $f \in \mathcal{L}^2(\mu)$ implizieren, dass $\| f \| = 0$ ist.

Im Korollar zu Satz 11.40 haben wir die Vollständigkeit des trigonometrischen Systems aus der Parsevalschen Gleichung (11.101) abgeleitet. Umgekehrt hat die Parsevalsche Gleichung für jede vollständige orthonormale Menge Gültigkeit.

11.45 Satz. *Sei $\{\phi_n\}$ eine vollständige orthonormale Menge. Gilt $f \in \mathcal{L}^2(\mu)$ und*

$$f \sim \sum_{n=1}^{\infty} c_n \phi_n, \tag{11.106}$$

dann folgt

$$\int_X |f|^2 \, d\mu = \sum_{n=1}^{\infty} |c_n|^2. \tag{11.107}$$

Beweis. Nach der Besselschen Ungleichung konvergiert $\sum |c_n|^2$. Setzt man

$$s_n = c_1 \phi_1 + \cdots + c_n \phi_n,$$

so zeigt der Satz von Riesz-Fischer, dass es eine Funktion $g \in \mathcal{L}^2(\mu)$ gibt mit

$$g \sim \sum_{n=1}^{\infty} c_n \phi_n \tag{11.108}$$

und mit $\|g - s_n\| \to 0$. Also gilt $\|s_n\| \to \|g\|$. Wegen

$$\|s_n\|^2 = |c_1|^2 + \cdots + |c_n|^2$$

folgt

$$\int_X |g|^2 \, d\mu = \sum_{n=1}^{\infty} |c_n|^2. \tag{11.109}$$

Nun ergibt sich aus (11.106), (11.108) und der Vollständigkeit von $\{\phi_n\}$, dass $\|f - g\| = 0$ ist, so dass (11.107) aus (11.109) folgt. $\qquad\square$

Durch Kombinieren der Sätze 11.43 und 11.45 erhält man das folgende sehr interessante Ergebnis: Jede vollständige orthonormale Menge induziert eine injektive Abbildung zwischen den Funktionen $f \in \mathcal{L}^2(\mu)$ (wobei Funktionen, die fast überall gleich sind, identifiziert werden) einerseits und den Folgen $\{c_n\}$ andererseits, für die $\sum |c_n|^2$ konvergiert. Die Darstellung

$$f \sim \sum_{n=1}^{\infty} c_n \phi_n,$$

zusammen mit der Parsevalschen Gleichung zeigt, dass $\mathcal{L}^2(\mu)$ als ein unendlichdimensionaler euklidischer Raum (der sogenannte *Hilbert-Raum*) angesehen werden kann, in dem der Punkt f die Koordinaten c_n hat und in dem die Funktionen ϕ_n die Koordinatenvektoren sind.

Übungsaufgaben

1. Ist $f \geq 0$ und $\int_E f \, d\mu = 0$, so beweise man, dass $f(x) = 0$ fast überall auf E ist.
    Hinweis: Sei E_n die Teilmenge von E, auf der $f(x) > 1/n$ ist. Schreibe $A = \bigcup E_n$. Dann ist $\mu(A) = 0$ genau dann, wenn $\mu(E_n) = 0$ für alle n gilt.
2. Gilt $\int_A f \, d\mu = 0$ für jede messbare Teilmenge A einer messbaren Menge E, dann ist $f(x) = 0$ fast überall auf E.
3. Ist $\{f_n\}$ eine Folge messbarer Funktionen, so beweise man, dass die Menge aller Punkte x, in denen $\{f_n(x)\}$ konvergiert, messbar ist.
4. Ist $f \in \mathcal{L}(\mu)$ auf E und ist g beschränkt und messbar auf E, dann ist $fg \in \mathcal{L}(\mu)$ auf E.
5. Man setze

$$g(x) = \begin{cases} 0 & \text{für } 0 \leq x \leq \tfrac{1}{2}, \\ 1 & \text{für } \tfrac{1}{2} \leq x \leq 1, \end{cases}$$

$$f_{2k}(x) = g(x) \quad (0 \leq x \leq 1), \qquad f_{2k+1}(x) = g(1-x) \quad (0 \leq x \leq 1)$$

und zeige, dass

$$\liminf_{n \to \infty} f_n(x) = 0 \quad (0 \leq x \leq 1),$$

aber

$$\int_0^1 f_n(x) \, dx = \frac{1}{2}$$

gilt. [Vgl. mit (11.77).]

6. Sei

$$f_n(x) = \begin{cases} \dfrac{1}{n} & \text{für } |x| \leq n, \\ 0 & \text{für } |x| > n. \end{cases}$$

Dann konvergiert $f_n(x)$ gleichmäßig gegen 0 auf $\mathbb{R}^1$, aber es gilt

$$\int_{-\infty}^{\infty} f_n \, dx = 2 \quad (n = 1, 2, 3, \ldots).$$

(Wir schreiben $\int_{-\infty}^{\infty}$ anstelle von $\int_{\mathbb{R}^1}$.) Somit impliziert die gleichmäßige Konvergenz nicht die dominierte Konvergenz im Sinne von Satz 11.32. Jedoch gilt auf Mengen endlichen Maßes Satz 11.32 für gleichmäßig konvergente Folgen beschränkter Funktionen.

7. Man suche eine notwendige und hinreichende Bedingung für $f \in \mathcal{R}(\alpha)$ auf $[a, b]$.
    Hinweis: Betrachte Beispiel 11.6 (b) und Satz 11.33.

8. Ist $f \in \mathcal{R}$ auf $[a,b]$ und ist $F(x) = \int_a^x f(t)\,\mathrm{d}t$, so beweise man, dass $F'(x) = f(x)$ fast überall auf $[a,b]$ gilt.

9. Man beweise, dass die durch (11.96) gegebene Funktion F stetig auf $[a,b]$ ist.

10. Ist $\mu(X) < +\infty$ und ist $f \in \mathcal{L}^2(\mu)$ auf X, so beweise man $f \in \mathcal{L}(\mu)$ auf X. Ist $\mu(X) = +\infty$, so ist dies falsch. Ist zum Beispiel $f(x) = \frac{1}{1+|x|}$, dann ist $f \in \mathcal{L}^2$ auf $\mathbb{R}^1$, aber $f \notin \mathcal{L}$ auf $\mathbb{R}^1$.

11. Gilt $f, g \in \mathcal{L}(\mu)$ auf X, so definiere man den Abstand zwischen f und g durch

$$\int_X |f - g|\,\mathrm{d}\mu.$$

Man beweise, dass $\mathcal{L}(\mu)$ damit ein vollständiger metrischer Raum ist.

12. Es gelte:
    (a) $|f(x,y)| \le 1$ für $0 \le x \le 1$, $0 \le y \le 1$.
    (b) Für festgewähltes x ist $f(x,y)$ eine stetige Funktion von y.
    (c) Für festgewähltes y ist $f(x,y)$ eine stetige Funktion von x.
    Man setze

$$g(x) = \int_0^1 f(x,y)\,\mathrm{d}y \quad (0 \le x \le 1).$$

    Ist g stetig?

13. Man betrachte die Funktionen

$$f_n(x) = \sin nx \quad (n = 1, 2, 3, \dots, \ -\pi \le x \le \pi)$$

    als Punkte von $\mathcal{L}^2$. Man beweise, dass die Menge dieser Punkte abgeschlossen und beschränkt, aber nicht kompakt ist.

14. Man beweise, dass eine komplexe Funktion f genau dann messbar ist, wenn $f^{-1}(V)$ für jede offene Menge V in der Ebene messbar ist.

15. Sei $\mathcal{R}$ der Ring aller elementaren Teilmengen von $(0,1]$. Für $0 < a \le b \le 1$ definiere man

$$\Phi([a,b]) = \Phi([a,b)) = \Phi((a,b]) = \Phi((a,b)) = b - a,$$

    aber man definiere

$$\Phi((0,b)) = \Phi((0,b]) = 1 + b$$

    für $0 < b \le 1$. Man zeige, das dies eine additive Mengenfunktion Φ auf $\mathcal{R}$ ergibt, die nicht regulär ist und die nicht zu einer abzählbar additiven Mengenfunktion auf einem σ-Ring erweitert werden kann.

16. Sei $\{n_k\}$ eine wachsende Folge natürlicher Zahlen, und sei E die Menge aller $x \in (-\pi, \pi)$, in denen $\{\sin n_k x\}$ konvergiert. Man beweise, dass $m(E) = 0$ ist.
    Hinweis: Für jedes $A \subset E$ gilt

$$\int\limits_A \sin n_k x \, dx \to 0$$

und

$$2 \int\limits_A (\sin n_k x)^2 \, dx = \int\limits_A (1 - \cos 2n_k x) \, dx \to m(A) \quad \text{für } k \to \infty.$$

17. Es sei $E \subset (-\pi, \pi)$, $m(E) > 0$ und $\delta > 0$. Man verwende die Besselsche Ungleichung, um zu beweisen, dass es höchstens endlich viele ganze Zahlen n gibt derart, dass $\sin nx \geq \delta$ für alle $x \in E$ gilt.

18. Seien $f \in \mathcal{L}^2(\mu)$ und $g \in \mathcal{L}^2(\mu)$. Man beweise, dass

$$\left| \int f\bar{g} \, d\mu \right|^2 = \int |f|^2 \, d\mu \int |g|^2 \, d\mu$$

genau dann gilt, wenn eine Konstante c existiert derart, dass $g(x) = cf(x)$ fast überall gilt. (Vgl. Satz 11.35.)

Weiterführende Literatur

Artin, E.: *Einführung in die Theorie der Gammafunktion*, Teubner, Wien, 1931.

Behrends, E.: *Analysis*, Springer, Wiesbaden, 2015.

Boas, R. P.: *A Primer of Real Functions*, Carus Mathematical Monograph No. 13, Mathematical Association of America, Washington, D. C., 1996.

Buck, R. C. (Herausg.): *Studies in Modern Analysis*, 3. Aufl., McGraw-Hill Book Company, New York, 1978.

Buck, R. C.: *Advanced Calculus*, 2. Aufl., McGraw-Hill Book Company, New York, 1965.

Burkill, J. C.: *The Lebesgue Integral*, Cambridge University Press, New York, 1951.

Courant, R.: *Vorlesungen über Differential- und Integralrechnung* (2 Bände), 4. Aufl., Springer, Heidelberg, 1971.

Dieudonné, J.: *Grundzüge der modernen Analysis*, Bd. 1, 2. Aufl., Vieweg & Sohn, Braunschweig, 1975.

Fichtenholz, G. M.: *Differential- und Integralrechnung* (3 Bände), Verlag Harri Deutsch, 1990–1997.

Fleming, W. H.: *Functions of Several Variables*, 2. Aufl., Springer, New York, 1977.

Forster, O.: *Analysis*, 12. Aufl., Springer, Wiesbaden, 2016.

Graves, L. M.: *The Theory of Functions of Real Variables*, 2. Aufl., McGraw-Hill Book Company, New York, 1956.

Halmos, P. R.: *Measure Theory*, Springer, New York, 1974.

Halmos, P. R.: *Finite-Dimensional Vector Spaces*, Springer, New York, 1987.

Hardy, G. H.: *A Course of Pure Mathematics: Centenary Edition*, 10. Aufl., Cambridge University Press, New York, 2008.

Hardy, G. H. und Rogosinski, W.: *Fourier Series*, 2. Aufl., Cambridge University Press, New York, 1950.

Herstein, I. N.: *Topics in Algebra*, 2. Aufl., John Wiley & Sons, New York, 1975.

Heuser, H.: *Lehrbuch der Analysis*, 17. Aufl., Springer, Wiesbaden, 2009.

Hewitt, E. und Stromberg, K.: *Real and Abstract Analysis*, 3. Aufl., Springer-Verlag, New York, 1975.

Kellogg, O. D.: *Foundations of Potential Theory*, Springer, New York, 1967.

Knopp, K.: *Theorie und Anwendung der unendlichen Reihen*, Springer-Verlag, Berlin – Heidelberg – New York, 1996.

Königsberger, K.: *Analysis*, 6. Aufl., Springer, Berlin, 2004.

Landau, E. G. H.: *Grundlagen der Analysis*, Wiss. Buchges. Darmstadt, Darmstadt, 1970.

Mangoldt, H. v. und Knopp, K.: *Höhere Mathematik* (4 Bände), Hirzel, Leipzig, 1989.

McShane, E. J.: *Integration*, Princeton University Press, Princeton, N. J., 2016.

Niven, I. M.: *Irrational Numbers*, Carus Mathematical Monograph No. 11, John Wiley & Sons, Inc., New York, 1956.

Royden, H. L.: *Real Analysis*, 3. Aufl., The Macmillan Company, New York, 1988.

Rudin, W.: *Real and Complex Analysis*, 3. Aufl., McGraw-Hill Book Company, New York, 1987.

Simmons, G. F.: *Topology and Modern Analysis*, McGraw-Hill Book Company, New York, 1963.

Singer, I. M. und Thorpe, J. A.: *Lecture Notes on Elementary Topology and Geometry*, Scott, Foresman and Company, Glenview, Ill., 1967.

Smirnov, W. I.: *Lehrgang der höheren Mathematik* (5 Bände), Verlag Europa-Lehrmittel, Nourney, Vollmer GmbH & Co KG, Haan-Gruiten, 1990.

Smith, K. T.: *Primer of Modern Analysis*, 2. Aufl., Springer, New York, 1983.

Spivak, M.: *Calculus on Manifolds*, W. A. Benjamin, Inc., New York, 1965.

Thurston, H. A.: *The Number System*, Blackie & Son, Ltd., London – Glasgow, 1956.

Walter, W.: *Analysis*, Springer, Berlin, 2004.

https://doi.org/10.1515/9783110750430-012

Liste spezieller Symbole

Nachstehend finden Sie eine Aufstellung der Symbole, eine kurze Erklärung ihrer Bedeutung und die Seitenzahl, auf der sie definiert sind.

$\in$	gehört zu, ist Element von	2
$\notin$	gehört nicht zu, kein Element von	2
$\subset, \supset$	Inklusionszeichen, Teilmenge	2
$\mathbb{Q}$	Körper der rationalen Zahlen	2
$<, \leq, >, \geq$	Ungleichheitszeichen	3
sup	Supremum, kleinste obere Schranke	3
inf	Infimum, größte untere Schranke	3
$\mathbb{R}$	Körper der reellen Zahlen	8
$\mathbb{N}$	Menge der positiven ganzen Zahlen $(1, 2, 3, \ldots)$	25
$+\infty, -\infty, \infty$	Unendlichzeichen	11, 27
$\bar{z}$	komplexe Konjugierte	13
$\mathrm{Re}\,(z)$	Realteil	13
$\mathrm{Im}\,(z)$	Imaginärteil	13
$|z|$	Absolutwert	14
$\sum$	Summationszeichen	15, 59
$\mathbb{R}^k$	k-dimensionaler euklidischer Raum	15
$\mathbf{0}$	Nullvektor	16
$\mathbf{x} \cdot \mathbf{y}$	inneres Produkt	16
$|\mathbf{x}|$	Norm des Vektors $\mathbf{x}$	16
$\{x_n\}$	Folge	26
$\bigcup, \cup$	Vereinigung	27
$\bigcap, \cap$	Durchschnitt, Schnittmenge	27
(a, b)	Segment	31
$[a, b]$	Intervall	31
E^c	Komplement von E	32
E'	Häufungspunkte von E	35
$\overline{E}$	abgeschlossene Hülle von E	35
lim	Grenzwert	48
$\rightarrow$	konvergiert gegen	48, 84
lim sup	oberer Grenzwert, limes superior	56
lim inf	unterer Grenzwert, limes inferior	56
$g \circ f$	Komposition, Verkettung	87
$f(x+)$	rechtsseitiger Grenzwert	94
$f(x-)$	linksseitiger Grenzwert	94
$f', \mathbf{f}'(\mathbf{x})$	Ableitungen	104
$S(P, f), S(P, f, \alpha)$	obere Riemannsche Summe	122
$s(P, f), s(P, f, \alpha)$	untere Riemannsche Summe	122

https://doi.org/10.1515/9783110750430-013

$\mathcal{R}$, $\mathcal{R}(\alpha)$	Klassen Riemann-(Stieltjes) integrierbarer Funktionen	122, 124
$\mathcal{C}(X)$	Raum stetiger Funktionen	153
$\| \ \|$	Norm	143, 153, 335
exp	Exponentialfunktion	183
D_N	Dirichletscher Kern	194
$\Gamma(x)$	Gammafunktion	197
$\{\mathbf{e}_1, \ldots, \mathbf{e}_n\}$	Standardbasis	209
$L(X)$, $L(X, Y)$	Räume linearer Abbildungen	212
$[A]$	Matrix	214
$D_j f$	partielle Ableitung	220
∇f	Gradient	222
$\mathcal{C}'$, $\mathcal{C}''$	Klassen differenzierbarer Funktionen	224, 240
$\det[A]$	Determinante	237
$J_f(\mathbf{x})$	Jacobi-Determinante	240
$\dfrac{\partial(y_1, \ldots, y_n)}{\partial(x_1, \ldots, x_n)}$	Jacobi-Determinante	240
I^k	k-Zelle	252
Q^k	k-Simplex	253
$\wedge$	Multiplikationszeichen für Differentialformen	261, 266
dx_I	k-Grundform	264
d	Differentiationsoperator	268
ω_T	Transformierte von ω	270
∂	Randoperator	277
$\nabla \times \mathbf{F}$	Rotation	290
$\nabla \cdot \mathbf{F}$	Divergenz	290
m	Lebesguesches Maß	312, 318
$\mathcal{E}$	Ring der Elementarmengen	312
μ	Maß	313, 318
$\mathcal{M}_E$, $\mathcal{M}$	Familien messbarer Mengen	315
$\{x \mid P\}$	Menge der Elemente x mit der Eigenschaft P	320
f^+, f^-	positiver (negativer) Teil von f	321
K_E	charakteristische Funktion	322
$\mathcal{L}$, $\mathcal{L}(\mu)$, $\mathcal{L}^2$, $\mathcal{L}^2(\mu)$	Klassen Lebesgue-integrierbarer Funktionen	324, 335

Sachverzeichnis

www.ingramcontent.com/pod-product-compliance
Lightning Source LLC
Chambersburg PA
CBHW080715220326
41598CB00033B/5429